BERICHTIGUNGEN ZU BAND I (NACHDRUCK 1952)

von A. Ostrowski

Vorlesungen über Differential- und Integralrechnung

Seite 15, Aufgabe 4c:	im Zähler lies $(x+5)^2$ statt $(x^2+5)^2$ und im Nenner lies $(x+3)$ statt $(x+4)$.
Seite 159, Aufgabe 5:	lies $\langle\alpha, \beta\rangle$, $\alpha < \beta$ statt $\langle\alpha, \beta\rangle$.
Seite 209, Aufgabe 13a:	lies $x > 0$ statt $x \neq 0$.
Seite 352, Aufgabe 10:	in der Formelzeile lies x^ν statt x.
Seite 371, links:	im Verzeichnis der Symbole ist einzufügen sgn a 22.

BERICHTIGUNGEN ZU BAND II (1950)

von A. Ostrowski

Vorlesungen über Differential- und Integralrechnung

Seite 95, Aufgabe 1:	lies die Summe statt den Grenzwert.
Seite 111, Aufgabe 27:	füge in der zweiten Zeile nach ... konvergent hinzu: wenn $a_\nu \to 0$ ist.
Seite 126, Aufgabe 5:	füge bei a) und b) die Bedingung $\lvert\vartheta\rvert < 1$ hinzu.
Seite 126, Aufgabe 7b:	ersetze die untere Summationsgrenze 1 durch 2.
Seite 127, Aufgabe 10:	lies in der ersten Zeile $a_{\nu+2}/a_\nu$ statt $\lvert a_{\nu+2}/a_\nu\rvert$.
Seite 129, Aufgabe 37b:	lies unterhalb des Summenzeichens $\nu = 2$ statt $1 = 2$.
Seite 138, Zeile 4 von unten:	lies Funktion $s(P)$ statt Funktions (P).

Seite 169, 5. Formelzeile von oben: x ist wegzulassen.

Seite 215, 3. Formelzeile von unten: lies R^2 statt R.

Seite 216, Zeile 4 von unten:	füge nach «gilt» hinzu: sofern man sich auf *positive* Werte von t beschränkt.
Seite 239, Zeile 2 von unten:	lies einen statt einem.
Seite 263, Zeile 15 von unten:	lies 1 statt $n+1$.

Seite 295, 1., 2., 3., 4., 6., 7. Formelzeile von unten: lies Log statt lg.

Seite 296, Zeile 3: lies Log statt lg (zweimal).

Seite 296, 3. und 4. Formelzeile von oben: lies Log statt lg.

Seite 324, Zeile 5 von unten:	lies $a = 2$ statt $x = 2$.
Seite 379, Zeile 13:	lies stetige und stückweise statt stetige.
Seite 387, Aufgabe 22:	lies $\lg x$ statt $b \lg x$.

LEHRBÜCHER UND MONOGRAPHIEN
AUS DEM GEBIETE DER
EXAKTEN WISSENSCHAFTEN

8

MATHEMATISCHE REIHE

BAND IV

VORLESUNGEN ÜBER DIFFERENTIAL- UND INTEGRALRECHNUNG

von

A. OSTROWSKI

O. PROFESSOR AN DER UNIVERSITÄT BASEL

Zum Gebrauch bei akademischen Vorträgen
sowie zum Selbststudium

ERSTER BAND

Funktionen einer Variablen

Verbesserter Nachdruck der ersten Auflage

Springer Basel AG
1952

ISBN 978-3-0348-4028-6 ISBN 978-3-0348-4099-6 (eBook)
DOI 10.1007/978-3-0348-4099-6

Ursprünglich erschienen bei Verlag Birkhäuser AG., Basel 1952.
Softcover reprint of the hardcover 1st edition 1952

Von PTOLEMAEUS erzählt man, er habe einmal EUKLID gefragt, ob nicht ein bequemerer Weg zur Geometrie führe, als der durch die Elemente. Dieser aber antwortete, zur Geometrie gäbe es keinen besonderen Königsweg. *Proklus*

VORWORT

Das vorliegende Werk ist eine Niederschrift der Vorlesungen über Infinitesimalrechnung, die der Verfasser regelmäßig seit nunmehr siebzehn Jahren an der Universität Basel hält.

Das Problem der Hauptvorlesung über Infinitesimalrechnung bietet eigentümliche Schwierigkeiten. Man hat eine Darstellung zu finden, die dem für die Anwendungen interessierten Hörer die Beherrschung des mathematischen Kalküls vermittelt, ohne ihn mit «unnötigen Subtilitäten» zu plagen, dem Mathematiker eine ausreichende Begründung der vermittelten Erkenntnisse bietet und nicht zuletzt den Dozenten nicht in die Lage bringt, Behauptungen zu formulieren, die er vor seinem wissenschaftlichen Gewissen nicht verantworten kann.

Um diesen Anforderungen gerecht zu werden, pflegt der Verfasser im ersten Semester einen in sich geschlossenen Lehrgang der Infinitesimalrechnung zu bringen, auf den theoretisch weniger interessierte Hörer sich beschränken können und dem der vorliegende erste Band der Vorlesungen entspricht. Die Beweise einiger bereits hier benutzten Sätze, die zu zeitraubend sind, wurden in den zweiten Band verwiesen, wo sie in einem allgemeineren Zusammenhang auch leichter zu erbringen sind.

Ferner wurde, um den historischen und logischen Zusammenhang zu wahren und straffer zu gestalten, der Integralbegriff an die Spitze gestellt.

Dies machte es aber notwendig, dem Buch zahlreiche Aufgaben beizugeben, da die bekannten Aufgabensammlungen für die hier benutzte Anordnung des Stoffes nicht geeignet sind und man es nicht immer leicht hat, passende und namentlich leichtere Aufgaben für mehr theoretische Teile des Lehrgangs zu finden. Fast alle Aufgaben wurden in den Übungen ausprobiert.

Nach einigem Zögern habe ich mich auf «innermathematische» Beispiele beschränkt und direkte Anwendungen der Analysis auf andere Disziplinen zumeist beiseite gelassen. Die Zeiten, wo diese Anwendungen sich nur auf Astronomie und Physik beschränkten, sind ja längst vorbei. Und Beispiele aus der Technik, Physik, Chemie, Biologie, Statistik usw. zu bringen, schien mir pädagogisch wenig Sinn zu haben, ohne sorgfältige Besprechung der benutzten Annahmen. Eine solche Besprechung würde aber den Rahmen der Darstellung sprengen.

Ich habe auf leichte Verständlichkeit besonderen Wert gelegt und bin deshalb auch oft ausführlicher gewesen als sonst üblich ist. Deshalb «plaudere» ich auch immer wieder «aus der Schule» und versuche, dem Leser einen Blick «hinter die Kulissen» zu ermöglichen.

Der zweite Band, den ich innerhalb Jahresfrist zu veröffentlichen hoffe, wird, dem Lehrgang des zweiten Semesters entsprechend, die Behandlung der Funktionen mehrerer Variablen enthalten, sowie verschiedene Ergänzungen zur Infinitesimalrechnung für Funktionen einer Variablen.

Für die unermüdliche Hilfe bei der Herstellung des Manuskripts sowie bei der Korrektur habe ich den Herren Dr. W. Schuler und cand. math. R. Conzelmann aufs herzlichste zu danken. Ferner war mir bei der Korrektur die Hilfe der Herren Dr. O. Fleckenstein, Dipl. Ing. N. Waldstein und cand. math. P. Schmutz besonders wertvoll.

Ganz besonders möchte ich aber Herrn Albert Birkhäuser danken, der in einer schweren und wenig sicheren Zeit den Mut und die Initiative hatte, einen großzügig angelegten Verlag auf dem Gebiete der exakten Wissenschaften zu schaffen.

INHALTSVERZEICHNIS

Kapitel I

Einleitung

§ 1. Wesen der Mathematik

§ 2. Die Grundeigenschaften reeller Zahlen

§ 3. Erste Folgerungen aus den Grundeigenschaften reeller Zahlen

§ 4. Weitere Folgerungen aus den Grundeigenschaften

§ 5. Der Funktionsbegriff

Kapitel II

Grenzwerte

§ 6. Nullfolgen

§ 7. Grenzwerte von Zahlenfolgen

§ 8. Spezielle Sätze über die Konvergenz von Zahlenfolgen

§ 9. Grenzwerte von Funktionen eines stetigen Arguments

Kapitel III

Stetige Funktionen einer Variablen und bestimmte Integrale

§ 10. Stetige Funktionen

§ 11. Trigonometrische Funktionen

§ 12. Definition des bestimmten Integrals

§ 13. Elementare Eigenschaften des bestimmten Integrals

Kapitel IV

Der Begriff der Ableitung und die Fundamentalsätze der Infinitesimalrechnung

§ 14. Die Ableitung

§ 15. Der Zusammenhang zwischen der Ableitung und dem Differenzenquotienten einer Funktion

§ 16. Die Fundamentalsätze der Infinitesimalrechnung

Kapitel V

Die Technik des Differenzierens

§ 17. Ableitungen rationaler Verbindungen gegebener Funktionen

§ 18. Umkehrung monotoner Funktionen

§ 19. Die Kettenregel und ihre Anwendungen

Kapitel VI

Die Technik des Integrierens

§ 20. Integralumformung durch partielle Integration und Variablensubstitution

§ 21. Logarithmus und Exponentialfunktion

§ 27. Entwicklung des Logarithmus und Arcustangens

§ 28. Die Taylorsche Formel

§ 29. Entwicklung von e^x, sin x und cos x

KAPITEL I

EINLEITUNG

La parole a été donnée à l'homme
pour déguiser sa pensée. *Talleyrand*

§ 1. Wesen der Mathematik

1. Gegenstand der Mathematik

Es ist oft sehr schwer, den Gegenstand einer Wissenschaft genau zu umgrenzen. Es liegt dies daran, dass eine Wissenschaft in der Regel ein ständig sich entwickelnder Organismus ist, für den häufig weniger der augenblickliche Zustand als die Entwicklungstendenzen charakteristisch sind[1]).

Im Falle der Mathematik liegt die Sache insofern anders, als für die Mathematik weniger ihr Gegenstand, als vielmehr die Art des Schliessens charakteristisch ist. Eine wohl in den allermeisten Fällen zutreffende Charakterisierung der Mathematik ist die folgende:

Jedesmal, wenn man aus einem **endlichen,** *übersichtlich dargestellten System von scharf formulierten Prämissen logisch einwandfreie Schlüsse zieht, treibt man Mathematik.*

Dass hierbei die zu ziehenden Schlüsse logisch einwandfrei sind, bedeutet, dass sie sich in Ketten von Einzelschlüssen, sogenannten *Syllogismen*, lückenlos zerlegen lassen. Die Forderung, dass die Prämissen vollständig scharf formuliert worden sind, ist selbstverständlich, wenn man daraus logisch absolut gesicherte Schlüsse ziehen will[2]). Schliesslich und vor allem muss auf die *Endlichkeit* und daneben auf die *übersichtliche Darstellung* des Prämissensystems Wert gelegt werden,

---

[1]) Man denke z. B. an die Grenzgebiete der Physik und Chemie, der Botanik und Zoologie, an die Virus-Forschung usw. Auch in Geisteswissenschaften trifft man die gleiche Erscheinung an. So ist z. B. der Gegenstand der Jurisprudenz, das Recht, anscheinend ausserordentlich schwer exakt zu definieren. Im Buche von *P. Winogradoff*, The common sense in law, werden z. B. auf den ersten achtzig Seiten die verschiedenen Definitionen des Rechts nacheinander besprochen und verworfen. Zum Schluss gibt der Verfasser seine eigene Definition, die einer scharfen Kritik vermutlich auch nicht standhält.

[2]) Man beachte, dass man auch sehr wohl mit durchaus unscharf formulierten Prämissen eine Wissenschaft aufbauen kann, nur sind diese Prämissen einer mathematischen Behandlung nicht unmittelbar zugänglich. So befasst sich z. B. die Geschichtswissenschaft mit geschichtlichen Tatsachen, die sie zu ordnen und zu erklären sucht. Diese Tatsachen umschreiben gewisse *Gruppenerlebnisse* im Gegensatz zu *Erlebnissen von individuellen Personen*, wobei aber dieser Gegensatz gar nicht absolut scharf fassbar ist.

An diesem Beispiel erkennt man besonders deutlich, dass jede Wissenschaft eine ihr eigene Art hat, die Wahrheit zu erkennen, zu sichern und darzustellen, eine Art, die sich im Laufe der Entwicklung dieser Wissenschaft allmählich ausbildet. Insofern ist die der Mathematik eigene Art der Erkenntnis der Wahrheit nur eine der vielen möglichen Arten.

da nur in diesem Falle das exakte Schliessen prinzipiell und praktisch gesichert werden kann.

Insofern kann man nunmehr auch sagen, dass *alles das Gegenstand der Mathematik ist, was sich in* ***endlich*** *viele scharf formulierte Grundtatsachen zusammenfassen lässt.* Solche Grundtatsachen nennt man *Axiome.* Eine derartige Zusammenfassung der Haupttatsachen eines Wissensgebietes in endlich viele Grundtatsachen nennt man seine *Axiomatisierung.* Dass allerdings die obige Definition in einigen Fällen nicht ohne weiteres anwendbar ist, zeigt die *Wahrscheinlichkeitsrechnung*, bei der die Axiomatisierung erst vor kurzem in Angriff genommen wurde.

2. Verhältnis der Mathematik zu anderen Wissenschaften

Wie kann man nun die Mathematik auf Erfahrungswissenschaften anwenden? Bei jeder solchen Wissenschaft handelt es sich um ein sehr reichhaltiges und ständig im Fluss befindliches System von Prämissen, d. h. von Tatsachen, die durch Beobachtung und Experiment gewonnen werden. Soll die Mathematik auf ein Teilgebiet einer solchen Wissenschaft angewandt werden, so hat man die wesentlichen Erkenntnisse dieses Teilgebietes — eventuell zusammen mit zugrunde gelegten Hypothesen — in endlich viele Grundtatsachen zusammenzufassen. Solche Grundtatsachen sind z. B. die physikalischen Gesetze, wie etwa die Gesetze des freien Falles, die Ohmschen Gesetze usw.

Bei der Auswahl derartiger Grundtatsachen muss freilich in der Regel eine gewisse „*Vereinfachung*" mit in Kauf genommen werden, durch die den Tatsachen in gewissem Masse Zwang angetan wird. Daher sind die Ergebnisse der mathematischen Behandlung zumeist mehr oder weniger approximativ. Insofern ist bei solchen Überlegungen die Mathematik durchaus nicht die Hauptsache, sondern im allgemeinen nur die Dienerin. Erst in den neuesten Entwicklungen der Physik und Astronomie beginnt sie eine wesentlich massgebendere Rolle zu spielen, diejenige der Herrin, deren Symbolik den eigentlichen Schlüssel zu dem Geheimnis des Atombaus in sich birgt.

Die bedeutsame Rolle der Mathematik bei der systematischen Durchbildung verschiedener Wissenschaften gibt gelegentlich zu etwas übertriebenen Vorstellungen Anlass, so z. B., wenn unter Berufung auf *Kant* behauptet wird, in jedem Wissensgebiet stecke nur soviel Wissenschaft, als in ihm Mathematik stecke[1]). Hierbei wird die Rolle der Mathematik doch wohl stark überschätzt; z. B. trifft dies auf die beschreibenden Naturwissenschaften nur wenig und auf die Geisteswissenschaften nur in Ausnahmefällen zu.

---

[1]) Der genaue Wortlaut der betreffenden Stelle lautet allerdings (Metaphysische Anfangsgründe der Naturwissenschaft, *J. Kants* Werke, Bd. IV der Cassirer-Ausgabe, Berlin 1913, p. 372):

„Ich behaupte aber, dass in jeder besonderen Naturlehre nur soviel eigentliche Wissenschaft angetroffen werden könne, als darin Mathematik anzutreffen ist."

Wie man sieht, bezieht sich diese Stelle nur auf Naturwissenschaften. Ferner hat bei *Kant* der Terminus eigentliche Wissenschaft eine durchaus spezifische Bedeutung.

3. Besonderheiten der mathematischen Darstellung

Die Darstellung mathematischer Überlegungen hat unter allen Umständen in erster Linie der Forderung *lückenloser Exaktheit und Klarheit* zu genügen — auch dann, wenn eine gewisse stilistische Monotonie in Kauf genommen werden muss. Diese Darstellung muss so gründlich und ausführlich sein, dass Versehen und Fehler dabei ausgeschlossen sind.

Es ist nur natürlich, dass die gewöhnliche Umgangssprache, die zur Darstellung mathematischer Überlegungen benutzt wird, sich dazu nicht sehr gut eignet, da sie vom Volk, von den Dichtern und Schriftstellern vor allem für andere Zwecke ausgebildet und verfeinert wurde. Daher ist, sobald die „Flucht in die Formeln" nicht ausreicht, das „stilistische Problem" für die Mathematik von einer gewissen Bedeutung. Denn eine sprachlich zu schwerfällige, nicht genügend „elegante" Darstellung ist wenig einprägsam, also schwer zu verstehen und zu behalten.

Trotzdem ist auf die Eleganz bei der mathematischen Darstellung erst in zweiter Linie Rücksicht zu nehmen. *Niemals darf die Klarheit der Eleganz geopfert werden.* So ist das bekannte Scherzwort zu verstehen: „man solle die Eleganz Sache der Schuster und Schneider sein lassen". Andererseits ist eine zu grosse Ausführlichkeit der Darstellung nicht immer nötig. Wenn auch im Prinzip die Lückenlosigkeit der logischen Schlusskette verlangt wird, so brauchen doch nicht alle einzelnen Teilschlüsse immer wieder angegeben zu werden, da gewisse Gruppen von Schlüssen sich häufig wiederholen und auch beim Weglassen sofort wiedergefunden werden. Daher darf mit wachsender Übung die Darstellung immer knapper werden, ohne dass ihre Exaktheit leidet.

Die mathematische Darstellung verdankt namentlich der Benutzung der *Formelsprache* ihre besondere Präzision und Übersichtlichkeit. Der heutige Leser ist sich aber selten klar darüber, dass es sich hierbei durchaus um eine Errungenschaft der letzten Jahrhunderte handelt. So tauchen die Zeichen $+$ und $-$ erst 1481 in Manuskripten auf, runde Klammern 1544, eckige und geschweifte Klammern im wesentlichen erst 1593 bei *Vieta* (1540—1603), das Zeichen $=$ 1557; die moderne Schreibweise der Potenzexponenten ist erst 1637 durch *Descartes* (1596—1650) eingeführt worden, doch hat noch *Gauss* (1777—1855) 1801 xx anstatt x^2 geschrieben.

Wie man sieht, sind die Haupthilfsmittel des mathematischen Kalküls erst in der Zeit eingeführt und ausgefeilt worden, als man sich für die Benutzung verschiedener arbeitsparender mechanischer Vorrichtungen ganz allgemein zu interessieren begann. In der Tat ist auf diese Weise eine grosse Vereinfachung in den analytischen Deduktionen erzielt worden, sie wurden in grossen Teilen gewissermassen „mechanisiert".

4. Definitionen in der Mathematik

Eine der häufigsten Fehlerquellen beim Schliessen liegt im falschen Gebrauch von Definitionen. Eine mathematische Definition muss restlos klar und eindeutig sein, sonst ist sie zum exakten Schliessen unbrauchbar. Es darf aus ihr nie mehr herausgelesen werden als ihrem genauen Wortlaut entspricht[1]).

Besonders gefährlich sind Begriffe, die zugleich auch im täglichen Leben benutzt werden; denn in einen solchen Begriff legt man leicht nicht nur das hinein, was in der genauen Definition steckt, sondern auch manches, was der etwas vagen, landläufigen Bedeutung des betreffenden Wortes entspricht. Dies ist auch der Grund, warum man zur Bezeichnung neu eingeführter Begriffe sich gern der Fremdwörter oder eigens geprägter Wörter bedient.

Ein Beispiel eines sowohl im täglichen Leben als auch in der Mathematik wichtigen Begriffs ist dasjenige von *rechts* und *links*. Dieser Begriff ist im täglichen Leben allerdings weniger scharf festgelegt, als man wohl annimmt. Normalerweise hat rechts und links nur Sinn in bezug auf die Fortschreitungsrichtung. Wird also jemandem z. B. die Lage einer Wohnung in einem Haus mit den Worten „eine Treppe links" angegeben, so bedeutet dies, dass man auf dem letzten Treppenabsatz stehen zu bleiben und dann nach links zu gehen hat. Hiervon ist aber die postamtliche Bezeichnung „erster Stock links" durchaus verschieden. Denn dann handelt es sich um die Wohnung, deren auf die Strasse hinausgehende Fenster links liegen, wenn man die Hausfassade von der Strasse her ansieht. In diesen beiden Fällen bedeutet also der Begriff einer „linksgelegenen" Wohnung nicht dasselbe.

Hat nun ein Mathematiker mit den Begriffen rechts und links zu tun, so taucht bei ihm fast automatisch die Frage nach der Fortschreitungsrichtung auf, in bezug auf die rechts und links zu nehmen ist. Im täglichen Leben denkt man daran viel weniger[2]).

Die Notwendigkeit, auch gegenüber den zunächst als selbstverständlich erscheinenden Dingen misstrauisch zu sein und sich mit ihnen ausführlich auseinanderzusetzen, bedingt leicht eine Geisteseinstellung, die als *pedantisch* wirkt. Insofern könnte man die Pedanterie als eine „Berufskrankheit des Mathematikers" bezeichnen. Dennoch vergesse man nie: *Pedantisch scheinen mag peinlich sein, unklar sein aber ist verboten!*

Andererseits bedingt schon die Benutzung der Sprache bei mathematischen Darlegungen die Notwendigkeit, gewisse besonders einfache und landläufige Begriffe ohne Definition zu lassen und sie durch den Sprachgebrauch als

---

[1]) Ein anderes Gebiet, in dem es auf die klare und eindeutige Fassung der Definitionen wesentlich ankommt, ist die *Jurisprudenz*. Denn hier hängt die Rechtssicherheit von einer genügend scharfen Formulierung der Rechtsbegriffe ab, ebenso wie im Falle der Mathematik die Sicherheit der Erkenntnis der Wahrheit an die restlos scharfe Fassung der benutzten Begriffe gebunden ist.

So beginnt z. B. die früher in Basel gültig gewesene Verordnung über den Strassenverkehr von 1929 im Abschnitt AI („Sprachgebrauch der Verordnung") mit einer sehr klaren und sorgfältigen Definition der Begriffe: Strasse, Fahrbahn, Trottoir, Fussweg, Schutzweg usw.

[2]) In welchem Masse dies der Fall sein kann, zeigt eine vom Verfasser einmal gefundene Stelle in einem viel verbreiteten Tourenbuch, in dem ein Itineraire mit der Angabe *begann*, man habe sich in der betreffenden Stadt von einer gewissen Strassenkreuzung aus nach links zu begeben.

„gegeben" anzusehen. Ganz vermeiden lässt sich die Benutzung solcher „nicht definierter" Begriffe nicht. Sie lässt sich aber weitgehend reduzieren[1]).

In diesen Vorlesungen werden wir insbesondere die Benutzung natürlicher Zahlen zum Zählen und Ordnen als unmittelbar gegeben annehmen. Man kann zwar auch den Begriff der natürlichen Zahl auf einfachste logische Grundbegriffe zurückführen. Doch verweisen wir hierfür auf die Spezialwerke über die Grundlagen der Analysis[2]).

5. Lernen und Verstehen

Zum Schluss dieses Paragraphen seien einige Worte über das „Lernen" von mathematischen Entwicklungen gesagt. Das gewöhnlich als das Ziel des Lernens in der Mathematik bezeichnete „Verstehen" bedeutet nicht immer dasselbe. Man versteht z. B. eine mathematische Regel 1. wenn man sie anwenden kann oder 2. wenn man ihre Herleitung in allen Teilen überprüft hat oder 3. wenn man ihren Beweis selbständig wiederfinden kann.

Erst auf der dritten Stufe kann man vom „Verstehen" im eigentlichen Sinne sprechen. Dieses Verstehen ist nun von Mensch zu Mensch sehr ungleich.

Ganz allgemein könnte man sagen, das *Verstehen sei die Verankerung in den schöpferischen Funktionen des Intellekts.* Die Auffassungstypen und die Typen schöpferischer Funktionen sind aber sehr verschieden, und eine wirklich klare Darstellung darf nur soviel auslassen, dass die Lücken bei jedem der normalerweise in Frage kommenden Auffassungstypen bei einiger Übung ergänzt werden können.

Insbesondere spielt die „*Anschaulichkeit*" für die Darstellung schwieriger Überlegungen eine wichtige Rolle. Doch ist auch der Begriff der Anschaulichkeit keineswegs eindeutig.

Namentlich kann die *geometrische Anschaulichkeit* bei einem sehr verbreiteten Auffassungstypus zum Verstehen wertvoll und sogar unentbehrlich sein. Doch ist das Erfassen eines geometrischen Bildes niemals ein voller Ersatz für den klaren, logischen Beweis. *Man soll sich wohl von der geometrischen Anschauung leiten lassen, man darf sich aber in prinzipiell wichtigen Dingen nicht auf sie stützen.*

---

[1]) Hierin scheint sich eine gewisse Schwäche der Mathematik zu offenbaren, gewissermassen ihre Achillesferse. Doch denke man ja nicht, dass hierin eine Ausweichmöglichkeit für denjenigen vorliegt, dem die dünne Luft exakt-mathematischer Betrachtungen zu beschwerlich wird. Vielmehr rührt das *Unfertige* dieser Seite der Mathematik davon her, dass hier weitere Möglichkeiten der Entwicklung vorliegen, gewissermassen der *Entwicklung in die Tiefe*, statt in die Höhe und in die Breite.

In der Tat greift auch die moderne Diskussion der Grundlagen der Mathematik im wesentlichen an dieser Stelle ein. Doch sei dem Leser ausdrücklich gesagt: Obgleich bei Untersuchungen über die Grundlagen der Mathematik scheinbar fast keine Spezialkenntnisse aus andern Gebieten der Mathematik notwendig sind, setzen diese Untersuchungen dennoch eine Reife und Schärfe des mathematischen Urteils voraus, die normalerweise nur durch eingehende Beschäftigung mit Spezialfragen erreicht und aufrecht erhalten werden können.

[2]) Man vergleiche z. B. die neueste Darstellung von *E. Landau*, Grundlagen der Analysis, Leipzig 1930, oder die ältere Darstellung in *Weber* und *Wellstein*, Encyklopädie der Elementar-Mathematik, Leipzig, B. G. Teubner, Bd. I.

„. . . Die Zahl erfand ich ihnen,
Jeder Kenntnis Kern . . .“
Äschylus, Der gefesselte Prometheus

§ 2. Die Grundeigenschaften reeller Zahlen

6. Der Gegenstand der Analysis

Die **Analysis** ist derjenige Teil der Mathematik, der sich mit der **Zahl** befasst. Dabei interessiert sich die Analysis allerdings weniger für die individuellen Eigenschaften einzelner Zahlen – diese fallen vielmehr in die Domäne der sogenannten *Zahlentheorie* —, sondern für die Operationen, Rechnungen, die man mit den Zahlen ausführen kann.

Wir hätten also nunmehr eine Definition der Zahl zu geben. Dies würde uns aber sehr weit führen. Denn die Zahl ist ein Instrument zum Zählen und Messen, das im Laufe von Jahrtausenden allmählich zur heutigen Vollkommenheit durchgebildet und ausgefeilt wurde. Eine Definition der Zahl müsste nun eine konstruktive sein und sukzessive natürliche, gebrochene, negative, irrationale und komplexe Zahlen aufbauen. Auf diesen bei exakter Durchführung recht umständlichen Aufbau kann jedoch in diesen Vorlesungen nicht eingegangen werden.

Wie soll aber dann die Wissenschaftlichkeit unserer Darstellung gesichert werden? Dies kann geschehen, indem man eine gewisse endliche Anzahl von Eigenschaften von Zahlen zusammenstellt und es sich zur Regel macht, bei den weiteren Betrachtungen nur von diesen Eigenschaften Gebrauch zu machen. Dass diese Eigenschaften wirklich zutreffen, davon hat man sich zum Teil auf der Schule überzeugt. Einen Beweis dieser Eigenschaften findet man aber in jedem ausführlichen Werke über den Zahlbegriff[1]).

7. Zusammenstellung der Grundeigenschaften reeller Zahlen

Wir beschränken uns in der Infinitesimalrechnung vor allem auf die sogenannten ***reellen Zahlen,*** deren Eigenschaften in der folgenden Tabelle zusammengestellt sind. Vorangestellt sind dabei drei Eigenschaften der Gleichheitsbeziehungen, obgleich sie nicht direkt als Eigenschaften von Zahlen angesehen werden können[2]).

---

[1]) Vgl. z. B. die in der Fussnote [2]) a. p. 5 angegebene Literatur.

[2]) Man könnte die folgende Tabelle als ein *Axiomensystem* für den Begriff der reellen Zahl ansehen im Sinne von Nr. 1. Doch ist dieses System durchaus nicht so durchgebildet, wie die Axiomensysteme in den axiomatischen Untersuchungen zu sein pflegen. Vielmehr waren bei der Zusammenstellung unserer Tabelle rein praktische Erwägungen massgebend.

I. Grundeigenschaften der Gleichheitsbeziehungen

1. $a = a$ (Reflexivität).
2. Aus $a = b$ folgt $b = a$ (Symmetrie).
3. Aus $a = b$, $b = c$ folgt $a = c$ (Transitivität).

II. Grundgesetz der natürlichen Zahlen

(Vollständige Induktion, Schluss von n auf $n+1$)

Ist von einer Aussage E über eine allgemeine natürliche Zahl n bekannt, dass sie für $n = \nu_0$ zutrifft und dass ferner aus ihrer Gültigkeit für ein natürliches ν stets ihre Gültigkeit für $\nu + 1$ folgt, so trifft E für alle auf ν_0 folgenden natürlichen Zahlen zu.

III. Körpereigenschaften reeller Zahlen

	Kommutatives Gesetz	Assoziatives Gesetz
1. Addition:	$a + b = b + a$	$a + (b + c) = (a + b) + c$
2. Multiplikation:	$a \cdot b = b \cdot a$	$(a \cdot b) \cdot c = a \cdot (b \cdot c)$

3. Distributives Gesetz der Addition und Multiplikation:
   $a \cdot (b + c) = a \cdot b + a \cdot c$.
4. Subtraktion: Die Gleichung $x + a = b$ ist für alle a und b eindeutig nach x auflösbar: $x = b - a$; $a - a = 0$ ist unabhängig von a.
5. Division: Es gibt Zahlen $a \neq 0$. Für $a \neq 0$ ist $x \cdot a = b$ eindeutig nach x auflösbar: $x = b/a$; $a/a = 1$ ist unabhängig von a $(a \neq 0)$.

IV. Grösseneigenschaften reeller Zahlen

1. Anordnung: Aus $a \neq b$ folgt entweder $a > b$, $b < a$ oder $b > a$, $a < b$; aus $a > b$ folgt für jedes c: $a + c > b + c$; aus $a > 0$, $b > 0$ folgt $ab > 0$.
2. Transitivität: Aus $a > b$, $b > c$ folgt $a > c$.
3. *Archimed*ische Eigenschaft: Aus $a > 0$, $b > 0$ folgt für ein gewisses natürliches n: $\quad n \cdot a > b$.
4. *Dedekind*sche Schnitteigenschaft (Stetigkeitsaxiom):

Wird die Gesamtheit S aller reellen Zahlen in zwei Teile zerspalten, $S = I + II$, so dass jedes a aus I kleiner ist als jedes b aus II, so gibt es ein und nur ein σ mit der folgenden Eigenschaft: alle $c < \sigma$ gehören zu I und alle $c > \sigma$ gehören zu II. Dabei wird vorausgesetzt, dass sowohl I als auch II wirklich Zahlen enthalten.

(Eine solche Zerspaltung heisst ein *Dedekind*scher Schnitt. I heisst die Unterklasse, II die Oberklasse dieses Schnittes. Von σ sagt man, es „erzeuge" den Schnitt $S = I + II$.)

Wir besprechen nunmehr die Eigenschaften, die zu den einzelnen Gruppen dieser Tabelle gehören.

8. Gleichheitsbeziehungen

Die drei Grundeigenschaften der Gleichheitsbeziehungen erscheinen auf den ersten Blick ganz trivial und zugleich überflüssig, weil mit dem Begriff der Gleichheit „selbstverständlich" verbunden.

Dies wäre indessen nur dann richtig, wenn es sich um restlose *Identität* handelte, und um restlose Identitäten handelt es sich in der Wissenschaft so gut wie nie. In der Relation z. B.:

$$\frac{2}{3} = \frac{4}{6}$$

sind die Symbole auf beiden Seiten sicherlich nicht identisch. Sie drücken zwar die gleiche *Quantität* aus, bedeuten aber, sogar als *Operationen* aufgefasst, etwas durchaus Verschiedenes. Um zwei Drittel einer Einheit zu bilden, muss ja diese Einheit in drei gleiche Teile zerlegt werden, von denen dann zwei zu nehmen sind. Vier Sechstel einer Einheit wird aber definitionsgemäss gebildet, wenn die Einheit in sechs gleiche Teile zerlegt wird, von denen dann vier zu nehmen sind[1]). Wie man sieht, handelt es sich bei der obigen Gleichung nur um eine Übereinstimmung *vermöge eines bestimmten Gesichtspunktes*.

Jedesmal, wenn man verschiedene Dinge unter einem bestimmten Gesichtspunkt als übereinstimmend ansieht, sie, wie man sagt, mit einander „identifiziert", handelt es sich um eine Art Gleichheitsbeziehung, für die man übrigens im allgemeinen lieber das Wort ***Äquivalenz*** benutzt, um der Verwechslung mit der identischen Gleichheit vorzubeugen. Dann gelten aber die drei unter *I* angeführten Grundeigenschaften durchaus nicht notwendigerweise.

Wir wollen z. B. zwei Menschen *a* und *b* „*stammverwandt*" nennen, wenn eines der Eltern von *a* die gleiche Muttersprache hat wie eines der Eltern von *b*. Es ist ja klar, dass in diesem Falle mit gewissen verwandten Elementen in der Erziehung von *a* und *b* zu rechnen ist. Die so definierte Verwandtschaft ist aber so locker, dass sie wohl die Eigenschaften der Reflexivität und der Symmetrie besitzt, dagegen nicht mehr die Eigenschaft der Transitivität. Denn sind z. B. die Muttersprachen der Eltern von *a* deutsch und französisch, die der Eltern von *b* französisch und englisch, und die der Eltern von *c* englisch und italienisch, so ist im Sinne unserer Definition *a* stammverwandt mit *b*, und *b* stammverwandt mit *c*, dagegen ist *a* nicht mehr stammverwandt mit *c*.

Durch eine leichte Abänderung der obigen Definition können wir sogar einen Grad der Stammverwandtschaft definieren, bei dem keine der drei Grundeigenschaften der Gleichheit zutrifft. Setzen wir z. B. fest, dass *a* dann und nur dann stammverwandt mit *b* heisst, wenn die Mutter von *a* die gleiche Muttersprache hat wie der Vater von *b*, so ist im Sinne dieser Definition *a* nicht als stammverwandt mit sich selbst anzusehen, wenn seine Eltern

[1]) Wie einschneidend dieser Unterschied sein kann, sieht man, wenn man als die Einheit eine Gruppe von drei gleichen Lebewesen nimmt, seien es auch nur Regenwürmer.

verschiedener Muttersprache sind. Ebenso leicht sieht man ein, dass, wenn a mit b stammverwandt ist, dann b mit a nicht notwendig stammverwandt zu sein braucht, und dass auch die Eigenschaft der Transitivität nicht allgemein gilt.

9. Das Grundgesetz der natürlichen Zahlen (Vollständige Induktion)

Dieses Gesetz ist aus zweierlei Gründen besonders wichtig. Einerseits drückt es eine fundamentale Eigenschaft natürlicher Zahlen aus. Andererseits legt dieses Gesetz einen charakteristischen Beweisansatz für verschiedene Eigenschaften natürlicher Zahlen fest, der gelegentlich auch bei schwierigsten Fragen die Durchführung des Beweises ermöglicht.

Der Inhalt dieses Grundgesetzes erscheint zunächst trivial. Denn treffen seine Annahmen zu, so gilt die Aussage E für $\nu = \nu_0$, daher auch für $\nu = \nu_0+1$, daher auch für $\nu = \nu_0+2$ usw., so dass ihre Gültigkeit nunmehr für jedes natürliche n folgt, das aus ν_0 durch wiederholtes Hinzufügen der Einheit erhalten werden kann. Dass aber auf diese Weise *jedes* natürliche ν über ν_0 erreicht werden kann, ist gerade der Sinn des obigen Grundgesetzes.

Wie man sieht, ist dieses Gesetz, im Grunde genommen, mit der Fundamentaleigenschaft der natürlichen Zahlen äquivalent, vermöge deren alle natürlichen Zahlen aus 1 durch sukzessives Hinzufügen der Einheit entstehen.

Was aber die Benutzung der vollständigen Induktion zu Beweiszwecken[1]) anbetrifft, so ist sie wohl dem Leser beim Beweis der *Newtonschen Binomialformel* in der Schulmathematik bereits begegnet. Diese Formel besagt:

$$\boxed{(a+b)^n = a^n + K_n^{(1)} a^{n-1} b + \cdots + K_n^{(\nu)} a^{n-\nu} b^\nu + \cdots + b^n,} \tag{9,1}$$

wo

$$\boxed{K_n^{(\nu)} = \binom{n}{\nu} = \frac{n(n-1)\ldots(n-\nu+1)}{\nu!}} \tag{9,2}$$

die Anzahl der Kombinationen der ν-ten Klasse aus n Elementen ist. Diese Formel ist für $n = 1$ trivial. Nimmt man sie für n als richtig an und multipli-

---

[1]) Die Entdeckung des Schlusses durch vollständige Induktion wurde lange Zeit auf *Jakob Bernoullis* (1654—1705) Ars conjectandi (1713) und später auf *Pascals* (1623—1662) traité du triangle arithmétique (1665) zurückgeführt. Doch dürfte sie *Pascal* aus einem 1557 erschienenen Werk von *F. Maurolico* kennen gelernt haben. Zum ersten Mal scheint aber dieser Schluss explizite in einem 1321 erschienenen Werk von *Levi ben Gerson* benutzt worden zu sein.

In der Praxis wird allerdings die vollständige Induktion oft so gehandhabt, dass man dabei von „$n-1$ auf n" anstatt von n auf $n+1$ schliesst. Ebenso muss man oft zum Beweis von E für $\nu+1$ diese Eigenschaft nicht nur für ν voraussetzen, sondern für alle natürlichen Zahlen von ν_0 bis ν. Doch läuft dies darauf hinaus, dass man die Eigenschaft E von ν durch eine andere Eigenschaft E von ν ersetzt, die darin besteht, dass die Eigenschaft E eben für alle Zahlen $\nu_0, \nu_0+1, \ldots, \nu$ zutrifft.

ziert beide Seiten mit $a+b$, so lässt sich unter Benutzung einfacher Eigenschaften von $K_n^{(\nu)}$ die rechte Seite auf die Gestalt bringen:

$$a^{n+1} + K_{n+1}^{(1)} a^n b + \cdots + K_{n+1}^{(\nu)} a^{n+1-\nu} b^\nu + \cdots + b^{n+1},$$

woraus dann folgt, dass die *Newton*sche Binomialformel für $n+1$ gilt, wenn sie für n gilt. Damit ist ihr Beweis für alle natürlichen n nach dem Prinzip der vollständigen Induktion erbracht[1]).

10. Die Körpereigenschaften reeller Zahlen

Diese Eigenschaften lassen sich dahin zusammenfassen, dass im Bereiche der reellen Zahlen die Operationen der Addition und Subtraktion, der Multiplikation und Division, mit Ausnahme der Division durch 0, unbeschränkt und eindeutig durchführbar sind. Dabei gelten für Addition und Multiplikation die kommutativen und assoziativen Gesetze, sowie das die Addition und Multiplikation verknüpfende distributive Gesetz.

Ferner haben wir unter diesen Eigenschaften die Definitionen und die charakteristischen Eigenschaften von 0 und von 1 angeführt. Dass die Zahlen $a-a$ und a/a von a unabhängig sind, liesse sich übrigens aus den übrigen Eigenschaften unter III herleiten. — Durch diese Tatsachen werden besonders bemerkenswerte Ausnahmeeigenschaften von 0 und von 1 aufgedeckt. Zugleich tritt hierbei in Erscheinung, dass die Analogie zwischen Addition und Multiplikation nicht vollständig ist. — Man kann jede Zahl abziehen, aber nicht durch 0 dividieren.

Ebenso beachte man, dass das distributive Gesetz nicht symmetrisch in bezug auf Addition und Multiplikation ist. Denn ersetzt man in III 3 die Additionen durch Multiplikationen und umgekehrt, so ergibt sich die Relation

$$a + bc = (a+b)(a+c),$$

die aber nur für $a = 0$ oder $a+b+c = 1$ richtig ist.

Die Eigenschaften III gelten nicht nur für die Gesamtheit aller reellen Zahlen, sondern auch für andere Zahlengesamtheiten, wie etwa für die

---

[1]) Die Formel (9,1) rührt übrigens durchaus nicht etwa von *Newton* her. Sie geht zumindest auf arabische und chinesische Quellen aus dem 12. bzw. 14. Jahrhundert zurück. Zur Berechnung der Binomialkoeffizienten $K_n^{(\nu)}$ wurde in diesen ersten Darstellungen ein Schema benutzt, das heute als das *Pascalsche arithmetische Dreieck* bezeichnet wird. Die Produktdarstellung (9,2) für diese Grössen ist vielleicht zum ersten Mal von *Henry Briggs* (1556—1630) gefunden und aus seinem Nachlass 1633 veröffentlicht worden. Erst *Pascal* erkannte in der oben zitierten Schrift, dass die Grössen $K_n^{(\nu)}$ als Anzahlen von Kombinationen aufgefasst werden können.

I. Newton (1643—1727) hat diese Formel in einer bereits 1669 verfassten, indessen erst 1711 veröffentlichten Schrift wiedergefunden. Die grosse Leistung von *Newton* auf diesem Gebiet besteht aber darin, dass es ihm gelang, die Formel (9,1) auch auf den Fall nichtganzzahliger Exponenten auszudehnen, wovon in § 28 dieser Vorlesungen noch die Rede sein wird. Den ersten auf der Methode der vollständigen Induktion beruhenden Beweis der Formel (9,1) hat anscheinend *G. Fr. de Castillon* 1742 gegeben.

Gesamtheit aller rationalen Zahlen, dagegen z. B. nicht mehr für die *Gesamtheit aller ganzen Zahlen*, da ja dort die Division nur in Ausnahmefällen möglich ist.

Jede Zahlengesamtheit, innerhalb deren die vier rationalen Rechenoperationen Addition, Subtraktion, Multiplikation und Division, mit Ausnahme der Division durch 0, unbeschränkt ausführbar sind, wobei alle Eigenschaften der Gruppe III gelten, nennt man einen **Körper** (nach *Richard Dedekind*, 1831—1916) oder einen **Rationalitätsbereich** (nach *Leopold Kronecker*, 1823—1891); daher die Benennung *Körpereigenschaften* für diese Eigenschaftengruppe.

11. Die Grösseneigenschaften reeller Zahlen

Die Eigenschaften 1 und 2 der Gruppe IV legen mit vier Sätzen die Grundtatsachen fest, die für die gewöhnliche, uns allen geläufige Anordnung reeller Zahlen ihrer Grösse nach massgebend sind. Alle anderen auf die Grössenanordnung bezüglichen Tatsachen lassen sich mit Hilfe dieser vier Sätze herleiten, so z. B. die Tatsache, dass $1 > 0$ ist. Wir werden darauf in der Nr. 14 bei der Besprechung des Rechnens mit Ungleichungen zurückkommen.

Die Transitivität, die wir als die letzte der fundamentalen Eigenschaften der Grössenanordnung angeführt haben, ist durchaus nicht für jede vernünftige Anordnungsfestsetzung gültig. Sie gilt z. B. bei der

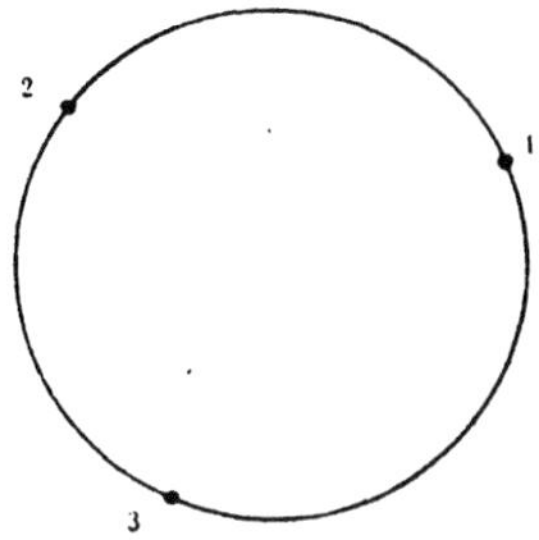

Fig. 1

sogenannten *zyklischen Anordnung* nicht. Denn ordnet man z. B. die drei Zahlen 1, 2, 3 längs einer Kreislinie so an, dass bei einem bestimmten Umlaufssinn 2 auf 1, 3 auf 2 und 1 auf 3 folgt (vgl. Fig. 1), so ist damit für je zwei verschiedene unter den Zahlen 1, 2, 3 eine eindeutige und durchaus vernünftige Anordnung festgelegt, die aber offenbar nicht transitiv ist. Denn obschon 2 auf 1 und 3 auf 2 folgt, „folgt" nicht etwa 3 auf 1, sondern 1 auf 3.

Wir bemerken noch, dass man gelegentlich auch die Bezeichnungen $a \geqq b$ und $a \leqq b$ benutzt. Die erste bedeutet, dass a grösser oder gleich b ist, die zweite, dass a kleiner oder gleich b ist[1]). Wir nennen die Zeichen $>$, $<$ *reine* und $\geqq$, $\leqq$ *gemischte Ungleichheitszeichen.* Die entsprechenden Ungleichungen nennen wir **reine** bzw. **gemischte Ungleichungen.**

Ebenso werden gelegentlich, wenn auch nicht in den Formeln, die Zeichen $\nless$ und $\ngtr$ benutzt, die gleichbedeutend mit $\geqq$ bzw. $\leqq$ sind, ferner $\neq$ (*ungleich*), sowie $\gtrless$ (*grösser-kleiner*).

12. Das Archimedische und das Dedekindsche Axiom

Das sogenannte ***Archimed*ische Axiom**[2]) ist zuerst im Altertum bei gewissen geometrischen Betrachtungen zur *Exhaustionsmethode* zur Geltung gekommen[3]). Die Ungleichung $na > b$ ist wegen $a > 0$ mit $n > b/a$ äquivalent (vgl. Nr. 13). Daher besagt das *Archimed*ische Axiom im Grunde genommen, dass *jede reelle Zahl sich durch gewisse natürliche Zahlen übertreffen lässt.*

Das ***Dedekind*sche Stetigkeitsaxiom** ist unter allen Eigenschaften unserer Tabelle diejenige, die zuletzt klar erkannt und formuliert wurde, nämlich von *Dedekind* 1872[4]). Die Formulierung dieses Axioms erscheint recht schwerfällig und merkwürdig verklausuliert. Man hat indessen in den 70 seit seiner Entdeckung verflossenen Jahren keine einfachere Formulierung gefunden.

Wenn man sich aber die fundamentale Bedeutung dieses Gesetzes für den Aufbau der gesamten höheren Mathematik vergegenwärtigt, wird man vielleicht seine Formulierung nicht einmal als sehr kompliziert empfinden.

---

[1]) Die Zeichen $>$, $<$ sind zuerst von *Harriot* 1631 eingeführt worden. Der Anfänger verwechselt diese Zeichen leicht. Ihre Bedeutung behält man am besten, wenn man sich erinnert, dass die Spitze immer *nach dem Kleineren* gerichtet ist.

Gelegentlich werden mehrere *gleichartige* Ungleichungen mit derselben rechten Seite zu einer einzigen vereinigt. So schreibt man anstatt $a > 0, b > 0, c > 0$ einfach $a, b, c > 0$. Doch hat sich diese Bezeichnung noch nicht allgemein eingebürgert.

[2]) *Archimedes* von Syrakus, geb. wahrscheinlich 287, gest. 212 v. Chr., der grösste Mathematiker des Altertums, einer der grössten Mathematiker aller Zeiten. Er beherrschte vollkommen die Ergebnisse und den klassischen Stil der vorarchimedischen Mathematik, war aber seinen sämtlichen Vorläufern an Scharfsinn und Können weit überlegen. Darüber hinaus teilte er die von seinen Vorläufern ostentativ zur Schau getragene Verachtung für Anwendungen der Mathematik in keiner Weise. Dadurch war es ihm möglich, in einem gewissen Masse die Hemmungen zu überwinden, die das scholastisch starre Festhalten am klassischen Zahlbegriff für die Mathematik des Altertums bedeutete. An diesem Zahlbegriff, der das Irrationale (und übrigens auch die Einheit) ausschloss, ist aber die Mathematik des Altertums schliesslich doch gescheitert. Denn hier hat auch *Archimedes* keine Schule zu machen vermocht.

Wurden die in vollendetem Stil abgefassten Schriften des *Archimedes* von Mathematikern mit scheuer Bewunderung betrachtet, so haben ihm zugleich seine Entdeckungen in der Mechanik wohl als erstem der grossen Denker der Menschheit zur „Massenpopularität" verholfen, so sehr, dass sein Name im Altertum geradezu zur Bezeichnung scharfsinniger Leistungen verwendet wurde. Der um sein Leben gewobene Legendenkranz wurde zum Vorbild für Anekdoten, die man seitdem so gern über grosse Gelehrte erzählt.

[3]) *Archimedes* selbst zitiert eine Betrachtung des *Eudoxus* von Knidos (um 408 bis 355 v. Chr.), in der dieses Axiom als Lemma benutzt wird. Doch scheint es, dass eine analoge Methode bereits vor *Eudoxus* bekannt gewesen war.

[4]) Das *Dedekind*sche Axiom ist zuerst in der Schrift formuliert worden: *R. Dedekind*, Stetigkeit und irrationale Zahlen, Braunschweig 1872.

Man beachte nämlich, dass mit Hilfe der übrigen Eigenschaften unserer Tabelle neue Zahlen nur aus *endlich vielen* gegebenen und nur vermöge der *vier rationalen Operationen*, endlich oft wiederholt, hergeleitet werden können. Jedesmal also, wenn man in der Mathematik neue Zahlen aus *unendlich vielen* gegebenen Zahlen herleitet, oder zwar aus *endlich vielen* gegebenen Zahlen, aber *nicht* mehr *vermöge endlich vieler rationaler Rechenoperationen*, muss diese Herleitung irgendwie das *Dedekind*sche Stetigkeitsaxiom benutzen.

Dieses Axiom ist daher für die gesamte Analysis grundlegend, höchstens abgesehen von der elementaren Algebra und Zahlentheorie.

In der Praxis benutzt man natürlich lieber verschiedene einfachere Sätze, die sich mit Hilfe des *Dedekind*schen Schnittaxioms herleiten lassen, so z. B. den Satz von der Intervallschachtelung (vgl. Nr. 19).

Die Eigenschaften der Gruppe IV hängen aufs engste zusammen mit der „Darstellung" der Zahlen durch Punkte auf der Zahlengeraden, wie man sie von der Schule her ja kennt. Die Anordnung der Zahlen der Grösse nach läuft auf die Anordnung der entsprechenden Punkte hinaus, wobei der der *grösseren* Zahl entsprechende Punkt immer weiter *nach rechts* liegt. Dabei entspricht jedem Punkt der Zahlengeraden eine reelle Zahl — seine *Abszisse* — und umgekehrt. Doch beachte man, dass diese Zuordnung der Punkte zu ihren Abszissen von der *Orientierung* der Geraden und der Wahl des „Anfangspunktes", d. h. des Punktes mit der Abszisse 0 abhängt. Verschiebt man den Anfangspunkt, indem man den Punkt mit der Abszisse a als neuen Anfangspunkt wählt, so erhält man die „neuen" Abszissen verschiedener Punkte aus den „alten", indem man von ihnen a abzieht.

Diese Darstellung wird in der Mathematik als so selbstverständlich empfunden, dass man geradezu die *Zahl* mit dem zugehörigen *Punkt* oder, wie man auch sagt, der zugehörigen *Stelle* identifiziert und diese Bezeichnungen durcheinander gebraucht, je nachdem, welche im betreffenden Zusammenhang einprägsamer oder anschaulicher erscheint. Man vergleiche z. B. im folgenden die Betrachtungen über verschiedene Intervalle in den Nrn. 19 und 20.

Man kann aber diese Darstellung nicht etwa als Ersatz für das *Dedekind*sche Stetigkeitsaxiom benutzen. Denn die diesem Axiom entsprechende Eigenschaft der Zahlengeraden, ihre sogenannte *Stetigkeit*, lässt sich, wie zuerst *Dedekind* überzeugend darlegte, doch nur in der Weise klar charakterisieren, dass man eine geeignete Paraphrase des *Dedekind*schen Axioms benutzt, und nicht anders steht es mit dem *Archimed*ischen Axiom. —

Wir bemerken noch, dass die Zahl σ im *Dedekind*schen Axiom, die den Schnitt erzeugt, auch selbst zu I oder zu II gehören muss. Gehört sie zu I, so ist sie die grösste Zahl der Unterklasse, gehört sie zu II, so ist sie die kleinste Zahl der Oberklasse.

Wie wir früher erwähnten, kommen die Körpereigenschaften nicht nur der Gesamtheit aller reellen Zahlen zu, sondern auch einigen Teilgesamtheiten dieser Gesamtheit. Anders steht es mit den Körpereigenschaften und Grösseneigenschaften zusammengenommen. Diese Eigenschaften kommen keiner „echten" Teilgesamtheit der Gesamtheit aller reellen Zahlen zu, und es ist auch nicht möglich, die Gesamtheit der reellen Zahlen so zu erweitern, also neue Zahlen zu ihr hinzuzufügen, dass alle diese Eigenschaften erhalten bleiben. Man nennt diese Tatsache, auf deren Beweis wir nicht eingehen wollen, den *Vollständigkeitssatz.* Es stellt sich z. B. als sehr wertvoll heraus, die Gesamtheit der reellen Zahlen zu einer umfangreicheren Gesamtheit durch Hinzufügung der sogenannten **komplexen Zahlen** zu erweitern. Dabei können aber unmöglich alle obigen Eigenschaften erhalten bleiben. In der Tat muss denn dann auch auf die Grösseneigenschaften verzichtet werden. Dies ist der Grund, warum die Mathematiker früher, als sie sich durch den Gang der Entwicklung der Mathematik gezwungen sahen, die komplexen Zahlen zu benutzen, diese Zahlen als ,,unmögliche Zahlen" bezeichneten und mit ihnen dennoch rechneten. Denn es wurde damals als selbstverständlich angenommen, dass den ,,richtiggehenden" Zahlen auch die Grösseneigenschaften zukommen müssten. Erst im 19. Jahrhundert hat sich die liberalere Auffassung der Dinge durchgesetzt.

Aufgaben[1])

1. Es sind möglichst einfache numerische Systeme von zwei linearen Gleichungen mit zwei Unbekannten von der Form

$$a_0 x + b_0 y = c_0,$$
$$a_1 x + b_1 y = c_1$$

anzugeben, die

a) keine Lösung,
b) genau eine Lösung,
c) genau zwei Lösungen

besitzen.

2. Man stelle die folgenden Ausdrücke als Produkte jeweils zweier in x linearer Faktoren dar:

a) $x^2 - 5x + 6$, b) $x^2 - 6xy + 8y^2$.

3. Ist $y = \frac{ax+b}{cx+d}$, so ist x durch y auszudrücken; ebenso für $y = \frac{ax+b}{bx-a}$.

[1]) Die am Ende jedes Paragraphen zusammengestellten Aufgaben sind so angeordnet, dass zuerst relativ leichte Aufgaben kommen, die der Studierende ohne grosse Mühe lösen kann, wenn er den Inhalt des betreffenden Paragraphen durchgenommen hat. Darauf folgen, durch drei Sterne getrennt, etwas schwierigere bzw. kompliziertere Aufgaben, denen gelegentlich Andeutungen über die Lösungen beigegeben wurden. Erweisen sich diese Aufgaben trotzdem als zu schwierig, so kann dem Leser empfohlen werden, diese Aufgaben später noch einmal vorzunehmen, nachdem einige weitere Abschnitte des Buches durchgearbeitet worden sind. — Ferner sei dem Leser empfohlen, auch falls ihm bei einer Reihe ähnlicher Aufgaben der Lösungsgang unmittelbar einleuchtend erscheint, es dennoch nicht zu versäumen, wenigstens einige unter ihnen vollständig durchzurechnen.

4. Die Ausdrücke

$$\text{a)}\ \frac{(x-1)^2(x+2)}{(x+1)^2(x-2)}, \qquad \text{b)}\ \frac{x^2(x^2-25)}{(x^2-9)(x^2-16)},$$

$$\text{c)}\ \frac{x^2(x^2+5)^2}{(x-1)(x+2)(x+4)(x+6)}$$

sind in der Form $\frac{1+y}{1-y}$ darzustellen. Welche Gestalt hat jeweils y? (Man löse zuerst die Gleichung $\frac{u}{v} = \frac{1+y}{1-y}$ nach y auf.)

5. Die Konstanten a, b, c sind so zu bestimmen, dass

$$\frac{x}{(x-1)(x+1)(x+2)} = \frac{a}{x-1} + \frac{b}{x+1} + \frac{c}{x+2}$$

ist. (Man multipliziere mit dem Generalnenner herauf und vergleiche die Koeffizienten rechts und links bei x^0, x^1 und x^2.)

6. Man bestimme die Konstanten a, b, c, d so, dass

$$\frac{x^3}{(x^2+4)(x-1)^2} = \frac{ax+b}{x^2+4} + \frac{c}{(x-1)^2} + \frac{d}{x-1}$$

ist.

7. Die folgenden Relationen sind durch vollständige Induktion zu beweisen[1]):

$$\text{a)}\qquad 1+q+q^2+\cdots+q^n = \sum_{\nu=0}^{n} q^\nu = \frac{1-q^{n+1}}{1-q} \qquad (q \neq 1),$$

$$\text{b)}\qquad 1+2+\cdots+n = \sum_{\nu=1}^{n} \nu = \frac{n(n+1)}{2},$$

$$\text{c)}\qquad 1^2+2^2+\cdots+n^2 = \sum_{\nu=1}^{n} \nu^2 = \frac{n(n+1)(2n+1)}{6}.$$

8. Man leite aus der Relation 7a) die folgende Relation her:

$$\frac{a^n-b^n}{a-b} = a^{n-1} + a^{n-2}b + \cdots + b^{n-1} \qquad (n > 1).$$

9. Man beweise

$$\sum_{\nu=1}^{n} \frac{x^{2^{\nu-1}}}{1-x^{2^\nu}} = \frac{1}{1-x} - \frac{1}{1-x^{2^n}}.$$

(Man beachte, dass x^{2^ν} nicht etwa $(x^2)^\nu = x^{2\nu}$ bedeutet, sondern $x^{(2^\nu)}$)

[1]) Die Bedeutung des in den folgenden Aufgaben benutzten Summenzeichens Σ ist den Formeln a), b), c) leicht zu entnehmen. Auf dieses Zeichen wird ausführlicher am Ende der Nr. 23 eingegangen. In derartigen Summenausdrücken ist nur die Gestalt eindeutig zu verstehen, die das Summensymbol enthält, während die „ausgeschriebene" Form mehr der Erläuterung dient. So kann z. B. eine solche Summe sehr wohl auch nur aus einem oder zwei Gliedern bestehen, während man beim „Ausschreiben" wenigstens drei oder vier Glieder angeben wird. — In den Aufgaben werden unter n und m, sofern nicht das Gegenteil gesagt wird, natürliche Zahlen verstanden. Handelt es sich um eine Zahlenfolge, so durchläuft n alle Werte 1, 2, ..., sofern nicht das Gegenteil gesagt wird.

10. Beweise durch vollständige Induktion die Relation[1])

$$(1+x)(1+x^2)\cdots(1+x^{2^n}) = \prod_{\nu=0}^{n} (1+x^{2^\nu}) = \frac{1-x^{2^{n+1}}}{1-x} \qquad (n=0,1,2\ldots).$$

11. Beweise für $n = 0, 1, 2, \ldots$

$$\prod_{\nu=0}^{n}\left(1+\frac{2}{t^{2^\nu}+t^{-2^\nu}}\right) = \frac{t+1}{t-1}\,\frac{t^{2^{n+1}}-1}{t^{2^{n+1}}+1} \qquad (t\neq 1).$$

12. Beweise für $n = 0, 1, 2, \ldots$

$$\prod_{\nu=0}^{n}\frac{t^{3^\nu}+t^{-3^\nu}+1}{t^{3^\nu}+t^{-3^\nu}-1} = \frac{t+1}{t-1}\,\frac{t^{3^{n+1}}-1}{t^{3^{n+1}}+1} \qquad (t\neq 1).$$

* * *

13. Lässt sich an Hand der Lösung der Aufgabe 3 eine Gleichung vom Typus $y = \frac{ax+b}{cx+d}$ für *alle* Werte von a, b, c, d und y nach x auflösen? (Vgl. die Gleichung $\frac{2x+2}{x+1} = 1$.)

14. Ist z irrational, so ist auch $\frac{az+b}{cz+d}$ irrational, wenn a, b, c, d rational sind und $ad - bc \neq 0$ ist.

15. Es ist bekannt, dass $\sqrt{n}$ irrational ist, wenn n eine natürliche Zahl, aber kein Quadrat einer natürlichen Zahl ist. Man folgere daraus, dass auch $\sqrt{2} + \sqrt{3}$ eine irrationale Zahl ist.

16. Es sei $u_0 = a$, $u_1 = ax + b$, $u_2 = ax^2 + 2bx + c$, $u_3 = ax^3 + 3bx^2 + 3cx + d$. Man beweise, dass dann der Ausdruck

$$u_0^2 u_3 - 3u_0 u_1 u_2 + 2u_1^3$$

von x unabhängig ist.

17. Die folgenden Ausdrücke sind in der Form

$$(ax + by)^2 + (cx + dy)^2$$

darzustellen:

a) $x^2 + 2xy + 2y^2$,
b) $x^2 + 2xy + 5y^2$,
c) $2x^2 - 5xy + 7y^2$.

18. $5x^2 - 4x + 8$ ist in der Form

$$(ax + b)^2 + c^2$$

darzustellen.

[1]) Das in dieser und den folgenden Aufgaben benutzte Produktzeichen Π wird ähnlich gebraucht wie das Summenzeichen Σ. Seine Bedeutung ist der Formelzeile der Aufgabe 10 leicht zu entnehmen. (Vgl. dazu noch das Ende der Nr. 23.)

19. Man beweise, dass für $x, a_1, \ldots, a_n > 0$ die Relation gilt:

$$x \sum_{\nu=2}^{n} \frac{a_1 \ldots a_{\nu-1}}{(a_1+x)\ldots(a_\nu+x)} = \frac{a_1}{a_1+x} - \frac{a_1 \ldots a_n}{(a_1+x)\ldots(a_n+x)} \quad (n > 1).$$

20. Man bestimme für $x, A_1, \ldots, A_n > 0$ die folgende Summe in geschlossener Form:

$$\sum_{\nu=1}^{n} \frac{A_\nu}{(1+A_1 x)\ldots(1+A_\nu x)}.$$

(Man ersetze in der vorhergehenden Aufgabe die a_ν durch geeignete Ausdrücke in den A_ν.)

21. Beweise durch vollständige Induktion die Relationen:

a) $$\frac{1}{2} + \cos x + \cos 2x + \cdots + \cos nx = \frac{\sin\left(n+\frac{1}{2}\right)x}{2\sin\frac{x}{2}},$$

b) $$\cos x + \cos 3x + \cdots + \cos(2n-1)x = \frac{\sin 2nx}{2\sin x}.$$

22. Beweise
$$\prod_{\nu=1}^{n} \cos\frac{x}{2^\nu} = \frac{\sin x}{2^n \sin\frac{x}{2^n}}.$$

23. Beweise durch vollständige Induktion für $n = 0, 1, 2, \ldots$

$$(1 - x^{2^{n+1}}) \prod_{\nu=0}^{n}\left(1 - \frac{x^{2^\nu}}{2}\right) = (1-x)\prod_{\nu=0}^{n}\left(1 + \frac{x^{2^\nu}(1-x^{2^\nu})}{2}\right).$$

24. Es sei allgemein für $n = 1, 2, \ldots$

$$a_{n+1} = \frac{a_n + b_n}{2}, \quad b_{n+1} = \sqrt{a_{n+1} b_n}$$

Ist $b_1 \geqq a_1 > 0$, und setzt man

$$b_1 = \beta, \; a_1 = \beta\cos\varphi,$$

so gilt

$$a_{n+1} = \frac{\beta\sin\varphi}{2^n \operatorname{tg}\frac{\varphi}{2^n}}, \quad b_{n+1} = \frac{\beta\sin\varphi}{2^n \sin\frac{\varphi}{2^n}} \quad (n \geqq 1).$$

(Borchardt.)

25. Man bestimme den Wert des Produkts

$$\prod_{\nu=2}^{n}\left(1 - \frac{1}{\nu^2}\right).$$

(Man zerlege den allgemeinen Faktor des Produkts in einfachere Faktoren.)

26. Man bestimme den Wert des Produkts

$$\prod_{\nu=2}^{n} \frac{\nu^3-1}{\nu^3+1} .$$

(Man benutze die Identität: $(\nu+1)^2-(\nu+1)+1=\nu^2+\nu+1$.)

27. Gilt

$$ab(a^2+b^2)=cd(c^2+d^2) ,$$

und setzt man

$$\begin{aligned} x &= a+b+c+d \\ y &= a+b-c-d \\ z &= a-b+c-d \\ u &= a-b-c+d, \end{aligned}$$

so folgt

$$xy(x^2+y^2)=zu(z^2+u^2).$$

28. Sind $x_1, \ldots, x_n$ positiv, und setzt man

$$y_\nu=\frac{x_\nu-x_{\nu+1}}{x_\nu+x_{\nu+1}} \ (\nu=1,\ldots,n-1), \qquad y_n=\frac{x_n-x_1}{x_n+x_1} ,$$

so gilt

$$\prod_{\nu=1}^{n}(1-y_\nu)=\prod_{\nu=1}^{n}(1+y_\nu) .$$

Wer wagt es, Rittersmann oder Knapp,
Zu tauchen in diesen Schlund?
Schiller, Der Taucher

§ 3. Erste Folgerungen aus den Grundeigenschaften reeller Zahlen

13. Folgerungen aus den Körpereigenschaften

Die Gesetze der **Kommutativität,** der **Assoziativität** und der **Distributivität** für Addition und Multiplikation sind in unserer Tabelle von Nr. 7 nur für zwei bzw. drei Summanden und Faktoren formuliert worden.

Nun gilt aber für **beliebig viele** Summanden die Tatsache, dass man bei der Berechnung ihrer Summe die Summanden beliebig anordnen und in beliebiger Weise zusammenklammern kann. Die analoge Tatsache gilt auch für Produkte von *beliebig vielen* Faktoren. Endlich gilt auch das distributive Gesetz für Summen von *beliebig vielen* Summanden.

Diese allgemeinen Tatsachen sind in unserer Tabelle nicht aufgeführt, weil sie aus den dort formulierten Körpereigenschaften ohne Schwierigkeit mit Hilfe der vollständigen Induktion hergeleitet werden können. Ihre Beweise sollen in dieser Nummer gegeben werden. Da aber diese Herleitungen etwas umständlich sind, kann der Leser die angeführten Tatsachen auch unter die postulierten Grundeigenschaften der Körper aufnehmen und diese Nummer fürs erste oder überhaupt überschlagen.

Die Summe von n Summanden $a_1 + a_2 + \cdots + a_n$ wird so definiert, dass man zu a_1 nacheinander a_2, dann $a_3, \ldots$, dann a_n in dieser Reihenfolge addiert. Es gilt also auch

$$a_1 + a_2 + \cdots + a_{n+1} = (a_1 + \cdots + a_n) + a_{n+1}. \tag{13,1}$$

Wir zeigen nun, dass bei der Berechnung von $a_1 + \ldots + a_n$ die $n - 1$ letzten Summanden zusammengeklammert werden können:

$$\boxed{a_1 + \cdots + a_n = a_1 + (a_2 + \cdots + a_n).} \tag{13,2}$$

Dies ist für $n = 2$ trivial und für $n = 3$ gerade die zweite Relation III 1. Wir nehmen an, (13,2) sei für ein natürliches n wahr, und folgern daraus die Gültigkeit dieser Formel auch für $n + 1$.

Zu diesem Zwecke setzen wir

$$a_2 + \cdots + a_n = x,$$

so dass die rechte Seite von (13,2) gleich $a_1 + x$ ist. Daher ist wegen (13,1):

$$a_1 + \cdots + a_{n+1} = (a_1 + x) + a_{n+1},$$

und dies ist nach der zweiten Relation III 1

$$= a_1 + (x + a_{n+1}) = a_1 + (a_2 + \cdots + a_{n+1}).$$

Dies bedeutet aber, dass (13,2) auch gültig bleibt, wenn n durch $n + 1$ ersetzt wird. Daher gilt (13,2) für jedes beliebige natürliche n.

Will man nun allgemein beweisen, dass

$$a_1 + \cdots + a_n = (a_1 + \cdots + a_k) + (a_{k+1} + \cdots + a_n), \quad 1 < k < n, \tag{13,3}$$

gilt, so beachte man, dass, wenn

$$a_1 + \cdots + a_k = x$$

gesetzt wird, $a_1 + \cdots + a_n$ in der Form geschrieben werden kann:

$$x + a_{k+1} + \cdots + a_n,$$

und wegen (13,2), angewandt auf die Summanden $x, a_{k+1}, \ldots, a_n$, in der Form

$$x + (a_{k+1} + \cdots + a_n).$$

Dies ist aber gerade die Darstellung (13,3).

Will man endlich die Summe $a_1 + \cdots + a_n$ nicht in zwei, sondern in eine grössere Anzahl Klammern zerlegen, so genügt es nun, von dieser Summe sukzessive, und zwar vom Ende der Summandenreihe her, einzelne Klammern abzuspalten, indem jedesmal die zu (13,3) analoge Relation benutzt wird.

Um endlich zu zeigen, dass die Summe $a_1 + \cdots + a_n$ von der *Reihenfolge* der Summanden unabhängig ist, genügt es zu zeigen, dass sie unverändert bleibt, wenn man zwei beliebige dieser Summanden untereinander vertauscht. Eine solche Vertauschung kann aber ausgeführt werden, indem man endlich oft zwei *nebeneinander stehende* Summanden vertauscht. Dass aber die Vertauschung von zwei nebeneinander stehenden Summanden den Wert der Summe nicht ändert, folgt sofort, wenn man dieses Summandenpaar einklammert und auf diese Klammer die erste Relation III 1 anwendet.

Es ist nun klar, dass genau analoge Tatsachen auch für die Multiplikation gelten. Denn bei der obigen Herleitung wurden nur die beiden Gesetze III 1 benutzt. Die auf die Multiplikation bezüglichen Gesetze III 2 entstehen aber daraus, wenn man darin Addition durch Multiplikation ersetzt. Daher bleiben auch alle Schlussfolgerungen daraus richtig, wenn man darin Addition durch Multiplikation ersetzt.

Wir behaupten endlich, dass für jedes natürliche n

$$\boxed{(a_1 + \cdots + a_n)b = a_1 b + \cdots + a_n b} \tag{13,4}$$

gilt. — Für $n = 1$ ist (13,4) eine Identität. Nach unserer Tabelle von Nr. 7 gilt die Relation auch für $n = 2$. Wir nehmen nun an, dass (13,4) für ein natürliches n gilt, und zeigen, dass dies dann auch für $n + 1$ der Fall ist.

Denn um das Produkt

$$(a_1 + \cdots + a_{n+1})b$$

zu berechnen, können wir setzen

$$a_1 + \cdots + a_n = x.$$

Dann lässt sich dieses Produkt wegen (13,1) in der Form $(x + a_{n+1})b$ schreiben und ist daher nach III 3

$$= xb + a_{n+1}b = (a_1 + \cdots + a_n)b + a_{n+1}b.$$

Da aber (13,4) für n als gültig vorausgesetzt wird, ist dies

$$= (a_1 b + \cdots + a_n b) + a_{n+1}b,$$

und damit ist die Relation

$$(a_1 + \cdots + a_{n+1})b = a_1 b + \cdots + a_{n+1}b$$

bewiesen. Dies ist aber gerade (13,4), für $n + 1$ anstatt für n Summanden geschrieben. Daher gilt (13,4) für beliebige natürliche n.

14. Anordnung und Vorzeichen.

Wir zeigen zuerst, dass

$$(a - b)c = ac - bc \tag{14,1}$$

allgemein gilt. Dies ist nach der Definition der Differenz gleichbedeutend mit

$$(a - b)c + bc = ac. \tag{14,2}$$

Setzen wir aber

$$a - b = x, \quad x + b = a,$$

so ist die linke Seite von (14,2) nach III 3

$$= xc + bc = (x + b)c = ac,$$

womit (14,2) und (14,1) bewiesen sind.

Setzen wir nun in (14,1) $b = a$, so folgt,

$$0 \cdot c = (a - a)c = ac - ac = 0,$$

so dass *jede Zahl, mit* 0 *multipliziert, wieder* 0 *liefert.* Daraus folgt nunmehr, dass $1 \neq 0$ ist. Denn für $a \neq 0$ gilt: $a \cdot 0 = 0$, während $a \cdot 1 = a \neq 0$ ist.

Wir führen nun das Symbol $-a$ ein. Darunter verstehen wir die Differenz $0 - a$. Demnach gilt

$$a + (-a) = 0. \tag{14,3}$$

Daraus folgt aber

$$a = 0 - (-a) = -(-a).$$

Wir behaupten nun, dass allgemein

$$a - b = a + (-b) \tag{14,4}$$

ist. — Um dies zu zeigen, beweisen wir, dass, wenn zur rechten Seite von

(14,4) b addiert wird, a herauskommt. In der Tat gilt nach dem assoziativen Gesetz

$$a + (-b) + b = a + [(0 - b) + b] = a + 0 = a,$$

womit (14,4) bewiesen ist.

Ferner gilt

$$a \cdot (-b) = -ab. \tag{14,5}$$

Denn die linke Seite ist wegen (14,1)

$$= a \cdot (0 - b) = a \cdot 0 - ab = 0 - ab = -ab.$$

Nach IV 1 ist jede von 0 verschiedene Zahl entweder grösser als 0 oder kleiner als 0. Wir nennen sie im ersten Fall **positiv**, im zweiten **negativ**. Von den positiven Zahlen werden wir sagen, sie hätten das *Vorzeichen* + (lies: *plus*) von den negativen, sie hätten das *Vorzeichen* – (lies: *minus*).

Um dies formelmässig auszudrücken, benutzt man das Symbol **sgn** $\boldsymbol{a}$ (lies: *signum* a), das für alle reellen a definiert ist und die Werte 1 für positive a, -1 für negative a und 0 für $a = 0$ hat. Dann ist das Vorzeichen von a dasjenige von sgn a.

Wir zeigen nun, dass für $a \neq 0$ die Zahlen a und $-a$ *verschiedene Vorzeichen* haben. In der Tat folgt aus

$$a > 0 \text{ bzw. } a < 0$$

nach der zweiten Eigenschaft IV 1

$$a + (-a) > 0 + (-a),\ 0 > -a \text{ bzw. } a + (-a) < 0 + (-a),\ 0 < -a.$$

Daraus folgt aber der fundamentale *Satz:*

Das Produkt von zwei von 0 verschiedenen Faktoren ist positiv, wenn die Vorzeichen beider Faktoren gleich, und negativ, wenn die Vorzeichen der Faktoren verschieden sind.

Beweis. Sind a und b beide positiv, so gilt dasselbe auch für ab nach der dritten Eigenschaft IV 1. Es sei nun $a > 0$, $b < 0$. Dann ist $-b$ positiv und $a \cdot (-b) = -ab$ gleichfalls positiv, also ab negativ. Ist $a < 0$ und $b < 0$, so folgt aus $-a > 0$ nach dem soeben bewiesenen $(-a)b = -ab < 0$, so dass dann $ab > 0$ ist. Damit ist unser Satz bewiesen.

Man sieht, wie die bekannte, auf der Schule oft als sehr mysteriös empfundene Tatsache, dass „minus mal minus plus" gibt, sich aus unseren Grundeigenschaften zwangsläufig ergibt.

Aus dem obigen Satz folgt nunmehr für $a = b \neq 0$

$$a^2 > 0 \qquad (a \neq 0). \tag{14,6}$$

Insbesondere ist $1 = 1 \cdot 1 = 1^2$ *positiv*. Daraus folgt ferner für $a \neq 0$, dass die Zahlen a und $1/a$ gleiche Vorzeichen haben, da ihr Produkt $1 > 0$ ist.

Nun gilt offenbar

$$\frac{b}{a} = b \cdot \frac{1}{a}. \tag{14,7}$$

Denn das Produkt der rechten Seite mit a ist

$$\left(b \cdot \frac{1}{a}\right) a = b \left(\frac{1}{a} \cdot a\right) = b \cdot 1 = b .$$

Daher hat für $a \neq 0$ und $b \neq 0$ der Quotient b/a Plus- oder Minuszeichen, je nachdem die Vorzeichen von a und b gleich oder verschieden sind.

Weiter folgt aus dem obigen Satze, dass ein Produkt $a \cdot b$ nur dann 0 ist (wir sagen dafür „verschwindet"), wenn einer der Faktoren verschwindet. Denn sind a und b beide $\neq 0$, haben also bestimmte Vorzeichen, so ist ab nach dem obigen entweder positiv oder negativ, also $\neq 0$.

Wir merken endlich noch ein paar einfache Tatsachen vor:

α) Es gilt $-a = a \cdot (-1)$, denn es ist

$$-a = 0 - a = a \cdot 0 - a \cdot 1 = a(0-1) = a \cdot (-1).$$

Daraus folgt sofort, unter Anwendung von (14,4):

$$a_0 - (a_1 + a_2 + \cdots + a_n) = a_0 + [(-a_1) + (-a_2) + \cdots + (-a_n)] = \\ = a_0 - a_1 - a_2 - \cdots - a_n,$$

d. h., die „zweite Klammerregel". (Die „erste Klammerregel" ist enthalten in (13,2).)

β) Die Summe endlich vieler positiven Zahlen ist ebenfalls positiv. — Es genügt, dies für *zwei Summanden* zu beweisen, da dann die Behauptung für mehr als zwei Summanden durch vollständige Induktion wegen (13,1) sofort zu beweisen ist. Ist aber $a > 0, b > 0$, so folgt wegen IV 1 und IV 2

$$a + b > 0 + b = b > 0^{1)},$$

so dass auch $a + b > 0$ ist. Insbesondere ist, da $1 > 0$ ist, jede natürliche Zahl n positiv und damit auch $1/n$.

γ) Die Summe endlich vieler negativen Zahlen ist ebenfalls negativ. — Denn es sei

$$a_\nu < 0, \quad \nu = 1, \ldots, \ldots, n .$$

Setzen wir dann

$$b_\nu = -a_\nu, \; a_\nu = -b_\nu = b_\nu \cdot (-1), \; \nu = 1, \ldots, n,$$

so sind alle b_ν positiv und daher auch ihre Summe. Dann ist aber

$$a_1 + \cdots + a_n = b_1 \cdot (-1) + \cdots + b_n \cdot (-1) = (-1) \cdot (b_1 + \cdots + b_n) = \\ = -(b_1 + \cdots + b_n) < 0.$$

δ) Es gilt $a > b$ oder $a = b$ oder $a < b$, je nachdem ob $a - b > 0$ bzw. $a - b = 0$ bzw. $a - b < 0$ ist. — Denn addieren wir zu den beiden Seiten der Relation $a - b > 0$ die Zahl b, so folgt $a > 0 + b = b$. Aus der Relation $a - b = 0$ folgt auf gleiche Weise $a = b$ und aus der Relation $a - b < 0$ analog $a < b$.

---

[1]) Es ist im allgemeinen erlaubt, mehrere hintereinanderzuschreibende Formeln zusammenzuziehen, wenn jedesmal die rechte Seite der vorhergehenden Formel mit der linken Seite der nachfolgenden Formel identisch ist. Doch dürfen in einer so entstehenden zusammengesetzten Formel nicht zugleich gegensinnige Ungleichheitszeichen vorkommen, also z. B. $\leqq$ und $>$.

Da nun für zwei Zahlen a, b stets eine und nur eine der drei Relationen $a-b>0$, $a-b=0$, $a-b<0$ zutrifft, sind die Bedingungen von δ) nicht nur *hinreichend*, sondern auch *notwendig* für die angegebenen Grössenbeziehungen zwischen a und b. Denn ist z. B. $a-b$ nicht grösser als 0, so müsste $a-b \leqq 0$ sein, also $a \leqq b$, also könnte a nicht grösser als b sein[1]).

ε) Ist $a<b$, so gibt es Zahlen, die „zwischen" a und b liegen, d. h. die grösser als a und kleiner als b sind; z. B. gilt

$$a < \frac{a+b}{2} < b. \tag{14,8}$$

In der Tat ist nach Voraussetzung $b-a>0$, $\frac{b-a}{2}>0$ und daher

$$b - \frac{a+b}{2} = \frac{a+b}{2} - a = \frac{b-a}{2} > 0.$$

Aufgaben

* * *

1. Man beweise durch vollständige Induktion: Unter n gegebenen Zahlen $a_1, a_2, \ldots, a_n$, gibt es stets eine *grösste* (d. h. eine solche, die von keiner andern übertroffen wird), sowie eine *kleinste* (d. h. eine solche, die von keiner andern unterschritten wird).

2. Ist $n_1, n_2, \ldots$ eine beliebige Menge natürlicher Zahlen, so gibt es in dieser Menge eine kleinste Zahl.

3. Man leite das Grundgesetz der vollständigen Induktion aus der in der Aufgabe 2 formulierten Tatsache her.

4. Gilt für $n>2$ Zahlen $a_1, a_2, \ldots, a_n$:

$$a_1 < a_2,\ a_2 < a_3,\ \ldots,\ a_{n-1} < a_n,$$

so gilt auch $a_1 < a_n$. (Vollständige Induktion.)

---

[1]) Das Prinzip der soeben benutzten Überlegung ist von allgemeiner Tragweite. Versucht man, das logische Skelett dieser Überlegung herauszuarbeiten, so kommt man auf die folgende, notwendigerweise etwas abstrakte Formulierung:

Es mögen in einem bestimmten Zusammenhang die Fälle $A, B, C, \ldots$ eine vollständige Fallunterscheidung oder, wie man auch sagt, eine „*vollständige Disjunktion*" darstellen. Dies bedeutet, dass diese Fälle einander ausschliessen und dass einer dieser Fälle stets zutreffen muss. Es mögen in diesen Fällen resp. die Aussagen $a, b, c, \ldots$ gelten, die einander ausschliessen. Dann ist z. B. die Gültigkeit von a für das Zutreffen des Falles A *nicht nur notwendig, sondern auch hinreichend*. — Da die Wiederholung dieser Überlegung in jedem einzelnen Falle zu eintönig wäre, pflegt man sich, wenn das obige Schema angewandt werden kann, einfach darauf zu berufen, dass die notwendigen Bedingungen auch hinreichend sein müssen, „da die betreffende Fallunterscheidung eine vollständige Disjunktion darstelle".

> Wie schwer sind nicht die Mittel zu erwerben,
> Durch die man zu den Quellen steigt!
> Und eh' man nur den halben Weg erreicht,
> Muss wohl ein armer Teufel sterben.
>
> *Goethe, Faust*

§ 4. Weitere Folgerungen aus den Grundeigenschaften

15. Das Rechnen mit Ungleichungen

Aus der zweiten Aussage IV 1 folgt sofort, dass die Ungleichungen

$$a > b + c, a - c > b$$

gleichbedeutend sind. Denn addiert man auf beiden Seiten der ersten Ungleichung $-c$, so erhält man die zweite, und addiert man c auf beiden Seiten der zweiten, so ergibt sich die erste. Man kann also in einer Ungleichung jedes Glied *mit umgekehrtem Vorzeichen* auf die andere Seite bringen.

Man darf „gleichnamige" (oder, wie man auch sagt, gleichsinnige) Ungleichungen, d. h. Ungleichungen, die beide das Zeichen $<$ oder beide das Zeichen $>$ haben, gliedweise addieren. Denn aus

$$a > b, c > d$$

folgt

$$a - b > 0, \; c - d > 0, \; (a - b) + (c - d) = (a + c) - (b + d) > 0,$$
$$a + c > b + d.$$

Bei „ungleichnamigen" (gegensinnigen) Ungleichungen ergibt sich bei gliedweiser Addition kein bestimmtes Resultat. Denn z. B. neben $2 > 0, 1 < 4$ gilt $3 < 4$ und neben $2 > 0, 1 < 2$ gilt $3 > 2$.

Analoge Tatsachen gelten auch, wenn in den Ungleichungen *reine Ungleichheitszeichen* ganz oder zum Teil durch *gemischte Ungleichheitszeichen* ersetzt werden. So folgt z. B. aus $a > b$, $c \geqq d$: $a + c > b + d$, denn für $c = d$ folgt dies aus IV 1. Ebenso folgt aus $a \geqq b$, $c \geqq d$: $a + c \geqq b + d$.

Eine (reine oder gemischte) Ungleichung bleibt richtig, wenn ihre beiden Seiten mit derselben *positiven* Zahl multipliziert werden; sie bleibt richtig mit umgekehrtem Ungleichheitssinn, wenn ihre beiden Seiten mit einer *negativen* Zahl multipliziert werden. Denn aus

$$a > b, a - b > 0 \text{ bzw. } a \geqq b, a - b \geqq 0 \tag{15,1}$$

folgt durch Multiplikation mit einer *positiven* Zahl p

$$p(a - b) > 0, pa > pb \text{ bzw. } p(a - b) \geqq 0, pa \geqq pb.$$

Ist dagegen n eine *negative* Zahl, so folgt aus (15,1):

$$n(a-b) < 0, \; na < nb \quad \text{bzw.} \quad n(a-b) \leqq 0, \; na \leqq nb.$$

Offenbar gelten ganz analoge Tatsachen für die *Division* durch positive bzw. negative Zahlen, da die Division durch c auf die Multiplikation mit $1/c$ hinausläuft und c und $1/c$ gleiche Vorzeichen haben.

Andererseits ist das *gliedweise Multiplizieren* von zwei *gleichnamigen* Ungleichungen ohne weiteres dann erlaubt, wenn alle vier Komponenten dieser Ungleichungen *positiv* sind. Denn aus $a > b > 0$, $c > d > 0$ folgt durch Multiplikation der ersten Ungleichung mit c, der zweiten mit b:

$$ac > bc, \quad bc > bd$$

und daher

$$ac > bd.$$

Dieses Resultat bleibt übrigens auch richtig, wenn b, oder d, oder b und d verschwinden.

Ebenso folgt aus $a > b > 0, c \geqq d > 0$: $ac > bd$ und aus $a \geqq b > 0$, $c \geqq d > 0$: $ac \geqq bd$.

Setzen wir $a = c$, $b = d$, so folgt insbesondere aus $a > b > 0$: $a^2 > b^2$. Offenbar folgt aber auch aus $a > b = 0$ gleichfalls $a^2 > b^2 = 0$. Wir sehen: *Eine Ungleichung mit nicht negativen Komponenten darf man quadrieren.*

Es gilt nun allgemein für jedes natürliche n: *Aus* $a > b \geqq 0$ *folgt*

$$a^n > b^n \qquad (a > b \geqq 0)\,. \tag{15,2}$$

In der Tat ist dies für $n = 1$ trivial und für $n = 2$ soeben bewiesen. Nehmen wir an, dass (15,2) für ein natürliches n richtig ist, und multiplizieren wir diese Ungleichung gliedweise mit $a > b$, so ergibt sich $a^{n+1} > b^{n+1}$, d. h. (15,2) für das nächstfolgende n. Daher gilt (15,2) allgemein, sobald $a > b \geqq 0$ ist.

Man sieht sofort, dass auch umgekehrt gilt: *Ist* $a > b \geqq 0$, *so ist auch*

$$\sqrt[n]{a} > \sqrt[n]{b}.$$

(Man beachte, dass das Wurzelzeichen in der reellen Analysis für gerade Wurzelexponenten den *nichtnegativen* Wert bedeutet.) Denn wäre $\sqrt[n]{a} \leqq \sqrt[n]{b}$, so würde daraus durch Erheben in die n-te Potenz folgen, dass $a \leqq b$ ist.

An Hand der oben hergeleiteten Tatsachen kann man lineare Ungleichungen mit einer Unbekannten auf ganz analogem Wege lösen wie lineare Gleichungen mit einer Unbekannten. Es gilt die Regel:

Um eine lineare Ungleichung mit einer Unbekannten zu lösen, bringe man alle von der Unbekannten freien Glieder auf die eine Seite und alle die Unbekannte enthaltenden Glieder auf die andere Seite. Ist dann der Gesamtkoeffizient bei der Unbekannten nicht 0, *so dividiere man beide Seiten der Ungleichung durch diesen Gesamtkoeffizienten; dabei ist der Sinn der Ungleichung umzukehren, wenn der Wert dieses Koeffizienten negativ ist.*

Um z. B. die Ungleichung

$$15 - 7x > 5x + 7$$

aufzulösen, bringe man $5x$ nach links und 15 nach rechts. Es folgt:

$$-12x > -8, \quad x < 2/3.$$

16. Systeme von linearen Ungleichungen mit zwei Unbekannten

Anders als im Falle einer Unbekannten ist es um Systeme von linearen Ungleichungen mit mehreren Unbekannten bestellt. Hier ist die Übertragung der in der Theorie der linearen Gleichungssysteme gebräuchlichen Eliminationsmethoden sehr umständlich und verlangt meist zahlreiche Fallunterscheidungen[1]). Im Falle von zwei Unbekannten führt eine *graphische Methode* immer und sehr schnell zum Ziel, die wir am Beispiel des Systems

$$x + y < 1, \quad 2x + 5y < 2 \tag{16,1}$$

erläutern.

Wir fassen x, y als Abszisse und Ordinate eines Punktes in bezug auf ein rechtwinkliges Koordinatensystem auf und fragen nach der Gesamtheit aller Punkte, für die beide Ungleichungen (16,1) gelten. Zu dem Zwecke zeichnen wir (am besten auf Millimeterpapier) die beiden Geraden $x + y = 1$ und $2x + 5y = 2$ (vgl. Fig. 2). Dann gilt auf einer Seite der ersten Geraden

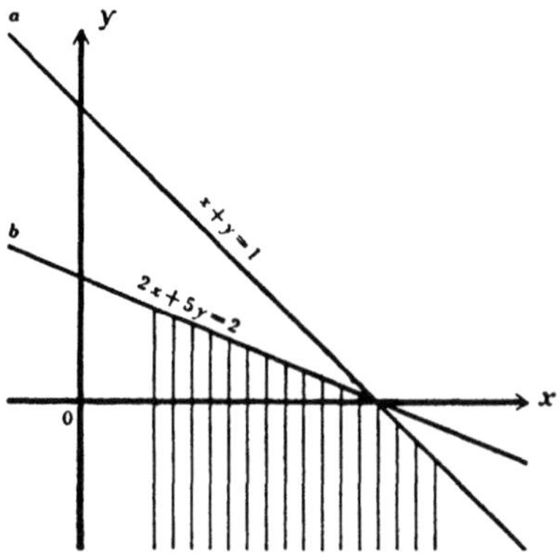

Fig. 2

$x + y < 1$ und auf der andern Seite $x + y > 1$. Um zu ermitteln, auf welcher Seite $x + y < 1$ gilt, wird festgestellt, ob der Koordinatenursprung auf der „richtigen" oder „falschen" Seite der Geraden liegt. Nun ist für $x = y = 0$ in der Tat $x + y < 1$. Daher ist die dem Ursprung zugewandte Seite der

---

1) Wer sich für diese Frage interessiert, findet in der Basler Inaugural-Dissertation von *Th. Motzkin*, Beiträge zur Theorie der linearen Ungleichungen, 1936, eine ausführliche Darstellung des Gegenstandes, sowie eine sehr vollständige Zusammenstellung der diesbezüglichen Literatur.

ersten Geraden die „richtige". Ebenso ergibt sich, da im Ursprung $2x + 5y < 2$ ist, dass die dem Ursprung zugewandte Seite der zweiten Geraden die „richtige" ist. Die Punkte, die den beiden so festgelegten Halbebenen zugleich angehören, erfüllen den in der Figur schraffierten Winkelraum und liefern die Lösung des Problems.

Der Scheitel des Winkelraumes liegt auf der x-Achse im Punkte $x = 1$. Man kann daher auch sagen, für $x > 1$ muss der betreffende Punkt unterhalb der ersten Geraden liegen, für $x < 1$ unterhalb der zweiten. Daher ergibt sich als *analytische* Lösung unseres Problems das System der folgenden Bedingungen:

$$x > 1, \quad y < 1 - x; \quad x \leqq 1, \quad y < \tfrac{2}{5}(1 - x).$$

17. Die Bernoullische Ungleichung

Um ein weiteres Beispiel für das Rechnen mit Ungleichungen zu geben, sei mit Hilfe der vollständigen Induktion eine wichtige, von *Jakob Bernoulli* 1689 veröffentlichte Ungleichung hergeleitet:

Es gilt für natürliche $n > 1$ und positive a die Ungleichung

$$(1 + a)^n > 1 + na \qquad (n = 2, 3, \ldots; \; a > 0)^{1)}. \tag{17,1}$$

Beweis. Für $n = 2$ lautet unsere Ungleichung ausgeschrieben

$$1 + 2a + a^2 > 1 + 2a$$

und folgt daraus, dass mit $a \neq 0$ stets $a^2 > 0$ ist. Wir nehmen nunmehr (17,1) für ein n als richtig an und beweisen daraus diese Ungleichung auch für $n + 1$. Zu dem Zwecke multiplizieren wir beide Seiten von (17,1) mit der *positiven* Zahl $1 + a$. Dann ergibt sich:

$$(1 + a)^{n+1} > 1 + (n + 1)a + na^2.$$

Wegen $a^2 > 0$, $na^2 > 0$ ist aber hier die rechte Seite $> 1 + (n + 1)a$. Daher erhalten wir schliesslich

$$(1 + a)^{n+1} > 1 + (n + 1)a,$$

wie behauptet. Nach dem Prinzip der vollständigen Induktion ist also nunmehr (17,1) für alle $n > 1$ bewiesen.

Wir wollen den obigen Beweis noch etwas analysieren und zwar daraufhin, ob unsere Voraussetzungen in ihm vollständig ausgenützt wurden. — Eine derartige Analyse eines Beweises empfiehlt sich immer, wenn man sich den Beweis einprägen und zugleich „hinter seinen Mechanismus kommen" will.

Dass die Behauptung für $n = 1$ nicht mehr richtig ist, ist klar. Dann gilt ja in (17,1) statt dem Grösser- das Gleichheitszeichen. Welche Eigenschaften

[1]) Wir werden in diesen Vorlesungen, wie dies hier bei der Formel (17,1) geschieht, nach Möglichkeit hinter jeder Formel in Klammern angeben, für welche Werte der in der Formel auftretenden Grössen die Formel richtig ist. Dies wird auch dann geschehen, wenn diese Angaben bereits im Text vorweggenommen sind. Dadurch kann man sich beim späteren Nachschlagen mit einem Blick auf die Formelzeile über den Umfang der in ihr enthaltenen Aussage orientieren.

von a wurden aber beim Beweis von (17,1) eigentlich benutzt? Erstens haben wir zweimal benutzt, dass $a^2 > 0$ ist, zweitens dass $1 + a > 0$ ist. Nun gilt die erste Tatsache für alle $a \neq 0$, die zweite für $a > -1$. Daher ergibt sich, dass (17,1) nicht nur für positive a richtig ist, sondern auch für alle a mit $-1 < a < 0$. Die beiden Gültigkeitsintervalle stossen aneinander im Punkte $a = 0$. In diesem Punkte gilt aber unsere Ungleichung nicht, denn dort gilt ja das Gleichheitszeichen.

Wie man sieht, bekommt man eine viel übersichtlichere Fassung, wenn man die Ungleichung mit $\geqq$ schreibt; denn dann lautet unser Resultat:

Für alle natürlichen n und für alle $a \geqq -1$ gilt

$$\boxed{(1 + a)^n \geqq 1 + na \qquad (n = 1, 2, \ldots; \; a \geqq -1)\,.} \tag{17,2}$$

Zugleich zeigt unsere Analyse ohne weiteres, dass in (17,2) das Gleichheitszeichen gilt

1. für beliebige n und $a = 0$,
2. für beliebige a und $n = 1$.

Was wir an diesem einfachen Beispiel gesehen haben, gilt in den meisten Fällen: Beim Beweis einer Ungleichung empfiehlt es sich, sie in „gemischter Form", d. h. unter Zulassung des Gleichheitszeichens zu schreiben, da dann die Gültigkeitsbedingungen der Ungleichung in der Regel übersichtlicher sind und der Beweis viel einfacher ist. Erst in zweiter Linie, wenn es darauf ankommt, wird man untersuchen, wann in der Ungleichung insbesondere das Gleichheitszeichen zutrifft.

Die bewiesene Ungleichung (17,1) wird später in der Theorie der Grenzwerte zur Verwendung gelangen.

18. Absoluter Betrag

Hat man mit Ungleichungen zu rechnen, in denen verschiedene Buchstabenausdrücke vorkommen, so ist man gelegentlich gezwungen, sehr viele Fälle zu unterscheiden, je nach den Vorzeichen der in Frage kommenden Ausdrücke. Solche Fallunterscheidungen lassen sich oft vermeiden mit Hilfe des jetzt zu besprechenden Begriffs des **absoluten Betrages** einer reellen Zahl.

Unter dem absoluten Betrage von a verstehen wir, falls $a \geqq 0$ ist, die Zahl a selbst und falls $a < 0$ ist, die positive Zahl $-a$. Der absolute Betrag von a wird mit $|a|$ (lies: *a absolut*) bezeichnet[1]). Man kann also schreiben:

$$\boxed{|a| = a \operatorname{sgn} a = \begin{cases} a, & a \geqq 0, \\ -a, & a \leqq 0. \end{cases}} \tag{18,1}$$

---

[1]) Dieses Zeichen für den absoluten Betrag, ebenso wie die obige Benennung, ist von *Karl Weierstrass* (1815—1897) 1859 eingeführt worden.

Aus dieser Definition folgt offenbar, dass $|a| = 0$ nur für $a = 0$ gilt. Sonst ist stets $|a| > 0$. Ferner gilt

$$|a| = |-a|. \tag{18,2}$$

Denn für $a = 0$ sind beide Seiten von (18,2) gleich 0, für $a > 0$ sind beide gleich a und für $a < 0$ beide gleich $-a$.

Werden reelle Zahlen auf der Zahlengeraden dargestellt, so ist der absolute Betrag offenbar gleich der Distanz des zugehörigen Punktes vom Ursprung. Allgemeiner ist $|a - b|$ die Distanz der Punkte voneinander, die a und b entsprechen. Man sieht dies sofort, wenn man den b entsprechenden Punkt als neuen Anfangspunkt wählt.

Es gilt allgemein

$$|ab| = |a| \cdot |b|. \tag{18,3}$$

Denn da $|a| = \pm a$, $|b| = \pm b$ ist, ist $|a| \cdot |b| = \pm ab$, wobei in $\pm ab$ dasjenige Vorzeichen zu nehmen ist, für das $\pm ab \geqq 0$ ist. Dann ist aber $\pm ab$ gleich $|a\, b|$.

Ist ferner $b \neq 0$, so folgt aus $a = b \cdot (a/b)$ nach (18,3): $|a| = |b| \cdot |a/b|$ und

$$\left|\frac{a}{b}\right| = \frac{|a|}{|b|} \quad (b \neq 0). \tag{18,4}$$

Wir beweisen nun den *Hilfssatz*: *Ist*

$$A \geqq 0, \; -A \leqq a \leqq A, \tag{18,5}$$

so gilt

$$|a| \leqq A. \tag{18,6}$$

Für $a = 0$ ist die Behauptung klar. Für $a > 0$ ist $|a| = a$ und die Behauptung folgt aus der zweiten in (18,5) enthaltenen Ungleichung. Ist aber a negativ, so folgt aus (18,5) durch Multiplikation mit -1

$$A \geqq -a = |a|.$$

Geometrisch ist unser Hilfssatz sofort einleuchtend. Denn liegt der Punkt a zwischen den Punkten $-A$ und A, deren Distanzen vom Ursprung gleich A sind, so ist die Distanz $|a|$ von a nach dem Nullpunkt höchstens gleich A. Daraus folgt aber (18,6) in allen Fällen.

Nun folgt offenbar aus (18,1) für zwei beliebige Zahlen a, b:

$$-|a| \leqq a \leqq |a|,$$
$$-|b| \leqq b \leqq |b|$$

und daher durch gliedweise Addition

$$-(|a| + |b|) \leqq a + b \leqq |a| + |b|.$$

Ersetzt man nun in (18,5) und (18,6) A durch $|a| + |b|$ und a durch $a + b$, so folgt

$$|a + b| \leqq |a| + |b|.$$

Ersetzt man hier b durch $-b$, so ändert sich wegen $|-b| = |b|$ die rechte Seite nicht. Daher gilt allgemein:

$$\boxed{|a \pm b| \leqq |a| + |b|.} \tag{18,7}$$

Durch wiederholte Anwendung dieser Relation oder, was dasselbe ist, durch Anwendung der vollständigen Induktion folgt für beliebig viele Summanden

$$\boxed{|a_1 + \cdots + a_n| \leqq |a_1| + \cdots + |a_n|,} \tag{18,8}$$

der absolute Betrag einer Summe ist höchstens gleich der Summe der absoluten Beträge der Summanden.

Man kann ebenso eine recht nützliche *untere Schranke* für $|a + b|$ aufstellen. Denn wegen $a = (a + b) + (-b)$ folgt

$$|a| \leqq |a + b| + |b|, \; |a + b| \geqq |a| - |b|$$

und ebenso, a durch b und b durch a ersetzt, $|a + b| \geqq |b| - |a|$. In beiden Ungleichungen kann man b auch durch $-b$ ersetzen, ohne dass $|b|$ sich verändert. Daher erhalten wir schliesslich die Ungleichungen:

$$|a \pm b| \geqq \begin{cases} |a| - |b|, \\ |b| - |a|. \end{cases} \tag{18,9}$$

Ganz ähnlich beweist man:

$$|a_1 + a_2 + \cdots + a_n| \geqq |a_1| - |a_2| - \cdots - |a_n|, \tag{18,10}$$

indem man (18,8) auf die Zerlegung anwendet:

$$a_1 = (a_1 + a_2 + \cdots + a_n) + (-a_2) + \cdots + (-a_n).$$

Wir werden gelegentlich, um die Ungleichungen

$$|a| < u, \; |a| > u$$

zum Ausdruck zu bringen, auch sagen, a sei „absolut kleiner" bzw. „absolut grösser" als u.

19. Der Satz von der Intervallschachtelung

Wir zeigen nun an einem Beispiel, wie das *Dedekind*sche Schnittaxiom angewandt wird, indem wir mit seiner Hilfe einen Satz herleiten, der in vielen Fällen einfacher anzuwenden ist als das Schnittaxiom selber.

Unter einem *abgeschlossenen Intervall* mit dem Anfangspunkt a und dem Endpunkt b[1]) versteht man die Gesamtheit aller Zahlen x mit

$$a \leqq x \leqq b.$$

[1]) Gelegentlich nennt man *beide* Punkte a und b *Endpunkte* des Intervalls. Ist dann eine Verwechslung zu befürchten, so wird b als der *eigentliche Endpunkt* bezeichnet.

Wir bezeichnen ein solches Intervall mit

$$\langle a, b \rangle.$$

Wir nehmen nun an, dass wir eine unendliche Folge von abgeschlossenen Intervallen $I_1, I_2, \ldots, I_\nu, \ldots$ haben, von denen jedes das nächstfolgende und damit alle folgenden Intervalle enthält. Die Längen der Intervalle dieser Folge sollen mit wachsendem ν unter jede positive Schranke sinken. Eine solche Intervallfolge nennt man eine **Intervallschachtelung.**

Satz. *Zu jeder Intervallschachtelung gibt es eine und nur eine Zahl, die in sämtlichen Intervallen dieser Schachtelung enthalten ist.*

Beweis: Es sei allgemein

$$I_\nu = \langle a_\nu, b_\nu \rangle \quad (\nu = 1, 2, \ldots).$$

Wir beweisen zuerst, dass kein a_ν ein b_μ übertreffen kann; mit anderen Worten, wir behaupten:

$$a_\nu \leqq b_\mu \qquad (\nu \lesseqgtr \mu). \tag{19,1}$$

— (19,1) gilt also jedesmal, ob I_ν mit I_μ identisch ist oder I_ν in I_μ enthalten ist oder I_ν das Intervall I_μ enthält. Die Begründung ist allerdings in jedem dieser drei Fälle eine andere. —

In der Tat: für $\nu = \mu$ ist (19,1) trivial, weil a_ν der Anfangspunkt und b_ν der Endpunkt von I_ν ist; für $\nu > \mu$ ist das Intervall I_ν und damit auch sein Anfangspunkt a_ν in I_μ enthalten, d. h. es ist

$$a_\mu \leqq a_\nu \leqq b_\mu,$$

und hieraus folgt (19,1); für $\nu < \mu$ aber ist das Intervall I_μ und damit auch sein Endpunkt b_μ in I_ν enthalten, d. h. es ist

$$a_\nu \leqq b_\mu \leqq b_\nu,$$

so dass (19,1) auch in diesem Fall und damit allgemein gilt[1]).

Wir definieren nunmehr einen *Dedekind*schen Schnitt, indem wir zur Unterklasse I alle Zahlen a zählen, die kein b_ν übertreffen:

$$a \leqq \text{alle } b_\nu, \tag{I}$$

und zur Oberklasse II alle übrigen Zahlen b, so dass jedes b aus II von wenigstens einem b_ν unterschritten wird:

$$b > \text{ein } b_\nu. \tag{II}$$

Dann ist jedes b grösser als ein gewisses b_ν und damit auch grösser als alle a. Andererseits gehören alle a_ν wegen (19,1) zu I und z. B. $b_1 + 1$ zu II. Wir haben daher in unserer Einteilung in der Tat einen Schnitt.

---

[1]) Man übersieht diesen Sachverhalt am besten, wenn man sich eine Figur zeichnet. Doch haben wir es vorgezogen, dies beim obigen Beweis nicht zu tun, da man mit dem Zeichnen der betreffenden Figur die Behauptung gewissermassen *vorwegnimmt*. Eine solche Figur ist mehr eine Erläuterung des Sachverhalts als eine Beweisquelle.

Es sei s die diesen Schnitt erzeugende Zahl. Wir behaupten dann, dass für jedes natürliche $\varkappa$

$$a_\varkappa \leqq s \leqq b_\varkappa \qquad (\varkappa = 1, 2, \ldots) \tag{19,2}$$

gilt. Denn wäre dies für ein bestimmtes $\varkappa$ falsch, so müsste entweder $s < a_\varkappa$ oder $s > b_\varkappa$ sein.

Im ersten Fall müsste aber $a_\varkappa$ nach der fundamentalen Eigenschaft von s zu II gehören, während alle $a_\varkappa$ in I liegen.

Im zweiten Fall müsste nach dem am Schluss der Nr. 14 gesagten

$$s > \frac{s + b_\varkappa}{2} > b_\varkappa$$

sein, und hier müsste $\frac{s + b_\varkappa}{2}$ zu I gehören, weil es kleiner als s ist, und zu II, weil es von einem $b_\varkappa$ unterschritten wird.

Daher liegt unser s in jedem der Intervalle $I_\varkappa$. Gäbe es aber noch eine zweite von s verschiedene Zahl s_1, die gleichfalls in allen Intervallen $I_\varkappa$ läge, so könnten die Längen $b_\varkappa - a_\varkappa$ unserer Intervalle für kein $\varkappa$ kleiner sein als die (positive) Distanz von s nach s_1, entgegen der Definition der Intervallschachtelung. Damit ist unser Satz bewiesen[1]).

Aufgaben

1. Für welche x gilt:

   a) $3 - x < 4 - 2x$, b) $3x^2 - 10x + 3 \gtreqless 0$,

   c) $2x - 17 < 13 + 6x$, d) $6x^2 - 13x + 6 \gtreqless 0$?

2. Für welche x und y gilt

   a) $x - y > 2,\ x + y < 4$;

   b) $x + y > 1,\ x + 2y < 2,\ y + 2x < 2$;

   c) $x - y > 2,\ 6x + y > 3,\ 2x + y > 0$;

   d) $(x - 3y + 1)(2x + y - 1) < 0$?

3. Sei $\alpha < \beta < \gamma < \delta$. Wann ist

   a) $(x - \alpha)(x - \beta)(x - \gamma)(x - \delta) \geqq 0$,

   b) $\dfrac{(x-\alpha)(x-\beta)}{(x-\gamma)(x-\delta)} \geqq 0$?

---

[1]) Der damit bewiesene Satz von der Intervallschachtelung kann übrigens an die Stelle des *Dedekind*schen Schnittaxioms in die Tabelle der Grundeigenschaften reeller Zahlen der Nr. 7 gesetzt werden, da auch umgekehrt das *Dedekind*sche Stetigkeitsaxiom aus dem Satz von der Intervallschachtelung und den übrigen Grundeigenschaften der Tabelle der Nr. 7 hergeleitet werden kann. Wird in dieser Weise verfahren, so heisst dann der Satz von der Intervallschachtelung das *Cantor-Dedekind*sche *Axiom*. Seine prinzipielle Bedeutung ist in diesem Zusammenhang zuerst von *Georg Cantor* (1845—1918) hervorgehoben worden. Dieses Axiom erscheint in der Tat etwas weniger abstrakt als das *Dedekind*sche Stetigkeitsaxiom. Andererseits ist aber wohl der Begriff eines Schnittes einfacher und allgemeiner als derjenige einer Intervallschachtelung.

4. Für welche Zahlenpaare x, y ist
$$2x^2 + 7y < 15y + 8\,?$$

5. Für welche x, y gilt
   a) $x^2 - 3xy + 2y^2 \gtreqless 0$,
   b) $x^2 \pm xy + y^2 \gtreqless 0$,
   c) $x^2 - 5xy + 6y^2 \gtreqless 0$,
   d) $(x^2 + y^2)^2 - (2x + 2y - 1)^2 \leqq 0$?

6. Für welche x, y ist
$$x^2 - y^2 < 1,\ x - 2y < 1,\ y - 2x < 1\,?$$

7. Für welche x ist
   a) $\frac{1}{1-x} < 1 + 2x$, b) $1 + x < \frac{1}{1-x}$, c) $\frac{1}{1-x} \leqq 1 - \frac{x}{2}$,
   d) $\frac{1}{3} < \frac{2x-1}{3-2x} < \frac{1}{2}$, e) $\frac{2x-1}{3-2x} < 2$?

8. Es sei $a > 0$. Für welche x gilt
$$\sqrt{a + x} > x\,?$$

9. Es sei $a > 0$. Aus $y = \sqrt{a + x} > x$ folgt $\sqrt{a + y} > y$.

10. Man bestimme $\frac{a \pm |a|}{2}$ für $a \geqq 0$ und für $a \leqq 0$.

11. Man beweise
$$|x - \alpha| = \sqrt{x^2 - 2\alpha x + \alpha^2}.$$

12. Man zeichne die Kurve
$$y = 2|x - 1| - |x - 2|.$$

13. Die folgenden Ungleichungen sind graphisch aufzulösen:
   a) $2x^2 + y^2 > 1$, b) $|x| + |y| < 1$, c) $|x| + 5|y| < 10$,
   d) $|x - 1| + |y + 1| \leqq 1$, e) $|x - y| + 2 \leqq |x|$,
   f) $x^2 - 2|y| > 1$, g) $|x - y|^2 - |x + y|^2 \leqq 1$.

14. Man zeichne den Ort
$$|x|\,|y| = 1\,.$$

15. Man bestimme den geometrischen Ort aller Punkte (x, y) mit
   a) $|x| + |y - 2| < 5$, b) $|x - 1| - |y - 2| < 5$.

16. Sind x und n natürliche Zahlen, so gilt für $x > \frac{10n}{3}$:
$$\left(\frac{1}{2}\right)^x < 10^{-n}.$$

17. Für alle $n \geqq 10$ gilt $2^n > n^3$. (Vollständige Induktion.)

18. Für $0 < a < 1$ gilt
$$(1 - a)^n \geqq 1 - na.$$

19. Wenn eine geometrische und eine arithmetische Reihe dieselben ersten beiden Glieder haben: α_1 und α_2, $\alpha_1 > \alpha_2 > 0$, so ist jedes folgende Glied der geometrischen Reihe grösser als das entsprechende Glied der arithmetischen Reihe.

20. Man beweise mit Hilfe von 18:

$$\left(1 - \frac{1}{n^2}\right)^n > 1 - \frac{1}{n} \qquad (n > 1).$$

21. Man beweise mit Hilfe von 20:

$$\left(1 + \frac{1}{n-1}\right)^{n-1} < \left(1 + \frac{1}{n}\right)^n \qquad (n > 1).$$

22. Für $a > 1$ gilt:

$$0 < \sqrt[n]{a} - 1 < \frac{a-1}{n} \qquad (n > 1).$$

(Bernoullische Ungleichung.)

23. Es gilt die Ungleichung:

$$n\, a^{n-1} \geqq \frac{a^n - b^n}{a - b} \geqq n\, b^{n-1} \qquad (a > b > 0).$$

24. Ist für $\nu = 1, \ldots, n$: $\alpha_\nu > 0$, so gilt

$$(1 + \alpha_1)(1 + \alpha_2) \ldots (1 + \alpha_n) > 1 + (\alpha_1 + \cdots + \alpha_n).$$

(Vollständige Induktion.)

25. Ist für $\nu = 1, \ldots, n$: $0 < \alpha_\nu < 1$, so gilt

$$(1 - \alpha_1)(1 - \alpha_2) \ldots (1 - \alpha_n) > 1 - (\alpha_1 + \cdots + \alpha_n).$$

(Vollständige Induktion.)

26. Aus $\frac{a}{b} < \frac{c}{d}$ folgt für $b > 0$, $d > 0$, dass

$$\frac{a}{b} < \frac{a+c}{b+d} < \frac{c}{d}$$

ist.

27. Man beweise für $x \geqq 0$ und $y \geqq 0$ die Ungleichung

$$\frac{x+y}{2} \geqq \sqrt{x\,y}.$$

28. Ist $a > 0$ und $b > 0$, so gilt

$$\frac{a}{b} + \frac{b}{a} \geqq 2.$$

29. Man beweise, dass für $x, y, z, u \geqq 0$

$$\frac{x+y+z+u}{4} \geqq \sqrt[4]{x\,y\,z\,u}$$

gilt. (Wiederholte Anwendung von Aufgabe 27.)

30. Man beweise

$$\frac{x^2+y^2}{2} \geqq \left(\frac{x+y}{2}\right)^2.$$

31. Man beweise

$$\frac{x^4+y^4}{2} \geqq \left(\frac{x+y}{2}\right)^4.$$

(Man verwende zum Beweis die Aufgabe 30.)

32. Man beweise

$$\frac{x^8+y^8}{2} \geqq \left(\frac{x+y}{2}\right)^8.$$

33. Man beweise

$$\frac{x^3+y^3}{2} \geqq \left(\frac{x+y}{2}\right)^3.$$

34. Man beweise für $a, b > 0$:

$$\frac{a^9+b^9}{a^5+b^5} \geqq a^2 b^2.$$

35. Man beweise für reelle Zahlen a, α, b, β:

$$(a\alpha + b\beta)^2 \leqq (a^2 + b^2)(\alpha^2 + \beta^2).$$

(Cauchy-Schwarzsche Ungleichung.)

36. Man beweise für $a, \alpha, b, \beta \geqq 0$:

$$\sqrt{(a+b)(\alpha+\beta)} \geqq \sqrt{a\alpha} + \sqrt{b\beta}.$$

(Minkowskische Ungleichung.)

37. An Hand des Wertes Log 2 = 0,30103 ist $\sqrt{\text{Log } 2}$ mit der grösstmöglichen Genauigkeit zu berechnen.

38. Welche Stellenzahl hat 2^{63}?

39. Man berechne den relativen (prozentualen) Fehler der Näherung $\frac{22}{7} \sqsupset \pi$[1].

40. Die Zahlen $a > 0$ und $b > 0$ mögen mit 2% bzw. 3% Genauigkeit bekannt sein, wobei sich die Prozentangaben auf die *wahren Werte* beziehen. Mit welcher Genauigkeit lassen sich

$$ab \text{ und } a+b$$

bestimmen?

41. Es möge a ein numerisch gemessener Näherungswert von x sein, wobei der Fehler höchstens 9% von x beträgt. Wieviel Prozent von a kann dann der Fehler höchstens betragen?

[1]) Wir benutzen das Symbol $\sqsupset$, um eine angenäherte Gleichheit zum Ausdruck zu bringen.

42. Eine Messung liefert für x und y angenähert

$$x \sqsupset 72 \text{ und } y \sqsupset 150,$$

wobei die Genauigkeit von x 40% von x, die von y 25% von y beträgt. Mit welcher Genauigkeit kann man

$$2x + 3y \sqsupset 594$$

setzen?

43. x und y seien durch eine Messmethode gewonnen worden, die absolute Messfehler $\leqq 4\%$ des jeweiligen wahren Wertes zulässt, und zu 100 bzw. 75 bestimmt worden. Zwischen welchen Grenzen liegt xy?

44. Es sei

$$1 < a < 2, \qquad 5 < b < 6.$$

Welcher (für a und b gleiche) prozentuale Fehler ist zulässig, wenn a/b mit einem Fehler $< 10^{-3}$ zu berechnen ist?

45. Enthält eine richtig abgerundete Zahl m Ziffern von der ersten bedeutsamen Ziffer bis zur letzten, so beträgt ihr relativer Fehler weniger als $\frac{1}{2} \cdot 10^{1-m}$.

* * *

46. Es gilt

a) $\dfrac{x}{2+x} < \sqrt{1+x} - 1 < \dfrac{x}{2} \qquad (x > 0);$

b) $\dfrac{x}{n+x} < \sqrt[n]{x+1} - 1 < \dfrac{x}{n} \qquad (x > 0, \; n > 1).$

(Vgl. Aufgabe 23.)

47. Ist $a > 0$ und $b^2 - ac < 0$, so lässt sich

$$ax^2 + 2bxy + cy^2$$

in der Form

$$(\alpha x + \beta y)^2 + (\gamma x + \delta y)^2$$

darstellen.

48. Es ist zu zeigen, dass $f(x, y) = ax^2 + bxy + cy^2$ Werte beliebigen Vorzeichens annehmen kann, wenn $b^2 - 4ac > 0$ ist.

49. Es sei $f(x, y, z) = x^2 + y^2 + z^2 + xy + yz + zx$. Man zeige unter Benutzung der Zerlegung $f(x, y, z) = x(x + y + z) + y^2 + yz + z^2$ und analoger Zerlegungen, dass $f(x, y, z) \geqq 0$ ist. (Grommer.)

50. Man beweise für positive a, b:

a) $\dfrac{a}{\sqrt{b}} + \dfrac{b}{\sqrt{a}} \geqq \sqrt{a} + \sqrt{b}$, b) $\sqrt{a+b} \leqq \sqrt{a} + \sqrt{b}$.

51. Es gilt stets

$$[a-(n+1)(a-b)]a^n < b^{n+1} \qquad (a \neq b;\ a, b > 0).$$

52. Für $0 < a < 1$ gilt

$$(1-a)^n < \frac{1}{1+na}\ .$$

53. Für $0 < a < \frac{1}{n}$ gilt

$$(1+a)^n < \frac{1}{1-na}\ .$$

54. Man beweise für $d > 0$ und $n > 1$ die Relation:

$$\sqrt[n]{1+d} > \frac{1}{1-\dfrac{d}{n(1+d)}} > 1 + \frac{d}{n(1+d)}\ .$$

(Man benutze Aufgabe 23.)

55. Man beweise mit Hilfe von Aufgabe 18:

$$\left(1+\frac{1}{6\,n}\right)^{-n} > \frac{5}{6}\ .$$

56. Man beweise mit Hilfe der Aufgaben 21 und 55:

$$\left(1+\frac{1}{n}\right)^n < 3\,.$$

57. Man beweise für $x, y, z \geqq 0$:

$$\frac{x+y+z}{3} \geqq \sqrt[3]{x\,y\,z}\ .$$

(Man führe diese Ungleichung auf Aufgabe 29 zurück, indem man neben x, y, z eine geeignet gewählte vierte Grösse u betrachtet; man kann etwa $u = \frac{x+y+z}{3}$ setzen.)

58. Man beweise für $x_1, \ldots, x_N \geqq 0$ und $N = 2^n$:

$$\frac{x_1+x_2+\cdots+x_N}{N} \geqq \sqrt[N]{x_1\,x_2\ldots x_N}\ .$$

(Vollständige Induktion nach n.)

59. Man beweise für $x_1, \ldots, x_5 \geqq 0$:

$$\frac{x_1+\cdots+x_5}{5} \geqq \sqrt[5]{x_1\ldots x_5}\ .$$

(Man führt diese Ungleichung auf die entsprechende Ungleichung mit 8 Grössen zurück, indem man $x_6 = x_7 = x_8$ geeignet wählt.)

60. Man beweise allgemein für $x + y \geqq 0$:

$$\frac{x^n+y^n}{2} \geqq \left(\frac{x+y}{2}\right)^n.$$

(Man drücke x und y durch $m = \frac{x+y}{2}$ und $d = \frac{x-y}{2}$ aus und benutze die binomische Entwicklung.)

61. Man beweise
$$\frac{a^2+b^2+c^2+d^2}{4} \geqq \left(\frac{a+b+c+d}{4}\right)^2.$$

62. Man beweise allgemein
$$\frac{x^n+y^n+z^n+u^n}{4} \geqq \left(\frac{x+y+z+u}{4}\right)^n \qquad (x, y, z, u > 0).$$

63. Man beweise
$$\frac{a^3+b^3+c^3}{3} \geqq \left(\frac{a+b+c}{3}\right)^3 \qquad (a, b, c > 0).$$

64. Es seien u_ν und v_ν ($\nu = 1, 2, \ldots, n$) nicht negativ und fallend geordnet:
$$u_1 \geqq u_2 \geqq \ldots \geqq u_n \geqq 0, \quad v_1 \geqq v_2 \geqq \ldots \geqq v_n \geqq 0.$$
Dann gilt
$$\frac{u_1v_1+u_2v_2+\cdots+u_nv_n}{n} \geqq \frac{u_1+u_2+\cdots+u_n}{n} \cdot \frac{v_1+v_2+\cdots+v_n}{n}.$$
(Tschebyscheffsche Ungleichung.)

(Man benutze die Tatsache, dass alle Produkte $(u_\mu - u_\nu)(v_\mu - v_\nu)$ nicht negativ sind.)

65. Man beweise für natürliche Zahlen p und q und für $x_1, x_2, \ldots, x_n > 0$:
$$\frac{x_1^{p+q}+x_2^{p+q}+\cdots+x_n^{p+q}}{n} \geqq \frac{x_1^p+\cdots+x_n^p}{n} \cdot \frac{x_1^q+\cdots+x_n^q}{n}.$$

66. Man beweise für $x, y > 0$:
$$\left(\frac{x+y}{2}\right)\left(\frac{x^2+y^2}{2}\right)\left(\frac{x^3+y^3}{2}\right) \leqq \frac{x^6+y^6}{2}.$$

67. Man beweise für $a, b > 0$:
$$\left(\frac{a+b}{2}\right)\left(\frac{a^3+b^3}{2}\right)\left(\frac{a^7+b^7}{2}\right) \leqq \frac{a^{11}+b^{11}}{2}.$$

68. Man beweise für positive $a_1, \ldots, a_4$; $b_1, \ldots, b_4$:
$$\sqrt[4]{(a_1+b_1)(a_2+b_2)(a_3+b_3)(a_4+b_4)} \geqq \sqrt[4]{a_1a_2a_3a_4} + \sqrt[4]{b_1b_2b_3b_4}.$$

69. Man beweise für positive a_1, a_2, a_3; b_1, b_2, b_3:
$$\sqrt[3]{(a_1+b_1)(a_2+b_2)(a_3+b_3)} \geqq \sqrt[3]{a_1a_2a_3} + \sqrt[3]{b_1b_2b_3}.$$

70. Man beweise allgemein für $N=2^n$ und positive $a_1, \ldots, a_N$; $b_1, \ldots, b_N$:
$$\sqrt[N]{(a_1+b_1)\ldots(a_N+b_N)} \geqq \sqrt[N]{a_1\ldots a_N} + \sqrt[N]{b_1\ldots b_N}.$$

71. Man beweise
$$a^2+b^2+c^2 \geqq ab+ac+bc \qquad (a, b, c > 0).$$

72. Die Ungleichung

$$\prod_{\nu=0}^{n}\left(1-\frac{x^{2^\nu}}{2}\right) \geqq 1 - x + \frac{x}{2^{n+1}} \qquad (0 \leqq x \leqq 1)$$

ist durch vollständige Induktion zu beweisen.

73. Es sei $\frac{m}{n}$ ein Näherungsbruch von $\sqrt{2}$ (m, n positiv). Man beweise, dass

1. $\frac{m+2n}{m+n}$ eine bessere Näherung an $\sqrt{2}$ ist als $\frac{m}{n}$,
2. $\sqrt{2}$ zwischen $\frac{m}{n}$ und $\frac{m+2n}{m+n}$ liegt.

74. Ist $x, y > 0$ und gilt

$$0 < 2 - x^2 < \delta,\ 0 < y^2 - 2 < \delta \qquad (\delta > 0),$$

so gilt auch

$$y - x < \delta.$$

75. Es sei $0 < a < b$ und man setze

$$a_1 = \frac{2ab}{a+b},\quad b_1 = \frac{a+b}{2};\quad a_2 = \frac{2a_1b_1}{a_1+b_1},\quad b_2 = \frac{a_1+b_1}{2};\ldots.$$

Man beweise, dass die Intervalle $\langle a_\nu, b_\nu\rangle$ ineinandergeschachtelt sind, $\sqrt{ab}$ enthalten und gegen 0 abnehmende Längen haben.

76. Es seien $a_1 > 1$, $a_2 = \frac{1}{2}\left(a_1 + \frac{1}{a_1}\right)$, $a_3 = \frac{1}{2}\left(a_2 + \frac{1}{a_2}\right)$, ... Es ist zu zeigen, dass $a_1 > a_2 > a_3 > \cdots > 1$ ist und

$$\frac{a_\nu - 1}{a_\nu + 1} = \left(\frac{a_1 - 1}{a_1 + 1}\right)^{2^{\nu-1}}$$

gilt.

77. Sind $a = 10$ und $b = 8$ mit einem Fehler von 2% bzw. 3% bekannt, beide Fehler auf die wahren Werte bezogen, so sind

$$a^2b - b^2a \quad \text{und} \quad \frac{a^3 - b^3}{a - b}$$

zwischen möglichst enge Grenzen einzuschliessen.

78. Mit welcher Genauigkeit müssen $\sqrt{2}$ und π gegeben sein, damit man das Produkt $\pi\sqrt{2}$ bis zur siebten Dezimalen nach dem Komma berechnen kann?

79. Für $a, b \geqq 0$ gilt

$$|\sqrt[n]{a} - \sqrt[n]{b}| \leqq \sqrt[n]{|a-b|}.$$

80. Ist für ein $d > 1$ eine Näherung x von $\sqrt{d}$ grösser als $\sqrt{d} - 2$, so ist $\frac{x+d}{x+1}$ eine bessere Näherung an $\sqrt{d}$, und $\sqrt{d}$ liegt zwischen $\frac{x+d}{x+1}$ und x.

Denn eben wo Begriffe fehlen,
Da stellt ein Wort zur rechten Zeit sich ein.
Goethe

§ 5. Der Funktionsbegriff

20. Der Wertevorrat einer Variablen

Nachdem wir uns nun das Rohmaterial, mit dem die Analysis arbeitet, die *Zahlen*, angesehen haben, wenden wir uns dem eigentlichen Gegenstand der Analysis zu, den verschiedenen *Operationen*, mit deren Hilfe man aus gegebenen Zahlen neue Zahlen herleitet.

Um in die zunächst absolut unübersehbare Fülle der Möglichkeiten, die sich hier darbieten, eine gewisse Ordnung hineinzubringen, wollen wir bei einer derartigen Operation zuerst unser Augenmerk auf *eine* der dabei benutzten gegebenen Zahlen richten und uns fragen, wie sich die betreffende Operation verhält, wenn diese eine Zahl im Rahmen der gegebenen Möglichkeiten variiert wird, während die anderen bei dieser Operation benutzten gegebenen Zahlen festgehalten werden.

Betrachten wir z. B. die Multiplikation von zwei Zahlen a, b, so wollen wir dabei den Faktor a festhalten und den Faktor b variieren. Werden die verschiedenen Werte, die dabei für b eingesetzt werden, mit x bezeichnet, so wird unser Produkt durch den Ausdruck $a x$ geliefert, dessen Eigenschaften wir nunmehr zu studieren hätten.

Die Grösse, die bei einer solchen Diskussion variiert, wird als eine **Variable** (oder **Veränderliche**), genauer in diesem Zusammenhang als eine **unabhängige Variable** (oder eine **unabhängige Veränderliche**) bezeichnet. Die Zahlen aber, die gleichfalls in die betreffende Operation eingehen, deren Werte aber festgehalten werden, werden **Parameter** genannt. Das Resultat der Operation nimmt dann im allgemeinen auch verschiedene Werte an und wird daher gleichfalls als eine Variable, in diesem Zusammenhang als eine **abhängige Variable** bezeichnet. So ist z. B., bei der oben angetönten Betrachtung des Produktes zweier Zahlen, a ein Parameter, während x die unabhängige, $a x$ die abhängige Variable ist.

Die Gesamtheit der Werte, die eine Variable bei einer derartigen Operation annehmen kann, kann sich sehr verschieden zusammensetzen. Diese Gesamtheit bezeichnet man als den **Wertevorrat** der Variablen bei der betreffenden Operation.

Wir geben einige Beispiele solcher Variablen und ihrer Wertevorräte:

1. *Die Tageszeit nach Mitternacht in Sekunden.* Wird der Zeitpunkt der Mitternacht zu den nachfolgenden 24 Stunden gezählt, so kann die Zahl, die

die Tageszeit in Sekunden angibt, sich im Intervall zwischen 0 und 86400 bewegen, wobei der Anfangspunkt 0 dieses Intervalls zum Wertevorrat unserer Variablen gehört, dagegen nicht mehr der Endpunkt 86400, da ja dieser Sekundenzahl wieder die Mitternacht entspricht, die wir dann bereits zu den nächsten 24 Stunden zählen.

2. *Eine beliebige rationale Zahl,* wenn z. B. unsere Operation darin besteht, dass wir eine rationale Zahl in der reduzierten Bruchform mit positivem Nenner schreiben und die Summe des Zählers und Nenners bilden. Diese Operation liefert beispielsweise für die Zahl $-0{,}6 = \frac{-3}{5}$ das Resultat 2.

3. *Eine beliebige ganze Zahl* ($\gtreqless 0$), wenn man z. B. bei verschiedenen *rationalen* Rechnungen einen dabei vorkommenden Exponenten durch alle ganzzahligen Exponenten laufen lässt.

4. *Die Gesamtheit aller natürlichen Zahlen,* wenn die betreffende Variable etwa eine Anzahl von Menschen ausdrückt, wobei es allerdings in den meisten Fällen zweckmässig sein wird, der Variablen auch noch den Wert 0 beizulegen, während sie andererseits praktisch durchaus nicht beliebig grosse Werte annehmen kann, sondern, wenigstens bei einer aktuellen Betrachtung, den Wert $4 \cdot 10^9$ nicht überschreitet.

5. *Die Temperatur des Wassers bei normalem Druck in Zentigraden ausgedrückt.* Diese Variable kann nur Werte aus dem Intervall $\langle 0, 100 \rangle$ annehmen, wenn etwa die Unterkühlung ausgeschlossen ist.

Am häufigsten werden als Wertevorräte verschiedenartige **Intervalle** vorkommen. Wir unterscheiden vier Arten von **endlichen Intervallen** mit dem Anfangspunkt a und dem Endpunkt b:

1. das in Nr. 19 schon definierte *abgeschlossene Intervall* $\langle a, b \rangle$;

2. das *offene Intervall,* d. h. die Gesamtheit aller x mit $a < x < b$, also ein abgeschlossenes Intervall nach Wegnahme von Anfangs- und Endpunkt; es wird mit dem Symbol (a, b) bezeichnet;

Ferner die beiden *halboffenen Intervalle,* die jeweils nur einen der beiden Endpunkte enthalten:

3. das *rechtsoffene Intervall:* $a \leqq x < b$: $\langle a, b)$;

4. das *linksoffene Intervall:* $a < x \leqq b$: $(a, b \rangle$.

Neben diesen endlichen Intervallen kommen auch **unendliche Intervalle** vor, die wir mit den zugehörigen Bezeichnungen aufzählen:

die gesamte Zahlengerade: $(-\infty, \infty)$;

das *rechtsseitig unendliche* Intervall mit dem Anfangspunkt a: $\langle a, \infty)$ oder (a, ∞), je nachdem ob a zum Intervall hinzugezählt wird oder nicht;

das *linksseitig unendliche* Intervall mit dem Endpunkt b: $(-\infty, b\rangle$ oder $(-\infty, b)$, wo, wie im ersten Fall, entweder b zum Intervall gezählt wird oder nicht.

Ein Punkt eines Intervalls J, der mit keinem seiner Endpunkte zusammenfällt, heisst ein *innerer Punkt* von J. Die Gesamtheit aller inneren Punkte von J nennen wir *das Innere* von J. Es ist dies das zu J gehörige offene Intervall. Z. B. enthält ein abgeschlossenes Intervall nur zwei Punkte, die keine inneren Punkte sind, nämlich seine Endpunkte.

Durchläuft eine Variable ein derartiges endliches oder unendliches Intervall, so spricht man gewöhnlich von einer *stetigen* Variablen.

In einigen Fragen wird ein Intervall „um" einen inneren Punkt x_0 betrachtet, wobei es auf die Ausdehnung dieses Intervalls nicht wesentlich ankommt. Ein solches — offenes oder abgeschlossenes — Intervall nennt man eine **Umgebung** von x_0. Ferner wird ein an x_0 *von rechts* anstossendes — abgeschlossenes oder rechts offenes — Intervall als eine *rechtsseitige Umgebung* von x_0 bezeichnet, wenn es auf seine Ausdehnung nicht ankommt; und ganz analog werden auch *linksseitige Umgebungen* von x_0 definiert.

21. Der allgemeine Funktionsbegriff

Man bezeichnet die abhängige Variable bei einer Operation auch als eine **Funktion** der unabhängigen Variablen, die ihrerseits dann als das **Argument** der Funktion bezeichnet wird. Bei diesen Definitionen erhebt sich zunächst die Frage, in welchem Umfange man die verschiedenartigsten in Betracht kommenden Operationen zur Definition einer Funktion heranziehen kann. In dieser Beziehung hat man sich in der ersten Zeit nach der Entdeckung der Prinzipien der Infinitesimalrechnung auf Operationen zu beschränken gesucht, die eine bestimmte „analytische" Regelmässigkeit aufweisen und durch einen „analytischen Ausdruck" gegeben sind. Doch stellte sich bald heraus, dass gerade bei der Anwendung der Mathematik auf physikalische Fragen derartige Einschränkungen unzweckmässig sind.

Man versuchte sodann, den Begriff der Operation und damit den Begriff der „zulässigen" Funktion immer weiter zu fassen, um einerseits den Bereich seiner Anwendbarkeit zu erweitern und andererseits dennoch einen Rest des regelmässigen Verlaufs zu sichern, der eine analytische Behandlung ermöglicht. Doch hat die Entwicklung allmählich die Schranken aller dieser Einschränkungen gesprengt.

Heute denkt man beim Begriff einer Funktion überhaupt nicht mehr an eine Operation, die aus einem gegebenen Argumentwert den zugehörigen Funktionswert *herzuleiten* gestattet. Man hat vielmehr, an Stelle einer solchen Erzeugung einer Funktion durch eine Operation, allein die **eindeutige Bestimmtheit** der Funktion durch das Argument als das einzige charakteristische Merkmal einer Funktion beibehalten. So ergibt sich die folgende Formulierung des Funktionsbegriffs[1]):

---

[1]) Der so definierte Funktionsbegriff wurde früher oft als der *Dirichlet*sche *Funktionsbegriff* bezeichnet, unter Berufung auf eine Stelle in einer Arbeit *Peter Gustav Lejeune-Dirichlet*s (1805—1859) von 1837 über die trigonometrischen Reihen, Gesammelte Werke, Bd. 1, pp. 135 ff. Doch findet sich in Wahrheit an dieser Stelle die obige Definition durchaus nicht in ihrer vollen Allgemeinheit, schon weil dort nur von stetigen Funktionen die Rede ist. Nach *H. Burkhardt*s Ansicht (Enz. d. Math. Wiss., Bd. II, erster Halbband, zweiter Teil, pp. 967 ff.) hat als erster *A. A. Cournot* in seiner Théorie des fonctions, tome 1, Paris 1841, p. 5., den Funktionsbegriff

Ist jedem Wert x aus dem Wertevorrat M einer unabhängigen Variablen eindeutig eine bestimmte Zahl zugeordnet als der Wert einer Variablen y, so heisst y eine Funktion von x.

Man beachte, dass dabei unter der Zuordnung der y-Werte zu den x-Werten aus M durchaus nicht die direkte *Angabe* dieser Werte zu verstehen ist. Es genügt vielmehr, wenn es für jeden Wert x aus M *eindeutig feststeht*, welches y ihm zugeordnet ist. Die Zuordnung von y zu x nennt man die *funktionale Abhängigkeit*. Um sie durch ein Symbol zum Ausdruck zu bringen, benutzt man irgend einen Buchstaben, hinter dem in Klammern das Argumentsymbol steht. Man schreibt z. B. $y = f(x)$, $y = g(x)$, $y = H(x)$ usw.[1]).

Wir erläutern die obige Definition an einigen Beispielen:

1. Das Argument x möge dreier Werte: 1; 2; 3 fähig sein. Die zugehörigen Funktionswerte y seien: π; $\sqrt{2}$; -1000.

Wie man sieht, ist die Zuordnung von einer — natürlich absichtlichen — Unregelmässigkeit. Doch ist sie durchaus nicht analytisch unfassbar. Man kann z. B. y als ein quadratisches Polynom von x darstellen[2]).

2. Das Argument p, der Druck einer festen Gasmenge bei konstanter Temperatur durchlaufe alle positiven Werte. Das Volumen v dieser Gasmenge ist dann bekanntlich durch p eindeutig bestimmt, wobei diese Abhängigkeit, wenigstens für kleine p, sogar sehr einfach *formelmässig* erfassbar ist. Es ist nach dem *Boyle-Mariotte*schen Gesetz

$$v = \frac{c}{p}\ ^{3)}.$$

---

von jeder algorithmischen oder geometrischen Darstellung freigemacht. Es ist indessen schwer, zu sagen, wer als erster die obige Definition in ihrem vollen Umfang formuliert hat. Möglicherweise steht sie zuerst bei *H. Hankel*, Untersuchungen über die unendlich oft oscillirenden und unstetigen Funktionen, Gratulationsprogramm der Tübinger Universität 1870, wiederabgedruckt in den Math. Ann., Bd. 20, pp. 62—112. *Hankel* dürfte vielleicht auch diesen Funktionsbegriff zuerst als den *Dirichlet*schen bezeichnet haben.

[1]) Die erste Benutzung von Buchstaben zur Bezeichnung von Funktionen geht auf *Johann Bernoulli* (1667—1748, jüngerer Bruder von *Jakob Bernoulli* und Vater von *Daniel Bernoulli*) 1694 zurück. Vier Jahre später schlägt *Johann Bernoulli* vor, eine Funktion des Argumentes x mit X oder mit ξ zu bezeichnen, damit man von diesen Bezeichnungen auf das Argument schliessen kann. Diese Idee verlässt er indessen 1718, um eine Funktion mit dem Buchstaben φ zu bezeichnen, wobei das Argument nunmehr ohne Klammern rechts hinzugefügt wird. Er schreibt also φx, anstatt, wie wir heute schreiben würden, $\varphi(x)$. φ heisst dabei „la caractéristique de la fonction". Das Einklammern des Argumentes geht auf *Leonhard Euler* (1707—1783) 1735 zurück. Ebenso verdankt man *Johann Bernoulli* die Benutzung des Wortes Funktion zur Bezeichnung allgemeiner funktionaler Abhängigkeiten, und zwar 1698 in einem Brief an *Leibniz* und 1706 im Druck. In einer spezielleren Bedeutung wurde das Wort *Funktion* bereits 1694 von *Leibniz* benutzt, der aber später den *Bernoulli*schen Vorschlag des allgemeineren Wortgebrauchs ausdrücklich billigte.

[2]) Nämlich, wie man sofort verifizieren kann, durch das Polynom

$$-500(x-1)(x-2)+(x-2)(x-3)\frac{\pi}{2}-(x-1)(x-3)\sqrt{2}.$$

[3]) Es braucht kaum daran erinnert zu werden, dass diese Formel nur für kleine p einigermassen exakt ist. Wesentlich genauer wird der Zusammenhang durch die sogenannte *van der Waals*sche Zustandsgleichnung beschrieben.

3. Die Temperatur t in der Erdkruste als Funktion der Tiefe x ist für hinreichend grosse x praktisch unabhängig von den Temperaturschwankungen auf der Erdoberfläche und lässt sich als Funktion von x durch die folgende Formel darstellen:

$$t = t_0 + kx.$$

4. Die durchschnittliche Sterblichkeit q pro Hundert bei Männern in Abhängigkeit vom Alter x in der Schweiz in den Jahren 1929/32:

x:	0	10	30	50	70	90
q:	5,62	0,15	0,42	1,31	6,28	30,68

Diese Angaben sind der Beobachtung entnommen[1]). Durch sie ist aber eine wohlbestimmte Funktion q von x definiert, die in den Anwendungen auf die Versicherungsmathematik von grosser Bedeutung ist.

5. Das Volumen v von 1 g Wasser in cm^3 (bei 760 mm Hg) in Abhängigkeit von der Temperatur t. Die Werte sind:

t:	0	10	20	30	40	... 100
v:	1,00016	1,00030	1,00180	1,00438	1,00785	... 1,04346

Diese Werte sind durch besonders sorgfältige Messungen bestimmt worden. Die durch sie festgelegte Funktion v von t ist durch das Experiment gegeben[2]).

22. Verschiedene Darstellungen und Klassen von Funktionen

Praktisch wird man die Zuordnung der Werte einer Funktion zu denen des Arguments irgendwie zu fixieren suchen. Hierzu bieten sich vor allem drei Wege: formelmässige Darstellung, tabellarische Zusammenfassung, graphische Darstellung.

Zur *theoretischen Behandlung* ist die **formelmässige Darstellung** im allgemeinen am bequemsten, so dass man auch für tabellarisch oder graphisch gegebene Funktionen eine möglichst genaue und einfache approximative Darstellung durch einen formelmässigen Ausdruck herzustellen sucht.

Das Problem einer solchen „*Darstellung empirischer Funktionen*" ist ein sehr wichtiges und interessantes Problem der angewandten Mathematik.

Zur *Berechnung der Funktionswerte* ist die **graphische Darstellung** zwar bequem, aber relativ ungenau. Werden die Werte einer Funktion oft benötigt, so wird, auch wenn sie durch einen formelmässigen Ausdruck gegeben sind, in der Regel eine **Tabelle** konstruiert. Eine solche Tabelle liefert aber zumeist nur angenäherte Werte mit einer bestimmten Anzahl von Dezimalen. Handelt es

---

[1]) Vgl. Statistisches Jahrbuch der Schweiz, 1942, p. 84.

[2]) Die obigen Werte sind der fünfstelligen Logarithmentafel von *E. Voellmy* (1939), p. 147, entnommen. Unsere Tabelle zeigt allerdings zugleich, in welcher Weise bei einer tafelmässigen Darstellung die Eigentümlichkeiten des Funktionsverlaufs verloren gehen können, wenn der „Tafelschritt" der Art der funktionalen Abhängigkeit nicht angepasst ist.

In der Tat scheint nach der obigen Tafel v als Funktion von t einen durchaus regelmässigen Gang aufzuweisen und zwar mit wachsendem t von $t = 0$ an zu wachsen. Bekanntlich besitzt aber im Falle des Wassers v als Funktion von t bei $t = 4^0$ ein *Minimum*. v fällt zwischen 0^0 und 4^0 und beginnt erst von da an zu wachsen.

sich um ein stetiges Argument, so kann eine Tabelle die Funktionswerte doch nur für diskrete Argumente liefern, die mehr oder weniger eng zusammenliegen, je nach dem „Tafelschritt". Zur Berechnung der Funktionswerte für dazwischen oder auch ausserhalb der Tafelgrenzen liegende Argumente werden verschiedene *Interpolations-* und *Extrapolationsmethoden* benutzt, deren Diskussion unter verschiedenen Gesichtspunkten ein wichtiges Problem der Analysis ist.

Will man sich aber eine Vorstellung über den „*Gang*" einer Funktion, über ihren *allgemeinen Verlauf* bilden, so ist die **graphische Darstellung** durchaus das einfachste Mittel, wenn auch in gewissen Fällen mechanische Analogien gleichfalls gut benutzt werden können. Es gibt zahlreiche Methoden graphischer Darstellung, deren Diskussion in das Gebiet der sogenannten *Nomographie* gehört, einer Spezialdisziplin der angewandten Mathematik. Die einfachste graphische Darstellung ist diejenige in bezug auf ein *Achsenkreuz*, die der Leser von der elementaren Mathematik und der analytischen Geometrie her kennt.

Eine vollständige Klassifikation der Funktionen nach den Wertevorräten ihrer Argumente lässt sich nicht durchführen. Doch sind in dieser Hinsicht neben den **Funktionen einer stetigen Variablen** noch sogenannte **Funktionen einer diskreten Variablen** zu nennen, bei denen das Argument nur einzelne Punkte durchläuft. Hierher gehören z.B. Funktionen, deren Argumente nur ganze oder etwa nur natürliche Zahlen durchlaufen. Bei Funktionen dieser Art werden die Argumente zumeist als *Indizes* der Funktionswerte angegeben, und die Funktionswerte werden in der Reihenfolge ihrer Indizes geordnet gedacht.

Man spricht dann insbesondere, wenn das Argument *unendlich viele* verschiedene Werte durchläuft, von einer **Zahlenfolge**[1]). Eine solche Zahlenfolge wird z. B. wie folgt dargestellt:

$$a_1, a_2, \ldots, a_\nu, \ldots .$$

Die Zahlen a_ν heissen **Glieder** oder **Elemente** dieser Zahlenfolge.

Viel eingehender lassen sich Funktionen klassifizieren, die durch einen analytischen Ausdruck gegeben sind, wenn dieser Ausdruck im ganzen Definitionsbereich der Funktion ein und derselbe ist.

Werden bei der Bildung eines solchen Ausdrucks nur endlich oft Operationen der Addition und der Multiplikation, insbesondere der Multiplikation mit verschiedenen festen Konstanten benutzt, so lässt sich dieser Ausdruck immer auf die Gestalt bringen:

$$y = a_0 x^n + a_1 x^{n-1} + \cdots + a_n,$$

wo $a_0, \ldots, a_n$ feste Parameter sind. Eine solche Funktion nennt man eine

[1]) Dem gewöhnlichen Sprachgebrauch gemäss sollte man eigentlich auch *Zahlenfolgen* aus endlich vielen Gliedern zulassen. Doch müsste man dann bei unendlichen Zahlenfolgen fortgesetzt das Wort „unendlich" hinzufügen. Daher wollen wir die obige Festsetzung treffen, dagegen, wenn es sich um eine Folge endlich vieler Zahlen handelt, dann von einer *Zahlensequenz* sprechen.

ganze rationale Funktion oder ein **Polynom** vom **Grade n**. Ist $n = 1$, so ist y eine (ganze) *lineare* Funktion von x. Sind bei der Bildung von y auch Divisionen auszuführen, so ist die allgemeine Form einer solchen Funktion von y die folgende:

$$y = \frac{a_0 x^n + \cdots + a_n}{b_0 x^m + \cdots + b_m},$$

wo a_ν und b_μ Parameter sind. Solche Funktionen nennt man **rationale Funktionen,** speziell **gebrochene rationale Funktionen,** wovon die Polynome nur spezielle Fälle sind. y ist hier „rational in x". Das Maximum von n und m heisst der *Grad* der rationalen Funktion y von x, wenn Zähler und Nenner teilerfremd gemacht sind. Ist dieses Maximum gleich 1, so heisst y eine (gebrochene) *lineare* Funktion von x.

Die einfachsten Funktionen dieser Art sind solche, die für alle Argumentwerte einen und denselben Wert haben. Man nennt solche Funktionen **konstante Funktionen** und bringt die Konstanz einer Funktion $f(x)$ wie folgt zum Ausdruck:

$$f(x) = \text{const}$$

oder sogar gelegentlich $f(x) = c$, wo c also in diesem Falle eine Bezeichnung für den festen Wert einer konstanten Funktion ist.

Wendet man auf gegebene rationale Funktionen die Operationen der Addition, Subtraktion, Multiplikation und Division an, so erhält man wiederum rationale Funktionen. Insofern kann man sagen, dass die Gesamtheit aller rationalen Funktionen von x einen *Körper* bildet. Dagegen stellt die Gesamtheit aller *Polynome* von x keinen Körper dar, da der Quotient zweier Polynome nicht notwendig wiederum ein Polynom ist.

Ist eine Funktion y von x zwar nicht rational, genügt sie aber in ihrem ganzen Definitionsbereich einer Gleichung von der Form

$$y^k + A_1(x)\, y^{k-1} + \cdots + A_k(x) = 0,$$

wo $A_1(x), \ldots, A_k(x)$ rational in x sind, so nennt man y eine **algebraische Funktion** von x. Darunter fällt insbesondere jede rationale Funktion $A(x)$, denn sie genügt der Gleichung $y - A(x) = 0$.

Übrigens wird man schon bei der Diskussion algebraischer Funktionen, die in gewissen Fällen unumgänglich ist, gezwungen, auch die oben gegebene Definition einer Funktion als zu eng anzusehen, da es fast unmöglich ist, sich eine ganz klare Vorstellung vom Verhalten algebraischer Funktionen zu bilden, solange man an der Forderung der *Eindeutigkeit* einer jeden Funktion festhält. Doch werden wir in diesen Vorlesungen, sofern nicht ausdrücklich das Gegenteil vermerkt ist, uns nur mit eindeutig definierten Funktionen befassen.

Ferner werden nichtalgebraische Funktionen, die durch ein einheitliches analytisches Gesetz definiert sind, als **transzendent** bezeichnet. Hierzu gehören z. B. sin x, tg x, die uns von der Schule her bekannt sind. Allerdings ist das Bildungsgesetz dieser trigonometrischen Funktionen zunächst geometrisch und nicht analytisch. Ein analytisches Bildungsgesetz für sie werden wir erst im Verlauf dieser Vorlesungen kennen lernen.

Endlich sei noch die Unterscheidung von Funktionen in *explizite* und *implizite* erwähnt. Besteht die Vorschrift zur Bildung des Funktionswertes aus endlich vielen eindeutig vorgeschriebenen und als bekannt anzusehenden Operationen, so spricht man von einer **expliziten Funktion.** Hat man dagegen zur Bildung des Funktionswertes Bestimmungsgleichungen aufzulösen, so heisst die Funktion **implizit.** Doch ist diese Unterscheidung zum Teil willkürlich. So wird man im allgemeinen die für nicht negative x definierte nichtnegative Funktion

$$y = x^{\frac{1}{2}} = \sqrt{x}$$

als eine *explizite* bezeichnen, während diese Definitionsformel mit der quadratischen Gleichung $y^2 - x = 0$ im wesentlichen gleichbedeutend ist, vermöge deren unsere Funktion als *implizit* zu bezeichnen wäre.

Man benutzt mit Vorliebe zur Bezeichnung der variablen Grössen die letzten Buchstaben des lateinischen oder die entsprechenden Buchstaben des griechischen Alphabets. Die konstanten Parameter werden ihrerseits zumeist durch die ersten Buchstaben des lateinischen oder griechischen Alphabets bezeichnet. Dies ist keine absolute Regel. Doch werden im allgemeinen nur Abweichungen von dieser Regel ausdrücklich formuliert. Wenn z. B. von der Funktion $ax + b$ die Rede ist, so versteht es sich von selbst — sofern nicht ausdrücklich das Gegenteil gesagt ist —, dass x hier das Argument ist, während a und b konstante Parameter sind[1]).

23. Einige Bezeichnungen

Um anzugeben, dass in einer Menge A von Elementen irgendwelcher Art ein Element a enthalten ist, werden wir die Bezeichnung verwenden

$$a \prec A$$ [2]).

Ganz ähnlich wird die Tatsache zum Ausdruck gebracht, dass eine Menge A_1 in einer Menge A enthalten ist:

$$A_1 \prec A.$$

Entsprechend ist $A \succ A_1$ zu lesen: A enthält A_1. Die Negation dieser Beziehungen wird, wie üblich, durch einen senkrechten Strich zum Ausdruck gebracht.

[1]) Diese Festsetzung geht im wesentlichen auf *Descartes*, Géométrie, 1637 zurück. Vor *Descartes* wurde eine Zeitlang die *Vieta*sche Festsetzung befolgt, für die unbekannten Grössen oder die Variablen die *Vokale*, für die bekannten die *Konsonanten* zu benutzen.

[2]) Diese Bezeichnung dürfte von *C. S. Peirce* 1867 eingeführt worden sein. Man benutzt gelegentlich auch die von *E. Schröder* 1890 eingeführte Bezeichnung $a \subset A$ und in den letzten Jahren die Bezeichnung $a \varepsilon A$.

Gibt es in einer Menge A reeller Zahlen eine kleinste Zahl m, so nennt man m das **Minimum** von A und schreibt:

$$m = \operatorname{Min} A .$$

Ebenso wird die grösste Zahl M einer Zahlenmenge A, sofern es in A überhaupt eine grösste gibt, als das **Maximum** von A bezeichnet. Dafür wird geschrieben:

$$M = \operatorname{Max} A .$$

Es sei aber bemerkt, dass eine beliebige Zahlenmenge durchaus nicht immer ein Minimum oder ein Maximum besitzen muss, auch wenn alle Zahlen von A zwischen festen Schranken liegen. So enthält z. B. die Menge aller positiven echten Brüche m/n, $0 < m < n$, weder eine kleinste noch eine grösste Zahl. Denn die kleinste sollte eigentlich 0 sein, allein die Null ist nicht positiv, und ebensowenig kann 1 als das Maximum dieser Menge betrachtet werden, da 1 kein echter Bruch ist. Man könnte hier höchstens einwenden, dass unsere Menge „künstlich" gebildet wurde, da auch 0 und 1 „von Rechts wegen" zu ihr gehören müssten. Allein derartige Mengen kommen in durchaus natürlicher Weise vor, und man hat sich dabei fortgesetzt mit der Existenz eines Maximums oder Minimums auseinanderzusetzen.

Gelegentlich wird in den obigen Bezeichnungen nach den Abkürzungen Max, Min anstatt der Bezeichnung der betreffenden Menge einfach die Zusammenstellung ihrer sämtlichen Elemente hinzugeschrieben; z. B. gilt

$$\operatorname{Max}(5, 7, 17, -8) = 17, \quad \operatorname{Min}(5, 7, 17, -8) = -8.$$

Ist insbesondere die Menge A mit der Menge der Werte einer Funktion $f(x)$ identisch, wenn x einen Wertevorrat W durchläuft, $x \prec W$, so bezeichnen wir das Maximum dieser Menge als das *Maximum von* $f(x)$ *auf* oder *über* W und schreiben dafür:

$$\operatorname*{Max}_{x \prec W} f(x) \quad \text{oder einfacher} \quad \operatorname*{Max}_{W} f(x) \quad \text{oder auch} \quad \operatorname{Max} f(x) \qquad (x \prec W),$$

wo also das Symbol, das unter Max steht, den Wertevorrat von x angibt. Analog wird das Minimum dieser Menge in der Form

$$\operatorname*{Min}_{x \prec W} f(x) \quad \text{oder} \quad \operatorname*{Min}_{W} f(x) \quad \text{oder} \quad \operatorname{Min} f(x) \qquad (x \prec W)$$

geschrieben und als *Minimum von* $f(x)$ *auf (über)* W bezeichnet. —

Aus einer gegebenen Funktion $f(x)$ kann man im allgemeinen eine neue Funktion

$$\boxed{\Delta f(x) = f(x+1) - f(x)} \tag{23,1}$$

bilden; nämlich für alle x, für die sowohl $f(x)$ als auch $f(x+1)$ definiert sind.

Man nennt die so gebildete Funktion die **erste Differenz** von $f(x)$ und benutzt zu ihrer Bezeichnung gewöhnlich das oben angegebene Symbol $\Delta f(x)$.

Ist z. B. $f(x) = x^2$, so gilt

$$\Delta x^2 = (x+1)^2 - x^2 = 2x + 1.$$

Man kann im allgemeinen von der ersten Differenz $\Delta f(x)$ von $f(x)$ wiederum ihre erste Differenz bilden, wenn nämlich $\Delta f(x)$ für x und $x + 1$, also $f(x)$ für $x, x+1, x+2$ definiert ist. Diese Differenz nennt man die **zweite Differenz** von $f(x)$ und bezeichnet sie mit $\Delta^2 f(x)$. Es gilt also

$$\Delta^2 f(x) = \Delta(\Delta f(x)).$$

In gleicher Weise fortfahrend, definiert man die dritte, vierte und allgemein die ν-te Differenz von $f(x)$ für jedes natürliche ν. Die ν-te Differenz von $f(x)$ wird mit dem Symbol

$$\Delta^\nu f(x)$$

bezeichnet, so dass allgemein gilt

$$\Delta^{\nu+1} f(x) = \Delta(\Delta^\nu f(x))$$ [1].

So ist z. B.

$$\Delta^2 x^2 = \Delta(2x+1) = (2x+3) - (2x+1) = 2.$$

Kennt man zur gegebenen Funktion $f(x)$ eine Funktion $F(x)$, von der $f(x)$ die erste Differenz ist:

$$\Delta F(x) = f(x)\text{[2]}, \tag{23,2}$$

so kann man gewisse Summen, in denen $f(x)$ vorkommt, in geschlossener Form durch $F(x)$ darstellen.

Man betrachte z. B. für ein konstantes a und natürliche m und n, $m < n$, die Summe

$$f(a+m) + f(a+m+1) + \ldots + f(a+n),$$

die man gewöhnlich abgekürzt in der Form schreibt:

$$\sum_{\nu=m}^{n} f(a+\nu),$$

wo der „**Summationsbuchstabe**" ν alle ganzzahligen Werte zwischen der

---

[1]) Diese Differenzenbezeichnung wurde 1755 von *Euler* eingeführt. Die systematische Theorie der Differenzen bildet den Gegenstand der sogenannten *Differenzenrechnung*, die von *Newton* 1711 begründet und von *Brook Taylor* (1685—1731), 1715 in einem Lehrbuch ausführlich entwickelt und dargestellt wurde.

[2]) Man nennt dann die Funktion $F(x)$ eine *Summenfunktion* von $f(x)$.

„unteren Summationsgrenze“ m und der „oberen Summationsgrenze“ n durchläuft[1]).

Ersetzt man hier das allgemeine Glied durch die Differenz $F(a+\nu+1)-$ $-F(a+\nu)$, so nimmt unsere Summe die Gestalt an

$$[F(a+m+1)-F(a+m)]+[F(a+m+2)-F(a+m+1)]+\dots \\ +[F(a+n+1)-F(a+n)]. \tag{23,3}$$

Werden hier aber die eckigen Klammern geöffnet, so heben sich alle F-Werte heraus bis auf $F(a+n+1)$ und $-F(a+m)$. Daher ergibt sich

$$\sum_{\nu=m}^{n} f(a+\nu)=F(a+n+1)-F(a+m), \tag{23,4}$$

eine Relation, die aus (23,2) folgt, wenn (23,2) für $x=a+m, \dots, a+n$ gilt.

Wir wollen noch die soeben ausgeführte Umrechnung der Summe (23, 3) durch formales Rechnen mit dem Summensymbol durchführen, um dabei einen oft gebrauchten Kunstgriff erläutern zu können. Es ist offenbar

$$\sum_{\nu=m}^{n}[F(a+\nu+1)-F(a+\nu)]=\sum_{\nu=m}^{n}F(a+\nu+1)-\sum_{\nu=m}^{n}F(a+\nu). \tag{23,5}$$

Wir wollen die erste Summe rechts umformen. Zu diesem Zwecke setzen wir $\nu+1=\mu$, wo also, wenn ν von m bis n geht, der „neue Summationsindex“ μ von $m+1$ bis $n+1$ läuft. Daher gilt

$$\sum_{\nu=m}^{n}F(a+\nu+1)=\sum_{\mu=m+1}^{n+1}F(a+\mu),$$

und die rechte Seite kann offenbar in der Form geschrieben werden:

$$\sum_{\mu=m}^{n}F(a+\mu)+F(a+n+1)-F(a+m).$$

Nun beachte man, dass der Summationsindex μ nur die Aufgabe hat, die Stelle anzugeben, wo alle ganzen Zahlen zwischen m und n einzusetzen sind. Man kann daher für diesen Summationsindex anstatt μ auch jeden anderen

[1]) Das Symbol Σ für eine Summe wurde zuerst 1755 von *Euler* eingeführt. Durchläuft der Summationsbuchstabe ein allgemeines System von Werten, das nicht notwendig aus allen natürlichen Zahlen zwischen zwei Summationsgrenzen besteht, so wird die Gesamtheit dieser Werte in geeigneter Weise angedeutet, entweder unter dem Summenzeichen oder daneben. So kann man z. B. schreiben

$$a_1+a_2+a_3=\sum_{\nu=1}^{3}a_\nu=\sum_{\nu=0}^{2}a_{\nu+1}=\sum_{\nu=3}^{5}a_{\nu-2}=\sum_{\nu\in\mathfrak{M}}a_\nu \qquad (\mathfrak{M}=(1,2,3)).$$

Man kann dafür übrigens auch schreiben

$$\sum_{\mathfrak{M}}a_\nu \quad (\mathfrak{M}=(1,2,3)),$$

falls über die Wahl des Summationsbuchstabens keine Missverständnisse möglich sind.

Buchstaben gebrauchen. Ersetzt man insbesondere μ durch ν, so erhält man schliesslich für die erste Summe rechts in (23,5) die Umformung

$$\sum_{\nu=m}^{n} F(a+\nu) + F(a+n+1) - F(a+m).$$

Daher ist der ganze Ausdruck rechts in (23,5) gleich

$$F(a+n+1) - F(a+m),$$

wie behauptet. — Die an dem obigen Beispiel erläuterte Methode, Summationsindizes zu transformieren, ist gelegentlich sehr nützlich.

In ganz ähnlicher Weise wie oben Σ für die Summation wird auch Π für die Multiplikation benutzt, wobei der Wertevorrat des „Multiplikationsbuchstabens" ganz ähnlich wie bei Σ angegeben wird. So ist z. B.

$$a_1 a_2 a_3 = \prod_{\nu=1}^{3} a_\nu = \prod_{\nu=2}^{4} a_{\nu-1} = \prod_{\nu=-1}^{1} a_{\nu+2} = \prod_{\nu < \mathfrak{M}} a_\nu = \prod_{\mathfrak{M}} a_\nu \quad (\mathfrak{M} = (1,2,3)).$$

(Vgl. z. B. die Aufgaben 10, 11, 12 in § 2.)

Das Produktzeichen scheint zum erstenmal von *C. G. J. Jacobi* (1804—1851) 1829 in seinem Werk: Fundamenta Nova Theoriae Functionum Ellipticarum, Art. 22, benutzt worden zu sein. (Vgl. *Jacobi*s Gesammelte Werke, Bd. I, p. 95.)

Für die angenäherte Gleichheit benutzen wir (vgl. die Aufgaben 39, 42, 77 zu § 4) das Symbol $\fallingdotseq$ (lies: *näherungsweise gleich*). So ist z. B.

$$\pi \fallingdotseq 3{,}1 .$$

Aufgaben

1. Man beweise

$$\frac{a+b+|b-a|}{2} = \text{Max}\,(a,b), \quad \frac{a+b-|b-a|}{2} = \text{Min}\,(a,b).$$

2. Ist $b_\nu > 0$ $(\nu = 1, \ldots, n)$, so gilt:

$$\text{Min}\left(\frac{a_1}{b_1}, \ldots, \frac{a_n}{b_n}\right) \leqq \frac{a_1 + \cdots + a_n}{b_1 + \cdots + b_n} \leqq \text{Max}\left(\frac{a_1}{b_1}, \ldots, \frac{a_n}{b_n}\right).$$

(Man beweise dies etwa mit Hilfe von Aufgabe 26 des § 4 durch vollständige Induktion oder, indem man allgemein $a_\nu = b_\nu q_\nu$ setzt.)

3. Ist für $1 \leqq \nu \leqq n$: $m = \text{Min}\, u_\nu$, $M = \text{Max}\, u_\nu$ und $\alpha_\nu > 0$, so gilt

$$m \leqq \frac{\sum\limits_{\nu=1}^{n} \alpha_\nu u_\nu}{\sum\limits_{\nu=1}^{n} \alpha_\nu} \leqq M.$$

Wann gelten in dieser Relation die Gleichheitszeichen?

4. Die Funktionen $f(x)$ und $\varphi(x)$ sind so definiert, dass

$$\varphi(x) = 3x + 2$$

und

$$f(x) = 2x - 1 \quad \text{für} \quad x \leqq 1,$$
$$f(x) = 6 - 5x \quad \text{für} \quad x \geqq 1$$

ist. Man bestimme x aus $f(x) = \varphi(x)$.

5. Die Funktion $\varphi(x)$ ist gegeben durch

$$\varphi(x) = 2x - 1 \quad \text{für } x \leqq 1,$$
$$\varphi(x) = 6x - 5 \quad \text{für } x \geqq 1.$$

Man bestimme die Wurzeln von $\varphi(x) = 3x - 3$.

6. Die Funktion $\varphi(x)$ ist gegeben durch

$$\varphi(x) = 4x - 7 \quad \text{für} \quad x \leqq \frac{8}{3},$$
$$\varphi(x) = x + 1 \quad \text{für} \quad x \geqq \frac{8}{3}.$$

Man bestimme die Wurzeln von $(\varphi(x))^2 = 4x + 1$.

7. Für $f(x + 1) \equiv 3x^2 + 4x + 1$ bilde man $f(x - 1)$.

8. Ein Polynom zweiten Grades $f(x) = ax^2 + bx + c$ ist so zu finden, dass

$$\text{a)} \quad \Delta f(x) = 7x - 3, \qquad \text{b)} \quad \Delta f(x) = 4x + 7$$

ist.

9. Ein Polynom dritten Grades $f(x) = ax^3 + bx^2 + cx + d$ ist so zu finden, dass

$$\text{a)} \quad \Delta f(x) = x^2, \qquad \text{b)} \quad \Delta f(x) = \frac{x(x+1)}{2}$$

ist.

10. Ein Polynom vierten Grades $f(x)$ ist so zu bestimmen, dass

$$\Delta f(x) = x^3$$

wird.

11. Für die Summe

$$1^2 + 2^2 + \cdots + n^2$$

ist ein geschlossener Ausdruck zu finden. (Vgl. Aufgabe 9.)

12. Welchen Wert hat

$$\sum_{\nu=10}^{100} (5\nu + 2)^2\,?$$

13. Ein gebrochener Ausdruck

$$f(x) = \frac{ax+b}{cx+d}$$

ist so zu bestimmen, dass

$$\Delta f(x) = \frac{1}{x(x+1)}$$

ist.

14. Eine Funktion

$$f(x) = \frac{1}{a x^2 + b x + c}$$

ist so zu bestimmen, dass

$$\Delta f(x) = \frac{1}{x(x+1)(x+2)}$$

wird.

* * *

15. Für die Summe

$$\sum_{\nu=1}^{n} \nu^3$$

ist ein geschlossener Ausdruck zu finden. (Vgl. Aufgabe 10.)

16. Man berechne die Summen

$$\text{a)} \sum_{\nu=1}^{n} \nu(n-\nu+1)^2, \qquad \text{b)} \sum_{\nu=1}^{n} (-1)^{\nu-1}\nu^3.$$

17. Für die Summe

$$\sum_{\nu=0}^{n} \frac{1}{(a+\nu d)(a+(\nu+1)d)}$$

ist ein geschlossener Ausdruck zu finden.
(Man verwende die Identität:

$$\frac{a}{x(x+a)} = \frac{1}{x} - \frac{1}{x+a}\,.)$$

18. Für welche α kann man eine Funktion $f(x) = \dfrac{ax+b}{ax+d}$ so bestimmen, dass

$$\Delta f(x) = \frac{1}{x(x+\alpha)}$$

wird ?

19. Man beweise, dass für $n \geqq 2$

$$\frac{1}{2} - \frac{1}{n+1} < \frac{1}{2^2} + \dots + \frac{1}{n^2} < 1 - \frac{1}{n}$$

ist. $\left(\text{Man benutze die Relation: } \frac{1}{\nu(\nu+1)} < \frac{1}{\nu^2} < \frac{1}{\nu(\nu-1)}\,.\right)$

20. Ist

$$P_n(x) = a x^n + b x^{n-1} + \cdots$$

ein Polynom n-ten Grades mit dem höchsten Koeffizienten $a \neq 0$, so ist

$$\Delta P_n(x) = n a x^{n-1} + \cdots$$

ein Polynom $(n-1)$-ten Grades mit dem höchsten Koeffizienten na.

21. Für das Polynom $P_n(x)$ der Aufgabe 20 ist die n-te Differenz gleich $n!\,a$.

22. Man zeige:

a) $\Delta^2 f(x) = f(x+2) - 2f(x+1) + f(x)$,

b) $f(x+2) = f(x) + 2\Delta f(x) + \Delta^2 f(x)$.

23. Man beweise durch vollständige Induktion:

$$\Delta^n f(x) = f(x+n) - \binom{n}{1} f(x+n-1) + \binom{n}{2} f(x+n-2) - \cdots + (-1)^n f(x).$$

24. Aus n positiven Zahlen $a_1, a_2, \ldots, a_n$ bilde man:

$$\gamma = \frac{n}{\frac{1}{a_1} + \frac{1}{a_2} + \cdots \cdots + \frac{1}{a_n}},$$

das *harmonische Mittel* der Zahlen $a_1, a_2, \ldots, a_n$. Man beweise, dass γ zwischen der kleinsten und der grössten der Zahlen $a_1, a_2, \ldots, a_n$ liegt.

KAPITEL II

GRENZWERTE

§ 6. Nullfolgen

24. Definition einer Nullfolge

Eine Zahlenfolge

$$a_1, a_2, a_3, \ldots$$

oder, wie wir auch abgekürzt schreiben werden,

$$a_\nu \quad (\nu = 1, 2, \ldots)$$

heisst eine **Nullfolge,** wenn die absoluten Beträge aller Zahlen dieser Folge mit hinreichend grossen Indizes unter jede positive Schranke sinken. (Wir kürzen im folgenden oft das Wort Nullfolge durch NF ab.)

Der Wortlaut der obigen Definition bringt allerdings eine Tatsache noch nicht eindeutig zum Ausdruck, dass man nämlich um so weiter in der Folge der a_ν hinausgehen muss, je kleiner die Schranke ist, unter die die $|a_\nu|$ sinken sollen. Bezeichnet man diese Schranke mit ε, so bedeutet dies, dass für jedes $\varepsilon > 0$ die Ungleichung $|a_\nu| < \varepsilon$ gilt, sobald ν gross genug, d. h. sobald ν grösser als eine geeignete Zahl N ist. Dabei ist aber N im allgemeinen, je nach der Wahl von ε, verschieden, muss also gewissermassen als eine Funktion von ε gewählt werden. Um die Tatsache, dass N von ε abhängig ist, hervorzuheben, schreiben wir dafür $N(\varepsilon)$. Daher lässt sich unsere Definition nunmehr wie folgt zusammenfassen:

Eine Folge a_ν, $\nu = 1, 2, \ldots$, heisst eine Nullfolge, wenn sich zu jedem $\varepsilon > 0$ ein $N(\varepsilon)$ derart wählen lässt, dass für $\nu > N(\varepsilon)$ stets $|a_\nu| < \varepsilon$ gilt.

Diese Definition ist natürlich mehr mit Nebensätzen und Symbolen beschwert als die am Eingang dieser Nummer gegebene, die auch stilistisch etwas eleganter ist. Doch ist die eben angegebene Definition vollständig klar, was man von der ersten nicht sagen kann.

Man kann übrigens für den Begriff der Nullfolge noch eine weitere und sehr elegante Definition geben: *Eine Folge a_ν heisst eine Nullfolge, wenn oberhalb jeder positiven Schranke jeweils nur endlich viele $|a_\nu|$ liegen.*

Denn ist $\varepsilon > 0$ beliebig, und liegen nur endlich viele $|a_\nu|$ oberhalb $\varepsilon/2$, so sind alle $|a_\nu|$ von einem ν an $\leqq \varepsilon/2$, also $< \varepsilon$. Umgekehrt, gilt für $\nu > N$: $|a_\nu| < \varepsilon$, so ist die Anzahl der $|a_\nu|$, die ε übertreffen, höchstens N.

Eine Zahlenfolge, $c, c, c, \ldots$, deren sämtliche Elemente den Wert c haben, ist offenbar nur dann eine NF, wenn $c = 0$ ist.

Beispiele: 1. Die Folge $1/\nu$, $\nu = 1, 2, \ldots$, ist eine *NF*. — Denn für ein beliebiges $\varepsilon > 0$ folgt aus $\nu > 1/\varepsilon$

$$\left|\frac{1}{\nu}\right| = \frac{1}{\nu} < \varepsilon .$$

Hier kann man also $N(\varepsilon) = 1/\varepsilon$ setzen.

2. Die Zahlenfolge

$$\sqrt{\nu+1} - \sqrt{\nu} \qquad (\nu = 1, 2, \ldots)$$

ist eine *NF*. — Denn es gilt wegen der Identität

$$a - b = \frac{a^2 - b^2}{a+b},$$

wenn hier $a = \sqrt{\nu+1}$, $b = \sqrt{\nu}$ gesetzt wird:

$$\sqrt{\nu+1} - \sqrt{\nu} = \frac{(\sqrt{\nu+1})^2 - (\sqrt{\nu})^2}{\sqrt{\nu+1} + \sqrt{\nu}} = \frac{1}{\sqrt{\nu+1} + \sqrt{\nu}} < \frac{1}{\sqrt{\nu}} .$$

Die Ungleichung $\frac{1}{\sqrt{\nu}} < \varepsilon$ ist äquivalent mit $\frac{1}{\nu} < \varepsilon^2$ und daher mit $\nu > \frac{1}{\varepsilon^2}$. Setzen wir also in diesem Fall $N(\varepsilon) = \frac{1}{\varepsilon^2}$, so folgt aus $\nu > N(\varepsilon)$:

$$|\sqrt{\nu+1} - \sqrt{\nu}| = \sqrt{\nu+1} - \sqrt{\nu} < \varepsilon.$$

3. Sei q eine Zahl mit $|q| < 1$. Dann ist die Zahlenfolge

$$q^\nu \quad (\nu = 1, 2, \ldots)$$

eine Nullfolge. — Denn für $q = 0$ ist dies klar. Es genügt daher, den Fall zu betrachten, wo $0 < |q| < 1$ ist. Setzen wir

$$\frac{1}{|q|} = A,$$

so ist $A > 1$ und daher $A = 1 + h$, $h > 0$, so dass wir schliesslich bekommen:

$$|q^\nu| = \frac{1}{(1+h)^\nu} \qquad (h > 0, \nu = 1, 2, \ldots) .$$

Nun ist nach dem Satz der Nummer 17

$$(1+h)^\nu \geqq 1 + \nu h > \nu h$$

und daher

$$|q^\nu| < \frac{1}{\nu h} .$$

Ist daher $\nu > \frac{1}{h\varepsilon}$, so folgt

$$\frac{1}{\nu h} < \varepsilon, \; |q^\nu| < \varepsilon,$$

und wir sehen, dass in diesem Fall $N(\varepsilon) = \frac{1}{h\varepsilon}$ gesetzt werden kann.

25. Einige Eigenschaften von Nullfolgen

Ist die Folge $a_\nu, \nu = 1, 2, \ldots$, *eine NF, so ist auch die Folge* $|a_\nu|$, $\nu = 1, 2, \ldots$, *eine NF.*

In der Tat folgt aus $|a_\nu| < \varepsilon$ auch

$$||a_\nu|| = |a_\nu| < \varepsilon.$$

Eine unendliche Teilfolge einer NF ist wieder eine NF.

Denn ist

$$a_{n_1}, a_{n_2}, \ldots, a_{n_\nu}, \ldots \quad (n_1 < n_2 < \ldots)$$

eine unendliche Teilfolge der *NF* $a_\nu, \nu = 1, 2, \ldots$, so liegen für ein beliebiges positives ε nur endlich viele der Zahlen $|a_\nu|$ oberhalb ε, also erst recht nur endlich viele der Zahlen $|a_{n_1}|, |a_{n_2}|, \ldots$.

Ist $a_\nu, \nu = 1, 2, \ldots$, *eine NF, und ändert man endlich viele unter den Zahlen* a_ν *in beliebiger Weise ab, so ist auch die abgeänderte Zahlenfolge eine NF.*

Denn es sei die abgeänderte Folge mit $b_\nu, \nu = 1, 2, \ldots$, bezeichnet, und es möge unsere Abänderung etwa M Zahlen unter den a_ν betreffen.

Für ein beliebiges $\varepsilon > 0$ liegen endlich viele, sagen wir k, der $|a_\nu|$ oberhalb ε. Dann liegen aber höchstens $M + k$ Zahlen der $|b_\nu|$ oberhalb ε, also wieder nur endlich viele.

Ist andererseits a_ν keine Nullfolge, so kann auch die aus ihr durch Abänderung endlich vieler a_ν entstehende Folge b_ν keine *NF* sein, da ja auch die erste Folge aus der zweiten gleichfalls durch eine „endliche" Abänderung entsteht.

Wie man sieht, hängt die Eigenschaft einer Zahlenfolge, eine *NF* zu sein, gewissermassen nur vom „Rest", vom „Schwanz" dieser Folge ab. Eigenschaften einer Zahlenfolge, die erhalten bleiben, wenn man eine beliebige endliche Anzahl von Elementen der Folge in beliebiger Weise abändert, bezeichnet man als **infinitäre Eigenschaften** dieser Zahlenfolge. *Die Eigenschaft einer Zahlenfolge, eine NF zu sein,* ist also *eine infinitäre Eigenschaft.*

Ein anderes Beispiel einer infinitären Eigenschaft bieten die **beschränkten Folgen.** *Eine Folge* $a_\nu, \nu = 1, 2, \ldots$, *heisst* ***beschränkt,*** *wenn es eine Konstante C gibt, so dass für alle* ν

$$|a_\nu| < C \quad (\nu = 1, 2, \ldots)$$

gilt.

Ändert man in einer solchen Zahlenfolge endlich viele, etwa k Zahlen a_ν in beliebiger Weise ab, und werden dabei die Zahlen $a_{n_1}, \ldots, a_{n_k}$ durch die Zahlen $b_{n_1}, \ldots, b_{n_k}$ ersetzt, so sei B die grösste unter den Zahlen $|b_{n_1}|, \ldots, |b_{n_k}|$. Dann liegen die absoluten Beträge der Zahlen der abgeänderten Folge sicherlich unterhalb $C + B$, so dass auch die abgeänderte Zahlenfolge beschränkt ist. *Die Beschränktheit einer Zahlenfolge ist also eine infinitäre Eigenschaft.*

Jede Nullfolge ist beschränkt.

Denn von einem ν an sind alle $|a_\nu| < 1$. Ersetzt man alle a_ν mit kleineren Indizes durch 0, so ist die so entstehende Folge offenbar beschränkt, und dasselbe muss dann auch für die ursprüngliche Folge $a_\nu, \nu = 1, 2, \ldots,$ gelten.

Sind die beiden Zahlenfolgen $a_\nu, b_\nu, \nu = 1, 2, \ldots,$ Nullfolgen, so sind auch die Zahlenfolgen $a_\nu + b_\nu$ und $a_\nu - b_\nu$ Nullfolgen.

Denn es sei $\varepsilon > 0$ eine beliebige Zahl. Von einem ν an gelten sicher die beiden Relationen

$$|a_\nu| < \frac{\varepsilon}{2}, \; |b_\nu| < \frac{\varepsilon}{2}.$$

Dann gilt auch

$$|a_\nu \pm b_\nu| \leqq |a_\nu| + |b_\nu| < \frac{\varepsilon}{2} + \frac{\varepsilon}{2} = \varepsilon,$$

so dass oberhalb der willkürlichen Schranke ε nur endlich viele der Zahlen $|a_\nu \pm b_\nu|$ liegen können. Daher sind die beiden Zahlenfolgen $a_\nu \pm b_\nu$ Nullfolgen.

Ist die Folge $a_\nu, \nu = 1, 2, \ldots,$ eine NF und ist die Folge $b_\nu, \nu = 1, 2, \ldots,$ eine beschränkte Folge, so ist die Produktfolge $a_\nu b_\nu$ eine NF.

Denn gilt für alle ν: $|b_\nu| < C, C > 0$, und ist ε eine beliebige positive Zahl, so gilt ja nach Voraussetzung von einem ν an $|a_\nu| < \frac{\varepsilon}{C}$ und daher

$$|a_\nu b_\nu| = |a_\nu|\,|b_\nu| < \frac{\varepsilon}{C} \cdot C = \varepsilon.$$

Insbesondere ist also *die Produktfolge von zwei Nullfolgen wieder eine NF.*

Endlich sei noch ein nützliches Kriterium für Nullfolgen gegeben: *Gilt für ein positives C*

$$|a_\nu| \leqq C\,|b_\nu| \qquad (\nu = 1, 2, \ldots),$$

und ist die Folge b_ν eine NF, so ist auch die Folge a_ν eine NF.

Denn nach Voraussetzung gilt für ein beliebiges positives ε von einem ν an: $|b_\nu| < \frac{\varepsilon}{C}$ und daher auch von diesem ν an:

$$|a_\nu| \leqq C\,|b_\nu| < C\frac{\varepsilon}{C} = \varepsilon.$$

Aufgaben

1. Zu den durch die folgenden Ausdrücke gegebenen Folgen ist ein $N(\varepsilon)$ so zu bestimmen, dass für alle $n > N(\varepsilon)$ der absolute Betrag des n-ten Elementes unterhalb ε liegt[1]):

$$\text{a)}\ \frac{n}{n^3 + n^2 + 1}, \qquad \text{b)}\ \frac{1}{\sqrt{n}},$$

[1]) Dabei ist es keineswegs nötig, $N(\varepsilon)$ möglichst klein zu wählen; deshalb kann man an den betrachteten Ausdrücken im allgemeinen grosse Vereinfachungen vornehmen.

c) $\dfrac{3}{\sqrt{n^2+1}}$, d) $\dfrac{1+\sqrt{n}}{n^3}$,

e) $\dfrac{1}{\sqrt{n^3+5n}}$, f) $\left(1+\dfrac{1}{n}\right)^{10}-1$,

g) $\dfrac{\sin n+\cos^3 n}{\sqrt{n}}$, h) $\dfrac{\sin n}{2+\sqrt[3]{n^5}}$.

2. Zu den folgenden Ausdrücken ist ein $N(\varepsilon)$ von der in Aufgabe 1 verlangten Art zu bestimmen:

a) $\sqrt{n^2+2}-\sqrt{n^2+1}$, b) $n(\sqrt{n^4+4}-n^2)$,

c) $n^{\frac{3}{2}}(\sqrt{n^4+4}-n^2)$.

3. Man löse die Aufgabe 1 für die folgenden Ausdrücke:

a) $\dfrac{100\,n}{n^2-1}$, b) $\dfrac{1}{n^3-5\,n}$.

4. Man beweise, dass

$$\frac{n^2+1000\,n+30020}{\dfrac{n^3}{7}-1005}$$

eine NF ist.

5. Es sei

a) $a_n = 2^{-n}$ $(n = 3\,m \pm 1,\ m$ ganz und positiv$)$,

b) $a_n = \dfrac{1}{n^2+1}$ $(n = 3\,m,\ m$ ganz und positiv$)$.

Man beweise, dass a_n eine NF ist.

* * *

6. Man löse die Aufgabe 1 für

a) $\sqrt[3]{n+1}-\sqrt[3]{n}$, b) $n(\sqrt[3]{n^2+2}-\sqrt[3]{n^2+1})$.

7. Ist a_ν eine NF, so ist auch $\sqrt{|a_\nu|}$ eine NF.

8. Man beweise aus der binomischen Entwicklung von $(1+1)^n$, dass

$$\frac{n^3}{2^n}$$

eine NF ist.

§ 7. Grenzwerte von Zahlenfolgen

26. Definition des Grenzwerts

Hat eine Zahlenfolge a_ν, $\nu = 1, 2, \ldots$, die Eigenschaft, dass für ein geeignetes s die Zahlenfolge $a_\nu - s$ eine NF ist, so heisst die Zahlenfolge a_ν ***konvergent,*** *und die Zahl s nennt man den* ***Grenzwert*** *dieser Zahlenfolge. Damit s der Grenzwert der Folge a_ν ist, ist also notwendig und hinreichend, dass die Darstellung gilt:*

$$a_\nu = s + \varepsilon_\nu \quad (\nu = 1, 2, \ldots),$$

wo ε_ν eine NF ist. —

Eine konvergente Zahlenfolge kann nicht zwei verschiedene Grenzwerte s, t haben.

Denn gilt

$$a_\nu = s + \varepsilon_\nu = t + \delta_\nu \quad (\nu = 1, 2, \ldots),$$

wo ε_ν und δ_ν Nullfolgen sind, so folgt daraus

$$s - t = \delta_\nu - \varepsilon_\nu,$$

so dass die Zahlenfolge $s - t, s - t, \ldots$, gleichfalls eine *NF* ist. Dann muss aber nach Nr. 24 $s - t = 0$ sein.

Ist s der Grenzwert der Folge a_ν, so schreibt man dies in einer der Formen:

$$a_\nu \to s, \quad \operatorname{Lim} a_\nu = s. \tag{26,1}$$

Gelegentlich wird noch hinzugefügt: *für* $\nu \to \infty$, wenn Missverständnisse zu befürchten sind. Dies wird dann gewöhnlich entweder wie folgt geschrieben:

$$\operatorname*{Lim}_{\nu \to \infty} a_\nu = s^{1)}$$

oder, indem man nach einer der Formeln (26,1) in Klammern $\nu \to \infty$ hinzufügt. Anstatt Grenzwert sagt man oft auch **Limes.** Der Sachverhalt (26,1) wird in Worten wie folgt ausgedrückt: a_ν *konvergiert* oder *strebt* oder *geht gegen* s, a_ν *hat s zum Grenzwert.*

---

[1]) Die in älteren Werken übliche Bezeichnung

$$\operatorname*{Lim}_{\nu = \infty} a_\nu = s$$

ist nicht empfehlenswert und beginnt heute zu verschwinden. Man schreibt übrigens nach Belieben: Lim oder lim.

Das Wort *konvergent* geht auf *J. Gregory* (1638—1675) 1667 zurück, obgleich der Begriff der Konvergenz dem Wesen nach bereits bei *Archimedes* auftritt, der das Beispiel der Folge (26,3) für $q = 1/2$ betrachtet.

Die Benutzung des Pfeilsymbols $\to$ geht in diesem Zusammenhang auf *J. G. Leathem,* 1905 zurück.

Ferner konvergiert die Zahlenfolge $c, c, \ldots$, deren sämtliche Elemente den Wert c haben, offenbar gegen c. Denn nach Subtraktion von c erhält man die Nullfolge $0, 0, \ldots$. — Eine solche Folge bezeichnen wir als eine *konstante Folge*.

Unsere obige Definition des Grenzwertes lässt sich unter Umgehung des Begriffs einer NF direkt wie folgt formulieren:

Es gilt $a_\nu \to s$, wenn für jedes $\varepsilon > 0$ eine Schranke $N(\varepsilon)$ existiert, derart, dass $|a_\nu - s| < \varepsilon$ gilt, sobald $\nu > N(\varepsilon)$ ist.

Dieser Definition lässt sich eine einfache und sehr brauchbare geometrische Einkleidung geben. Man stelle die Zahlen a_ν und s durch Punkte auf der Zahlengeraden dar und beschreibe um s ein beliebiges Intervall, das s im Innern enthält. Gilt $a_\nu \to s$, so liegen alle Punkte a_ν bis auf endlich viele[1]) in diesem Intervall; m. a. W., nur endlich viele a_ν bleiben draussen. Denn ist

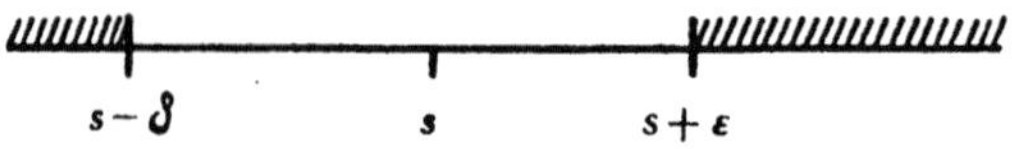

Fig. 3

der kleinere beider Abstände der Endpunkte des obigen Intervalls von s gleich ε (vgl. Fig. 3), so liegt jeder Punkt a_ν mit $|a_\nu - s| < \varepsilon$ im obigen Intervall, und diese Relation versagt nur für endlich viele ν.

So hat z. B. die Zahlenfolge $a_\nu = \frac{\nu+1}{\nu}$ den Grenzwert 1, denn es ist $\frac{\nu+1}{\nu} - 1 = \frac{1}{\nu}$ eine NF.

Gilt umgekehrt dieser Sachverhalt für jedes derartige Intervall um s, so ist $a_\nu \to s$. Denn ist $\varepsilon > 0$ und beschreibt man um s ein Intervall, dessen beide Endpunkte von s den Abstand $\varepsilon/2$ haben, so gilt für jedes a_ν, das in diesem Intervall liegt,

$$|a_\nu - s| \leqq \frac{\varepsilon}{2} < \varepsilon,$$

und dies gilt für alle ν bis auf endlich viele, also von einem ν an.

Notwendig und hinreichend für $a_\nu \to s$ ist, dass jedes Intervall um s alle a_ν enthält, bis auf endlich viele.

Aus der obigen Fassung der Grenzwertdefinition folgt sehr leicht der folgende, gelegentlich nützliche *Satz: Gilt für drei Zahlenfolgen a_ν, b_ν, c_ν:*

$$b_\nu \leqq a_\nu \leqq c_\nu \quad (\nu = 1, 2, \ldots), \tag{26,2}$$

und haben die Zahlenfolgen b_ν, c_ν den gemeinsamen Grenzwert s, so konvergiert auch die Folge a_ν gegen s.

---

[1]) Die Wendung „alle bis auf endlich viele" kommt, wie man sieht, in der Analysis sehr oft vor. Diese Wendung kürzt man nach dem Vorschlag von *G. Kowalewski* durch „fast alle" ab, womit das Wort „fast" eine exakte Bedeutung erhält. Doch hat sich diese Abkürzung noch nicht allgemein eingebürgert. (Vgl. *G. Kowalewski*, Einführung in die Infinitesimalrechnung, Aus Natur und Geisteswelt, Teubner, 1928, 4. Aufl., p. 15.)

Denn beschreiben wir um s ein beliebig kleines Intervall, so liegen von einem ν an alle b_ν und c_ν in diesem Intervall, und daher wegen (26,2) auch alle a_ν. Dies bedeutet aber nach dem obigen, dass s der Grenzwert der Folge a_ν ist.

Eine konvergente Zahlenfolge a_ν ist zugleich beschränkt. Denn schreibt man $a_\nu = s + \varepsilon_\nu$, wo ε_ν eine NF ist, so ist die Folge ε_ν beschränkt. Für eine Konstante C gilt also für alle ν: $|\varepsilon_\nu| < C$ und daher $|a_\nu| < |s| + C$.

Insbesondere ist die Folge a_ν $(\nu = 1, 2, \ldots)$ dann und nur dann eine NF, wenn $a_\nu \to 0$ gilt.

Eine nicht konvergente Zahlenfolge heisst **divergent** [1]). —

Wir betrachten zum Schluss dieser Nummer zwei wichtige Beispiele von konvergenten Zahlenfolgen:

1. In der Zahlenfolge

$$1, 1 + q, 1 + q + q^2, \ldots, 1 + q + q^2 + \cdots + q^{\nu-1}, \ldots, \tag{26,3}$$

wo $|q| < 1$ ist, hat das ν-te Glied nach der bekannten Formel für die Summe einer endlichen geometrischen Reihe den Wert:

$$1 + q + \cdots + q^{\nu-1} = \frac{1-q^\nu}{1-q} = \frac{1}{1-q} + \left(\frac{-q^\nu}{1-q}\right).$$

Hier ist aber nach Nr. 24 die Folge $\frac{-q^\nu}{1-q}$ eine NF. Daher konvergiert die Folge (26,3) für $|q| < 1$ gegen $\frac{1}{1-q}$.

2. Mit jedem unendlichen Dezimalbruch ist eine konvergente Zahlenfolge verbunden. Ist z. B.

$$\alpha = 0,c_1 c_2 \ldots c_n \ldots \tag{26,4}$$

ein unendlicher Dezimalbruch, wo c_ν Ziffern $0, 1, \ldots, 9$ sind, und bezeichnet man mit

$$a_n = 0,c_1\, c_2 \ldots c_n$$

den n-stelligen Näherungsbruch von α (der also ohne Aufrunden zu nehmen ist), so konvergiert die Zahlenfolge a_ν, $\nu = 1, 2, \ldots$, gegen α. In der Tat gilt

$$\alpha - a_n = 0, 0 \ldots 0 c_{n+1}\, c_{n+2} \ldots,$$

wo rechts n Nullen zwischen dem Komma und c_{n+1} stehen, so dass die rechte Seite absolut $\leqq 10^{-n}$ ist und daher für $n = 0, 1, \ldots$ das allgemeine Glied einer Nullfolge darstellt.

---

[1]) Gelegentlich betrachtet man auch Zahlenfolgen $a_\nu (\nu = \nu_0, \nu_0+1, \ldots)$, bei denen die Indizes zwar auch über ganze Zahlen ins Unendliche gehen, die Numerierung aber mit einer ganzen Zahl ν_0 beginnt, die > 1 oder < 1 ist. Um für eine solche Folge die Konvergenz oder den Grenzwert zu definieren, werden in ihr im Falle $\nu_0 < 1$ die endlich vielen Elemente weggelassen, deren Indizes <1 sind, und im Falle $\nu_0 > 1$ endlich viele Elemente mit den Indizes $1, 2, \ldots, \nu_0 - 1$ in beliebiger Weise hinzugefügt. Ist die so entstehende Folge konvergent und hat sie s zum Grenzwert, so heisst die ursprüngliche Folge konvergent und s ist ihr Grenzwert. Ist die entstehende Folge divergent, so heisst auch die ursprüngliche Folge divergent. — Noch einfacher ist es, die Indizes der a_ν so zu verschieben, dass sie von 1 an laufen, indem man setzt

$$a_\nu = b_{\nu+1-\nu_0}.$$

27. Allgemeine Eigenschaften konvergenter Folgen

Gilt für $\nu \to \infty$
$$a_\nu \to s,$$
so ist auch jede unendliche Teilfolge von a_ν *konvergent und hat den Grenzwert* s.

Denn ist $a_\nu - s$ eine NF, so ist auch jede Teilfolge hiervon eine Nullfolge.

Daraus folgt z. B., dass die Folge $0, 1, 0, 1, \ldots$, in der alle Elemente mit ungeraden Indizes den Wert 0 und alle Elemente mit geraden Indizes den Wert 1 haben, divergiert. Denn die Teilfolge der Elemente mit ungeraden Indizes konvergiert gegen 0 und die Teilfolge der Elemente mit geraden Indizes gegen 1, während im Falle der Konvergenz der obigen Folge die beiden Teilfolgen gleiche Grenzwerte haben müssten.

Die Eigenschaft einer Folge zu konvergieren, ebenso wie die speziellere Eigenschaft einer Zahlenfolge, eine Zahl s *zum Grenzwert zu haben, sind infinitäre Eigenschaften.*

Denn gilt $a_\nu \to s$, so dass $a_\nu - s$ eine NF ist, und ändert man eine endliche Anzahl der a_ν beliebig ab, so geht dabei die Folge $a_\nu - s$ wieder in eine NF über, so dass die aus a_ν entstehende Folge wieder gegen s konvergiert.

Die oben gegebene Definition der Konvergenz ist insofern etwas umständlich, als in sie der Grenzwert der Folge *explizite* eingeht. Will man also bei einer vorgegebenen Folge an Hand dieser Definition feststellen, ob sie konvergiert oder nicht, so muss man gewissermassen erst den eventuell in Frage kommenden Wert s des Grenzwerts erraten. Es gibt nun eine notwendige und hinreichende Bedingung für die Konvergenz, der dieser Mangel nicht anhaftet. Es ist dies das sogenannte *allgemeine Konvergenzprinzip* oder

Das allgemeine Konvergenzkriterium von *Cauchy-Bolzano*[1]): Notwendig und hinreichend, damit eine Zahlenfolge a_ν konvergiert, ist, dass die absoluten Beträge der Differenzen $a_\nu - a_\mu$ unter jede positive Schranke sinken, sobald ν und μ oberhalb einer geeigneten Grenze liegen. M. a. W.: *Notwendig und hinreichend, damit eine Zahlenfolge* a_ν *konvergiert, ist, dass zu jedem* $\varepsilon > 0$ *eine Schranke* $N(\varepsilon)$ *so gewählt werden kann, dass*
$$|a_\nu - a_\mu| < \varepsilon$$
gilt, sobald
$$\nu > N(\varepsilon),\ \mu > N(\varepsilon)$$
ist[2]).

---

[1]) *Augustin Louis Cauchy* (1789—1857), der bedeutendste französische Mathematiker seit *Lagrange*. — *Bernhard Bolzano* (1781—1848) war vor allem Philosoph, hat aber eine Reihe von sehr wichtigen, rein mathematischen Entdeckungen gemacht, die für die Grundlegung der Infinitesimalrechnung von Bedeutung sind. Es ist bemerkenswert, dass er der einzige Fachphilosoph im 19. und 20. Jahrhundert ist, der auch in der Mathematik bedeutende Fachleistungen vollbracht hat, — während vom klassischen Altertum an bis zum 18. Jahrhundert es immer wieder bedeutende Philosophen gab, die zugleich erstrangige Mathematiker waren.

[2]) Wie man sieht, ist der mit dieser Formulierung erzielte Fortschritt immerhin damit erkauft, dass man mit der Differenz $a_\nu - a_\mu$ gewissermassen eine Funktion *zweier* Variabeln ν, μ zu betrachten hat.

Der Beweis dieses wichtigen Satzes wird erst im zweiten Teil dieser Vorlesungen erbracht werden.

28. Uneigentliche Konvergenz

Der Terminus und die formelmässige Bezeichnung der Konvergenz werden noch in einem anderen Zusammenhang gebraucht, im Falle der sogenannten **uneigentlichen Konvergenz.**

Man sagt, eine Zahlenfolge konvergiere, gehe, strebe gegen ∞ *(unendlich) oder ins Unendliche, bzw. habe den Limes, Grenzwert* ∞*, in Zeichen*

$$a_\nu \to \infty \text{ oder } \lim_{\nu \to \infty} a_\nu = \infty^{1)},$$

wenn die Werte a_ν *von einem* ν *an jede Schranke überschreiten, wenn,* m. a. W., *zu jedem noch so grossen* C[2]) *eine solche von* C *abhängige Schranke* $N(C)$ *gefunden werden kann, dass* $a_\nu > C$ *ist für alle* $\nu > N(C)$.

Man beachte, dass die uneigentliche Konvergenz *keine Konvergenz* im früheren Sinne ist. Eine Folge a_ν, die gegen ∞ konvergiert, ist eine *divergente Folge.* Man sagt daher auch oft in diesem Falle, und dies ist eine viel zweckmässigere Bezeichnung, die Folge a_ν *divergiere* gegen ∞. Doch hat sich diese Bezeichnung noch nicht allgemein eingebürgert.

In analoger Weise wird die Konvergenz von a_ν gegen $-\infty$ definiert: *Lässt sich zu jedem noch so grossen* C *ein solches* $N(C)$ *finden, dass*

$$a_\nu < -C$$

gilt für alle $\nu > N(C)$, *so sagen wir,* a_ν *konvergiere, strebe, gehe oder,* noch besser, *divergiere gegen* $-\infty$.

Divergiert eine Folge a_ν, ohne gegen ∞ oder $-\infty$ zu konvergieren, so heisst sie *unbestimmt divergent.* So ist z. B. die Folge $\frac{(-1)^\nu \nu}{1+\nu}$ $(\nu = 1, 2, \ldots)$ unbestimmt divergent.

In den Fällen $a_\nu \to \infty$, $a_\nu \to -\infty$ spricht man oft auch von der *bestimmten Divergenz.*

Der Begriff der uneigentlichen Konvergenz ist in vielen Fällen sehr nützlich zum Beweis der Nullfolgeeigenschaft, vermöge des folgenden Satzes:

Gilt für eine Zahlenfolge $|a_\nu| \to \infty$, *so ist die Folge* $\frac{1}{a_\nu}$ *eine NF und umgekehrt.*

Denn es sei ε beliebig positiv. Gilt von einem ν an $|a_\nu| > \frac{1}{\varepsilon}$, so folgt $\left|\frac{1}{a_\nu}\right| < \varepsilon$, und umgekehrt folgt aus der zweiten Relation die erste.

---

1) Das Symbol ∞ für Unendlich verdankt man *John Wallis* (1616—1703), der es zuerst 1655 benutzt hat.

2) Hier spielt also C eine ganz analoge Rolle, wie ε bei der eigentlichen Konvergenz.

Ist z. B. $a_\nu = (-1)^\nu \nu$, $\nu = 1, 2, \ldots$, so ist die Folge $\frac{1}{a_\nu} = \frac{(-1)^\nu}{\nu}$ eine NF, und die Folge $|a_\nu| = \nu$ strebt gegen ∞. Die Folge a_ν selbst konvergiert weder gegen ∞ noch gegen $-\infty$, d. h. sie ist unbestimmt divergent.

Man beachte, dass aus $a_\nu \to -\infty$ offenbar $|a_\nu| \to \infty$ folgt. Denn es gilt dann bis auf endlich viele ν: $|a_\nu| = -a_\nu$, und aus $a_\nu < -C$ folgt $|a_\nu| > C$.

So folgt die früher bewiesene Tatsache, dass für $|q| < 1$ die Folge q^ν ein NF ist, sofort aus dem folgenden Satz: *Für $A > 1$ konvergiert die Folge A^ν, $\nu = 1, 2, \ldots$, gegen ∞.*

Dieser Satz ergibt sich nach der Ungleichung der Nr. 17, wenn man $A = 1 + h$ setzt, wegen

$$A^\nu > 1 + \nu h > \nu h .$$

Denn für jedes $C > 0$ gilt $\nu h > C$, sobald $\nu > \frac{C}{h}$ ist. — Im Grunde genommen benutzt unser früherer Beweis der Nullfolgeeigenschaft der Folge q^ν implizite gerade diese Überlegung.

Insbesondere folgt aus dem soeben bewiesenen Satze, dass die Zahlenfolge 10^ν gegen ∞ konvergiert. Es ist dies eine Tatsache, auf der die Darstellung aller natürlichen Zahlen durch das Dezimalsystem beruht[1]).

Es sei noch bemerkt, dass die Sätze, die wir im folgenden beweisen werden, sich nicht auf die eben erklärte uneigentliche Konvergenz beziehen, sofern nicht ausdrücklich das Gegenteil gesagt wird.

29. Rechnen mit Grenzwerten

Aus

$$a_\nu \to \alpha,\ b_\nu \to \beta \qquad (\nu = 1, 2, \ldots) \tag{29,1}$$

folgt

$$a_\nu + b_\nu \to \alpha + \beta,\ a_\nu - b_\nu \to \alpha - \beta,\ a_\nu b_\nu \to \alpha\beta \qquad (\nu = 1, 2, \ldots). \tag{29,2}$$

Denn wegen (29,1) gilt

$$a_\nu = \alpha + \varepsilon_\nu,\ b_\nu = \beta + \delta_\nu \quad (\nu = 1, 2, \ldots), \tag{29,3}$$

wo ε_ν, δ_ν Nullfolgen sind. Daraus folgt

$$\begin{gathered} a_\nu + b_\nu = \alpha + \beta + (\varepsilon_\nu + \delta_\nu),\ a_\nu - b_\nu = \alpha - \beta + (\varepsilon_\nu - \delta_\nu), \\ a_\nu b_\nu = \alpha\beta + (\alpha\delta_\nu + \beta\varepsilon_\nu + \varepsilon_\nu\delta_\nu). \end{gathered} \tag{29,4}$$

Nach Nr. 25 sind aber $\varepsilon_\nu + \delta_\nu$, $\varepsilon_\nu - \delta_\nu$, $\alpha\delta_\nu$, $\beta\varepsilon_\nu$, $\varepsilon_\nu\delta_\nu$ und daher auch $\alpha\delta_\nu + \beta\varepsilon_\nu + \varepsilon_\nu\delta_\nu$ Nullfolgen. Daher folgen nunmehr die Behauptungen (29,2) sofort aus den Formeln (29,4).

Ersetzt man alle b_ν und β in (29,1) durch eine Konstante c, so folgt wegen

[1]) Die Möglichkeit dieser Darstellung ist zuerst von *Archimedes* an einem sehr bemerkenswerten Beispiel dargetan worden in seiner auch heute noch lesenswerten Schrift: Über die Zählung des Sandes.

(29,2) aus $a_\nu \to \alpha$:

$$a_\nu + c \to \alpha + c,\ a_\nu - c \to \alpha - c,\ c\alpha_\nu \to c\alpha.$$

Man wird nun gewissermassen „aus Kontinuitätsgründen" erwarten, dass auch

$$\frac{a_\nu}{b_\nu} \to \frac{\alpha}{\beta} \quad (\nu = 1, 2, \ldots) \tag{29,5}$$

aus (29,1) folgt. Indessen ist es klar, dass hier die Dinge etwas anders liegen, da ja nicht einmal sicher ist, ob die Brüche $\frac{a_\nu}{b_\nu}$, $\frac{\alpha}{\beta}$ überhaupt gebildet werden können. Es könnten ja b_ν und β verschwinden. Nun kann man aber beweisen, dass (29,5) in der Tat aus (29,1) folgt, wenn alle b_ν und β von 0 verschieden sind. Ja, hierzu genügt es sogar, dass nur β ausdrücklich als von 0 verschieden vorausgesetzt wird, wenn man die Relation (29,5) etwas anders auffasst.

Wir zeigen zuerst: Aus

$$b_\nu \to \beta \quad \text{und} \quad \beta \neq 0 \tag{29,6}$$

folgt, dass nur endlich viele b_ν verschwinden können und dass darüber hinaus von einem ν an

$$|b_\nu| > \frac{|\beta|}{2}, \quad \left|\frac{1}{b_\nu}\right| < \frac{2}{|\beta|} \tag{29,7}$$

gilt. In der Tat ist ja

$$b_\nu = \beta + \delta_\nu,$$

wo δ_ν eine *NF* ist und daher von einem ν an

$$|\delta_\nu| < \frac{|\beta|}{2}$$

gilt. Daher ist von einem ν an auch

$$|b_\nu| = |\beta + \delta_\nu| \geqq |\beta| - |\delta_\nu| > |\beta| - \frac{|\beta|}{2} = \frac{|\beta|}{2}.$$

Beschränken wir uns also nunmehr unter den Annahmen (29,1) und (29,6) auf solche ν, für die (29,7) bereits erfüllt ist, so können wir schreiben

$$\frac{a_\nu}{b_\nu} - \frac{\alpha}{\beta} = \frac{\beta a_\nu - \alpha b_\nu}{b_\nu \beta} = \frac{\beta(\alpha + \varepsilon_\nu) - \alpha(\beta + \delta_\nu)}{\beta b_\nu} = \frac{1}{\beta}\,\frac{1}{b_\nu}\,(\beta\varepsilon_\nu - \alpha\delta_\nu).$$

Hier ist aber der erste Faktor $\frac{1}{\beta}$ eine Konstante, der zweite $\frac{1}{b_\nu}$ ist wegen (29,7) das allgemeine Glied einer beschränkten Folge, und $\beta\varepsilon_\nu - \alpha\delta_\nu$ nach Nr. 25 die Differenz zweier Nullfolgen und daher selbst eine *NF*. Man sieht also, dass $\frac{a_\nu}{b_\nu} - \frac{\alpha}{\beta}$ eine *NF* ist und daher (29,5) gilt, wenn man von den endlich vielen ν absieht, für die (29,7) nicht gilt. Da aber die Konvergenz ein infinitärer Begriff ist, gilt (29,5) bereits, wenn man von *endlich vielen* ν absieht, für die b_ν eventuell verschwindet.

Diese letzte Einschränkung wird aber in der Regel gar nicht explizite angeführt, mit der Begründung, dass es ja bei einer infinitären Eigenschaft einer Zahlenfolge gar nicht auf irgendeine endliche Anzahl von Elementen ankommt. Lässt man also zu, wie wir es von nun an tun wollen, dass in der Konvergenzrelation $b_\nu \to \beta$ für gewisse, endlich viele ν die b_ν gar nicht definiert sind oder dass ihre Ausdrücke sinnlos werden, so kann man nunmehr sagen, dass *aus den Relationen* (29,1) *stets die Relation* (29,5) *folgt, sobald* $\beta \neq 0$ *ist.*

Wir sehen also, dass, wenn wir mit gegebenen konvergenten Zahlenfolgen die vier Rechenoperationen in unbeschränkter, aber *endlicher* Anzahl ausführen, die sich ergebenden Zahlenfolgen wieder konvergent sind und ihre Grenzwerte erhalten werden, wenn man mit den Grenzwerten der gegebenen Zahlenfolgen genau die gleichen Operationen ausführt, *sofern man dabei nicht durch* 0 *dividieren muss.* So folgt z. B. aus

$$a_\nu \to \alpha,\ b_\nu \to \beta,\ c_\nu \to \gamma,$$

dass

$$\frac{5\,a_\nu^4 - 17\,c_\nu^6}{3\,b_\nu^2 + 26\,c_\nu^7} \to \frac{5\,\alpha^4 - 17\,\gamma^6}{3\,\beta^2 + 26\,\gamma^7}$$

gilt, *sofern* $3\,\beta^2 + 26\,\gamma^7 \neq 0$ *ist.*

Der Prozess des *Grenzüberganges* dient oft dazu, aus Gleichungen zwischen den Elementen gegebener konvergenter Zahlenfolgen Gleichungen zwischen ihren Grenzwerten herzuleiten. Dies lässt sich allgemein auf das folgende Schema bringen:

Aus $a_\nu = b_\nu,\ a_\nu \to \alpha,\ b_\nu \to \beta$ **folgt** $\alpha = \beta$.

Offenbar ist dies eine Folgerung aus der Tatsache, dass der Grenzwert einer Folge eindeutig bestimmt ist.

Ein analoger Sachverhalt gilt auch für Ungleichungen:

Aus

$$a_\nu \leqq b_\nu,\ a_\nu \to \alpha,\ b_\nu \to \beta \tag{29,8}$$

folgt

$$\alpha \leqq \beta.$$

In der Tat streben die nicht negativen Zahlen $b_\nu - a_\nu$ gegen $\beta - \alpha$, und wir haben nur zu zeigen, dass $\beta - \alpha$ nicht negativ sein kann. Dies zeigt aber sofort die Figur 4, in der $\beta - \alpha$ versuchsweise als eine negative Zahl links

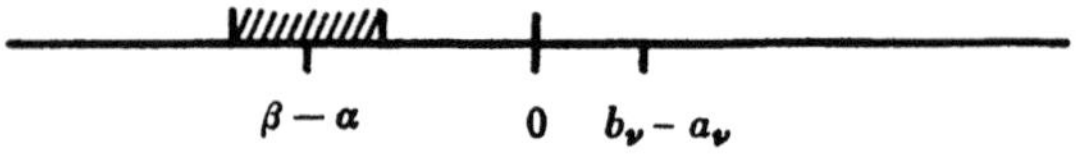

Fig. 4

vom Nullpunkt eingezeichnet wurde. Denn in das um diese negative Zahl gezeichnete, vollständig links vom Nullpunkt liegende Intervall kann keine der Zahlen $b_\nu - a_\nu$ hineinfallen, während wegen $b_\nu - a_\nu \to \beta - \alpha$ alle diese Zahlen bis auf endlich viele in diesem Intervall liegen müssten. —

Hier liegt die Frage nahe, ob man nicht aus den *reinen Ungleichungen*

$$a_\nu > b_\nu \quad (\nu = 1, 2, \ldots)$$

mehr schliessen könnte als nur $\alpha \geqq \beta$. Dies ist aber im allgemeinen nicht möglich. Denn trotzdem $1 + \frac{1}{\nu} > 1 - \frac{1}{\nu}$ für $\nu = 1, 2, \ldots$ gilt, sind die Grenzwerte rechts und links dennoch einander gleich[1]).

Aus dem obigen Resultat folgt z. B.:

Gilt

$$a_\nu \to \alpha \quad \text{und} \quad a_\nu \leqq A \quad \text{oder} \quad a_\nu \geqq A,$$

so ist auch

$$\alpha \leqq A \quad \text{bzw.} \quad \alpha \geqq A.$$

Die erste Behauptung ergibt sich sofort, wenn man in (29,8) alle b_ν durch A ersetzt. Um die zweite Behauptung zu beweisen, ersetze man in (29,8) alle a_ν durch A und jedes b_ν durch a_ν. — Daraus folgt leicht:

Gilt $a_\nu \to \alpha$ und ist $\alpha \neq 0$, so haben auch alle a_ν von einem ν an dasselbe Vorzeichen wie α.

Denn ist $\alpha > 0$, und enthielte die Folge a_ν eine unendliche Teilfolge $a_{n_\varkappa}$ von nicht positiven Zahlen, so könnte der Grenzwert α dieser Teilfolge nach dem obigen nicht positiv sein. Daher enthält die Folge a_ν höchstens endlich viele nicht positive Zahlen. Ist aber $\alpha < 0$, so gilt ja, wenn man mit der Konstanten -1 multipliziert, $-a_\nu \to -\alpha$, wo $-\alpha > 0$ ist; daher können nach dem bereits bewiesenen nur endlich viele der Zahlen $-a_\nu \leqq 0$ sein, so dass alle a_ν bis auf endlich viele < 0 sind.

Endlich beweisen wir, dass *aus $a_\nu \to \alpha$ auch $|a_\nu| \to |\alpha|$ folgt.*

Denn ist $\alpha = 0$, so dass a_ν eine *NF* ist, so ist (vgl. Nr. 25) auch $|a_\nu|$ eine *NF*, und in diesem Falle stimmt unsere Behauptung. Ist aber $\alpha \neq 0$, so darf man nach geeigneter Abänderung endlich vieler a_ν annehmen, dass alle a_ν dasselbe Vorzeichen haben. Ist nun $\alpha > 0$, so gilt also $|a_\nu| = a_\nu$ und $|\alpha| = \alpha$, und wir haben nichts zu beweisen. Ist aber $\alpha < 0$, so gilt dann $|a_\nu| = -a_\nu$, $|\alpha| = -\alpha$; die zu beweisende Relation reduziert sich auf $-a_\nu \to -\alpha$ und folgt aus $a_\nu \to \alpha$ durch Multiplikation mit -1.

Aufgaben

1. Man bestimme für $n \to \infty$ die Grenzwerte von

a) $$\frac{\left(2 - \frac{1}{\sqrt{n}}\right)^{10} - \left(1 + \frac{1}{n^2}\right)^{10}}{1 - \frac{1}{\sqrt{n}} - \frac{1}{n^2}},$$

[1]) Insofern ist die Aufgabe, durch einen Grenzübergang eine reine Ungleichheit herzuleiten in den meisten Fällen relativ schwierig und verlangt Benutzung spezieller Kunstgriffe.

b) $\dfrac{\left(3-\frac{1}{\sqrt{n}}\right)\left(5+\frac{1}{n^7}\right)\left(7-\frac{1}{100\sqrt{n}}\right)}{\left(1+\frac{1}{n}+\frac{1}{n^2}\right)\left(3-\frac{1}{n}+\frac{1}{n^5}\right)\left(6+\frac{1}{n^{1000}}\right)}$,

c) $\dfrac{n^2+n}{n^2-n}$, d) $\dfrac{n^2+100n-1000}{n^2+1}$;

e) $\left(100+\frac{1}{n}\right)^2$, f) $\dfrac{\frac{1}{2}n^3-n^2+1}{3n^3-n+800}$,

g) $n^{-4}(n^4+1000n^3-10^6n^2+10^{12}n-1)$.

2. Es gilt:

a) $\sqrt{1+\frac{a}{n}}\to 1 \quad (n\to\infty)$, b) $\dfrac{n}{\sqrt[5]{n^5+5n^4}}\to 1 \quad (n\to\infty)$.

3. Man zeige, dass

$$s_n=\frac{1}{n^2}+\frac{2}{n^2}+\cdots+\frac{n}{n^2}\to\frac{1}{2} \qquad (n\to\infty)$$

gilt.

4. Man berechne:

a) $\lim\limits_{n\to\infty}\left(\dfrac{1+2+\cdots+n}{n+2}-\dfrac{n}{2}\right)$, b) $\lim\limits_{n\to\infty}\left(\dfrac{1-2+3-4+\cdots-2n}{\sqrt{n^2+1}}\right)$.

5. Man berechne für $n\to\infty$ den Grenzwert von

$$1-\frac{1}{2}+\frac{1}{4}-\cdots+\left(-\frac{1}{2}\right)^n.$$

6. Man berechne den Grenzwert

$$\lim_{n\to\infty}\frac{1-\left(1-\frac{1}{n}\right)^5}{1-\left(1-\frac{1}{n}\right)}.$$

7. Man berechne für $n\to\infty$ die Grenzwerte von

a) $\sqrt{n}\,(\sqrt{n+1}-\sqrt{n})$, b) $n\left(\sqrt{1+\frac{1}{n}}-1\right)$,

c) $n\left(1-\sqrt{1-\frac{a}{n}}\right) \quad (n>a)$

8. Man beweise die Divergenz für $n\to\infty$ von

a) $a_n=(-1)^n(n-2)$, b) $a_n=(-1)^n$,

c) $a_n=[\alpha(n-2)] \quad (\alpha>0)$[1].

---

[1]) Unter $[x]$ verstehen wir hier, wie in der Zahlentheorie üblich, die grösste ganze Zahl n, die in x enthalten ist, so dass also stets

$$n\leqq x<n+1$$

gilt.

9. Man untersuche die Konvergenz für $n \to \infty$ von

a) $a_n = 2(n^2 \pm 1)^n n$, b) $a_n = n^2(1 \pm (-1)^n)$,

c) $a_n = 2n + (-1)^n n^2$.

* * *

10. Ist

$$\frac{a_n - s}{a_n + s}$$

eine NF, so gilt $a_n \to s$ $(n \to \infty)$.

11. Es sei $R(x)$ eine beliebige rationale Funktion in x. Dann gilt für $n \to \infty$:

$$\frac{R(n+1)}{R(n)} \to 1.$$

12. Man bestimme

$$\lim_{n \to \infty} \prod_{\nu=2}^{n} \left(1 - \frac{1}{\nu^2}\right).$$

13. Man berechne die Summe

$$S_n = \sum_{\nu=1}^{n} \frac{1}{\nu(\nu+1)(\nu+2)}$$

und bestimme den Grenzwert

$$\lim_{n \to \infty} S_n.$$

(Vgl. Aufgabe 14 in § 5.)

14. Man berechne den Grenzwert

$$\lim_{x_\nu \to 0} \frac{(a + x_\nu)^m - a^m}{x_\nu} \qquad (a \neq 0,\ m \text{ ganz positiv},\ x_\nu \neq 0).$$

15. Man beweise:

$$n\left(1 - \sqrt{\left(1 - \frac{a}{n}\right)\left(1 - \frac{b}{n}\right)}\right) \to \frac{a+b}{2} \qquad (n \to \infty).$$

16. Man berechne den Grenzwert für $n \to \infty$ von

$$n\left(1 - \sqrt[5]{1 - \frac{1}{n}}\right).$$

17. Ist $a_\nu \to \alpha$, $\alpha > 0$, so ist auch $\sqrt{a_\nu} \to \sqrt{\alpha}$.

18. Ist $a_\nu \to \alpha$, so ist $\sqrt[3]{a_\nu} \to \sqrt[3]{\alpha}$, $\sqrt[5]{a_\nu} \to \sqrt[5]{\alpha}$. (Man unterscheide die Fälle $\alpha \neq 0$, $\alpha = 0$.)

19. Ist $a_\nu > 0$ und allgemein $a_{\nu+1} < q a_\nu$, $0 < q < 1$, so gilt

$$a_\nu \to 0 \qquad (\nu \to \infty).$$

20. Man halbiere fortgesetzt: die Strecke P_1P_2 in P_3, die Strecke P_2P_3 in P_4, P_3P_4 in P_5 usw. Welches ist die Grenzlage von P_ν für $\nu \to \infty$?

21. Man beweise, dass für $a_\nu \to \infty$ und $a_\nu < b_\nu$ auch

$$b_\nu \to \infty$$

gilt.

22. Ist allgemein $a_\nu > 0$ und $a_{\nu+1} \geqq k a_\nu$, $k \geqq 1$, so gilt

$$a_\nu \to \infty \quad (\nu \to \infty).$$

§ 8. Spezielle Sätze über die Konvergenz von Zahlenfolgen

30. Konvergenz monotoner Zahlenfolgen

Eine Zahlenfolge a_ν, $\nu = 1, 2, \ldots$, heisst **monoton** (oder **beständig**) **wachsend** (oder **steigend**), wenn die Relationen bestehen:

$$a_1 \leqq a_2 \leqq a_3 \leqq \ldots \tag{30,1}$$

Es fällt hier auf, dass die damit eingeführte Terminologie in einem gewissen Widerspruch zu dem gewöhnlichen Gebrauch der Wörter „wachsend" und „steigend" steht, da ja bei unserer Definition das Gleichheitszeichen überall zugelassen ist. Man hat es aber in der Regel vor allem mit Folgen zu tun, bei denen in (30,1) auch das Gleichheitszeichen zugelassen wird. Gelten dagegen durchweg die *reinen* Ungleichungen:

$$a_1 < a_2 < a_3 < \ldots,$$

so werden wir, um dies hervorzuheben, die Folge a_ν als *im eigentlichen Sinne* oder *eigentlich* monoton wachsend bezeichnen.

Ebenso heisst eine Zahlenfolge a_ν, $\nu = 1, 2, \ldots$, **monoton** (oder **beständig**) **abnehmend** (oder **fallend**), wenn

$$a_1 \geqq a_2 \geqq a_3 \geqq \ldots \tag{30,2}$$

gilt, und als *im eigentlichen Sinne* oder *eigentlich* monoton fallend, wenn sogar

$$a_1 > a_2 > a_3 > \ldots$$

gilt.

Über solche Folgen gilt der wichtige

Satz. *Jede beschränkte und monoton fallende oder monoton wachsende Zahlenfolge a_ν, $\nu = 1, 2, \ldots$, ist konvergent gegen einen Grenzwert s. Zugleich gilt für alle ν: $a_\nu \leqq s$ oder $a_\nu \geqq s$, je nachdem ob a_ν wächst oder fällt.*

Beweis. Es möge zuerst für a_ν, $\nu = 1, 2, \ldots$, (30,1) gelten und ferner

$$|a_\nu| < C, a_\nu < C \qquad (\nu = 1, 2, \ldots).$$

Wir definieren in der Gesamtheit aller reellen Zahlen einen *Schnitt*, indem wir zur Unterklasse I alle Zahlen a zählen, die wenigstens von einem a_ν erreicht oder übertroffen werden:

$$a \prec I, \text{ wenn } a \leqq \text{ein } a_\nu.$$

Zur Oberklasse II gehören alle übrigen Zahlen b, die also sämtliche a_ν übertreffen:

$$b \prec II, \text{ wenn } b > \text{alle } a_\nu.$$

Z. B. gilt für jedes ν: $a_\nu \prec I$, $C \prec II$. Offenbar ist jedes a aus I kleiner als jedes b aus II, denn jedes a wird von einem a_ν erreicht oder übertroffen, das seinerseits von b übertroffen wird.

Es sei s die diesen Schnitt erzeugende Zahl. Dann muss einerseits

$$a_\nu \leqq s \ (\nu = 1, 2, \ldots)$$

gelten; denn wäre für ein $\nu = \nu_0$: $a_{\nu_0} > s$, so müsste a_{ν_0} zu II gehören. Andererseits ist für jedes positive ε die Zahl $s - \frac{\varepsilon}{2}$ kleiner als s und gehört also zu I. Daher wird $s - \frac{\varepsilon}{2}$ von wenigstens einem a_ν, etwa a_{ν_0}, erreicht oder übertroffen und daher wegen (30,1) erst recht von *allen* a_ν mit $\nu > \nu_0$. Wir sehen, dass die Relationen gelten:

$$0 \leqq s - a_\nu < \varepsilon \quad (\nu \geqq \nu_0),$$

wo ν_0 nur von ε abhängt. Daher sind die Zahlenfolgen $s - a_\nu$, $a_\nu - s$ Nullfolgen, und es folgt, dass a_ν gegen s konvergiert. Damit ist unser Satz für *monoton wachsende* Zahlenfolgen bewiesen.

Ist andererseits a_ν eine monoton fallende Zahlenfolge, so dass dafür (30,2) gilt, so setze man $-a_\nu = b_\nu$, $\nu = 1, 2, \ldots,$ so dass

$$b_1 \leqq b_2 \leqq b_3 \leqq \ldots$$

gilt und die Folge b_ν monoton wächst und zugleich mit a_ν beschränkt ist. Daher gilt nach dem soeben bewiesenen für ein gewisses s

$$b_\nu \leqq -s, \ b_\nu \to -s, \ -b_\nu = a_\nu \to s, \ a_\nu \geqq s,$$

w. z. b. w.

Man beachte übrigens, dass eine monoton wachsende Zahlenfolge a_ν, für die also (30,1) gilt, auf jeden Fall beschränkt ist, wenn sie *nach oben* beschränkt ist, d. h. wenn für ein C

$$a_\nu < C \quad (\nu = 1, 2, \ldots)$$

gilt. Denn dann liegen ja alle a_ν, $\nu = 1, 2, \ldots,$ im Intervall $\langle a_1, C \rangle$. Daher sind alle $|a_\nu|$ höchstens gleich dem grösseren Abstand der beiden Endpunkte dieses Intervalls vom Nullpunkt. Dies bedeutet aber

$$|a_\nu| \leqq \operatorname{Max}(|a_1|, |C|), \quad |a_\nu| < \operatorname{Max}(|a_1|, |C|) + 1.$$

Konvergiert eine Zahlenfolge monoton wachsend bzw. fallend gegen s, so sagt man auch, sie *steige* bzw. *falle gegen* s. Wir drücken dies mit Hilfe der Pfeilsymbole wie folgt aus:

$$a_\nu \uparrow s \quad \text{bzw.} \quad a_\nu \downarrow s.$$

31. Die Zahl e als Lim $\left(1 + \frac{1}{\nu}\right)^\nu$

Wir betrachten nunmehr, um eine wichtige Anwendung des Satzes der vorigen Nummer zu geben, die Zahlenfolge

$$a_\nu = \left(1 + \frac{1}{\nu}\right)^\nu \quad (\nu = 1, 2, \ldots). \tag{31,1}$$

Hier erhält man eine andere Darstellung für a_ν, wenn man in der binomischen Entwicklung

$$(1+x)^\nu = 1 + \frac{\nu}{1!}x + \frac{\nu(\nu-1)}{2!}x^2 + \cdots + \\ + \frac{\nu(\nu-1)\ldots(\nu-k+1)}{k!}x^k + \cdots + \frac{\nu(\nu-1)\ldots(\nu-(\nu-1))}{\nu!}x^\nu$$

x durch $\frac{1}{\nu}$ ersetzt. Dann nimmt das allgemeine Glied dieser Entwicklung die Form an:

$$\frac{\nu(\nu-1)\ldots(\nu-k+1)}{k!}\frac{1}{\nu^k} = \frac{1}{k!}\left(1-\frac{1}{\nu}\right)\left(1-\frac{2}{\nu}\right)\cdots\left(1-\frac{k-1}{\nu}\right),$$

also

$$a_\nu = 1 + \frac{1}{1!} + \frac{1}{2!}\left(1-\frac{1}{\nu}\right) + \frac{1}{3!}\left(1-\frac{1}{\nu}\right)\left(1-\frac{2}{\nu}\right) + \cdots + \\ + \frac{1}{k!}\left(1-\frac{1}{\nu}\right)\cdots\left(1-\frac{k-1}{\nu}\right) + \cdots + \frac{1}{\nu!}\left(1-\frac{1}{\nu}\right)\cdots\left(1-\frac{\nu-1}{\nu}\right). \tag{31,2}$$

Was geschieht nun mit diesem Ausdruck, wenn ν durch $\nu+1$ ersetzt wird? Die beiden ersten Glieder bleiben offenbar unverändert. Für $2 \leqq k \leqq \nu$ tritt an die Stelle des Summanden

$$\frac{1}{k!}\left(1-\frac{1}{\nu}\right)\cdots\left(1-\frac{k-1}{\nu}\right)$$

der *grössere* Summand

$$\frac{1}{k!}\left(1-\frac{1}{\nu+1}\right)\cdots\left(1-\frac{k-1}{\nu+1}\right),$$

da ja hier die einzelnen Klammerfaktoren grösser geworden sind. Endlich kommt noch am Ende des Summenausdrucks ein letztes positives Glied hinzu, dem kein Glied von a_ν entspricht. Wir sehen, dass

$$a_\nu < a_{\nu+1} \quad (\nu = 1, 2, \ldots) \tag{31,3}$$

ist.

Ersetzen wir andererseits im Ausdruck (31,2) rechts sämtliche Klammerfaktoren durch 1, so wird für $\nu \geqq 2$ die rechte Seite vergrössert und geht über in

$$b_\nu = 1 + \frac{1}{1!} + \frac{1}{2!} + \cdots + \frac{1}{\nu!} \quad (\nu = 1, 2, \ldots), \tag{31,4}$$

so dass allgemein

$$a_\nu \leqq b_\nu \quad (\nu = 1, 2, \ldots) \tag{31,5}$$

gilt. Hier kann aber b_ν leicht abgeschätzt werden. Für $k > 2$ gilt nämlich

$$\frac{1}{k!} = \frac{1}{1\cdot 2\cdots k} < \frac{1}{1\cdot 2\cdot 2^{k-2}} = \frac{1}{2^{k-1}}.$$

Denn hier haben wir ja jeden der $k-2$ Faktoren $3, 4, \ldots, k$ im Nenner durch 2 ersetzt, also verkleinert. Damit folgt für $\nu > 2$:

$$b_\nu < 1 + \left(1 + \frac{1}{2} + \frac{1}{4} + \cdots + \frac{1}{2^{\nu-1}}\right) = 1 + \frac{1-2^{-\nu}}{1-\frac{1}{2}} = 3 - \frac{1}{2^{\nu-1}},$$

$$a_\nu \leqq b_\nu < 3. \tag{31,6}$$

Daher sind die Zahlenfolgen b_ν und a_ν nach oben beschränkt, und da beide monoton wachsen, folgt für $\nu \to \infty$ aus (31,6)

$$\left(1 + \frac{1}{\nu}\right)^\nu \uparrow e, \quad b_\nu \uparrow e', \quad e \leqq e' \leqq 3. \tag{31,7}$$

Die Zahl e ist eine der wichtigsten Zahlen, die in der Analysis vorkommen. Sie ist noch wichtiger als die Zahl π, mit der sie übrigens sehr eng zusammenhängt, obgleich man diesen Zusammenhang nur dann einfach beschreiben kann, wenn man die Gesamtheit der reellen Zahlen noch um die sogenannten komplexen Zahlen erweitert. Wir geben im folgenden den Wert von e mit 20 Dezimalen an:

$$e = 2{,}7 \quad 1828 \quad 1828 \quad 4590 \quad 4523 \quad 536\ldots$$ [1]).

Es sei noch bemerkt, dass die Zahl e nicht nur irrational ist, sondern sich auch nicht mit Hilfe algebraischer Gleichungen beliebigen Grades mit ganzzahligen Koeffizienten berechnen lässt. Der Beweis dieser Eigenschaft, der sogenannten *Transzendenz von e*, durch *Charles Hermite*[2]) stellt einen der grössten Triumphe der mathematischen Analysis dar[3]). An diesen *Hermite*schen Beweis anknüpfend, vermochte einige Jahre später *Ferdinand Lindemann*[4]) die analoge Tatsache für die Zahl π zu beweisen. Damit wurde das Jahrtausende alte Problem der Quadratur des Kreises mit Zirkel und Lineal durch den Nachweis seiner Unlösbarkeit erledigt.

32. Eine andere Darstellung von e

Wir beweisen nunmehr, dass die Zahl e auch der Grenzwert der Folge b_ν ist:

$$1 + \frac{1}{1!} + \frac{1}{2!} + \cdots + \frac{1}{\nu!} \to e, \tag{32,1}$$

d. h. dass

$$e' = e \tag{32,2}$$

gilt.

---

[1]) Die allgemeine Benutzung des Buchstabens e für diese Zahl geht auf *Euler*, 1736 zurück. Übrigens ist auch die Benutzung des Buchstabens π für das Verhältnis der Kreislinie zu ihrem Durchmesser *Euler* zu verdanken, der zuerst 1736 das Symbol π verwendet hat. Durch *Eulers* Introductio in Analysin Infinitorum wurde diese Verwendung 1748 im Allgemeingebrauch verwurzelt. Zum ersten Mal wurde allerdings der Buchstabe π in dieser Bedeutung von *W. Jones*, 1706 benutzt.

[2]) *Charles Hermite* (1822—1901).

[3]) Eine vereinfachte Fassung des *Hermite*schen Beweises wird im zweiten Teil dieser Vorlesungen gebracht werden.

[4]) *Ferdinand Lindemann* (1852—1939).

In der Tat folgt aus (31,7)

$$e \leqq e',$$

und wir haben nur zu zeigen, dass zugleich $e \geqq e'$ ist, um (32,2) zu beweisen. Zu diesem Zwecke wollen wir unter $k > 1$ eine vorläufig feste natürliche Zahl verstehen und knüpfen an die Formel (31,2) an, in der $\nu > k$ angenommen werden soll. Dann folgt aus (31,2)

$$a_\nu \geqq 1 + \frac{1}{1!} + \frac{1}{2!}\left(1 - \frac{1}{\nu}\right) + \cdots + \frac{1}{k!}\left(1 - \frac{1}{\nu}\right) \ldots \left(1 - \frac{k-1}{\nu}\right),$$

wo also die rechte Seite genau $k + 1$ Summanden enthält. Lassen wir in dieser Ungleichung die Zahl $\nu > k$ ins Unendliche gehen, wobei k, wie gesagt, festgehalten wird, so strebt die linke Seite gegen e, da ja die Tatsache, dass wir in der Folge a_ν die ersten k Elemente weggelassen haben, keinen Einfluss auf den Grenzwert hat. Die einzelnen Glieder der rechten Seite aber konvergieren entsprechend gegen

$$1, \frac{1}{1!}, \frac{1}{2!}, \ldots, \frac{1}{k!}$$

und die ganze rechte Seite daher gegen

$$1 + \frac{1}{1!} + \frac{1}{2!} + \cdots + \frac{1}{k!} = b_k,$$

so dass wir schliesslich $e \geqq b_k$ erhalten. Diese Relation gilt nun für jeden natürlichen Wert von $k > 1$. Sind aber für $\nu > 1$ alle $b_\nu \leqq e$, so gilt dasselbe auch für ihren Grenzwert e', so dass sich nunmehr $e' \leqq e$ und daher nach dem obigen $e' = e$, d. h. (32,1) ergibt.

33. Bestimmung einiger Grenzwerte

1. *Für $a > 0$ gilt*

$$\boxed{\lim_{\nu \to \infty} \sqrt[\nu]{a} = 1.} \tag{33,1}$$

Der Beweis dieser Tatsache bietet ein besonders interessantes Beispiel dafür, wie es sich lohnen kann, den Beweis für die *Existenz* eines Grenzwertes von seiner zahlenmässigen Bestimmung zu trennen.

Wir nehmen zunächst an, dass $a > 1$ ist, und beweisen, dass unter dieser Annahme die Zahlenfolge $\sqrt[\nu]{a}$, $\nu = 1, 2, \ldots$, monoton abnimmt. Es genügt hierzu zu zeigen, dass für $\nu = 1, 2, \ldots$

$$\sqrt[\nu]{a} > \sqrt[\nu+1]{a}$$

gilt. Wäre dies aber falsch, so müsste gelten

$$\sqrt[\nu]{a} \leqq \sqrt[\nu+1]{a}$$

und daher, wenn beide Seiten in die $\nu(\nu+1)$-te Potenz erhoben werden,

$$a^{\nu+1} \leqq a^{\nu}, a \leqq 1,$$

entgegen der Annahme.

Ferner gilt für $\nu = 1, 2, \ldots$

$$\sqrt[\nu]{a} > 1. \tag{33,2}$$

Denn wäre $\sqrt[\nu]{a} \leqq 1$, so müsste daraus durch Erhebung in die ν-te Potenz $a \leqq 1$ folgen.

Daher muss in unserem Falle die Zahlenfolge $\sqrt[\nu]{a}$ nach dem Satze der Nr. 30 einen Grenzwert besitzen, den wir mit x bezeichnen wollen. Es folgt aus (33,2) offenbar

$$x \geqq 1. \tag{33,3}$$

Beschränken wir uns andererseits in der Zahlenfolge $\sqrt[\nu]{a}$ auf die unendliche Teilfolge, die den *geraden* Wurzelexponenten entspricht, so folgt

$$\sqrt[2\nu]{a} \to x \quad (\nu \to \infty)$$

und daher, wenn wir die Elemente der Folge links quadrieren,

$$\sqrt[\nu]{a} \to x^2,$$

so dass unsere Zahlenfolge sowohl x als auch x^2 zum Grenzwert hat. Daraus folgt aber wegen (33,3)

$$x^2 = x, \; x(x-1) = 0, \; x = 1.$$

Damit ist unsere Behauptung für $a > 1$ bewiesen. Für $a = 1$ ist sie evident. Ist aber $0 < a < 1$, so setze man

$$\frac{1}{a} = A, \; \sqrt[\nu]{a} = \frac{1}{\sqrt[\nu]{A}}.$$

Da hier $A > 1$ ist, muss nach dem bereits bewiesenen Fall unseres Satzes $\sqrt[\nu]{A} \to 1$ gelten und daher

$$\sqrt[\nu]{a} = \frac{1}{\sqrt[\nu]{A}} \to 1,$$

womit (33,1) allgemein bewiesen ist.

2. *Es seien $a_1, \ldots, a_k$ k positive Zahlen. Dann gilt*

$$\sqrt[\nu]{a_1^\nu + \cdots + a_k^\nu} \to \operatorname{Max}(a_1, \ldots, a_k) \quad (\nu \to \infty). \tag{33,4}$$

Denn es sei

$$\alpha = \operatorname{Max}(a_1, \ldots, a_k).$$

Dann gilt offenbar wegen der vorausgesetzten Positivität von $a_1, \ldots, a_k$:

$$\alpha^\nu \leqq a_1^\nu + \cdots + a_k^\nu \leqq k\alpha^\nu,$$
$$\alpha \leqq \sqrt[\nu]{a_1^\nu + \cdots + a_k^\nu} \leqq \alpha \sqrt[\nu]{k}.$$

Für $\nu \to \infty$ konvergieren hier wegen $\sqrt[\nu]{k} \to 1$ beide Schranken der Zahlenfolge links in (33,4) gegen α. Daraus folgt aber nach dem Satz der Nr. 26 über die Folgen (26,2), dass die linke Seite von (33,4) gegen α konvergiert, w. z. b. w.

3. *Es gilt*

$$\lim_{\nu \to \infty} \sqrt[\nu]{\nu} = 1. \tag{33,5}$$

Wir beweisen zuerst, dass für $\nu \geqq 3$

$$\sqrt[\nu]{\nu} > 1, \quad \sqrt[\nu]{\nu} \geqq \sqrt[\nu+1]{\nu + 1} \tag{33,6}$$

gilt. Es genügt die Richtigkeit der Ungleichungen zu beweisen, die aus (33,6) durch Erhebung in Potenzen mit natürlichen Exponenten folgen. Wir erheben die erste Ungleichung in die ν-te und die zweite in die $\nu(\nu + 1)$-te Potenz. Dann ergeben sich die Ungleichungen

$$\nu > 1, \; \nu^{\nu+1} \geqq (\nu + 1)^\nu.$$

Die erste folgt aus $\nu \geqq 3$, die zweite ist äquivalent mit

$$\nu \geqq \frac{(\nu+1)^\nu}{\nu^\nu} = \left(1 + \frac{1}{\nu}\right)^\nu,$$

und da hier nach (31,7) die rechte Seite $\leqq 3$ ist, sind wegen $\nu \geqq 3$ die beiden Ungleichungen (33,6) richtig. Dies bedeutet aber, dass, wenn wir in der Folge $\sqrt[\nu]{\nu}$ uns auf $\nu \geqq 3$ beschränken, sie eine monoton fallende Folge mit der unteren Schranke 1 bildet. Daraus folgt

$$\sqrt[\nu]{\nu} \to x \geqq 1. \tag{33,7}$$

Um hieraus den Wert von x zu bestimmen, beschränken wir uns wieder auf die Teilfolge, die den *geraden* ν entspricht, ersetzen also in (33,7) ν durch 2ν. So ergibt sich

$$\sqrt[2\nu]{2\nu} \to x \quad (\nu \to \infty)$$

oder, wenn beide Seiten quadriert werden,

$$\sqrt[\nu]{2\nu} = \sqrt[\nu]{2}\,\sqrt[\nu]{\nu} \to x^2.$$

Wegen $\sqrt[\nu]{2} \to 1$ und (33,7) hat die linke Seite aber den Grenzwert x, so dass wiederum

$$x^2 = x, \; x(x - 1) = 0, \; x = 1$$

folgt, wegen $x \geqq 1$. Damit ist (33,5) bewiesen.

4. *Ist $A > 1$ und k eine beliebige natürliche Zahl, so gilt*

$$\boxed{\frac{A^\nu}{\nu^k} \to \infty \quad (A > 1, \nu \to \infty).} \tag{33,8}$$

Wir dürfen beim Beweis $\nu > k + 1$ annehmen und setzen $A = 1 + h$, $h > 0$. Dann gilt nach dem binomischen Lehrsatz:

$$(1+h)^\nu = 1 + \binom{\nu}{1} h + \cdots + \binom{\nu}{k+1} h^{k+1} + \cdots + \binom{\nu}{\nu} h^\nu,$$

$$A^\nu = (1+h)^\nu > \binom{\nu}{k+1} h^{k+1} = \frac{\nu(\nu-1)\ldots(\nu-k)}{(k+1)!} h^{k+1},$$

da die übrigen Terme in $(1 + h)^\nu$ positiv sind. Dividieren wir hier beide Seiten durch ν^{k+1}, so folgt

$$\frac{A^\nu}{\nu^{k+1}} > \frac{h^{k+1}}{(k+1)!}\left(1 - \frac{1}{\nu}\right)\cdots\left(1 - \frac{k}{\nu}\right). \tag{33,9}$$

Hier strebt aber die rechte Seite für $\nu \to \infty$ gegen die positive Zahl $\frac{h^{k+1}}{(k+1)!}$, ist also von einem ν an grösser als $\frac{1}{2}\frac{h^{k+1}}{(k+1)!}$. Daher gilt von einem ν an, wenn wir (33,9) auf beiden Seiten mit ν multiplizieren,

$$\frac{A^\nu}{\nu^k} > \frac{1}{2}\frac{h^{k+1}}{(k+1)!}\nu,$$

und hier strebt für $\nu \to \infty$ die rechte Seite und also auch die linke gegen ∞, w. z. b. w.

Korollar. Für $|q| < 1$ gilt

$$q^\nu \nu^k \to 0 \quad (\nu \to \infty). \tag{33,10}$$

Denn für $q = 0$ ist nichts zu beweisen. Für $q \neq 0$ sei $\frac{1}{|q|} = A > 1$ gesetzt. Dann folgt aus (33,8)

$$|q|^\nu \nu^k = \frac{\nu^k}{A^\nu} \to 0.$$

5. *Ist $x > 0$, so ist*

$$\operatorname*{Lim}_{\nu \to \infty} \frac{1}{x^\nu + x^{-\nu}} = \begin{cases} 0 \ (x \neq 1), \\ \frac{1}{2} \ (x = 1). \end{cases} \tag{33,11}$$

Denn für $0 < x < 1$ gilt

$$\frac{1}{x^\nu + x^{-\nu}} < \frac{1}{x^{-\nu}} = x^\nu,$$

und dies strebt für $\nu \to \infty$ gegen 0. Für $x > 1$ gilt

$$\frac{1}{x^\nu + x^{-\nu}} < \frac{1}{x^\nu},$$

und dies strebt für $\nu \to \infty$ gegen 0. Für $x = 1$ ist aber jedes Glied der Folge $= \frac{1}{2}$.

6. *Für jedes x gilt*

$$\boxed{\lim_{\nu\to\infty} \frac{x^\nu}{\nu!} = 0\,.} \qquad (33{,}12)$$

Denn es sei N eine ganze Zahl $> |x|$, und man setze $\frac{x^{2N}}{(2N)!} = A$. Dann gilt für $\nu > 2N$:

$$\left|\frac{x^\nu}{\nu!}\right| = \frac{|x|^{2N}}{(2N)!}\,\frac{|x|}{2N+1}\,\frac{|x|}{2N+2}\cdots\frac{|x|}{\nu} < A\left(\frac{1}{2}\right)^{\nu-2N},$$

und hier konvergiert die rechte Seite für $\nu\to\infty$ gegen 0.

Aufgaben

1. Man beweise die Divergenz für $n\to\infty$ von

$$(-1)^n\sqrt[n]{n}.$$

2. Für welche Werte von x konvergiert mit $n\to\infty$:

$$\left(\frac{1-x^2}{1+x^2}\right)^n?$$

3. Man beweise

a) $\sqrt[n]{1+\frac{1}{2n}}\to 1 \qquad (n\to\infty)$,

b) $\sqrt[n]{n^2-n+1000}\to 1 \qquad (n\to\infty)$.

4. Man berechne

$$\lim_{n\to\infty}\sqrt[n]{2\sin^2\frac{n^{1000}}{n+1}+\cos^2\frac{n^{1000}}{n+1}}\,.$$

5. Es gilt:

$$\sqrt[2n+n\sin n]{n+1+n\cos n}\to 1 \qquad (n\to\infty)\,.$$

6. Man berechne

$$\lim_{n\to\infty}\frac{t+1}{t-1}\cdot\frac{t^{3^n}-1}{t^{3^n}+1} \qquad (t>0,\ t\neq 1)\,.$$

7. Man beweise:

a) $\left(1+\frac{1}{n+7}\right)^{n+7}\to e \quad (n\to\infty)$, b) $\left(1+\frac{1}{n-4}\right)^{n}\to e \quad (n\to\infty)$,

c) $\left(1+\frac{2}{n}\right)^n\to e^2 \quad (n\to\infty)$.

(Für den Beweis von c) benutze man die Relation:

$$1+\frac{2}{n}=\left(1+\frac{1}{n+1}\right)\left(1+\frac{1}{n}\right).)$$

8. Man beweise für $n\to\infty$:

a) $\left(1+\frac{1}{2n}\right)^n\to\sqrt{e}$, b) $\left(1-\frac{1}{n}\right)^n\to\frac{1}{e}$,

c) $\left(1-\frac{1}{n^2}\right)^n\to 1$, d) $\left(1-\frac{1}{n-2}\right)^{n+5}\to\frac{1}{e}$,

e) $\left(1+\frac{1}{n+1}\right)^{5n}\to e^5$.

* * *

9. Man beweise für $n\to\infty$:

a) $\left(1+\frac{3}{n}\right)^n\to e^3$, b) $\left(1+\frac{3}{2n}\right)^n\to e^{\frac{3}{2}}$.

10. Man berechne

$$\lim_{n\to\infty}\left(\sqrt[m]{(n+a_1)(n+a_2)\ldots(n+a_m)}-n\right).$$

11. Man berechne für ein $a>0$ die Grenzwerte für $n\to\infty$ von

a) $\frac{a^{2n}}{1+a^{2n+1}}$, b) $\frac{a^n-a^{-n}}{a^n+a^{-n}}$,

c) $\frac{a^n}{\prod_{\nu=1}^{n}(1+a^\nu)}$

(Man unterscheide die Fälle $0<a<1$, $a=1$ und $a>1$.)

12. Man berechne

$$\lim_{n\to\infty}\prod_{\nu=2}^{n}\frac{\nu^3-1}{\nu^3+1}.$$

13. Man berechne

$$\lim_{n\to\infty}\frac{1}{n}\left[\left(a+\frac{1}{n}\right)^2+\left(a+\frac{2}{n}\right)^2+\cdots+\left(a+\frac{n-1}{n}\right)^2\right].$$

14. Man bestimme

a) $\lim_{n\to\infty}\sum_{\nu=1}^{n}\left(\sqrt{1+\frac{\nu}{n^2}}-1\right)$, b) $\lim_{n\to\infty}\sum_{\nu=1}^{n}\left(\sqrt[3]{1+\frac{\nu^2}{n^3}}-1\right)$.

15. Es sei $x_1=\frac{1}{2}\left(q+\frac{a}{q}\right)$, $x_2=\frac{1}{2}\left(x_1+\frac{a}{x_1}\right)$, ...,

$$x_{\nu+1}=\frac{1}{2}\left(x_\nu+\frac{a}{x_\nu}\right),\ldots\quad(a>0, q>0).$$

Dann beweise man die Relation

$$\frac{x_\nu - \sqrt{a}}{x_\nu + \sqrt{a}} = \left(\frac{q - \sqrt{a}}{q + \sqrt{a}}\right)^{2^\nu}.$$

Ferner berechne man

$$\lim_{\nu \to \infty} x_\nu .$$

(Vgl. Aufgabe 76 von § 4.)

16. Es sei $a > 0$,

$$x_1 = \sqrt{a},\ x_2 = \sqrt{a + x_1}, \ldots, x_{\nu+1} = \sqrt{a + x_\nu}, \ldots .$$

Man beweise die Ungleichung

$$x_\nu < 1 + \sqrt{a}$$

und berechne den Grenzwert

$$\lim_{\nu \to \infty} x_\nu .$$

(Vgl. Aufgabe 9 von § 4; die Schranke wird durch vollständige Induktion als richtig nachgewiesen.)

17. Es sei

$$a_1 = \sqrt{2},\ a_2 = \sqrt{2 + \sqrt{2}} = \sqrt{2 + a_1},\ a_3 = \sqrt{2 + \sqrt{2 + \sqrt{2}}} =$$
$$= \sqrt{2 + a_2},\quad \ldots,\quad a_\nu = \sqrt{2 + a_{\nu-1}}, \ldots .$$

Man beweise, dass

$$a_\nu < 2 \quad (\nu = 1, \ldots)$$

ist, dass a_ν monoton wächst und dass die Relation

$$6 + a_\nu > 4\, a_{\nu+1}\ (\nu = 1, \ldots)$$

gilt. Ferner zeige man, dass die Folge a_ν für $\nu \to \infty$ konvergiert, und berechne endlich ihren Grenzwert.

18. Sei $0 \leqq a \leqq \frac{1}{4}$,

$$x_0 = a,\ x_1 = a + x_0^2, \ldots, x_{\nu+1} = a + x_\nu^2, \ldots .$$

Man beweise, dass x_ν monoton wächst und gegen die kleinere Wurzel der Gleichung $x^2 = x - a$ konvergiert.

19. Man berechne

$$\lim_{n \to \infty} \left(\frac{\sum_{\nu=1}^{k} \sqrt[n]{a_\nu}}{k}\right)^k \qquad (a_\nu > 0,\ \nu = 1, \ldots, k).$$

20. Sei $x_0 \neq 0$ und allgemein

$$x_{\nu+1} = \frac{a + b\,x_\nu}{b + a\,x_\nu} \qquad (\nu = 0, 1, 2, \ldots) .$$

Es existiert

$$\lim_{\nu \to \infty} x_\nu$$

dann und nur dann, wenn

$$-1 < \frac{b-a}{b+a} \leqq 1$$

ist. (Man setze $y_\nu = \frac{x_\nu - 1}{x_\nu + 1}$ und $\gamma = \frac{b-a}{b+a}$ und rechne die Rekursionsformel auf y_ν und γ um.)

21. Man bilde aus $a_1 = \alpha$ und $b_1 = \beta$ rekurrent die Zahlenfolgen a_ν und b_ν vermöge

$$a_{\nu+1} = \frac{a_\nu + b_\nu}{2}, \quad b_{\nu+1} = \frac{a_{\nu+1} + b_\nu}{2} \qquad (\nu = 1, 2, \ldots).$$

Es sind a_ν und b_ν geschlossen durch a und b auszudrücken. Ferner berechne man

$$\lim_{\nu \to \infty} a_\nu \quad \text{und} \quad \lim_{\nu \to \infty} b_\nu .$$

(Man setze $a_\nu - b_\nu = c_\nu$ und drücke a_ν und b_ν durch a_ν und c_ν aus.)

22. Es sei $0 < a < b$. Man setze

$$x_1 = a, \; x_2 = b, \; x_3 = \frac{x_1 + x_2}{2}, \; \ldots, \; x_{\nu+1} = \frac{x_\nu + x_{\nu-1}}{2}, \ldots$$

und bestimme den Grenzwert

$$\lim_{\nu \to \infty} x_\nu .$$

(Man beweise zunächst, dass $x_{\nu+1} + \frac{1}{2}\, x_\nu$ von ν unabhängig ist.)

23. Sind x und y zwei positive Zahlen, $x > y$, so setze man $a_0 = x$ und $b_0 = y$ und leite daraus rekurrent die Zahlenfolgen a_ν und b_ν vermöge

$$a_{\nu+1} = \frac{a_\nu + b_\nu}{2}, \quad b_{\nu+1} = \sqrt{a_\nu b_\nu} \qquad (\nu = 0, 1, 2, \ldots)$$

her. Man beweise, dass die beiden Folgen einem gemeinsamen Grenzwert zustreben. (Man beweise zuerst, dass die a_ν monoton fallen und die b_ν monoton wachsen.)

24. Sei $a_1 > 0$ und $k > 0$. Ist dann

$$a_{\nu+1} = \frac{k}{1 + a_\nu} \qquad (\nu = 1, 2, \ldots),$$

so strebt a_ν $(\nu \to \infty)$ gegen die positive Wurzel der Gleichung

$$x^2 + x = k\,.$$

25. Ist

$$a_{\nu+1} = \frac{k}{a_\nu} - 1\,,$$

so strebt a_ν gegen die negative Wurzel der Gleichung

$$x^2 + x = k.$$

26. Es sei $a_{\nu+1} = 2 - \frac{1}{a_\nu}$. Man bestimme den Grenzwert von a_ν.

27. Man bestimme

$$\operatorname*{Lim}_{n\to\infty} \sum_{\nu=0}^{n-1} \left(\alpha + \frac{1}{n}\right)^\nu \qquad (0 < \alpha < 1)\,.$$

28. Man beweise durch eine Abänderung der Schlussweise der Nr. 31, dass $e < 3$ ist.

§ 9. Grenzwerte von Funktionen eines stetigen Arguments

34. Konvergenz von $f(x)$ für $x \to \infty$

Wir betrachten nun eine Funktion von x, die definiert ist für alle hinreichend grossen x, also etwa für alle $x \geqq x_0$. Ganz analog wie bei Zahlenfolgen nennen wir $f(x)$ eine **Nullfunktion** für $x \to \infty$, wenn für jedes $\varepsilon > 0$

$$|f(x)| < \varepsilon$$

gilt, sobald x oberhalb einer geeigneten, von ε abhängigen Schranke $N(\varepsilon)$ liegt, d. h. für alle $x > N(\varepsilon)$. Z. B. ist $f(x) = \frac{1}{\sqrt{x}}$ eine für $x \geqq 1$ definierte Funktion, die für $x \to \infty$ eine Nullfunktion ist. Denn sobald $x > \frac{1}{\varepsilon^2}$ ist, ist offenbar $\sqrt{x} > \frac{1}{\varepsilon}$, $\frac{1}{\sqrt{x}} < \varepsilon$.

Die obige Definition ist ganz analog der Definition der Nullfolge in Nr. 24, und die meisten Eigenschaften der Nullfolgen übertragen sich entsprechend auf Nullfunktionen. Dass die Eigenschaft einer Funktion, eine Nullfunktion zu sein, eine *infinitäre* Eigenschaft ist, hat in diesem Falle einen etwas anderen Sinn als bei Zahlenfolgen. Infinitär für $x \to \infty$ sind Eigenschaften einer Funktion, die unverändert gültig bleiben, wenn man Funktionswerte in willkürlicher Weise auf einem beliebigen, aber endlichen Intervall abändert.

Ist $f(x)$ eine Nullfunktion für $x \to \infty$, so gilt dasselbe auch von $|f(x)|$.

$f(x)$ heisst **beschränkt** *für* $x \to \infty$, wenn für eine geeignete Konstante C und für ein geeignetes N die Ungleichung gilt:

$$|f(x)| < C$$

für alle $x \geqq N$. Eine Nullfunktion ist zugleich eine beschränkte Funktion.

Genau wie bei Zahlenfolgen beweist man, dass Summe und Differenz von Nullfunktionen ebenso wie das Produkt einer Nullfunktion mit einer beschränkten Funktion wiederum Nullfunktionen sind.

Wir sagen von einer für $x \geqq x_0$ definierten Funktion $f(x)$, *sie* ***konvergiere*** *für $x \to \infty$ gegen den* ***Grenzwert*** *A, in Zeichen*

$$f(x) \to A \text{ oder } \lim_{x \to \infty} f(x) = A,$$

wenn $f(x) - A$ eine Nullfunktion ist.

Dass der Grenzwert einer für $x \to \infty$ konvergenten Funktion eindeutig bestimmt ist, folgt daraus, dass, wenn

$$f(x) = A + \varepsilon(x), \quad f(x) = B + \delta(x)$$

gilt, wo $\varepsilon(x)$, $\delta(x)$ Nullfunktionen sind, dann

$$A - B = \delta(x) - \varepsilon(x)$$

ist. Die Konstante $A - B$ kann aber nur dann eine Nullfunktion sein, wenn sie verschwindet.

Auch die Eigenschaft einer Funktion, konvergent zu sein, bzw. den Grenzwert A zu haben, ist eine infinitäre Eigenschaft.

Mit der obigen Konvergenzdefinition ist die folgende direktere Konvergenzdefinition äquivalent: *$f(x)$ konvergiert mit $x \to \infty$ gegen A, wenn zu jedem positiven ε ein $N(\varepsilon)$ existiert, so dass $|f(x) - A| < \varepsilon$ ist für alle $x > N(\varepsilon)$.*

Man kann auch, ähnlich wie bei Zahlenfolgen, sagen: *$f(x)$ konvergiert mit $x \to \infty$ gegen A, wenn zu jedem um A gezeichneten Intervall I eine Schranke N gehört, so dass für alle $x > N$ die Werte $f(x)$ in I liegen.*

Ferner beweist man ganz ähnlich wie bei Zahlenfolgen: Eine für $x \to \infty$ konvergente Funktion ist für $x \to \infty$ beschränkt. Konvergiert $f(x)$ mit $x \to \infty$ gegen A und ist $A \neq 0$, so hat $f(x)$ für hinreichend grosse x das Vorzeichen von A.

Auch die *uneigentliche „Konvergenz“* gegen $\pm\infty$ wird ganz analog definiert wie bei Zahlenfolgen.

35. Zusammenhang der stetigen Konvergenz für $x \to \infty$ mit der Konvergenz von Zahlenfolgen

Alle weiteren Sätze des vorigen Paragraphen lassen sich nun mit fast wörtlich den gleichen Beweisen auf die Funktionen übertragen, die für $x \to \infty$ konvergent sind. Um indessen vermeiden zu können, fast genau die gleichen Schlüsse noch einmal durchgehen zu müssen, wollen wir lieber ein *Übertragungsprinzip* beweisen, vermöge dessen die in Frage kommenden Eigenschaften der Funktionen als unmittelbare Folgerungen aus den entsprechenden Eigenschaften von Zahlenfolgen erscheinen.

Übertragungsprinzip. *Notwendig und hinreichend, damit eine für $x \geqq x_0$ definierte Funktion $f(x)$ für $x \to \infty$ gegen A konvergiert, ist, dass mit jeder ins Unendliche gehenden Zahlenfolge x_ν die entsprechende Zahlenfolge $f(x_\nu)$ gegen A konvergiert.*

Beweis. Dass unser Kriterium notwendig ist, ist klar. Denn für ein $\varepsilon > 0$ sei $N_0(\varepsilon)$ so gewählt, dass $|f(x) - A| < \varepsilon$ für alle $x > N_0(\varepsilon)$ ist. Wegen $x_\nu \to \infty$ sind für alle $\nu > N(\varepsilon)$ die zugehörigen $x_\nu > N_0(\varepsilon)$, und daraus folgt erst recht $|f(x_\nu) - A| < \varepsilon$. Dies bedeutet aber, dass $f(x_\nu) \to A$ ist.

Es sei nun umgekehrt unser Kriterium erfüllt. Ist dann $f(x)$ mit $x \to \infty$ nicht gegen A konvergent, so muß es ein $\varepsilon_0 > 0$ geben, so dass $|f(x) - A|$ nicht für alle hinreichend großen x kleiner als ε_0 wird. Es gibt also dann beliebig grosse x, für die $|f(x) - A| \geqq \varepsilon_0$ ist. Es liesse sich für jedes natürliche ν ein $x_\nu > \nu$ so wählen, dass $|f(x_\nu) - A| \geqq \varepsilon_0$ wäre. Dann geht x_ν gegen ∞, während $f(x_\nu)$ nicht gegen A konvergiert, entgegen der Annahme. Damit ist unser Übertragungsprinzip bewiesen.

Übrigens gilt dieses Übertragungsprinzip auch dann, wenn es sich um die *uneigentliche „Konvergenz"* handelt, d. h. wenn $A = \infty$ oder $A = -\infty$ ist, und es wird auch in diesen Fällen genau analog wie oben bewiesen, so dass wir den Beweis nicht auszuführen brauchen.

Vermöge dieses Prinzips folgt nunmehr sofort aus den Sätzen des vorigen Paragraphen:

Führt man mit gegebenen, für $x \to \infty$ konvergenten Funktionen die vier rationalen Rechenoperationen in endlicher Anzahl aus, so sind die herauskommenden Funktionen wieder für $x \to \infty$ konvergent, und ihre Grenzwerte ergeben sich, wenn man mit den Grenzwerten der gegebenen Funktionen die gleichen Operationen ausführt, *sofern man dabei nicht durch* 0 *dividieren muss.*

Ferner: Gilt $|f(x)| \to \infty$ mit $x \to \infty$, so ist $1/f(x)$ eine Nullfunktion, und umgekehrt.

Gilt für $x \to \infty$: $f(x) \to A$, so gilt auch

$$|f(x)| \to |A|.$$

Gilt für $x \to \infty$:

$$f(x) \to A, \; g(x) \to B, \; f(x) \leqq g(x),$$

so gilt auch

$$A \leqq B.$$

Gilt für drei für alle $x \geqq X_0$ definierte Funktionen $f(x), g(x), h(x)$:

$$f(x) \leqq g(x) \leqq h(x),$$

und haben $f(x), h(x)$ für $x \to \infty$ den gemeinsamen Grenzwert A, so konvergiert auch $g(x)$ gegen A.

Dagegen wollen wir den zum Satz der Nr. 30 analogen **Satz über monotone Funktionen** lieber beweisen, ohne das Übertragungsprinzip zu benutzen.

Wir nennen eine für $x \geqq X_0$ definierte Funktion $f(x)$ *monoton wachsend*, wenn dem grösseren Argument stets der nicht kleinere Funktionswert entspricht, m. a. W., wenn aus $x < y$ stets $f(x) \leqq f(y)$ folgt. Folgt aus $x < y$ stets sogar $f(x) < f(y)$, so heisst $f(x)$ *eigentlich monoton wachsend.*

In ganz analoger Weise werden *monoton fallende* und *eigentlich monoton fallende* Funktionen definiert.

Übrigens hängen die soeben besprochenen Definitionen der verschiedenen Arten des monotonen Verhaltens durchaus nicht davon ab, dass das Definitionsintervall von $f(x)$ gerade die Gestalt $\langle a, \infty)$ hat. Sie sind daher ohne Modifikation auf Funktionen mit einem *beliebigen* Definitionsintervall anwendbar.

Wir behaupten nun: *eine für $x \geqq X_0$ monoton wachsende und beschränkte Funktion $f(x)$ ist für $x \to \infty$ gegen einen Wert A konvergent; zugleich gilt*

$$f(x) \leqq A$$

für alle $x \geqq X_0$.

Denn es sei $x_1, x_2, \ldots$, die Folge aller natürlichen Zahlen $> X_0$, der Grösse nach geordnet. Dann ist die Zahlenfolge $f(x_\nu)$, $\nu = 1, 2, \ldots$, monoton wachsend und beschränkt. Also konvergiert sie nach Nr. 30, etwa gegen den Grenzwert A. Für ein beliebiges $\varepsilon > 0$ gilt daher

$$A - \varepsilon \leqq f(x_\nu) \leqq A$$

von einem ν an, etwa für $\nu \geqq n_0$. Es sei nun $x \geqq x_{n_0}$. Dann gibt es sicher ein x_{n_1} derart, dass

$$x_{n_0} \leqq x \leqq x_{n_1} \quad (n_0 < n_1)$$

gilt. Daher liegt $f(x)$ zwischen den beiden Werten $f(x_{n_0})$ und $f(x_{n_1})$. Da aber diese beiden Werte im Intervall $\langle A - \varepsilon, A \rangle$ enthalten sind, liegt auch $f(x)$ in diesem Intervall für alle $x \geqq x_{n_0}$, also für alle hinreichend grossen x. Dies bedeutet aber, dass $f(x)$ gegen A konvergiert.

Ein analoger Satz gilt für *monoton fallende* Funktionen $f(x)$. Denn dann ist ja $-f(x)$ monoton wachsend.

Es sei endlich noch bemerkt, dass man oft auch Funktionen $f(x)$ betrachten muss, die für beliebig kleine, nach $-\infty$ strebende Argumentwerte definiert sind. Auch für solche Funktionen lässt sich genau analog wie oben der Grenzwert $\lim_{x \to -\infty} f(x)$ definieren, und alle in diesem Paragraphen entwickelten Sätze finden auch in diesem Falle ihr genaues Analogon. Die Beweise sind natürlich ganz symmetrisch. Doch ist es nicht einmal nötig, sie ausführlich durchzugehen, denn ist $f(x)$ definiert für alle $x \leqq X_0$ und setzt man

$$y = -x, \quad x = -y; \quad f(x) = f(-y) = g(y),$$

so ist $g(y)$ definiert für alle $y \geqq -X_0$ und durchläuft, wenn y nach ∞ strebt, die gleiche Wertemenge wie $f(x)$, wenn x nach $-\infty$ geht. Wendet man daher die obigen Sätze auf $g(y)$ an, so ergeben sich entsprechende Sätze für $f(x)$ unmittelbar.

Das Analogon des **allgemeinen Konvergenzkriteriums von *Cauchy-Bolzano*** lautet hier:

Notwendig und hinreichend, damit eine für hinreichend grosse x definierte Funktion $f(x)$ mit $x \to \infty$ konvergent ist, ist, dass zu jedem $\varepsilon > 0$ eine Schranke $N(\varepsilon)$ gehört, derart, dass stets

$$|f(x_1) - f(x_2)| < \varepsilon$$

gilt, sobald x_1 und x_2 oberhalb $N(\varepsilon)$ liegen.

Auch dieser Satz wird erst im zweiten Teil dieser Vorlesungen bewiesen.

36. Konvergenz von $f(x)$ für $x \to x_0$

Wir betrachten nun Funktionen $f(x)$, die in einem Intervall *rechts* von einem Punkte x_0 definiert sind, also für

$$x_0 < x \leqq X_0, \tag{36,1}$$

und untersuchen das „infinitäre“ Verhalten von $f(x)$, wenn x *von rechts* gegen

x_0 geht, d. h. gegen x_0 *fällt*. *Infinitär* sind in diesem Falle diejenigen Eigenschaften von $f(x)$, die nur von den Werten von $f(x)$ in einem beliebig kleinen Intervall rechts von x_0 abhängen und bei jeder Abänderung der Werte von $f(x)$ ausserhalb dieses Intervalls unverändert bleiben.

Auch hier ist die wichtigste infinitäre Eigenschaft die *Konvergenz*. Wir sagen von einer in (36,1) definierten Funktion $f(x)$, sie *konvergiere für* $x \downarrow x_0$ *gegen den Wert* A, oder auch, sie habe in x_0 den **rechtsseitigen Grenzwert** A, wenn zu jedem positiven ε eine solche von ε abhängige positive Schranke $\delta = \delta(\varepsilon)$ gefunden werden kann, dass

$$|f(x) - A| < \varepsilon$$

ist, sobald das rechts von x_0 gelegene x einen Abstand $< \delta$ von x_0 hat, d. h. sobald

$$0 < x - x_0 < \delta \tag{36,2}$$

ist. Wir schreiben dafür $\lim\limits_{x \downarrow x_0} f(x) = A$.

Geometrisch bedeutet dies: Man betrachte das Intervall um A:

$$A - \varepsilon < y < A + \varepsilon .$$

Dann gehört dazu ein von rechts an x_0 anstossendes Intervall von der Länge δ: $(x_0, x_0 + \delta)$, so dass für alle x aus diesem Intervall die zugehörigen Funktionswerte in das obige y-Intervall hineinfallen (vgl. Fig. 5). Ist insbesondere

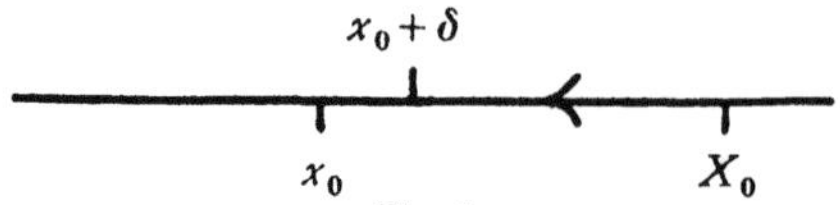

Fig. 5

$A = 0$, so heisst $f(x)$ eine *Nullfunktion für* $x \downarrow x_0$. Ganz analog definiert man die *Beschränktheit* einer Funktion für $x \downarrow x_0$.

Auch für Grenzwerte bei einer derartigen „rechtsseitigen Konvergenz gegen x_0" gelten durchaus analoge Sätze wie die oben für Zahlenfolgen und für $f(x)$ (für $x \to \infty$) entwickelten. Auch die Beweise sind ganz analog wie im letzten Paragraphen. Der Leser sollte hier als eine ganz nützliche Übung sich die Übertragung einiger Beweise aus dem vorigen Paragraphen im einzelnen überlegen, da man es sich gerade bei solchen Übertragungen besonders klar machen kann, worauf es bei einem Beweis ankommt. Doch prinzipiell nötig ist die Übertragung einzelner Beweise auf den vorliegenden Fall deshalb nicht, weil man auch hier mit Hilfe eines *Übertragungsprinzips* sämtliche für $x \to \infty$ geltenden Tatsachen mit einem Schlag auf den Fall $x \downarrow x_0$ übertragen kann.

Zu diesem Zweck setzen wir für ein beliebiges x aus dem Intervall (36,1)

$$x = x_0 + \frac{1}{y} . \tag{36,3}$$

Hier gilt offenbar

$$0 < \frac{1}{y} \leqq X_0 - x_0, \quad \frac{1}{X_0 - x_0} \leqq y.$$

Bewegt sich nun der Punkt x von X_0 auf x_0 zu (vgl. Fig. 5), so läuft $1/y$ von $X_0 - x_0$ auf 0 zu und y wächst von $\frac{1}{X_0 - x_0}$ an ins Unendliche. Beschränkt man sich auf eine hinreichend nahe Nachbarschaft von x_0, etwa auf das Intervall (36,2), so bedeutet dies, dass y hinreichend grosse Werte durchläuft, nämlich alle Werte $y > 1/\delta$. Ist umgekehrt y auf die Werte oberhalb N beschränkt, so liegt dann x im Intervall $(x_0, x_0 + 1/N)$, das um so kleiner wird, je grösser N gewählt wird. Setzen wir nun

$$f\left(x_0 + \frac{1}{y}\right) = g(y), \tag{36,4}$$

so ist damit eine Funktion $g(y)$ definiert, und zwar für alle $y > \frac{1}{X_0 - x_0}$. Läuft dabei y von dieser unteren Schranke an ins Unendliche, so durchläuft $g(y)$ die gleiche Wertmenge wie $f(x)$, wenn x von X_0 nach x_0 geht.

Konvergiert nun $f(x)$ für $x \downarrow x_0$ gegen einen Wert A, so konvergiert also gleichzeitig $g(y)$ mit $y \to \infty$ gegen A und umgekehrt.

Mit dieser Tatsache haben wir aber die rechtsseitige Konvergenz des Arguments gegen x_0 auf den Fall der Konvergenz des Arguments gegen ∞ zurückgeführt.

Nunmehr gilt offenbar auch hier: Betrachtet man mehrere Funktionen, die für $x \downarrow x_0$ konvergieren, und führt man mit ihnen die vier rationalen Rechenoperationen in endlicher Anzahl aus, so besitzt auch die herauskommende Funktion für $x \downarrow x_0$ einen Grenzwert, den man erhält, indem man mit den Grenzwerten der gegebenen Funktionen genau die gleichen Operationen ausführt — vorausgesetzt, dass man dabei nicht durch 0 zu dividieren hat.

Auch die übrigen Sätze über Konvergenz für $x \to \infty$ übertragen sich ohne weiteres; z. B. folgt aus

$$f_1(x) \leqq f_2(x)\,; \quad \operatorname*{Lim}_{x \downarrow x_0} f_1(x) = A_1, \quad \operatorname*{Lim}_{x \downarrow x_0} f_2(x) = A_2$$

die Relation $A_1 \leqq A_2$, d. h., man darf auch hier *in einer Ungleichung zur Grenze gehen*. Ebenso übertragen sich auch die Sätze über die Existenz von Grenzwerten bei monoton wachsenden und fallenden Funktionen ohne weiteres, so dass wir alle diese Tatsachen gar nicht erst ausdrücklich aufzuzählen brauchen.

In durchaus symmetrischer Weise wird auch der Begriff des Grenzwertes bei der **linksseitigen Konvergenz** des Arguments gegen x_0 für eine Funktion definiert, die in einem *von links* an x_0 anstossenden Intervall $\langle X_0, x_0)$ gegeben ist. Für den „linksseitigen Grenzwert" schreiben wir $\operatorname*{Lim}_{x \uparrow x_0} f(x)$[1]. Auch hier

[1]) Man bezeichnet die rechtsseitige Konvergenz von x gegen x_0 auch mit $x \to x_0 + 0$ und analog die linksseitige Konvergenz von x gegen x_0 mit $x \to x_0 - 0$, wobei aber x nicht monoton zu laufen braucht.

gelten genau analoge Sätze, wie für die rechtsseitige Konvergenz. Durch die Transformation

$$x = x_0 - \frac{1}{y}, \quad f\left(x_0 - \frac{1}{y}\right) = g(y)$$

wird ja auch hier die linksseitig gegen x_0 strebende Variable in die gegen ∞ strebende Variable y übergeführt.

In der Praxis spielt allerdings vor allem ein Konvergenzbegriff eine Rolle, der sich gewissermassen aus den beiden in dieser Nummer besprochenen zusammensetzt. Ist eine Funktion $f(x)$ in einem Intervall um den Punkt x_0 gegeben, wobei sie im Punkt x_0 gar nicht definiert zu sein braucht, und besitzt $f(x)$ in x_0 sowohl einen rechtsseitigen als auch einen linksseitigen Grenzwert, so sagt man, falls diese beiden Grenzwerte den gleichen Wert A haben, $f(x)$ **konvergiere gegen A für $x \to x_0$**, in Zeichen

$$\lim_{x \to x_0} f(x) = A \text{ oder } f(x) \to A \quad (x \to x_0). \tag{36,5}$$

Hierfür wird übrigens noch oft die ältere Bezeichnung benutzt: *Grenzwert von $f(x)$ für $x = x_0$* (in Zeichen: $\lim_{x = x_0} f(x)$). Es sei hier noch einmal betont, dass dabei der Wert von $f(x)$ an der Stelle x_0 selbst überhaupt keine Rolle spielt.

Eine direkte Definition für diese Konvergenz ist dann die folgende: Es gilt (36,5), wenn zu jedem positiven ε ein $\delta(\varepsilon) > 0$ gehört derart, dass

$$|f(x) - A| < \varepsilon$$

gilt, sobald $|x - x_0| < \delta(\varepsilon)$ und $x \neq x_0$ ist.

Offenbar gelten auch für diesen Grenzwertbegriff bei „beidseitiger" Konvergenz gegen x_0 sämtliche Sätze, wie sie oben für die rechtsseitige und linksseitige Konvergenz begründet wurden. (Nur der Satz über die „monotone Konvergenz" wird hier natürlich gegenstandslos). Für die beidseitige Konvergenz $x \to x_0$ sind dann diejenigen Eigenschaften von $f(x)$ *infinitär*, die nur von den Werten von $f(x)$ in einer beliebig kleinen Umgebung von x abhängen, der Punkt x_0 selbst ausgenommen.

37. Allgemeines zum Konvergenzbegriff. Beispiele

Wir haben im obigen den Begriff des Grenzwerts in sechs verschiedenen Fällen eingeführt:

1. für Zahlenfolgen, d. h. für Funktionen $f(x)$, in denen das Argument x über ganze Zahlen gegen ∞ geht,
2. wenn x stetig nach ∞ geht,
3. wenn x stetig nach $-\infty$ geht,
4. wenn x stetig gegen x_0 fällt,
5. wenn x stetig gegen x_0 wächst,
6. wenn x beiderseits stetig gegen x_0 geht.

Die in allen diesen Fällen über die Grenzwerte aufgestellten Sätze sind im wesentlichen überall die gleichen, und auch die Beweise sind in jedem Falle ganz analog, müssten aber dennoch im Grunde genommen in jedem der sechs Fälle mit ganz anderen Worten auseinandergesetzt werden, so dass wir es schliesslich vorgezogen haben, diese Fälle mit Hilfe verschiedener Übertragungsprinzipien aufeinander zurückzuführen.

Wir werden im zweiten Teil dieser Vorlesungen immerhin eine allgemeinere Fassung des Grenzwertbegriffs kennen lernen, die alle obigen Fälle unter einen Hut zu bringen gestattet, allerdings mit Hilfe einer etwas konventionellen Ausdrucksweise. Doch wird auch durch jene Fassung die Tragweite des Konvergenzbegriffes an sich in keiner Weise erschöpft, und man wird in der Mathematik immer wieder gezwungen, diesen Begriff auf neuartige Fälle anzuwenden, in denen er erst in geeigneter Weise *neu zu definieren* ist.

Es ist dies eine Erscheinung, die in einem gewissen Masse in ihrer Tendenz über den Rahmen des mathematisch restlos Ausschöpfbaren hinausgeht. Der *Idee*, die im Begriffe der Konvergenz eigentlich steckt, haftet im Grunde genommen etwas Irrationales an, und vielleicht beruht gerade darauf ihre ausserordentliche Fruchtbarkeit. Innerhalb der Mathematik gibt es eine ganze Anzahl solcher ungemein fruchtbarer Begriffe, die in ihrer Tendenz kaum vollständig zu erfassen sind, sondern erst in Anwendung auf bestimmte Fälle sich wirklich scharf präzisieren lassen. —

Wir geben nunmehr einige Beispiele konvergenter Funktionen:

1. Es sei $P_n(x)$ ein Polynom genau n-ten Grades:

$$P_n(x) = a_0 x^n + a_1 x^{n-1} + \cdots + a_n \qquad (a_0 \neq 0).$$

Dann gilt für $x \to \infty$ und für $x \to -\infty$, allgemeiner für $|x| \to \infty$:

$$\frac{P_n(x)}{a_0 x^n} \to 1. \tag{37,1}$$

In der Tat ist die linke Seite von (37,1) identisch gleich

$$1 + \frac{a_1}{a_0 x} + \frac{a_2}{a_0 x^2} + \cdots + \frac{a_n}{a_0 x^n}.$$

Hier konvergieren aber für $|x| \to \infty$ die n letzten Terme gegen 0, da im Nenner jedesmal eine Funktion von x steht, deren absoluter Betrag gegen ∞ geht. Daraus folgt die Behauptung sofort.

2. $\sqrt{1-x}$ konvergiert für $x \uparrow 1$ gegen 0. — Denn für jedes positive ε folgt aus $1 - \varepsilon^2 < x < 1$:

$$0 < 1 - x < \varepsilon^2, \quad 0 < \sqrt{1-x} < \varepsilon.$$

3. Für jedes natürliche n gilt $x^n \to 0$ mit $x \to 0$. Denn soll $|x^n| < \varepsilon$ für ein positives ε sein, so genügt es hierzu, dass $|x| < \varepsilon^{\frac{1}{n}}$ ist.

4. Für $x \to 1$ gilt

$$\boxed{\frac{x^n - 1}{x - 1} \to n \quad (x \to 1).} \tag{37,2}$$

Denn die linke Seite dieses Ausdrucks ist identisch gleich

$$x^{n-1} + x^{n-2} + \cdots + x + 1\,,$$

und da aus $x \to 1$ durch sukzessive Multiplikation $x^2 \to 1, \ldots,\ x^{n-1} \to 1$ folgt, strebt jedes der n Glieder dieser Summe gegen 1 und die ganze Summe daher gegen n.

5. Für $x \to 0$ gilt

$$\frac{(1+x)^n - 1}{x} \to n\,. \tag{37,3}$$

Denn setzt man hier $1 + x = y$, so gilt $y \to 1$ mit $x \to 0$; die linke Seite von (37,3) lässt sich aber dann schreiben:

$$\frac{y^n - 1}{y - 1}$$

und strebt nach Beispiel 4 mit $y \to 1$ gegen n.

38. Äquivalenz

Bei der Berechnung verschiedener Grenzwerte ist der Hilfsbegriff der *Äquivalenz* besonders nützlich. Dieser Begriff lässt sich mit genau den gleichen Worten für jeden der oben eingeführten Fälle des Grenzüberganges definieren und begründen.

Wir sagen, zwei Funktionen $f(x)$ und $g(x)$, die für die in Frage kommenden Werte von x von 0 verschieden sind, seien für einen der oben besprochenen Fälle des Konvergenzbegriffs **äquivalent,** in Zeichen

$$f(x) \sim g(x), \tag{38,1}$$

wenn

$$\frac{f(x)}{g(x)} \to 1 \tag{38,2}$$

gilt[1]).

Dann gilt natürlich auch $\dfrac{1}{\dfrac{f(x)}{g(x)}} \to 1\,,\quad \dfrac{g(x)}{f(x)} \to 1\,,$

$$g(x) \sim f(x).$$

Ferner ist offenbar, wenn $f(x) \neq 0$ ist,

$$f(x) \sim f(x).$$

---

[1]) Der systematische Gebrauch des Äquivalenzzeichens in dieser scharfen Bedeutung scheint auf *G. H. Hardy* und *J. E. Littlewood*, 1920 zurückzugehen, doch wurde dieses Symbol in einer ähnlichen Bedeutung bereits von *T. J. I'A. Bromwich*, 1908 und noch früher von *P. du Bois-Reymond*, 1870 benutzt.

Endlich folgt aus $f(x) \sim g(x)$, $g(x) \sim h(x)$:

$$\frac{f(x)}{g(x)} \to 1\,, \quad \frac{g(x)}{h(x)} \to 1\,, \quad \frac{f(x)\,g(x)}{g(x)\,h(x)} = \frac{f(x)}{h(x)} \to 1\,,$$

$$f(x) \sim h(x).$$

Wie man sieht, besitzt unser Äquivalenzbegriff alle drei Eigenschaften (Symmetrie, Reflexivität und Transitivität), die nach unserer Tabelle in Nr. 7 von einer „brauchbaren" Gleichheitsfestsetzung zu verlangen sind.

Aus (38,1) folgt offenbar

$$\frac{1}{f(x)} \sim \frac{1}{g(x)}\,,$$

da ja

$$\frac{\dfrac{1}{f(x)}}{\dfrac{1}{g(x)}} = \frac{g(x)}{f(x)}$$

ist.

Die Nützlichkeit des Äquivalenzbegriffs beruht auf der folgenden Tatsache: *Ist $f(x) \sim g(x)$ und $g(x) \to A$, so hat $f(x)$ den gleichen Grenzwert A.* — Denn multipliziert man die beiden Relationen

$$\frac{f(x)}{g(x)} \to 1 \quad \text{und} \quad g(x) \to A$$

miteinander, so ergibt sich $f(x) \to A$.

Diese Tatsache bleibt auch richtig, wenn es sich um *uneigentliche Konvergenz* handelt, d. h., wenn $A = \infty$ oder $A = -\infty$ ist. Denn gilt z. B. $g(x) \to \infty$, so darf man annehmen, dass $g(x)$ durchweg positiv ist (indem man sonst den Definitionsbereich von $f(x)$ und $g(x)$ in geeigneter Weise einschränkt, was ja wegen des infinitären Charakters der Konvergenz ohne weiteres erlaubt ist). Wegen $\dfrac{f(x)}{g(x)} \to 1$ darf man wiederum annehmen, dass auch $f(x)$ durchweg positiv ist.

Nun folgt aus $g(x) \to \infty$, dass $\dfrac{1}{g(x)} \to 0$ ist und daher wegen $\dfrac{1}{g(x)} \sim \dfrac{1}{f(x)}$ auch $\dfrac{1}{f(x)} \to 0$, folglich, wegen $f(x) > 0$: $f(x) \to \infty$, wie behauptet. Die analoge Tatsache ergibt sich für $A = -\infty$, wenn man $g(x)$ durch $-g(x)$ und $f(x)$ durch $-f(x)$ ersetzt.

Hat man also den Grenzwert eines Ausdrucks zu bestimmen, so darf man diesen Ausdruck durch einen äquivalenten, eventuell einfacheren Ausdruck ersetzen. Bei einer solchen Vereinfachung kann man von den folgenden Tatsachen Gebrauch machen:

Ist $h(x) \neq 0$, so folgt aus (38,1)

$$h(x)\,f(x) \sim h(x)\,g(x), \quad \frac{h(x)}{f(x)} \sim \frac{h(x)}{g(x)}\,. \tag{38,3}$$

Denn es gilt ja identisch

$$\frac{h(x)\,f(x)}{h(x)\,g(x)} = \frac{\dfrac{h(x)}{g(x)}}{\dfrac{h(x)}{f(x)}} = \frac{f(x)}{g(x)}\,.$$

Dies läuft darauf hinaus, dass, wenn man einen *Faktor* im Zähler oder Nenner eines Ausdrucks durch einen äquivalenten ersetzt, der ganze Ausdruck in einen äquivalenten übergeht.

Ferner: *Gilt neben* (38,1): $h(x) \sim k(x)$, *so gilt auch*

$$f(x)\,h(x) \sim g(x)\,k(x), \quad \frac{f(x)}{h(x)} \sim \frac{g(x)}{k(x)}\,, \tag{38,4}$$

Denn es ist ja

$$\frac{f(x)\,h(x)}{g(x)\,k(x)} = \frac{f(x)}{g(x)}\;\frac{h(x)}{k(x)}\,, \quad \frac{\dfrac{f(x)}{h(x)}}{\dfrac{g(x)}{k(x)}} = \frac{\dfrac{f(x)}{g(x)}}{\dfrac{h(x)}{k(x)}}\,.$$

Die Relationen (37,1), (37,2) und (37,3) lassen sich nun als Äquivalenzen schreiben: Für $a_0 \neq 0$ ist

$$\boxed{a_0\,x^n + a_1\,x^{n-1} + \cdots + a_n \sim a_0\,x^n \quad (a_0 \neq 0, |x| \to \infty)\,.} \tag{38,5}$$

Für ins Unendliche gehende Argumente ist ein Polynom seinem höchsten Gliede äquivalent.

$$x^n - 1 \sim n(x-1) \qquad (x \to 1)\,. \tag{38,6}$$

$$(1+x)^n - 1 \sim nx \qquad (x \to 0)\,. \tag{38,7}$$

Aus (38,5) folgt z. B. sofort, dass für $x \to \pm\infty$ eine rationale Funktion dem Quotienten der höchsten Glieder des Zählers und des Nenners äquivalent ist. — So gilt z. B. für $x \to \infty$

$$x^2\,\frac{(x^2-100)^7\left[\left(1+\dfrac{1}{x}\right)^3 - 1\right]}{x^{15}-11} \sim x^2\,\frac{x^{14}\,\dfrac{3}{x}}{x^{15}} = 3.$$

Denn hier ist der erste Faktor im Zähler nach (38,5) $\sim x^{14}$, der zweite, wegen (38,7), $\sim \dfrac{3}{x}$ und der Nenner, wegen (38,5), $\sim x^{15}$. Daher strebt dieser Ausdruck gegen 3.

Aufgaben

1. Für $\varepsilon > 0$ ist ein $N(\varepsilon)$ so zu bestimmen, dass für $x > N(\varepsilon)$

$$\left|\frac{1}{2x+3}\right| < \varepsilon$$

ist.

2. Für $\varepsilon > 0$ ist ein $N(\varepsilon)$ so zu bestimmen, dass für $x > N(\varepsilon)$

$$\left| \frac{x^4 - x^3 + x^2}{(x^2+1)^2} - 1 \right| < \varepsilon$$

ist.

3. Für $\varepsilon > 0$ ist ein $N(\varepsilon)$ so zu bestimmen, dass für $x > N(\varepsilon)$

$$\left| \frac{x^4 + 10^5 x^2 - 100 \sin^{50} x}{x^4 + 10^7 x^3 + 10^{10} x^2 + 1} - 1 \right| < \varepsilon$$

ist.

4. Für $\varepsilon > 0$ ist ein $N(\varepsilon)$ so zu bestimmen, dass für $|x| > N(\varepsilon)$

$$\left| \frac{\pi x^3 - e x}{x^3 - x^2 + x} - \pi \right| < \varepsilon$$

ist.

5. Aus $x \to \infty$ folgt $\sqrt{x} \to \infty$.

6. Man berechne die folgenden Grenzwerte:

a) $\lim\limits_{x\to\infty} \left(1 + \frac{1}{x^2} + \frac{\sqrt{x}}{x^3}\right)$, b) $\lim\limits_{x\to\infty} \left(5 - \frac{2\pi}{\sqrt{x}} + \frac{\pi^3}{\sqrt[3]{x}}\right)$,

c) $\lim\limits_{x\to\infty} \frac{x+1}{x-1}$, d) $\lim\limits_{x\to\infty} \frac{x^2+1}{x^2-1}$,

e) $\lim\limits_{x\to\infty} \frac{2x^2+1}{x^2+1}$, f) $\lim\limits_{n\to\infty} \frac{n x}{n x^2 + a}$,

g) $\lim\limits_{x\to\infty} \frac{x \sin x}{x^2+1}$, h) $\lim\limits_{x\to\infty} \left(\frac{2x^4 + 3x^2 + 7}{x^4 - x^3 + 1} - 2\right)$,

i) $\lim\limits_{x\to\infty} \frac{x^{10} + (x+1)^{10} + (x+2)^{10} + \cdots + (x+100)^{10}}{x^{10} + 10^{10}}$,

k) $\lim\limits_{x\to 1} \frac{x^m - 1}{x - 1}$ $(m \text{ ganz}, m \neq 0)$,

l) $\lim\limits_{x\to\infty} \frac{\left(1 + \frac{15}{x}\right)^{15} - 1}{\left(1 + \frac{15}{x}\right) - 1}$,

m) $\lim\limits_{x\to 1} \frac{x^n - 1}{x^m - 1}$ $(n, m \text{ ganz}; m \neq 0)$,

n) $\lim\limits_{x\to 1} \frac{(x^n - 1)(x^{n-1} - 1)\ldots(x^{n-k+1} - 1)}{(x-1)(x^2-1)\ldots(x^k - 1)}$ $(n, k \text{ ganz, positiv})$,

o) $\lim\limits_{h\to 0} \left(\frac{1}{h}\left(\frac{1}{(x+h)^2} - \frac{1}{x^2}\right)\right)$.

7. Zu $\varepsilon > 0$ bestimme man ein $\delta(\varepsilon)$ so, dass für alle $|x| < \delta(\varepsilon)$

a) $|(1+x)^3 - 1| < \varepsilon$, b) $|(100+x)^2 - 100^2| < \varepsilon$,

c) $|(x+2)^{10} - 2^{10}| < \varepsilon$, d) $|(1+x)^{100} - 1| < \varepsilon$

wird.

8. Man beweise, dass

$$\frac{1+\sqrt{x}}{1-\sqrt{x}} \to -1 \qquad (x \to \infty)$$

gilt. Ferner bestimme man ein $N(\varepsilon)$ so, dass für $x > N(\varepsilon)$, $\varepsilon > 0$

$$\left| \frac{1+\sqrt{x}}{1-\sqrt{x}} + 1 \right| < \varepsilon$$

ist.

9. Man beweise

a) $\lim\limits_{h \to 0} \sqrt[n]{x+h} = \sqrt[n]{x} \qquad (x > 0)$,

b) $\lim\limits_{h \to 0} \sqrt[n]{x+h} = \sqrt[n]{x} \qquad \left(x \gtreqless 0,\ n \text{ ungerade}\right)$.

10. Man bestimme die Grenzwerte für $x \to \infty$ von:

a) $x\left(\sqrt{\left(1+\frac{a}{x}\right)\left(1+\frac{b}{x}\right)} - 1\right)$,

b) $\sqrt[3]{x+1} - \sqrt[3]{x}$, c) $\sqrt{x+\sqrt{x}} - \sqrt{x-\sqrt{x}}$,

d) $x^{\frac{2}{3}}(\sqrt[3]{x+1} - \sqrt[3]{x})$ e) $x^3(\sqrt{x^2+\sqrt{x^4+1}} - x\sqrt{2})$.

11. Es gilt

a) $\sqrt{x(x+\alpha)} - x \to \frac{\alpha}{2} \qquad (x \to \infty)$,

b) $\sqrt{(x+a)(x+b)} - x \to \frac{a+b}{2} \qquad (x \to \infty)$.

12. Zu $\varepsilon > 0$ bestimme man ein $\delta(\varepsilon)$ derart, dass

$$|\sqrt{1+x} - 1| < \varepsilon$$

ist, sobald $|x| < \delta(\varepsilon)$ wird.

13. Man bestimme den Grenzwert für $x \to 0$ von

$$\frac{1}{x}(\sqrt[3]{x+1} - 1).$$

14. Man bestimme:

a) $\lim\limits_{h \to 0} \frac{\sqrt{x+h} - \sqrt{x}}{h} \quad (x > 0)$, b) $\lim\limits_{h \to 0} \frac{\sqrt[3]{x+h} - \sqrt[3]{x}}{h}$.

15. Man beweise die folgenden Äquivalenzen:

a) $\sqrt{1+x} - 1 \sim \frac{x}{2} \qquad (x \to 0)$,

b) $\sqrt{1+x} - \sqrt{x} \sim \frac{1}{2\sqrt{x}} \qquad (x \to \infty)$,

c) $\sqrt[5]{x+1} - \sqrt[5]{x} \sim \frac{1}{5}\, x^{-\frac{4}{5}} \qquad (x \to \infty)$.

16. In der folgenden Äquivalenz bestimme man a und α:

$$\sqrt[4]{x+1} - \sqrt[4]{x} \sim a\,x^{\alpha} \qquad (x \to \infty).$$

* * *

17. Gilt

$$a\,x - x^2 < x$$

für alle x, $x > 0$, so folgt $a \leqq 1$.

18. Gilt

$$a\,x\,y + b\,y^2 \leqq 0$$

für alle Zahlenpaare x, y, so folgt $a = 0$, $b \leqq 0$.

19. Ist für irgend einen Grenzübergang in x

$$f(x) \to \alpha \qquad (\alpha > 0),$$

so gilt auch

$$\sqrt{f(x)} \to \sqrt{\alpha}\,.$$

20. Gegeben ist die Hyperbel

$$\frac{x^2}{a^2} - \frac{y^2}{b^2} = 1\,.$$

Man berechne die Distanz $D(x)$ eines Hyperbelpunktes x, y von der nächsten Asymptote und bestimme

$$\lim_{x \to \infty} x\,D(x)\,.$$

21. Die absolut kleinste Wurzel von

$$h\,x^2 + a\,x + b = 0 \quad (a \neq 0)$$

strebt für $h \to 0$ gegen $-b/a$.

22. Es sei $a_\nu > 0$, $\nu = 1, 2, \ldots$, und

$$a_\nu \to 0 \quad (\nu \to \infty).$$

Setzen wir

$$s_n = \sum_{\nu=1}^{n} a_\nu$$

und gilt

$$s_n \to \infty \quad (n \to \infty),$$

so gilt

$$\sqrt{s_{n+1}} - \sqrt{s_n} \sim \frac{a_{n+1}}{2\sqrt{s_n}} \quad (n \to \infty).$$

23. Es gilt für $x \to \infty$:

$$\sqrt[n]{x^n + a_1 x^{n-1} + \cdots + a_n} - \sqrt[n]{x^n + b_1 x^{n-1} + \cdots + b_n} \to \frac{a_1 - b_1}{n}.$$

24. Man berechne die Grenzwerte für $x \to \infty$ von:

a) $\sqrt[3]{(x - a_1)(x - a_2)(x - a_3)} - x$,

b) $\sqrt[n]{(x + a_1) \ldots (x + a_n)} - x$.

25. Man bestimme α und β so, dass

$$\lim_{x \to \infty} \left(\sum_{\nu=1}^{n} \sqrt{a_\nu x^2 + b_\nu x + c_\nu} - \alpha x - \beta \right) = 0 \quad (a_\nu > 0)$$

ist.

26. Für welche Werte von α, β und γ konvergiert

$$\sqrt{x^4 - 2x^2 + 7x + 1} - (\alpha x^2 + \beta x + \gamma)$$

mit $x \to \infty$ gegen 0?

27. Man beweise

$$\sqrt[[x]]{x} \to 1 \quad (x \to \infty).$$

28. Man bestimme

$$\lim_{\nu \to \infty} \frac{x^\nu f(x) + \varphi(x)}{x^\nu + 1}$$

für verschiedene positive Werte von x und beliebige Funktionen $f(x)$ und $\varphi(x)$.

KAPITEL III

STETIGE FUNKTIONEN EINER VARIABLEN UND BESTIMMTE INTEGRALE

§ 10. Stetige Funktionen

39. Definition der Stetigkeit

Es sei $f(x)$ eine etwa im Intervall $\langle \alpha, \beta \rangle$ definierte Funktion. Um eine brauchbare Definition der **Stetigkeit** der Funktion $f(x)$ finden zu können, wird man sich zuerst von der *anschaulichen Vorstellung*, die man mit diesem Begriff gefühlsmässig verbindet, leiten lassen. Man wird etwa sagen: Stetig ist eine Funktion $f(x)$, wenn die sie darstellende Kurve sich ohne Abreissen durchzeichnen lässt. Allerdings ist dies eine Definition, die sich exakt nicht fassen lässt. Denn in ihr werden *mechanische*, ja sogar eigentlich *physiologische* Momente herangezogen. Übrigens ist sie sogar im Grunde genommen nicht ganz richtig. Zeichnen lässt sich nur eine Kurve, deren Tangente, wie man sagt, stückweise stetig[1]) ist.

Mehr *quantitativer* Natur ist die Formulierung: Stetig ist $f(x)$, wenn einer „kleinen" Änderung des Arguments eine „kleine" Änderung des Funktionswerts entspricht. Diese Definition ist natürlich nicht exakt. Denn in dieser Formulierung wird nicht einmal klar zum Ausdruck gebracht, dass die „kleinen" Änderungen des Arguments und der Funktion als gegen 0 konvergierend zu denken sind. Verlangt man aber nun bestimmter, dass einer gegen 0 konvergierenden Änderung des Arguments auch eine gegen 0 konvergierende Änderung der Funktion entspricht, so hat man damit in der Tat das Wesentliche getroffen.

Immerhin hat eine solche Definition immer noch den Nachteil, dass sie eine klare Analyse der Stetigkeit nicht ohne weiteres ermöglicht. Denn diese Definition bezieht sich auf *das ganze Intervall* von α bis β, so dass man dabei nicht sofort übersieht, wie eine so definierte Stetigkeit in einem ganzen Intervall mit dem „Verhalten" der Funktion in der Nähe einzelner Punkte zusammenhängt. Daher ist es besser, den Stetigkeitsbegriff etwas weiter zu zergliedern und zuerst die sogenannte **Stetigkeit in einem Punkte** zu definieren.

Ist x_0 ein innerer Punkt des Intervalls $\langle \alpha, \beta \rangle$, $\alpha < x_0 < \beta$, und ist $f(x)$ in diesem Intervall definiert, so heisst $f(x)$ stetig in x_0, wenn die Relation besteht

$$\lim_{x \to x_0} f(x) = f(x_0)\,. \tag{39,1}$$

[1]) Dieser Begriff wird später genauer erläutert werden.

Eine direktere Definition der Stetigkeit unter Umgehung des Grenzwertbegriffs erhält man, indem man verlangt: *Zu jedem* $\varepsilon > 0$ *gehört ein von* ε *abhängiges positives* $\delta(\varepsilon)$, *derart dass*

$$|f(x) - f(x_0)| < \varepsilon$$

gilt, sobald

$$|x - x_0| < \delta(\varepsilon)$$

ist[1]). Geometrisch bedeutet dies: Die Werte von $f(x)$ fallen in ein beliebiges, um den Punkt $f(x_0)$ gezeichnetes Intervall I, sobald x in einem geeigneten, um x_0 gezeichneten und von I abhängigen Intervall liegt.

Für die Stetigkeit von $f(x)$ in x_0 ist also *erstens* zu verlangen, dass der Grenzwert links in (39,1) existiert und *zweitens*, dass er gerade gleich dem Wert von $f(x)$ an der Stelle x_0 ist. Existiert z. B. dieser Grenzwert, ist aber von $f(x_0)$ verschieden, so ist unsere Funktion in x_0 *unstetig*. Damit hat gar nichts zu tun, dass gewissermassen die „ungeschickte" Definition von $f(x)$ an der Stelle x_0 daran Schuld ist. Natürlich kann man in diesem Falle „die Sache sofort in Ordnung bringen", wenn man den Wert von $f(x)$ an der Stelle x_0 anders definiert, und zwar gerade gleich $\lim\limits_{x \to x_0} f(x)$ wählt. Dann ist unsere Funktion in x_0 stetig, und die Unstetigkeit ist behoben. Eine solche Unstetigkeit nennt man daher eine **hebbare Unstetigkeit**[2]).

Was andererseits die *Existenz* des Grenzwerts $\lim\limits_{x \to x_0} f(x)$ anbetrifft, so ist, wie wir früher gesehen haben, dazu erforderlich, dass sowohl der *rechtsseitige* als auch der *linksseitige* Grenzwert von $f(x)$ existiert und dass beide denselben Wert haben. Existiert auch nur einer dieser beiden einseitigen Grenzwerte nicht, so ist $f(x)$ in x_0, wie wir sagen werden, *unbestimmt unstetig*. x_0 heisst dann eine Unstetigkeitsstelle von *zweiter Art*.

---

[1]) Diese Definition geht auf die Schrift von *Bernhard Bolzano* zurück: „Rein analytischer Beweis des Lehrsatzes, dass zwischen je zwey Werthen, die ein entgegengesetztes Resultat gewähren, wenigstens eine reelle Wurzel der Gleichung liegt." Prag (1817); Ostwalds Klassiker der exakten Wissenschaften, Nr. 153.

[2]) Eine hebbare Unstetigkeit braucht nicht durch eine *fehlerhafte* Definition der Funktion an der Stelle x_0 zustandezukommen. Eine solche Definition könnte z. B. durch das praktische Problem, das zur Untersuchung der Funktion $f(x)$ geführt hat, in durchaus zwingender Weise gegeben sein. Sie ist nur aus *analytischen Gründen* unzweckmässig, was mit ihrer praktischen Zweckmässigkeit nicht notwendig etwas zu tun hat. So wird z. B. ein Resonanzgerät von idealer Empfindlichkeit eine horizontale Gerade zeichnen, die an der Resonanzstelle durch einen vertikalen Strich unterbrochen ist. Man sieht, dass in diesem Fall die hebbare Unstetigkeit, die an der Resonanzstelle in Erscheinung tritt, nicht etwa fehlerhaft zustande gekommen, sondern im Gegenteil die eigentliche Hauptsache ist. Praktisch ganz analog liegen die Dinge bei einem Zählrohr, wie es heute in der Physik gebraucht wird.

Ein innermathematisches Beispiel für eine sich in natürlicher Weise einstellende hebbare Unstetigkeit liefert die für $x > 0$ definierte Funktion

$$\lim_{\nu \to \infty} \frac{1}{x^{\nu} + x^{-\nu}}$$

die nach (33,11) für alle $x > 0$ verschwindet bis auf $x = 1$, wo sie den Wert $\frac{1}{2}$ annimmt.

Existieren aber beide Grenzwerte, haben sie jedoch verschiedene Werte, so nennt man diese Unstetigkeit ein **Sprungunstetigkeit** oder eine Unstetigkeit von *erster Art*; x_0 heisst dann eine *Sprungstelle*. Vgl. Fig. 6, wo die

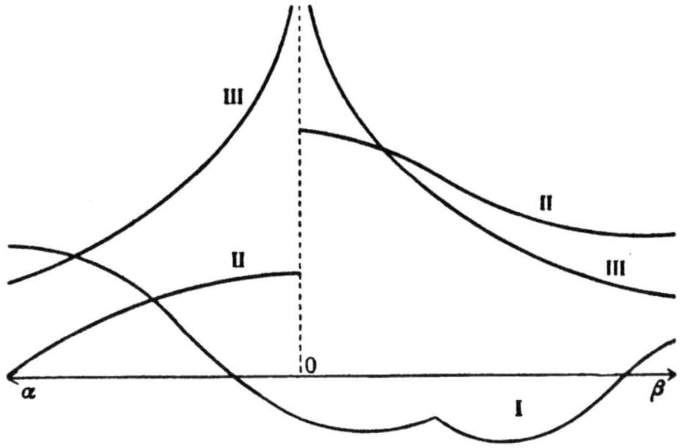

Fig. 6

Kurve I eine durchweg stetige Funktion darstellt, während die Kurve II einer in $x=0$ sprungweise unstetigen Funktion entspricht und die Kurve III eine in $x=0$ „unbestimmt unstetige" Funktion abbildet. Bei den Kurven II und III sind die Ordinaten, die der Abszisse $x=0$ entsprechen, gar nicht eingezeichnet, weil es auf sie in diesen Fällen nicht ankommt. Der Punkt x_0 ist für die durch die Kurve III dargestellte Funktion ein **Unendlichkeitspunkt.**

Die gleichseitige Hyperbel der Fig. 7 stellt die Funktion $f(x)=1/x$ dar.

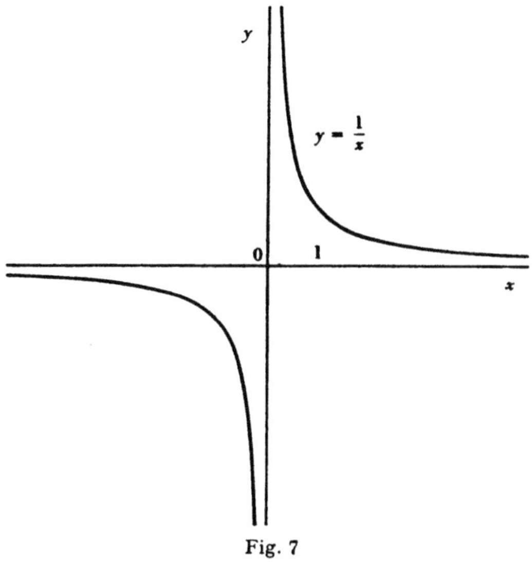

Fig. 7

Hier ist der Punkt $x=0$ ein *Unendlichkeitspunkt*, in dem, wie man sagt, $f(x)$ von $-\infty$ nach ∞ „springt".

Ist nun in einem Punkte x_0

$$\lim_{x \uparrow x_0} f(x) = f(x_0)$$

oder

$$\lim_{x \downarrow x_0} f(x) = f(x_0),$$

so heisst die Funktion *linksseitig* bzw. *rechtsseitig stetig* in x_0. Dieser spezialisierte Stetigkeitsbegriff spielt vor allem dann eine Rolle, wenn die Funktion $f(x)$ nur links bzw. nur rechts von x_0 definiert ist. Wollen wir z. B. bei der im Intervall $\langle \alpha, \beta \rangle$ definierten Funktion die Stetigkeitsverhältnisse im Punkte α untersuchen, so kann es sich der Natur der Dinge nach nur um die Annäherung an x_0 aus dem *Inneren* des Intervalls handeln, also um die rechtsseitige Stetigkeit. Ebenso wird man im Punkte β nur von der linksseitigen Stetigkeit sprechen können. In beiden Fällen werden wir auch, um nicht zwischen dem Anfangs- und Endpunkt des Intervalls unterscheiden zu müssen, von der Stetigkeit „*aus dem Inneren des Intervalls*" sprechen.

Demnach ***heisst eine Funktion in einem Intervall stetig, wenn sie in jedem Punkte dieses Intervalls stetig ist, wobei in den Endpunkten des Intervalls, sofern sie zum Intervall gezählt werden, nur die Stetigkeit aus dem Innern des Intervalls zu verlangen ist.***

Das einfachste Beispiel einer stetigen Funktion ist eine *Konstante* (eine *konstante Funktion*), d. h. eine Funktion, die für alle Werte des Arguments denselben festen Funktionswert, etwa c hat. Sie wird graphisch dargestellt durch eine Gerade, die *parallel* zur Achse der unabhängigen Variablen verläuft.

Ein weiteres besonders einfaches Beispiel einer für alle x stetigen Funktion ist dasjenige der Funktion $f(x) \equiv x$. Denn soll in diesem Falle für ein $\varepsilon > 0$ die Grösse $|f(x_1) - f(x_2)| < \varepsilon$ sein, so genügt es hierzu offenbar, dass $|x_1 - x_2| < \varepsilon$ ist.

Dem Leser wird es auffallen, dass wir bei der obigen Besprechung des Stetigkeitsbegriffs uns viel mehr bei den verschiedenen Fällen der *Unstetigkeit* aufgehalten haben, als bei der eigentlichen Stetigkeit selbst. Man spricht bei derartigen Unstetigkeitsfällen gelegentlich, mit einem Seitenblick auf die Medizin, von „pathologischen Fällen". Nun hinkt allerdings dieser Vergleich mit der Medizin ziemlich stark. Denn der Mediziner lernt die Pathologie nicht, um den gesunden Körper kennen zu lernen, sondern in erster Linie, um den kranken Körper heilen zu können.

In der Mathematik handelt es sich um etwas anderes, nämlich um zwei Möglichkeiten, einen *Begriff* zu beschreiben.

In der Logik unterscheidet man bei einem Begriff seinen *Inhalt* und seinen *Umfang*. Der Inhalt eines Begriffs ist die Gesamtheit all der verschiedenen Einzelfälle, die unter den Begriff fallen. Der Umfang eines Begriffs wird durch eine Definition festgelegt, die bestimmt zu unterscheiden gestattet, was unter den Begriff fällt und was nicht. In den meisten Fällen wird man zuerst den Umfang eines Begriffs festlegen und sodann daran gehen, seinen Inhalt zu beschreiben oder wenigstens zu analysieren und zu klassifizieren. So ist es z. B. beim Funktionsbegriff.

Für die mathematische Denkweise ist es aber besonders charakteristisch, dass man bereits zum Verständnis recht einfacher Begriffe es als wesentlich empfindet, diese Begriffe gewissermassen von aussen her abzugrenzen, indem man Fälle untersucht, die nicht unter den Begriff fallen. Daher eine gelegentlich zu beobachtende Vorliebe für Ausnahmefälle, singuläre Punkte usw.! Doch ist diese Vorliebe keineswegs durch das psychologische Moment allein bedingt. Je tiefer man in die Mathematik eindringt, desto mehr erkennt man, welch geradezu ausschlaggebende Bedeutung die Betrachtung solcher Singularitäten haben kann. So sind z. B. in der analytischen Geometrie bei einer algebraischen Kurve als ihre wichtigsten Eigenschaften die Anzahl und die Art ihrer sogenannten singulären Punkte anzusehen. Bei Kurven zweiter Ordnung z. B. handelt es sich in erster Linie um den Unterschied zwischen *zerfallenden* und *nichtzerfallenden* Kegelschnitten.

40. Operationen mit stetigen Funktionen

Sind zwei Funktionen $f(x)$ und $g(x)$ in einer Umgebung von x_0 definiert und in x_0 selbst stetig, so gilt dasselbe auch von

$$f(x) + g(x),\, f(x) - g(x),\, f(x)g(x)$$

und, falls $g(x_0) \neq 0$ ist, auch von

$$\frac{f(x)}{g(x)}\,.$$

Denn da für $x \to x_0$ nach Annahme

$$f(x) \to f(x_0),\, g(x) \to g(x_0)$$

gilt, folgt aus den Sätzen der Nr. 36, dass auch

$$f(x) + g(x) \to f(x_0) + g(x_0),\, f(x) - g(x) \to f(x_0) - g(x_0),\, f(x)g(x) \to f(x_0)g(x_0),$$

sowie, wenn der Grenzwert $g(x_0)$ von $g(x)$ nicht 0 ist,

$$\frac{f(x)}{g(x)} \to \frac{f(x_0)}{g(x_0)}$$

gilt.

Der gleiche Satz besteht natürlich auch dann, wenn es sich nur um die *linksseitige* oder nur um die *rechtsseitige* Stetigkeit in x_0 handelt.

Aus dem obigen Satz folgt z. B. sofort: Sind $f(x)$ und $g(x)$ in x_0 stetig, so gilt dasselbe auch für

$$af(x) + bg(x),$$

wo a und b konstant sind. Denn die beiden Produkte $af(x), bg(x)$ sind ja stetig in x_0, und damit auch ihre Summe.

Aus diesem Satz folgt ferner: Da $f(x) \equiv x$ für jedes x stetig ist, gilt dasselbe auch für

$$x \cdot x = x^2,\ x \cdot x^2 = x^3, \ldots,$$

d. h. für jede Potenz

$$x^\nu,\ \nu = 1, 2, \ldots.$$

Für $\nu = 0$ und $\nu = 1$ im besonderen hat man die Konstante 1, bzw. x selbst. Daraus folgt aber, dass jedes *Polynom*

$$a_0 x^n + a_1 x^{n-1} + \cdots + a_n$$

eine auf der ganzen Zahlengeraden, d. h. für alle reellen x stetige Funktion ist.

Betrachtet man nunmehr eine *rationale Funktion* von der Gestalt

$$R(x) = \frac{P(x)}{Q(x)},$$

wo $P(x)$ und $Q(x)$ Polynome sind, so ist der Quotient rechts überall dort stetig, wo sein Nenner $\neq 0$ ist. Nun wird in der Algebra bewiesen, dass ein Polynom, sofern es nicht identisch verschwindet, nur für endlich viele x-Werte den Wert 0 annehmen kann. Daher kann eine rationale Funktion nur endlich viele Unstetigkeitspunkte besitzen. Das einfachste Beispiel einer solchen rationalen Funktion mit Unstetigkeitspunkten ist

$$R(x) = \frac{1}{x}.$$

Sie ist überall stetig bis auf $x = 0$. Für $x \downarrow 0$ strebt sie nach ∞ und für $x \uparrow 0$ nach $-\infty$. Ihre graphische Darstellung ist die gleichseitige Hyperbel (vgl. Fig. 7 a. p. 103).

Ein weiteres allgemeines Prinzip zur Bildung stetiger Funktionen erhält man, wenn man bedenkt, dass, wenn $f(x)$ in x_0 stetig ist, dasselbe auch für $|f(x)|$ gilt, denn aus $f(x) \to f(x_0)$ folgt ja (vgl. Nr. 35)

$$|f(x)| \to |f(x_0)|.$$

So sind z. B. die Funktionen $|x|$, $|x^2 - 17|$ überall stetig, die Funktion $\left|\frac{x^2+1}{x^2-1}\right|$ überall bis auf $x = 1$ und $x = -1$.

Man erhält ferner stetige Funktionen, wenn man in eine stetige Funktion an Stelle ihres Argumentes weitere stetige Funktionen einsetzt. Doch muss natürlich die erste Funktion gerade für *die* Werte ihres Arguments stetig sein, die die zweite annimmt.

Genauer: *Es sei $f(x)$ stetig in x_0, und es sei $f(x_0) = y_0$; es sei $g(y)$ stetig in y_0. Dann ist $g(f(x))$ stetig in x_0.*

Denn setzt man $y = f(x)$, so folgt für $x \to x_0$ nach der Annahme: $y \to y_0$ und daher

$$g(f(x)) = g(y) \to g(y_0) = g(f(x_0)).$$

So ist z. B. für $f(x) = |x|$, $g(y) = \frac{y-8}{y^2+8}$ die Funktion

$$\frac{|x|-8}{|x|^2+8}$$

überall stetig.

Weitere Beispiele stetiger Funktionen werden wir im § 11 an *trigonometrischen Funktionen* kennen lernen.

41. Gleichmässige Stetigkeit

Die nunmehr zu besprechenden, höchst wichtigen Eigenschaften stetiger Funktionen haben sich erst scharf formulieren und beweisen lassen, nachdem man die fundamentale Bedeutung des Unterschieds zwischen *offenen* und *abgeschlossenen* Intervallen für die Analysis klar erkannt hatte.

Der erste dieser Sätze bringt die Eigenschaft der sogenannten *gleichmässigen Stetigkeit* zum Ausdruck. Will man die Stetigkeit einer Funktion $f(x)$ an einer Stelle x_0 charakterisieren, so verlangt man, es solle sich zu jedem positiven ε eine, durchaus von ε abhängige, positive Schranke $\delta(\varepsilon)$ so finden lassen, dass aus $|x - x_0| < \delta(\varepsilon)$ stets auch

$$|f(x) - f(x_0)| < \varepsilon \tag{41,1}$$

folgt. Dabei soll x gegebenenfalls, nämlich im Falle einseitiger Stetigkeit, auf eine bestimmte Seite von x_0 beschränkt werden. Hier hängt aber $\delta(\varepsilon)$ nicht nur von ε ab, sondern auch von der Stelle x_0. Es kann durchaus eintreffen, dass z. B. $\delta(\varepsilon)$ um so kleiner angenommen werden muss, je näher man die Stetigkeitsstelle x_0 an einen bestimmten Punkt heranrücken lässt. Dies würde bedeuten, dass man immer näher und näher an x_0 kommen muss, um das Bestehen der Ungleichung (41,1) zu erzwingen.

So ist z. B. $1/x$ im offenen Intervall $(0, 1)$ überall stetig. Je näher aber ein $x_0 > 0$ bei 0 liegt, um so kleiner muss das Intervall gewählt werden, damit in ihm die Schwankung von $1/x$ unterhalb ε bleibt. Man sieht dies besonders gut an der Fig. 7 der Funktion $y = 1/x$, wo die Kurve um so steiler wird, je näher man an 0 herankommt.

In anderen Fällen dagegen lässt sich für jedes $\varepsilon > 0$ eine zugehörige Schranke $\delta(\varepsilon)$ so wählen, dass sie gewissermassen *universell*, für jede in Betracht kommende Lage von x_0 die gleichen Dienste leistet. In diesem Falle sagen wir, die Funktion $f(x)$ sei **gleichmässig stetig** für die Gesamtheit der in Betracht kommenden Werte x_0.

Der erste der Sätze, die in dieser und der nächsten Nummer besprochen werden sollen, lautet nun:

Satz I. *Eine auf einem abgeschlossenen Intervall stetige Funktion ist dort gleichmässig stetig*[1]).

---

[1]) Dieser Satz ist zuerst von *Eduard Heine* (1821–1881) 1872 formuliert und bewiesen worden. Auch der Begriff der gleichmässigen Stetigkeit rührt von *Heine* her.

Dies bedeutet nach der obigen Erläuterung: Ist $f(x)$ auf einem abgeschlossenen Intervall $\langle \alpha, \beta \rangle$ stetig (also in den Eckpunkten auf jeden Fall *aus dem Innern des Intervalls* stetig), so gehört zu jedem positiven ε eine solche von ε abhängige Zahl $\delta(\varepsilon) > 0$, dass, wenn für irgend welche Punkte x, y aus dem obigen Intervall

$$|x - y| < \delta(\varepsilon)$$

ist, dann stets auch die Relation

$$|f(x) - f(y)| < \varepsilon$$

gilt. Hier haben wir y statt x_0 geschrieben, da in der jetzigen Formulierung, gerade weil x_0 überall auf dem Intervall angenommen werden kann, die Rollen von x und x_0 nun vollständig symmetrisch sind.

Um diesen Satz zu erläutern, wollen wir zeigen, dass er z. B. für die Funktion $f(x) = x^2$ im Intervall $\langle 1, \infty)$ nicht richtig ist. Denn es sei ε eine positive Zahl. Dann suchen wir ein $\delta(\varepsilon) > 0$ derart, dass

$$|x^2 - x_0^2| < \varepsilon \tag{41,2}$$

ist, sobald

$$|x - x_0| < \delta(\varepsilon) \tag{41,3}$$

gilt. Nun ist aber, da x und x_0 positiv sind,

$$|x^2 - x_0^2| = (x + x_0)\,|x - x_0| > x_0\,|x - x_0|.$$

Es müsste also auf jeden Fall aus (41,3) zugleich mit (41,2) auch

$$x_0\,|x - x_0| < \varepsilon, \; |x - x_0| < \frac{\varepsilon}{x_0}$$

folgen. Wenn aber das Intervall (41,3) im Intervall $|x - x_0| < \frac{\varepsilon}{x_0}$ enthalten ist, kann seine Länge nicht grösser als die Länge des zweiten Intervalls sein, d. h. es muss

$$\delta(\varepsilon) \leqq \frac{\varepsilon}{x_0}$$

sein. Dies bedeutet aber, dass $\delta(\varepsilon)$ um so kleiner gewählt werden muss, je grösser x_0 ist, und dass man mit keinem positiven Wert von $\delta(\varepsilon)$ für *alle* $x_0 \geqq 1$ auskommen kann.

Andererseits kann es sehr wohl sein, dass sich $\delta(\varepsilon)$ auch für ein ***unendliches*** Intervall jedesmal gleichmässig wählen lässt. Um dafür ein Beispiel zu geben, setzen wir

$$f(x) = \sqrt{1 + x^2}.$$

Dann gilt

$$\sqrt{1 + x^2} - \sqrt{1 + y^2} = \frac{(1 + x^2) - (1 + y^2)}{\sqrt{1 + x^2} + \sqrt{1 + y^2}} = (x - y)\,\frac{x + y}{\sqrt{1 + x^2} + \sqrt{1 + y^2}}.$$

Hier gilt aber für den Faktor rechts bei $x - y$:

$$\left| \frac{x + y}{\sqrt{1 + x^2} + \sqrt{1 + y^2}} \right| < \frac{|x| + |y|}{\sqrt{x^2} + \sqrt{y^2}} = 1,$$

so dass schliesslich für alle $x \neq y$ die Relation

$$\left| \sqrt{1 + x^2} - \sqrt{1 + y^2} \right| < |x - y|$$

folgt. Damit ist klar, dass für ein $\varepsilon > 0$ aus $|x - y| < \varepsilon$ auch $|f(x) - f(y)| < \varepsilon$ folgt, m. a. W., hier kann $\delta(\varepsilon) = \varepsilon$ auf der ganzen Zahlengeraden gesetzt werden. Die Funktion $\sqrt{1 + x^2}$ ist also auf der ganzen Zahlengeraden gleichmässig stetig.

Den Beweis des Satzes I *werden wir erst im zweiten Teil dieser Vorlesungen erbringen.*

Aus dem Satze I lässt sich nun leicht der folgende Satz folgern:

Satz II. *Eine auf einem abgeschlossenen Intervall stetige Funktion ist dort gleichmässig beschränkt.*

Dies bedeutet: Ist $f(x)$ auf dem Intervall $\langle \alpha, \beta \rangle$ stetig, so gibt es eine positive Zahl C derart, dass

$$|f(x)| \leqq C$$

für alle x dieses Intervalls gilt.

Beweis. Wir wenden den Satz I auf unsere Funktion $f(x)$ und auf das Intervall $J = \langle \alpha, \beta \rangle$ für $\varepsilon = 1$ an. Das entsprechende $\delta(1)$ sei mit 2Δ bezeichnet. Wir tragen auf J von α aus eine Folge von Punkten $\alpha_1 = \alpha, \alpha_2, \ldots, \alpha_N$ jeweils im Abstand Δ ab (vgl. Fig. 8), bis es nicht mehr geht, so dass der Ab-

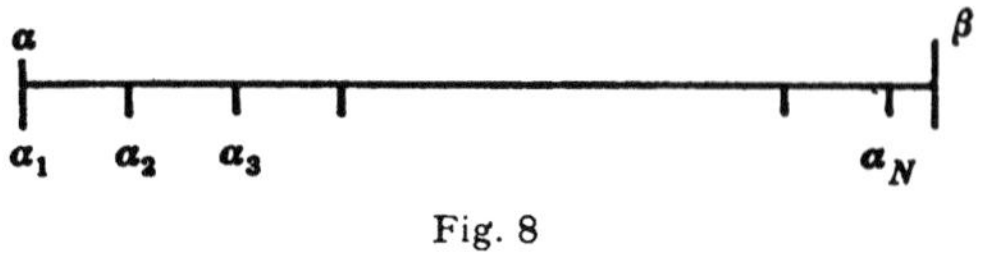

Fig. 8

stand von α_N nach β kleiner als Δ ist; eventuell könnte $\alpha_N = \beta$ sein. Da der Abstand von zwei aufeinander folgenden Teilpunkten jeweils kleiner als $\delta(1)$ ist, weichen die entsprechenden Funktionswerte um weniger als 1 voneinander ab. Daraus folgt sukzessive

$$|f(\alpha_2)| < |f(\alpha_1)| + 1, \; |f(\alpha_3)| < |f(\alpha_1)| + 2, \ldots, |f(\alpha_N)| < |f(\alpha_1)| + N - 1,$$

so dass allgemein

$$|f(\alpha_\nu)| < |f(\alpha_1)| + N - 1 \quad (\nu = 1, 2, \ldots)$$

gilt.

Nun liegt andererseits jeder Punkt x von J höchstens im Abstand Δ von einem der Teilpunkte $\alpha_1, \ldots, \alpha_N$. Daher weicht $f(x)$ um weniger als 1 von einem der Werte $f(\alpha_\nu)$ ab. Also gilt

$$|f(x)| < |f(\alpha_1)| + N = C, \qquad \text{w. z. b. w.}$$

42. Existenz des Maximums und Minimums. Zwischenwertsatz

Satz III. *Eine auf einem abgeschlossenen Intervall stetige Funktion besitzt dort sowohl ein Maximum als auch ein Minimum*[1]).

Dies bedeutet: Ist $f(x)$ stetig auf $\langle \alpha, \beta \rangle$, so gibt es auf diesem Intervall zwei Punkte x_1, x_2 derart, dass für alle x aus diesem Intervall

$$f(x_1) \leqq f(x) \leqq f(x_2)$$

gilt.

Auch dieser Satz soll erst im zweiten Teil dieser Vorlesungen bewiesen werden.

Wir zeigen hier nur noch an einem Beispiel, dass dieser Satz in einem *offenen* Intervall nicht richtig zu sein braucht. Die Funktion

$$f(x) = \frac{1}{x}$$

nimmt im Intervall $(1, 2)$ offenbar Werte an, die zwischen 1 und $\frac{1}{2}$ liegen und beliebig nah sowohl an 1 als auch an $\frac{1}{2}$ herankommen. Die Werte 1 und $\frac{1}{2}$ selbst werden von $f(x)$ aber erst in den Punkten $x = 1$ und $x = 2$ angenommen, die hier nicht zum Intervall zählen. $1/x$ besitzt also auf $(1, 2)$ weder ein Maximum noch ein Minimum.

Beim Beweis des Satzes III genügt es übrigens, nur die Existenz des *Minimums* zu beweisen. Denn wissen wir bereits, dass jede auf $\langle \alpha, \beta \rangle$ stetige Funktion $f(x)$ dort ein Minimum besitzt, und wenden wir diese Tatsache auf die Funktion $-f(x)$ an, so entspricht dem kleinsten Wert von $-f(x)$ der grösste Wert, d. h. das Maximum von $f(x)$.

Der zweite der in dieser Nummer zu besprechenden Sätze ist der sogenannte **Zwischenwertsatz** oder **Satz von *Bolzano***[2]):

Satz IV. *Jede auf einem abgeschlossenen Intervall stetige Funktion nimmt in diesem Intervall jeden Wert an, der zwischen ihren Werten in den beiden Endpunkten liegt.*

Wenn also $f(x)$ auf $\langle \alpha, \beta \rangle$ stetig ist und z. B. $f(\alpha) < f(\beta)$ gilt, so gehört zu jedem w mit

$$f(\alpha) < w < f(\beta)$$

wenigstens ein Punkt x_0 aus unserem Intervall, so dass

$$f(x_0) = w$$

ist.

Dies erscheint besonders plausibel, wenn man den Verlauf von $f(x)$ geometrisch veranschaulicht. Denn die Kurve $y = f(x)$ über dem Intervall $\alpha \leqq x \leqq \beta$ trifft in ihrem Anfangspunkt die Gerade $y = f(\alpha)$ und in ihrem Endpunkt die Gerade $y = f(\beta)$. Ihr Anfangs- und ihr Endpunkt liegen also

---

[1]) Dieser Satz rührt von *Karl Weierstrass* her und geht auf *Weierstrass'* an der Berliner Universität gehaltene Vorlesungen zurück.

[2]) Dieser Satz ist zuerst in *Bolzanos* oben zitierter Schrift bewiesen worden.

auf *verschiedenen* Seiten der Geraden $y = w$, und die direkte Anschauung lehrt, dass ein Punkt, der sich in der xy-Ebene stetig bewegt und von der einen Seite dieser Geraden auf die andere gelangt, irgendwo unterwegs diese Gerade selbst treffen muss.

Indessen liegt die eigentliche Quelle dieser Überlegung mehr in unseren mechanischen Erfahrungen. Diese Erfahrungen sind aber in Wahrheit nur an Kurven von recht einfachem Typus erworben.

Andererseits erscheint die Gültigkeit des Zwischenwertsatzes für eine stetige Funktion gefühlsmässig so zwingend, dass sogar gelegentlich versucht wurde, die Gültigkeit dieses Satzes als *Definition* der Stetigkeit zu benutzen. Doch wäre dies falsch, da, wie *G. Darboux* gezeigt hat, es durchaus unstetige Funktionen gibt, die diese Eigenschaft in jedem Teilintervall ihres Definitionsintervalls besitzen.

Auch den Beweis des Satzes IV *erbringen wir erst im zweiten Teil dieser Vorlesungen.*

Obgleich also die Sätze der beiden letzten Nummern erst später bewiesen werden, so werden wir dennoch von ihnen bereits in diesem Kapitel Gebrauch machen. Denn ohne sie lässt sich der *Integralbegriff* vollständig präzis nicht gut einführen, während andererseits die Beweise dieser Sätze etwas subtilere Überlegungen verlangen und daher lieber erst auf einer späteren Stufe in Angriff genommen werden.

Es sei indessen ausdrücklich vermerkt, dass wir selbstverständlich beim späteren Beweis dieser Sätze von den Schlussfolgerungen keinen Gebrauch machen werden, die hier mit Hilfe dieser Sätze gezogen werden sollen.

Mit Hilfe des Zwischenwertsatzes lässt sich in manchen Fällen sehr leicht die Existenz von reellen *Wurzeln* verschiedener Gleichungen beweisen.

Es sei z. B.

$$f(x) = x^{2n+1} + a_1 x^{2n} + \cdots + a_{2n+1}$$

ein Polynom des *ungeraden* Grades $2n+1$ mit reellen Koeffizienten. Wir behaupten, dass die Gleichung $f(x) = 0$ wenigstens eine reelle Wurzel besitzt. In der Tat folgt aus der Äquivalenz $f(x) \sim x^{2n+1}$ mit $|x| \to \infty$, dass für eine geeignete Konstante $C > 0$

$$\frac{f(x)}{x^{2n+1}} > \frac{1}{2} \quad (|x| \geqq C)$$

ist. Wenden wir dies nun auf $x = C$ und $x = -C$ an, so ergibt sich für $x = C$

$$\frac{f(C)}{C^{2n+1}} > \frac{1}{2}, \; f(C) > 0$$

und für $x = -C$

$$\frac{f(-C)}{-C^{2n+1}} > \frac{1}{2}, f(-C) < 0.$$

Da also die Funktion $f(x)$ in den Endpunkten des Intervalls $\langle C, -C \rangle$ Werte verschiedenen Vorzeichens annimmt, muss sie irgendwo in diesem Intervall den dazwischen liegenden Wert 0 annehmen.

Damit wird insbesondere, wie man sieht, die Schlussweise gerechtfertigt, die man auf der Schule z. B. benutzt, um zu beweisen, dass eine reelle kubische Gleichung wenigstens eine reelle Wurzel besitzt.

Aufgaben

1. Es sei

$$f(x) = a_0 x^n + a_1 x^{n-1} + \cdots + a_n .$$

Man bestimme

$$\lim_{\nu \to \infty} f\left(1 + \frac{1}{\nu}\right).$$

2. Es sei $y = 2x^2$. Zu $\varepsilon > 0$ ist ein positives $\delta(\varepsilon)$ so zu bestimmen, dass für $x_1, x_2 \prec \langle 1, 2 \rangle$ und $|x_1 - x_2| < \delta(\varepsilon)$:

$$|y_1 - y_2| < \varepsilon$$

ist.

3. Man löse die zur Aufgabe 2 analogen Aufgaben für

$$y = \frac{1}{x}, \; y = \frac{1}{x^2}, \; y = x^3.$$

4. Es sei $f(x) = x^5$. Für $x, y \prec \langle -2, 2 \rangle$ soll zu einem beliebig vorgegebenen $\varepsilon > 0$ ein $\delta(\varepsilon) > 0$ so bestimmt werden, dass aus $|x - y| < \delta$ folgt:

$$|f(x) - f(y)| < \varepsilon.$$

5. Es sei $f(x) = \frac{1}{x^2+4}$. Zu jedem $\varepsilon > 0$ ist ein $\delta(\varepsilon) > 0$ so zu bestimmen, dass aus $|x - y| < \delta(\varepsilon)$

$$|f(x) - f(y)| < \varepsilon$$

folgt.

6. Zu jedem $\varepsilon > 0$ bestimme man ein $\delta(\varepsilon) > 0$ so, dass

$$|f(x) - f(y)| < \varepsilon$$

für $|x - y| < \delta(\varepsilon)$ und $x, y \geqq 1$ ist, und zwar für

a) $f(x) = \sqrt{x} \quad (x > 0)$,

b) $f(x) = \sqrt[3]{x}$.

7. Die Funktion $\sqrt{x}$ ist für $x = 0$ rechtsseitig stetig.

8. Die Funktion $\sqrt{x}$ ist für jedes $x > 0$ stetig.

9. Gegeben sind die Funktionen

$$f(x) = \frac{\sqrt{1+2x} - \sqrt{1+55x} + \sqrt{1+8x}}{x + \sqrt{x} + 1},$$

$$g(x) = \frac{\sqrt{x+1} + 2\sqrt{x+2} + \sqrt{x+3}}{x - 5\sqrt{x} + 6}$$

Wo sind diese Funktionen stetig?

10. Sei $f(x)$ stetig für $x = \alpha$, und es sei $a_\nu \to \alpha$ $(\nu \to \infty)$. Man bestimme

$$\lim_{\nu \to \infty} f(a_\nu).$$

* * *

11. Es sei $f(x) = \sqrt{4 + x^2}$. Es ist zu beweisen, dass für alle $x \neq y$

$$|f(y) - f(x)| < |y - x|$$

gilt.

12. Man beweise, dass $f(x) = \sqrt{1 + x}$ in $\langle -1, \infty)$ gleichmässig stetig ist.

13. Das Intervall $\langle 0, 1 \rangle$ ist in so viele gleiche Teile zu zerlegen, dass in jedem Teilintervall die Schwankung von x^3 höchstens gleich $\frac{1}{180}$ beträgt[1]).

14. Es sei $\alpha < \beta$. Man beweise, dass die Gleichung

$$\frac{x^2+1}{x-\alpha} + \frac{x^6+1}{x-\beta} = 0$$

zwischen α und β wenigstens eine Wurzel hat.

15. Es seien $a_1 > 0$, $a_2 > 0$, $a_3 > 0$ und $\lambda_1 < \lambda_2 < \lambda_3$. Man beweise, dass die Gleichung

$$\frac{a_1}{x-\lambda_1} + \frac{a_2}{x-\lambda_2} + \frac{a_3}{x-\lambda_3} = 0$$

eine Wurzel zwischen λ_1 und λ_2 und eine zwischen λ_2 und λ_3 besitzt.

16. Es sei

$$\varphi(x) = \operatorname{Min} |x - \nu| \qquad (\nu = 0, \pm 1, \pm 2, \ldots).$$

Man beweise, dass $\varphi(x)$ für jedes x existiert und untersuche, wann $\varphi(x)$ stetig ist.

17. Die Funktion

$$f(x) = x - [x]$$

ist unstetig für ganzzahlige x und stetig für nichtganzzahlige x[2]).

---

[1]) Unter der *Schwankung* einer Funktion in einem abgeschlossenen Intervall J versteht man die Differenz zwischen dem grössten und dem kleinsten Wert dieser Funktion in J.

[2]) Man findet die Erklärung des Symbols $[x]$ in der Fussnote [1]) zur Seite 70.

18. Wo ist die Funktion $[x] + [-x]$ unstetig?

19. Man beweise, dass die für jedes reelle x definierte Funktion

$$\varphi(x) = [x] + \sqrt{x - [x]}$$

für alle x stetig ist und monoton wächst. (Man setze die nichtganzzahligen x in der Form $n + h$ an, wo n ganz und $0 < h < 1$ ist.)

20. Es sei

$$f(x) = \begin{cases} x & (x \text{ rational}) \\ 1 - x & (x \text{ irrational}) \end{cases} \quad (0 \leqq x \leqq 1).$$

Man beweise, dass $f(x)$ nur für $x = \frac{1}{2}$ stetig ist und andererseits jeden Wert zwischen 0 und 1 genau einmal annimmt.

§ 11. Trigonometrische Funktionen

43. Winkelmessung in der Trigonometrie

Die trigonometrischen Funktionen **sin** x, **cos** x, **tg** x, **ctg** x werden auf der Schule zumeist mit Hilfe der Konstruktion eines rechtwinkligen Dreiecks eingeführt, und zwar zunächst nur für *spitze* Winkel. Sodann werden sukzessive analoge Funktionen für stumpfe und überstumpfe Winkel definiert, indem zugleich die ganze Betrachtung durch Heranziehung von Sehnen- und Tangentenkonstruktionen auf eine breitere Basis gestellt wird.

Will man nun von diesen Funktionen innerhalb der Analysis Gebrauch machen, so wird man prinzipiell diesen „ausseranalytischen" Ursprung als einen gewissen Schönheitsfehler ansehen. Dazu kommt noch, dass die Theorie der so definierten Funktionen an die Gültigkeit der Euklidischen Geometrie gebunden erscheint, während wir heute der Ansicht sind, dass diese Geometrie nicht absolut, sondern nur in sehr grosser Annäherung in der Wirklichkeit zutrifft. Beachtet man endlich noch dazu, dass auch bei der rechnerischen Behandlung der Nichteuklidischen Geometrie der Gebrauch der trigonometrischen Funktionen nicht zu umgehen ist, so wird man die übliche geometrische Einführung dieser Funktionen prinzipiell als recht bedenklich empfinden.

Man kann nun, sobald man in der Analysis weit genug vorgedrungen ist, eine rein analytische und recht einfache Einführung dieser Funktionen geben. Doch kann dies erst in späteren Teilen dieser Vorlesungen geschehen. Es ist andererseits aus praktischen Gründen ausgeschlossen, so lange auf die Verwendung dieser Funktionen zu verzichten. Wir schlagen daher im folgenden einen ähnlichen Weg ein wie bei der Einführung der reellen Zahlen. Wir werden eine Reihe von der Schule her bekannter Eigenschaften trigonometrischer Funktionen zusammenstellen, aus denen alle übrigen Eigenschaften durch rein analytische Betrachtungen folgen. Wenn wir dann die trigonometrischen Funktionen durch rein analytische Ausdrücke einführen, wird es genügen, für diese Ausdrücke das Bestehen der in den beiden folgenden Nummern aufzuzählenden Eigenschaften nachzuweisen. (Vgl. § 19, Aufg. 33—36; § 20, Aufg. 19; § 21, Aufg. 1—4.)

An der Theorie der trigonometrischen Funktionen fällt zuerst die in ihr übliche **Winkelmessung** auf. Die Grösse eines Winkels wird gemessen **„im Bogenmass"**, durch die Länge des diesem Winkel als Zentriwinkel entsprechenden Bogens des **Einheitskreises,** d. h. des Kreises um den Ursprung mit dem Radius 1. Auch dies ist allerdings noch keine genügend präzise Definition. Um eine analytische Masszahl für einen Winkel zu erhalten, wollen wir einen der Schenkel dieses Winkels ins Auge fassen und als den *ersten Schenkel* OS_1

bezeichnen; den anderen Schenkel OS_2 bezeichnen wir dann als den *zweiten Schenkel*, wobei O der Scheitel des betrachteten Winkels ist (vgl. Fig. 9). Wir zeigen nun, wie man dem Winkel zwischen den Halbstrahlen OS_1 und OS_2 eine Masszahl zuordnet, wobei wir schon jetzt darauf aufmerksam machen,

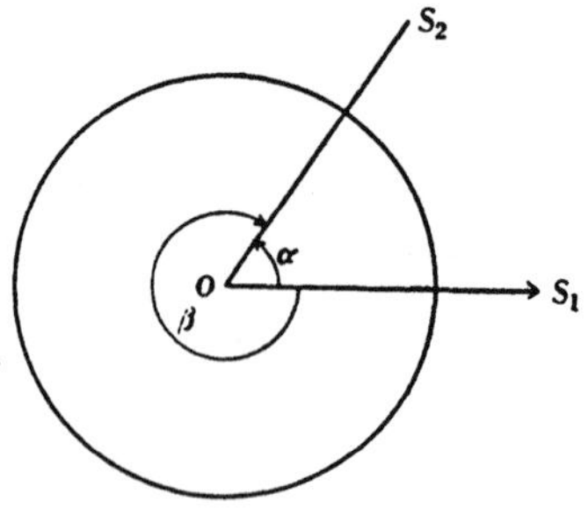

Fig. 9

dass der Winkel zwischen OS_1 und OS_2 in der Regel eine andere Masszahl hat als derjenige zwischen OS_2 und OS_1.

Man denke sich OS_1 durch eine Drehung um O in OS_2 übergeführt. Der auf OS_1 im Abstand 1 von O genommene Punkt durchläuft dabei einen gewissen Weg, dessen Länge, mit einem geeigneten Vorzeichen versehen, den in Frage kommenden Winkel misst[1]).

Was nun zunächst die Wahl des Vorzeichens anbetrifft, so wird dieses Vorzeichen positiv genommen, wenn die Drehung, wie man sagt, im *positiven Sinne* um O geschieht, d. h. entgegengesetzt der Drehung des Uhrzeigers. Dreht sich OS_1 im entgegengesetzten, *negativen Sinn* um O, so legt man der Masszahl des Winkels das negative Vorzeichen bei[2]).

Immerhin ist einem geometrischen Winkel an sich das Vorzeichen nicht anzusehen. Ferner ist auch die übliche Ausdrucksweise: „der Winkel zwischen OS_1 und OS_2" derart, dass dabei das *Vorzeichen* dieses Winkels nicht zum Ausdruck kommt. Handelt es sich nun um einen Winkel zwischen den orientierten Strahlen OS_1 und OS_2, wobei OS_1 im obigen Sinne der erste Schenkel, OS_2 der zweite Schenkel ist, so werden wir dafür kürzer sagen: *der Winkel aus der Richtung OS_1 in die Richtung OS_2*.

Eine weitere Unbestimmtheit bei der Zuordnung der analytischen Masszahl zu einem geometrischen Winkel ergibt sich dadurch, dass, wenn OS_1 in OS_2 übergeführt wird, dies auch unter Umständen nach einer Anzahl voller Umläufe um O geschehen kann. Jedem solchen Umlauf entspricht aber die

---

[1]) Auf diese Weise wird man dazu geführt, *positive* und *negative* Winkel zu betrachten, was in der elementaren Geometrie im allgemeinen noch nicht gemacht wird. Doch ist die Einführung von mit Vorzeichen versehenen Winkeln auch bereits in der elementaren Geometrie recht nützlich, z. B. in der Theorie der Polygone, wo man den *Aussenwinkel* eines überstumpfen Winkels *negativ* nehmen muss, um zu einfachen Sätzen zu kommen.

[2]) Durch eine derartige Festlegung der positiven Umlaufssinne um die Punkte der Ebene wird die Ebene, wie man in der Topologie sagt, *orientiert*. Man kann übrigens die Ebene auch orientieren, indem man die entgegengesetzten Umlaufssinne als *positiv* bezeichnet.

Addition von 2π oder -2π zur Masszahl des Winkels, da die Länge der Peripherie des Einheitskreises gleich 2π ist.

Ist α die kleinste positive Masszahl des Winkels, werden aber noch n volle Umläufe dazugenommen, so erhält man danach bei der Drehung im positiven Sinn Masszahlen von der Form

$$\alpha + 2n\pi,$$

wo $n = 0, 1, 2, \ldots$ sein kann. Wird aber OS_1 im negativen Sinn um O gedreht, bis es zum ersten Mal mit OS_2 zusammenfällt, und ist β die entsprechende Masszahl, mit negativem Vorzeichen genommen, so ist (vgl. Fig. 9)

$$\alpha + |\beta| = 2\pi, \quad \beta = -|\beta| = \alpha - 2\pi.$$

Kommen dann dazu noch etwa m volle Umläufe um O im negativen Sinne ($m = 0, 1, 2, \ldots$), so wird die entsprechende Masszahl unseres Winkels

$$\beta - 2m\pi = \alpha - 2(m+1)\pi = \alpha + 2n\pi,$$

wo n die Werte $-1, -2, \ldots$ durchläuft. Wie man sieht, sind alle analytischen Masszahlen des Winkels zwischen OS_1 und OS_2 durch den Ausdruck gegeben:

$$\alpha + 2n\pi,$$

wo n alle ganzen Zahlen durchläuft.

Vertauscht man OS_1 und OS_2, so wird $-\alpha$ eine der analytischen Masszahlen des Winkels zwischen OS_2 und OS_1 sein. Daher ergeben sich alle analytischen Masszahlen dieses Winkels, wenn man zu $-\alpha$ beliebige ganzzahlige (positive, verschwindende oder negative) Vielfache von 2π addiert. Da aber $-\alpha + 2m\pi = -(\alpha + 2(-m)\pi)$ ist, und $-m$ zugleich mit m die Gesamtheit aller ganzen Zahlen durchläuft, so ist die Gesamtheit aller analytischen Masszahlen des Winkels zwischen OS_2 und OS_1 in der Formel enthalten:

$$-(\alpha + 2n\pi),$$

wo n alle ganzen Zahlen durchläuft. Man erhält also alle analytischen Masszahlen des Winkels zwischen OS_2 und OS_1, indem man alle analytischen Masszahlen des Winkels zwichen OS_1 und OS_2 mit -1 multipliziert.

Wie man sieht, hat bei unserer jetzigen Auffassung der Winkel zwischen OS_1 und OS_2 nicht eine, sondern unendlich viele verschiedene Masszahlen, was wohl zuerst als eine recht bedenkliche Komplikation erscheinen mag. Doch wäre es z. B. wohl ganz unmöglich, die Mechanik der Kreisbewegungen formelmässig zu behandeln, wenn man dieser „Mehrdeutigkeit" aus dem Wege gehen wollte. Übrigens gewöhnt man sich, wie die Erfahrung des täglichen Lebens gezeigt hat, an derartige Mehrdeutigkeiten sehr schnell. So ist z. B.

die jetzige Uhrzeitbezeichnung, die von 0 bis 24 Uhr läuft, weniger als 30 Jahre alt. Und obgleich bei dieser Bezeichnung der Uhrzeit jeder Zeigerstellung zwei ganz verschiedene Tageszeiten entsprechen, haben sich alle Menschen, und zwar auch diejenigen, die sich für mathematisch völlig unbegabt halten, an diese Bezeichnungsweise sehr schnell gewöhnt. –

Wird nun im folgenden ein Winkel durch seine analytische Masszahl gegeben, so sprechen wir von einem **analytischen Winkel.** Einem gegebenen geometrischen Winkel zwischen zwei Halbstrahlen in einer bestimmten Reihenfolge entsprechen also unendlich viele analytische Winkel[1]).

44. Funktionen sin x und cos x

Wir definieren zunächst die dem analytischen Winkel α entsprechenden Werte von $\sin\alpha$ und $\cos\alpha$[2]). Wir legen den ersten Schenkel OS_1 des Winkels α in die positive Richtung der x-Achse, so dass O in den Koordinatenursprung hineinfällt, zeichnen sodann den Halbstrahl OS_2, mit dem OS_1 den analyti-

---

[1]) Misst man die Winkel im Bogenmass, so entspricht der Masszahl 1 der Winkel von

$$\frac{360^0}{2\pi} = 57^0,\ 2957795\ldots = 57^0\,17'\,44{,}8\ldots''.$$

Insbesondere entsprechen den Winkeln von

$$30^0,\ 45^0,\ 60^0,\ 90^0,\ 180^0,\ 270^0,\ 360^0$$

als Masszahlen im Bogenmass resp.

$$\frac{\pi}{6},\ \frac{\pi}{4},\ \frac{\pi}{3},\ \frac{\pi}{2},\ \pi,\ \frac{3\pi}{2},\ 2\pi.$$

Dem Bogenmass α entspricht also dann ein Winkel von $\frac{180\alpha}{\pi}$ Grad. Umgekehrt hat der Winkel von n Grad das Bogenmass $\frac{n\pi}{180}$.

[2]) In der italienischen Literatur wird sen x anstatt sin x geschrieben.

Die trigonometrischen Funktionen sin x, cos x kommen implizite bereits in der ägyptischen Mathematik vor. Mit dem Sinus eines Winkels — anstatt mit der dazugehörigen Sehne — arbeitete bereits der älteste uns bekannte indische Astronom *Āryabhata* (geb. 476 nach Chr.), der auch bereits eine Tabelle der Sinuswerte aufgestellt hat. Doch war bei ihm und auch lange Zeit später der Sinus als eine *Strecke* angesehen, deren Länge dem Radius proportional war. Trigonometrische Funktionen als *Verhältniszahlen* dürften erst auf *Euler* zurückgehen. Die Bezeichnungen sin x und cos x gehen auf *Streete* 1661 bzw. *Moor* 1674 zurück. Von 1753 ab werden von *Euler* ständig die Symbole sin, cos, tg benutzt.

Hinter den Funktionszeichen $\sin\alpha$, $\cos\alpha$ wird das Argument, wie man sieht, nicht in Klammern genommen, wenn es mit *einem* Buchstaben bezeichnet wird. Man schreibt indessen auch $\sin 2\alpha$, $\cos 2\alpha$ und sogar allgemeiner $\sin c\alpha$, $\cos c\alpha$ anstatt $\sin (c\alpha)$, $\cos (c\alpha)$. Immerhin könnte hier an sich $\sin c\alpha$ auch als $(\sin c)\alpha$ verstanden werden. Dies würde indessen der *Konvention* widersprechen, wonach konstante Faktoren, wenn sie mit einer trigonometrischen Funktion multipliziert werden, *vor* diese Funktion geschrieben werden. — Ganz allgemein kann man wohl die Regel aufstellen, dass in einem Produkt zuerst einfachere und dann kompliziertere bzw. „wichtigere" Faktoren geschrieben werden. — Andererseits schreibt man $\sin x^2$, $\sin x^n$ für $\sin (x^2)$ bzw. $\sin (x^n)$, während $(\sin x)^2$ gewöhnlich in der Form $\sin^2 x$ geschrieben wird.

schen Winkel α bildet, sowie den Kreis um O mit dem Radius 1 (den *Einheitskreis*). Trifft der Einheitskreis den Halbstrahl OS_2 im Punkt P, so wird die *Abszisse* von P als $\cos\alpha$ und die *Ordinate* von P als $\sin\alpha$ definiert (vgl. Fig. 10).

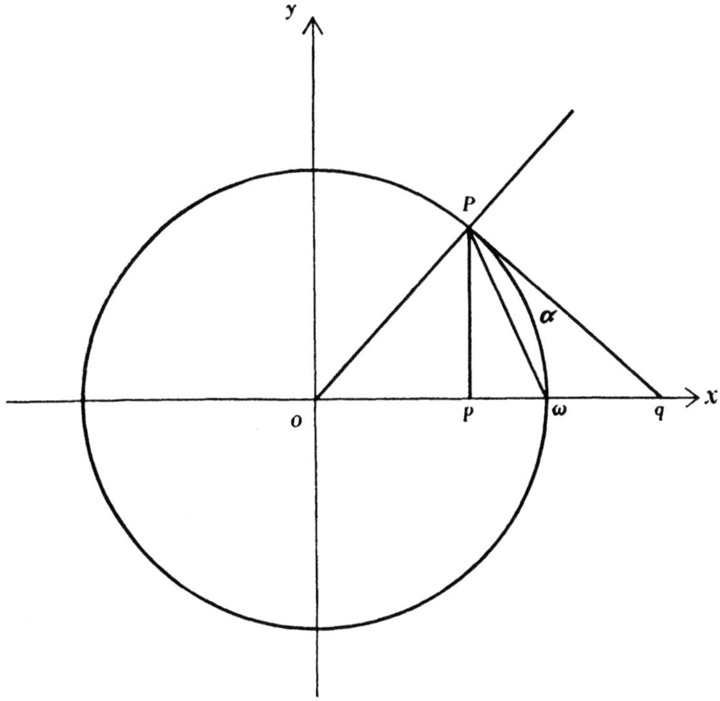

Fig. 10

Wie man sieht, hängen hier $\sin\alpha$ und $\cos\alpha$ nur von der Lage des Punktes P ab, der seinerseits nur vom *geometrischen Winkel* zwischen OS_1 und OS_2 abhängt. Daher bleiben $\sin\alpha$ und $\cos\alpha$ unverändert, wenn man zu α ein beliebiges ganzzahliges Vielfaches von 2π addiert. M.a.W., es gilt für jedes ganzzahlige n:

$$\sin(\alpha + 2n\pi) = \sin\alpha, \quad \cos(\alpha + 2n\pi) = \cos\alpha. \tag{44,1}$$

Besitzt nun allgemein eine Funktion $f(x)$ die Eigenschaft, dass für eine geeignete positive Konstante p und alle x die Relation gilt:

$$f(x + p) = f(x),$$

so sagt man, $f(x)$ sei eine *periodische Funktion mit der Periode p*. Daher besagen die Relationen (44,1), dass $\sin\alpha$ und $\cos\alpha$ *periodische Funktionen mit der Periode* 2π sind.

Umgekehrt ist der Punkt P durch die Angabe seiner Koordinaten eindeutig bestimmt. Dies bedeutet also, dass durch die Angabe von $\sin\alpha$ und $\cos\alpha$ der α entsprechende geometrische Winkel eindeutig bestimmt ist.

Den Winkeln $\alpha = 0, \alpha = \pi/2$ entsprechen offenbar die Werte

$$\sin 0 = 0, \quad \cos 0 = 1; \quad \sin \frac{\pi}{2} = 1, \quad \cos \frac{\pi}{2} = 0. \tag{44,2}$$

Die wichtigste und interessanteste Funktionaleigenschaft der Funktionen $\sin \alpha$ und $\cos \alpha$ besteht in ihren **Additionstheoremen:**

$$\boxed{\begin{aligned} &\text{a)}\ \sin(\alpha + \beta) = \sin\alpha\cos\beta + \cos\alpha\sin\beta, \\ &\text{b)}\ \cos(\alpha + \beta) = \cos\alpha\cos\beta - \sin\alpha\sin\beta\ ^{1)}. \end{aligned}} \tag{44,3}$$

Zwei weitere wichtige Eigenschaften werden durch das Formelnpaar ausgedrückt:

$$\sin(-\alpha) = -\sin\alpha, \cos(-\alpha) = \cos\alpha. \tag{44,4}$$

Eine Funktion $f(x)$, die für alle Werte x ihres Argumentes, für die sie definiert ist, die Eigenschaft besitzt, dass $f(x) = f(-x)$ ist, nennt man eine **gerade Funktion.** Gilt dagegen $f(x) = -f(-x)$, so heisst $f(x)$ eine **ungerade Funktion**[2]).

Die Formeln (44,4) besagen also, dass $\sin\alpha$ eine *ungerade* und $\cos\alpha$ eine *gerade* Funktion von α ist.

Ein weiteres sehr wichtiges Formelnsystem ist das folgende, dessen erste Zeile aus (44,3) und (44,2), und dessen zweite Zeile aus der ersten folgt:

$$\boxed{\begin{aligned} &\sin\left(\alpha + \frac{\pi}{2}\right) = \cos\alpha, \quad \cos\left(\alpha + \frac{\pi}{2}\right) = -\sin\alpha, \\ &\sin(\alpha + \pi) = -\sin\alpha, \quad \cos(\alpha + \pi) = -\cos\alpha. \end{aligned}} \tag{44,5}$$

Ferner ist natürlich die Fundamentalrelation wichtig:

$$\sin^2\alpha + \cos^2\alpha = 1, \tag{44,6}$$

die wegen (44,2) und (44,4) aus (44,3b) für $\beta = -\alpha$ folgt.

---

[1]) Eine vorläufig nur rein mnemonisch aufzufassende Regel zur Herstellung der Formeln (44,3) ist diese: Man bilde das Produkt

$$(\cos\alpha + i\sin\alpha)(\cos\beta + i\sin\beta).$$

Dabei rechne man mit i nach den gleichen Regeln wie mit gewöhnlichen reellen Zahlen, ersetze aber dabei i^2 durch -1. Setzt man das Resultat gleich dem Ausdruck

$$\cos(\alpha + \beta) + i\sin(\alpha + \beta)$$

und vergleicht die Koeffizienten von i sowie die von i freien Glieder, so ergeben sich gerade die Formeln (44,3). Die Bildungsweise des Ausdrucks $\cos\alpha + i\sin\alpha$ merkt man sich am besten, wenn man dafür die Abkürzung $\text{cis}\,\alpha$ (nach *I. Stringham*, 1893) benutzt, wo c die Abkürzung für cos und s die Abkürzung für sin ist. Die Relation

$$\text{cis}(\alpha + \beta) = \text{cis}\,\alpha\ \text{cis}\,\beta$$

ist die sogenannte *Moivre*sche Formel (*Abraham de Moivre*, 1667—1754). Sie darf allerdings erst dann als über eine mnemonische Regel hinausgehend angesehen werden, wenn man die Einführung sogenannter komplexer Zahlen begründet hat.

[2]) Diese Bezeichnungen rühren davon her, dass Potenzen von x mit ganzen, geraden Exponenten: x^{2n} gerade, während Potenzen von x mit ganzen, ungeraden Exponenten: x^{2n+1} ungerade Funktionen sind.

Ersetzt man ferner in (44,3) β durch $-\beta$ und berücksichtigt (44,4), so erhält man sofort die bekannten Formeln für $\sin(\alpha-\beta)$ und $\cos(\alpha-\beta)$. Daraus und aus (44,3) folgen die beiden wichtigen Formelngruppen, die zur Umformung von Summen in Produkte und umgekehrt dienen:

$$\begin{aligned}\sin\alpha+\sin\beta&=2\sin\frac{\alpha+\beta}{2}\cos\frac{\alpha-\beta}{2},\\ \sin\alpha-\sin\beta&=2\cos\frac{\alpha+\beta}{2}\sin\frac{\alpha-\beta}{2}\\ \cos\alpha+\cos\beta&=2\cos\frac{\alpha+\beta}{2}\cos\frac{\alpha-\beta}{2}\\ \cos\alpha-\cos\beta&=-2\sin\frac{\alpha+\beta}{2}\sin\frac{\alpha-\beta}{2};\end{aligned}\tag{44,7}$$

$$\begin{aligned}\sin\alpha\sin\beta&=-\frac{1}{2}[\cos(\alpha+\beta)-\cos(\alpha-\beta)],\\ \sin\alpha\cos\beta&=\frac{1}{2}[\sin(\alpha+\beta)+\sin(\alpha-\beta)],\\ \cos\alpha\cos\beta&=\frac{1}{2}[\cos(\alpha+\beta)+\cos(\alpha-\beta)].\end{aligned}\tag{44,8}$$

Aus (44,3) und (44,2) folgt wiederum

$$\begin{aligned}&\sin\pi=0,\ \sin 2\pi=0;\\ &\cos\pi=-1,\ \cos 2\pi=1.\end{aligned}\tag{44,9}$$

Unter Verwendung dieser Werte folgen aus den Additionstheoremen die Formeln (44,1) zunächst für $n=1$ und sodann für beliebige ganze n.

Aus den Formeln für $\sin(\alpha-\beta)$, $\cos(\alpha-\beta)$ folgt weiter unter Verwendung der Werte (44,2):

$$\cos\left(\frac{\pi}{2}-\alpha\right)=\sin\alpha,\ \sin\left(\frac{\pi}{2}-\alpha\right)=\cos\alpha.\tag{44,10}$$

Es sei noch daran erinnert, dass der Winkel $\frac{\pi}{2}-\alpha$ als der **Komplementwinkel** zu α bezeichnet wird, und zwar für *jeden* Wert von α und nicht nur für α zwischen 0 und $\pi/2$.

Dies sind die wichtigsten in Frage kommenden Formeln, die also aus (44,2), (44,3) und (44,4) folgen, und aus denen alle übrigen *algebraischen* Relationen zwischen trigonometrischen Funktionen, die wir zu benutzen haben, durch einfache Umrechnungen hergeleitet werden. Setzt man z. B. in (44,3) $\beta=\alpha$, so erhält man die wichtigen Formeln:

$$\sin 2\alpha=2\sin\alpha\cos\alpha,\ \cos 2\alpha=\cos^2\alpha-\sin^2\alpha=2\cos^2\alpha-1.\tag{44,11}$$

Endlich folgt offenbar aus (44,6) für alle Winkel α:

$$|\sin\alpha|\leqq 1,\ |\cos\alpha|\leqq 1.\tag{44,12}$$

Diese Formelnfülle dürfte zunächst auf den Leser verwirrend und abschreckend wirken. Indessen brauchen von diesen Formeln nur einige sofort auswendig gelernt zu werden. Es sind dies die Formelnsysteme (44,1) bis (44,4). Im Zweifelsfalle sollte sich der Leser immer die Fig. 10 a. p. 119 zeichnen, an der die Formeln (44,2) und (44,4) sofort abzulesen sind. Ebenso kann man sich an Hand der Kreisdefinition von sin und cos sofort an die Vorzeichen im Formelnsystem (44,5) erinnern. Was die Formeln (44,3) anbetrifft, so beachte man dabei die folgenden Eigentümlichkeiten dieser Formeln: in der Sinus-Formel enthält jedes Glied einen Sinus-Faktor, wie es ja auch sein muss, da für $\alpha = \beta = 0$ alles verschwindet. In der Cosinus-Formel dagegen sind die Sinusse miteinander multipliziert. Ferner steht in der Sinus-Formel das *Plus*zeichen, in der Cosinus-Formel dagegen das *Minus*zeichen.

45. Weitere Eigenschaften trigonometrischer Funktionen

Wir definieren nunmehr $\operatorname{tg}\alpha$ und $\operatorname{ctg}\alpha$ durch die Formeln:

$$\operatorname{tg}\alpha = \frac{\sin\alpha}{\cos\alpha}, \quad \operatorname{ctg}\alpha = \frac{\cos\alpha}{\sin\alpha} = \frac{1}{\operatorname{tg}\alpha}. \tag{45,1}$$

Diese Definitionen der Funktionen $\operatorname{tg}\alpha$ und $\operatorname{ctg}\alpha$ versagen natürlich dann, wenn der Nenner in der betreffenden Definitionsformel verschwindet.

Wann verschwinden nun $\sin\alpha$ und $\cos\alpha$? — Aus der geometrischen Definition des Sinus sieht man sofort, dass $\sin\alpha = 0$ dann und nur dann gilt (vgl. Fig. 10), wenn der Punkt P auf der x-Achse liegt, d. h., wenn α die Gestalt $k\pi$ für ein ganzzahliges k annimmt. Daher ist π die kleinste positive Zahl, deren Sinus verschwindet: *π ist die kleinste positive Wurzel der Funktion* $\sin\alpha$[1]). — Andererseits verschwindet $\cos\alpha$ dann und nur dann, wenn P auf der y-Achse liegt, d. h. dann und nur dann, wenn α die Gestalt $\pi/2 + k\pi$ für ein ganzzahliges k hat. Daher ist $\pi/2$ die kleinste positive Wurzel von $\cos\alpha$. Diese Eigenschaft der Zahl π kann bei einer von der Geometrie freien Einführung der trigonometrischen Funktionen als Definition von π benutzt werden.

Wir sehen, dass $\operatorname{tg}\alpha$ nur für alle Argumente von der Form $\pi/2 + k\pi$ für ganzzahlige k und $\operatorname{ctg}\alpha$ nur für alle Argumente von der Form $k\pi$ für ganzzahlige k *nicht* definiert ist.

Aus den Definitionen (45,1) und den Formeln (44,4) folgt sofort

$$\operatorname{tg}(-\alpha) = -\operatorname{tg}\alpha, \operatorname{ctg}(-\alpha) = -\operatorname{ctg}\alpha, \tag{45,2}$$

d. h. $\operatorname{tg}\alpha$ *und* $\operatorname{ctg}\alpha$ *sind ungerade Funktionen von* α. Ebenso folgt aus den beiden letzten Formeln und (44,5)

[1]) Allgemein nennt man jede Zahl, für die eine Funktion $f(x)$ den Wert 0 besitzt, eine *Wurzel* oder eine *Nullstelle* dieser Funktion. — Man darf eine Wurzel *von* $f(x)$ nicht etwa verwechseln mit einer Wurzel *aus* $f(x)$, so wie z. B. $\sqrt{f(x)}$, $\sqrt[3]{f(x)}$.

$$\operatorname{tg}(\alpha+\pi)=\frac{\sin(\alpha+\pi)}{\cos(\alpha+\pi)}=\frac{-\sin\alpha}{-\cos\alpha}=\operatorname{tg}\alpha,$$

d. h., da $\operatorname{ctg}\alpha=\dfrac{1}{\operatorname{tg}\alpha}$ ist,

$$\operatorname{tg}(\alpha+\pi)=\operatorname{tg}\alpha,\quad \operatorname{ctg}(\alpha+\pi)=\operatorname{ctg}\alpha. \tag{45,3}$$

Wir sehen, dass $\operatorname{tg}\alpha$ und $\operatorname{ctg}\alpha$ nicht nur die Periode 2π, sondern bereits die kleinere Periode π haben, eine in manchen Anwendungen höchst wichtige Eigenschaft dieser Funktionen.

Ebenso folgt aus (44,10)

$$\operatorname{tg}\left(\frac{\pi}{2}-\alpha\right)=\frac{\sin\left(\frac{\pi}{2}-\alpha\right)}{\cos\left(\frac{\pi}{2}-\alpha\right)}=\frac{\cos\alpha}{\sin\alpha}=\operatorname{ctg}\alpha,$$

$$\operatorname{tg}\left(\frac{\pi}{2}-\alpha\right)=\operatorname{ctg}\alpha,\quad \operatorname{ctg}\left(\frac{\pi}{2}-\alpha\right)=\operatorname{tg}\alpha. \tag{45,4}$$

Auch für $\operatorname{tg}\alpha$ lässt sich eine einfache geometrische Definition geben, die wir indessen nur für solche Winkel α besprechen, die im ersten Quadranten, d. h. zwischen 0 und $\pi/2$ liegen. Für einen solchen Winkel ist nämlich $\operatorname{tg}\alpha$ gleich der Länge Pq des Abschnitts der Tangente an den Einheitskreis im Punkte P vom Berührungspunkt P bis zum Schnittpunkt q mit der x-Achse (vgl. Fig. 10 a. p. 119) In der Tat sind die beiden rechtwinkligen Dreiecke POp und qOP ähnlich, da sie den gleichen Winkel bei O haben. Daher folgt:

$$\frac{\overline{Pq}}{\overline{Pp}}=\frac{\overline{OP}}{\overline{Op}},$$

$$\overline{Pq}=\overline{OP}\cdot\frac{\overline{Pp}}{\overline{Op}}=1\cdot\frac{\sin\alpha}{\cos\alpha}=\operatorname{tg}\alpha.$$

Daraus können wir übrigens sehr leicht die folgende Ungleichung herleiten:

$$\sin\alpha<\alpha<\operatorname{tg}\alpha\quad\left(0<\alpha<\frac{\pi}{2}\right). \tag{45,5}$$

In der Tat zeigt ein Blick auf die Fig. 10, dass der Flächeninhalt des Dreiecks $OP\omega$ kleiner ist als der Flächeninhalt des Kreissektors $OP\omega$ und dieser wiederum kleiner als der Flächeninhalt des Dreiecks OPq. Der Flächeninhalt des Dreiecks $OP\omega$ ist aber

$$\frac{1}{2}\overline{Pp}\cdot\overline{O\omega}=\frac{\sin\alpha}{2}.$$

Der Flächeninhalt des Kreissektors $OP\omega$ ist $\dfrac{\alpha}{2}$ und derjenige des rechtwinkligen Dreiecks OPq gleich

$$\frac{1}{2}\overline{OP}\cdot\overline{Pq}=\frac{\operatorname{tg}\alpha}{2}.$$

Daher ist

$$\frac{\sin\alpha}{2} < \frac{\alpha}{2} < \frac{\operatorname{tg}\alpha}{2},$$

woraus (45,5) folgt.

Die erste Relation (45,5) lässt sich auch wie folgt erweitern:

$$|\sin\alpha| \leqq |\alpha| \tag{45,6}$$

und gilt so erstens auch für $\alpha = 0$, und zwar dann mit Gleichheitszeichen, und ferner für negative α zwischen $-\frac{\pi}{2}$ und 0, da ja für solche α

$$\sin\alpha = -\sin|\alpha|, \; |\sin\alpha| = \sin|\alpha|$$

ist. Liegt aber α ausserhalb des Intervalls $\left(-\frac{\pi}{2}, \frac{\pi}{2}\right)$, so ist $|\alpha| > 1$, während die linke Seite wegen (44,12) nie 1 überschreitet. Daher gilt (45,6) für alle α, und zwar sogar immer mit dem *Kleiner*zeichen bis auf $\alpha = 0$.

Daraus folgt weiter für beliebige Winkel α und β, $\alpha \neq \beta$, wegen der zweiten Formel in (44,7):

$$\left|\sin\alpha - \sin\beta\right| = 2\left|\sin\frac{\alpha-\beta}{2}\right|\left|\cos\frac{\alpha+\beta}{2}\right| < 2\left|\frac{\alpha-\beta}{2}\right|,$$

da $\left|\cos\frac{\alpha+\beta}{2}\right| \leqq 1$ ist. Es gilt also allgemein die Ungleichung

$$\boxed{|\sin\alpha - \sin\beta| < |\alpha - \beta| \quad (\alpha \neq \beta).} \tag{45,7}$$

Aus dieser Ungleichung folgt aber sofort, dass $\sin\alpha$ *eine stetige Funktion für alle* α *ist*. Denn um die Grösse $|\sin\alpha - \sin\beta|$ kleiner als ein positives ε zu machen, genügt es, $|\alpha - \beta| < \varepsilon$ zu wählen.

Eine analoge Relation gilt auch für die Cosinusfunktion. Denn es folgt aus (45,7)

$$\left|\cos\alpha - \cos\beta\right| = \left|\sin\left(\frac{\pi}{2} - \alpha\right) - \sin\left(\frac{\pi}{2} - \beta\right)\right| \leqq \left|\frac{\pi}{2} - \alpha - \left(\frac{\pi}{2} - \beta\right)\right| = \left|\alpha - \beta\right|.$$

Daher ist auch die Funktion $\cos\alpha$ für alle α stetig.

Mit Hilfe der Formeln (44,1) und (44,5) wird in bekannter Weise die Bestimmung der Funktionen $\sin\alpha$ und $\cos\alpha$ auf die Bestimmung ihrer Werte im *Hauptquadranten*, d. h. für $0 \leqq \alpha \leqq \frac{\pi}{2}$, zurückgeführt. Dasselbe leisten die Formeln (45,2) und (45,3) für $\operatorname{tg}\alpha$ und $\operatorname{ctg}\alpha$.

Ein Blick auf Fig. 10 zeigt, dass im Hauptquadranten $\sin\alpha$ *monoton wächst* von 0 bis 1, und $\cos\alpha$ *monoton* von 1 bis 0 *fällt*[1]). Da daher der Zähler von

[1]) Es genügt übrigens, der Figur 10 nur die Tatsache zu entnehmen, dass im offenen Intervall $\left(0, \frac{\pi}{2}\right)$ $\sin\alpha$ und $\cos\alpha$ positiv sind, da dann das monotone Wachsen von $\sin\alpha$ und Fallen von $\cos\alpha$ aus der zweiten und vierten Formel (44,7) folgt.

tg α wächst und der Nenner fällt, wächst auch tg α im Hauptquadranten, und zwar für $\alpha \uparrow \frac{\pi}{2}$ gegen ∞. Wegen (45,2) und (45,3) folgt weiter, dass für $\alpha \downarrow -\frac{\pi}{2}$ und ebenso für $\alpha \downarrow \frac{\pi}{2}$ der Wert von tg α gegen $-\infty$ strebt.

Wir sehen also, dass, *wenn* α *von* $-\frac{\pi}{2}$ *bis* $\frac{\pi}{2}$ *läuft, die Werte von* tg α *dabei die ganze Zahlengerade von* $-\infty$ *bis* ∞ *durchlaufen.*

Analog sind die Verhältnisse bei ctg α, nur dass ctg α im Hauptquadranten monoton *fällt*, und zwar gegen den Wert 0 für $\alpha \uparrow \frac{\pi}{2}$. Wächst α über $\frac{\pi}{2}$ hinaus, so wird ctg α negativ und konvergiert gegen $-\infty$ für $\alpha \uparrow \pi$ und daher auch für $\alpha \uparrow 0$. Für $\alpha \downarrow 0$ dagegen, d. h., wenn α über *positive* Werte gegen 0 geht, strebt ctg α gegen ∞.

Wir sehen: *durchläuft* α *das Intervall von* 0 *bis* π, *so durchlaufen die Werte von* ctg α *die ganze Zahlengerade von rechts nach links*, also von ∞ bis $-\infty$.

Am besten überblickt man den Verlauf der vier Funktionen sin x, cos x, tg x, ctg x, wenn man diese Funktionen graphisch darstellt. In der Fig. 11 ist

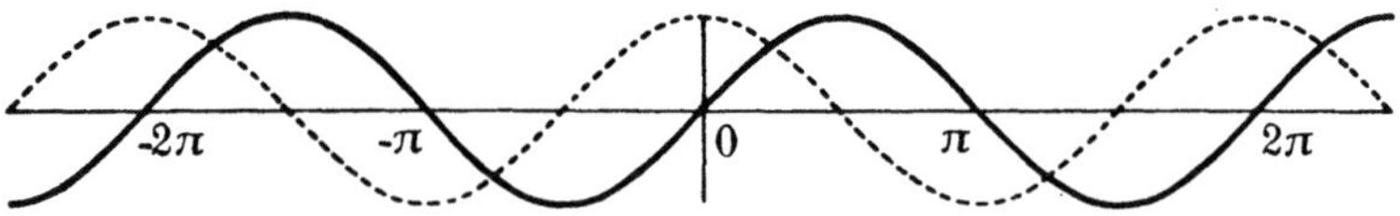

Fig. 11

die stark ausgezogene Linie die Kurve $y = \sin x$, die sogenannte *Sinuslinie* oder *Sinussoide*. Die gestrichelte Kurve ist die *Cosinuslinie* $y = \cos x$; sie entsteht aus der Sinuslinie, wenn diese um $\frac{\pi}{2}$ nach links verschoben wird. Ebenso wird in der Fig. 12 der Verlauf von $y = \operatorname{tg} x$ durch die stark ausgezogene und derjenige

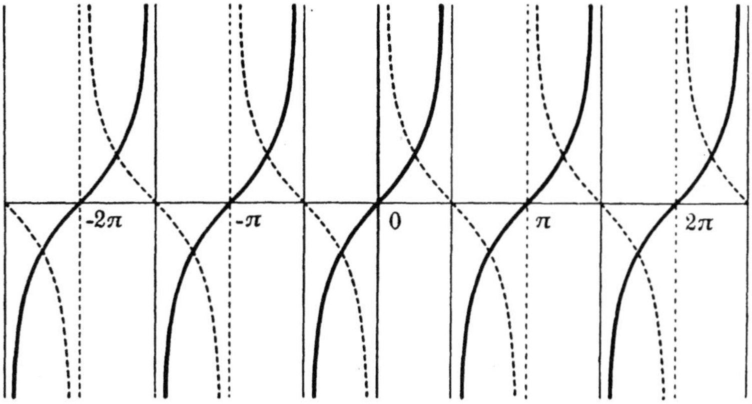

Fig. 12

von $y = \operatorname{ctg} x$ durch die stark gestrichelte Linie veranschaulicht. Hier besteht jede dieser beiden Kurven aus unendlich vielen getrennten Kurvenzügen, die auseinander jeweils durch Verschiebung um π parallel zur x-Achse entstehen. Die

Tangens- und die Cotangenslinien liegen zueinander symmetrisch, z. B. in bezug auf die Gerade $x = \frac{\pi}{4}$.

Es sei noch bemerkt, dass man neben den vier besprochenen trigonometrischen Funktionen gelegentlich, namentlich in der älteren Literatur, die beiden Funktionen

$$\sec \alpha = \frac{1}{\cos \alpha}, \quad \operatorname{cosec} \alpha = \frac{1}{\sin \alpha}$$

findet. Doch werden wir von ihnen keinen Gebrauch machen.

Wir greifen noch einmal auf die Ungleichungen (45,5) zurück, von denen die erste auch in der Form geschrieben werden kann

$$\frac{\sin \alpha}{\alpha} < 1$$

und die zweite

$$\alpha < \frac{\sin \alpha}{\cos \alpha}, \quad \frac{\sin \alpha}{\alpha} > \cos \alpha.$$

Wir sehen, dass für $0 < \alpha < \frac{\pi}{2}$ die doppelte Relation

$$\cos \alpha < \frac{\sin \alpha}{\alpha} < 1 \qquad \left(0 < \alpha < \frac{\pi}{2}\right)$$

gilt. Für $\alpha \downarrow 0$ strebt aber hier $\cos \alpha$ gegen 1, so dass

$$\operatorname*{Lim}_{\alpha \downarrow 0} \frac{\sin \alpha}{\alpha} = 1$$

folgt. Geht α über negative Werte gegen 0, so folgt aus

$$\frac{\sin \alpha}{\alpha} = \frac{-\sin(-\alpha)}{-(-\alpha)} = \frac{\sin(-\alpha)}{-\alpha} \to 1,$$

dass $\frac{\sin \alpha}{\alpha}$ wieder gegen 1 strebt. Wir sehen, dass allgemein

$$\boxed{\frac{\sin \alpha}{\alpha} \to 1, \quad \sin \alpha \sim \alpha \quad (\alpha \to 0)} \tag{45,8}$$

gilt.

Man kann mit Hilfe der Funktion $\sin x$ ein besonders anschauliches Beispiel einer in einem Punkte *unbestimmt unstetigen* Funktion bilden. Dies ist die Funktion

$$y = \sin \frac{1}{x}.$$

Da hier, wenn x mit -1 multipliziert wird, auch y sich mit -1 multipliziert, liegt die Kurve, die diese Funktion darstellt, symmetrisch in bezug auf den Nullpunkt, so dass man nur das Verhalten von y für $x > 0$ zu diskutieren braucht. Da nun die Sinusfunktion die Periode 2π hat, so entspricht der Funktion $y = \sin \frac{1}{x}$ ein vollständiger Wellenzug, wenn $\frac{1}{x}$ ein Intervall von der Länge 2π durchläuft. Ein solches Intervall entspricht nun dem unendlichen Intervall der Abszissenachse $\langle \frac{1}{2\pi}, \infty)$ (vgl. Fig. 13), das nächste

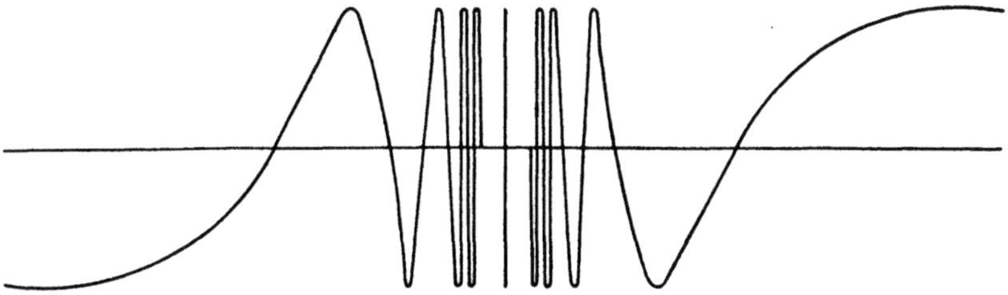

Fig. 13

dem Intervall der *x-Achse* $\langle \frac{1}{4\pi}, \frac{1}{2\pi} \rangle$ usw., so dass allgemein, wenn x für ein natürliches n das Intervall der positiven x-Achse $\langle \frac{1}{2(n+1)\pi}, \frac{1}{2n\pi} \rangle$ durchläuft, der Endpunkt der Ordinate von $y = \sin\frac{1}{x}$ einen Wellenzug beschreibt, der zwischen 1 und -1 schwankt. Diese Intervalle auf der x-Achse drängen sich aber in der rechtsseitigen Umgebung von $x = 0$ zusammen, so dass dann (vgl. Fig. 13) die Strecke zwischen 1 und -1 auf der y-Achse durch die sich gegen sie häufenden Wellenzüge der Kurve beliebig nahe approximiert wird. Hier strebt also y für $x \downarrow 0$ nicht etwa gegen einen bestimmten Wert, sondern schwankt unendlich oft zwischen $+1$ und -1.

Anders verhält es sich mit der Funktion

$$y = x \sin\frac{1}{x},$$

die *gerade* ist. Diese Funktion ist natürlich für alle $x \neq 0$ stetig. Fällt aber

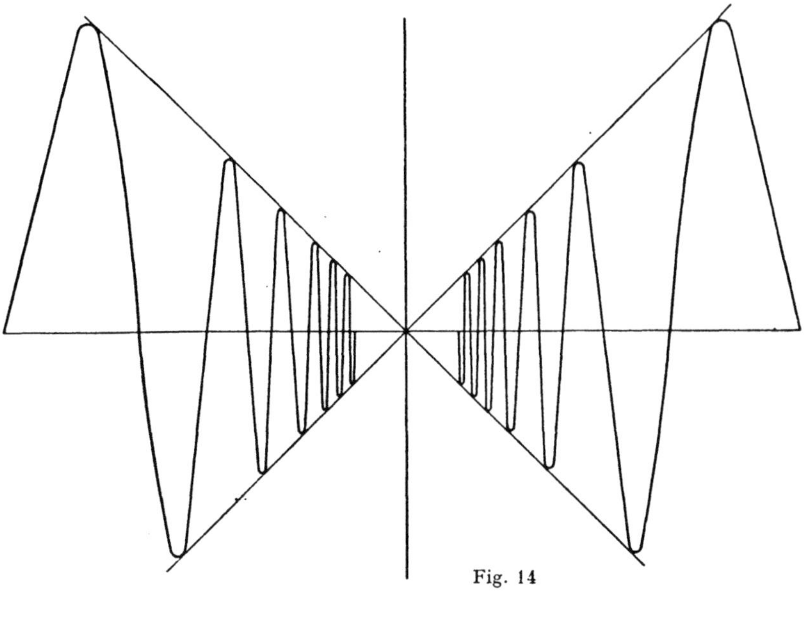

Fig. 14

x gegen 0, so konvergiert hier auch der Funktionswert gegen 0, da der erste Faktor x gegen 0 geht und der zweite, $\sin \frac{1}{x}$, beschränkt, nämlich absolut ≤ 1 ist. Dasselbe gilt auch für $x \uparrow 0$, so dass unsere Funktion für $x \to 0$ gegen 0 konvergiert. Will man also diese Funktion auch an der Stelle $x = 0$ stetig definieren, so genügt es, ihr für $x = 0$ den Wert 0 beizulegen. (Vgl. die graphische Darstellung dieser Funktion in der Fig. 14.)

Aufgaben

1. Es ist $\frac{\sin 3x}{\sin x}$ als Polynom in $\sin x$ darzustellen.

2. Es sind $\sin 2x$ und $\cos 2x$ durch $\operatorname{tg} x$ darzustellen.

3. Man bringe den Ausdruck

$$\sin(x + 2y) + \sin(2x + y)$$

auf logarithmische Form[1]).

4. Man beweise

a) $1 + \frac{1}{\cos\varphi} = \operatorname{ctg}\frac{\varphi}{2} \operatorname{tg}\varphi$,

b) $\dfrac{\cos\varphi + \frac{1}{2}}{\cos\varphi - \frac{1}{2}} = \operatorname{ctg}\frac{\varphi}{2} \operatorname{tg}\frac{3\varphi}{2}$.

5. Man beweise

$$\prod_{\nu=0}^{n} \operatorname{tg}^{2^\nu} \frac{x}{2^\nu} = \frac{2^{2^{n+1}}}{2} \frac{\sin^{2^{n+1}} \frac{x}{2^n}}{\sin 2x}.$$

6. Man bestimme a_0, a_1, a_2, a_3, a_4 derart, dass die Identität

$$\sin^4 x = a_0 + a_1 \cos x + a_2 \cos 2x + a_3 \cos 3x + a_4 \cos 4x$$

gilt.

7. In der Funktion

$$f(x) = a\cos(bx + c)$$

sind a, b, c so zu bestimmen, dass

$$\Delta f(x) = \sin x$$

wird.

---

[1]) Unter der *logarithmischen Form* eines trigonometrischen Ausdrucks versteht man eine solche Gestalt dieses Ausdrucks, bei der der Logarithmus des Ausdrucks ohne Nachschlagen der Numeri gefunden werden kann, also verschiedene Werte der trigonometrischen Funktionen und der Konstanten nur miteinander *multipliziert* und durch einander *dividiert* werden. So liefern z. B. die Formeln (44,7) derartige Umrechnungen auf logarithmische Form.

8. In der Funktion

$$f(x) = a \sin(bx + c)$$

sind a, b, c so zu bestimmen, dass

$$\Delta f(x) = \cos x$$

wird.

9. Die folgenden Summen sind geschlossen darzustellen:

a) $\sin\delta + \sin 2\delta + \cdots + \sin n\delta$,

b) $\cos\delta + \cos 2\delta + \cdots + \cos n\delta$.

10. Die folgenden Summen sind in geschlossener Form darzustellen:

$$\sum_{\nu=0}^{n} \sin(\alpha\nu + \beta), \qquad \sum_{\nu=0}^{n} \cos(\alpha\nu + \beta).$$

11. Man bestimme α und ϱ ($\varrho \geqq 0$) aus jeder der folgenden Identitäten:

a) $2\sin x + 7\cos x = \varrho \sin(x + \alpha)$,

b) $3\sin x - 6\cos x = \varrho \cos(x + \alpha)$.

12. Man beweise, dass jede der Gleichungen

a) $\operatorname{tg} x = \sin^3 x + \cos^3 x$, b) $\operatorname{tg} x = x^7$

in jedem Intervall $\left(n\pi - \frac{\pi}{2},\ n\pi + \frac{\pi}{2}\right)$, n ganz, wenigstens eine Wurzel hat.

13. Man beweise, dass die Funktion

$$f(x) = x \cos\frac{1}{x} \quad (x \neq 0); \; f(0) = 0$$

für $x = 0$ stetig ist.

14. Für welche x ist

$$\frac{1}{a^2 \cos^2 x + b^2 \sin^2 x} \qquad (a, b \neq 0)$$

unstetig?

15. Man beweise, dass die Funktion

$$f(x) = \cos\frac{1}{x}$$

für $x = 0$ unbestimmt unstetig ist.

16. Man bestimme

a) $\lim\limits_{x \to \infty} \sin x$, b) $\lim\limits_{x \to \infty} \sin\frac{1}{x}$.

17. Welches sind die Unstetigkeitsstellen der Funktion

$$f(x) = \operatorname{tg} \frac{\pi x}{x^2 - 1} \,?$$

18. Es sei $\varepsilon > 0$. Man bestimme ein $N(\varepsilon)$ derart, dass

$$1 - \cos \frac{1}{n} < \varepsilon \quad (n > N(\varepsilon))$$

ist.

19. Man beweise

$$1 - \cos x \sim \frac{x^2}{2} \quad (x \to 0)\,.$$

20. Es gilt

$$\operatorname{tg} x \sim x \quad (x \to 0).$$

21. Man beweise

$$\sin(\sqrt{1 + x} - 1) \sim \frac{x}{2} \quad (x \to 0)\,.$$

22. Es gilt

$$\frac{\operatorname{tg} a x}{\operatorname{tg} b x} \to \frac{a}{b} \quad (a \neq 0,\ b \neq 0,\ x \to 0)\,.$$

23. Man bestimme die Grenzwerte der folgenden Ausdrücke:

a) $\lim\limits_{h \to 0} \dfrac{\operatorname{tg}(x + h) - \operatorname{tg} x}{h}$,

b) $\lim\limits_{h \to 0} \dfrac{\dfrac{1}{\sin(x + h)} - \dfrac{1}{\sin x}}{h}$,

c) $\lim\limits_{h \to 0} \dfrac{\sin^2(x + h) - \sin^2 x}{h}$,

d) $\lim\limits_{n \to \infty} \dfrac{\cos \dfrac{2}{n^2} + \sin^{10} \dfrac{5}{\sqrt{n}} + \sin\left(\operatorname{tg} \dfrac{1}{n}\right) + \cos \dfrac{3}{n} \cos\left(\dfrac{1}{n} \cos \dfrac{2}{n}\right)}{5 + \sin \dfrac{1}{n} - \dfrac{\sqrt{n} + 1}{n}}$,

e) $\lim\limits_{x \downarrow 0} \left((\sqrt{x + 1} - \sqrt{x}) \dfrac{x}{\sqrt{x + 1000}} \dfrac{\sin x}{1 - \cos x}\right)$,

f) $\lim\limits_{n \to \infty} \sin \dfrac{100\, n}{n^2 - 1}$,

g) $\lim\limits_{h \to 0} \dfrac{\cos^2(x + h) - \cos^2 x}{h}$,

h) $\lim\limits_{x \to 0} \dfrac{\sqrt{1 + \operatorname{tg} x} - \sqrt{1 - \operatorname{tg} x}}{\sin x}$.

24. Man zeige, dass die Funktion

$$f(x) = \sqrt{1 + \sin^2 x}$$

für alle x stetig ist.

25. Es sei $f(x) = \cos^2 x$. Zu einem beliebig vorgegebenen $\varepsilon > 0$ ist ein $\delta(\varepsilon)$ so zu bestimmen, dass aus $|x - y| < \delta(\varepsilon)$ stets

$$|f(x) - f(y)| < \varepsilon$$

folgt.

* * *

26. Man beweise

$$\prod_{\nu=0}^{n}\left(1 + \frac{1}{\cos 2^\nu \varphi}\right) = \operatorname{ctg}\frac{\varphi}{2}\operatorname{tg} 2^n \varphi.$$

27. Man beweise

$$\prod_{\nu=0}^{n}\frac{\cos 3^\nu \varphi + \frac{1}{2}}{\cos 3^\nu \varphi - \frac{1}{2}} = \operatorname{ctg}\frac{\varphi}{2}\operatorname{tg} 3^{n+1}\frac{\varphi}{2}.$$

28. Wenn ε eine der Zahlen $0, \pm 1$ ist, gilt

$$\varepsilon\sqrt{2} = 2\sin\frac{\pi}{4}\varepsilon, \qquad \sqrt{2 + \varepsilon\sqrt{2}} = 2\sin\frac{\pi}{4}\left(1 + \frac{\varepsilon}{2}\right).$$

29. Wenn die Zahlen $\varepsilon_0, \ldots, \varepsilon_n$ nur der Werte 0 und ± 1 fähig sind, gilt

$$\varepsilon_0\sqrt{2 + \varepsilon_1\sqrt{2 + \varepsilon_2\sqrt{2 + \cdots + \varepsilon_n\sqrt{2}}}} = 2\sin\left(\frac{\pi}{4}\sum_{\nu=1}^{n}\frac{\varepsilon_0 \ldots \varepsilon_\nu}{2^\nu}\right).$$

30. Die kubische Gleichung

$$x^3 - px + q = 0 \qquad \left(p > 0, q^2 < \left(\frac{4}{3}p\right)^3\right)$$

ist durch die Substitution $x = a \sin\xi$ mit einem geeigneten a auf die Form zu bringen:

$$3\sin\xi - 4\sin^3\xi - \frac{3q}{ap} \equiv \sin 3\xi - \frac{3q}{ap} = 0.$$

31. Aus

$$\frac{2\sqrt{\omega m}}{\omega + m} > \sin\alpha \qquad \left(\omega > 0, m > 0, 0 \leqq \alpha < \frac{\pi}{2}\right)$$

folgt

$$m \operatorname{tg}^2\frac{\alpha}{2} < \omega < m \operatorname{ctg}^2\frac{\alpha}{2}.$$

32. Man zeige, dass die Funktionen

$$\text{a) } y = \sin x \cos \frac{1}{x}, \qquad \text{b) } y = \sin^2 x \cos \frac{1}{x}$$

auch für $x = 0$ stetig sind, wenn sie für $x = 0$ als 0 definiert werden.

33. Man beweise

$$\text{a) } \frac{\sin x - \sin y}{x - y} \to 1 \qquad (x \neq y, x \to 0, y \to 0),$$

$$\text{b) } \frac{\sin x - \sin y}{x - y} \to \cos a \qquad (x \neq y, x \to a, y \to a).$$

34. Man bestimme

$$\text{a) } \lim_{x \to 0} \frac{1}{x} (\sqrt[3]{1 + \sin x} - 1),$$

$$\text{b) } \lim_{x \to 0} x \frac{\sqrt{1 + 2x \cos \alpha + x^2} + 1}{\sqrt{1 + 2x \cos \alpha + x^2} - 1} \qquad (\cos \alpha \neq 0),$$

$$\text{c) } \lim_{x \to 0} \left(x^{-2} (\sqrt{\cos \alpha x} - \sqrt{\cos \beta x})\right) \qquad (\alpha, \beta \neq 0),$$

$$\text{d) } \lim_{x \to 0} \frac{\sqrt{1 + x \sin x} - \cos x}{\sin^2 \frac{x}{2}},$$

$$\text{e) } \lim_{n \to \infty} 2^n \sin \frac{x}{2^n},$$

$$\text{f) } \lim_{n \to \infty} n \left(1 - \sqrt{1 - \sin \frac{1}{n}}\right),$$

$$\text{g) } \lim_{x \to \infty} (\sqrt{x^4 + x} - x^2) \sin \frac{1}{x},$$

$$\text{h) } \lim_{n \to \infty} n \left(1 - \sqrt[3]{1 + \operatorname{tg} \frac{1}{n}}\right),$$

$$\text{i) } \lim_{n \to \infty} n \left(1 - \sqrt[3]{1 - \sin \frac{1}{n}}\right),$$

$$\text{k) } \lim_{n \to \infty} \sqrt{n} \left(1 - \sqrt{1 - \sin\left(\sqrt{n + 1} - \sqrt{n}\right)}\right).$$

35. Man beweise, dass man im Intervall $\langle -a, a \rangle$ jede Funktion $f(x)$ als Summe einer ungeraden Funktion $U(x)$ und einer geraden Funktion $G(x)$ darstellen kann. (Es ist also $U(-x) = -U(x)$ und $G(-x) = G(x)$.)

36. Für kein α gilt

$$\cos n\alpha \to 0 \qquad (n \to \infty).$$

37. Für welche α konvergiert die Folge

$$\sin n\alpha \qquad (n \to \infty)\,?$$

(Man beachte, dass mit $\sin n\alpha$ auch $\sin (n+2)\alpha$ gegen den gleichen Grenzwert konvergiert, und benutze Aufg. 36.)

38. Man berechne $\Delta \operatorname{ctg} 2^x\alpha, \quad \alpha = \text{const}.$

39. Man bestimme die Summe

$$\sum_{\nu=0}^{n} \frac{1}{\sin 2^\nu \alpha} \qquad (\alpha \neq 0)\,.$$

40. Man stelle $\Delta\, 3^x \operatorname{ctg} 3^x\alpha$ für konstantes α in der Form dar

$$A\; 3^x \frac{\sin 3^x\alpha \sin (2\cdot 3^x\alpha)}{\sin (3\cdot 3^x\alpha)}$$

und bestimme den Zahlenkoeffizienten A.

41. Man bestimme $\Delta \frac{1}{2^x} \operatorname{ctg} \frac{\alpha}{2^x}$ und berechne mit Hilfe des erhaltenen Ausdrucks

$$\sum_{\nu=0}^{n} \frac{1}{2^{\nu+1}} \operatorname{tg} \frac{\alpha}{2^{\nu+1}}\,.$$

42. Man bestimme $\Delta \operatorname{tg} \alpha x$ und berechne mit Hilfe des erhaltenen Ausdrucks

$$\sum_{\nu=0}^{n} \frac{1}{\cos (2\alpha\nu + \alpha) + \cos\alpha} \qquad (\sin\alpha \neq 0)\,.$$

43. Man bestimme $\Delta \operatorname{ctg} \alpha x$ und berechne mit Hilfe des erhaltenen Ausdrucks

$$\sum_{\nu=0}^{n} \frac{1}{\cos (2\alpha\nu + \alpha) - \cos\alpha} \qquad (\sin\alpha \neq 0)\,.$$

44. Man berechne $\Delta \cos 2^x\alpha$ und bestimme

$$\sum_{\nu=0}^{n} \sin 2^\nu\alpha \cdot \sin (3\cdot 2^\nu\alpha)\,.$$

45. Man summiere analog

$$\sum_{\nu=0}^{n} \sin \frac{\alpha}{2^\nu} \sin 3\frac{\alpha}{2^\nu}$$

unter Benutzung von $\Delta \cos \frac{\alpha}{2^x}$.

46. Man bilde $\Delta\, 2^x \sin \frac{\alpha}{2^x}$ und summiere

$$\sum_{\nu=0}^{n} 2^\nu \sin \frac{\alpha}{2^{\nu-1}} \cdot \sin^2 \frac{\alpha}{2^\nu}.$$

47. Man bestimme

$$\Delta \frac{2^x}{\sin^2 2^x \alpha}$$

und berechne die Summe:

$$\sum_{\nu=0}^{n} 2^\nu \frac{\cos 2^\nu \alpha}{\sin^2 2^\nu \alpha}.$$

48. Man bestimme

$$\Delta \frac{1}{\cos x \alpha}$$

und berechne die Summe

$$\sum_{\nu=0}^{n} \frac{\sin (2\nu+1)\frac{\alpha}{2}}{\cos \alpha + \cos (2\nu+1)\alpha}.$$

49. Es gilt für alle φ

$$5 + 8\cos\varphi + 4\cos 2\varphi + \cos 3\varphi \geqq 0.$$

50. Eine ungerade Funktion verschwindet im Nullpunkt.

§ 12. Definition des bestimmten Integrals

46. Flächenbestimmung als Integrationsprozess

Der Begriff des **bestimmten Integrals** ist ursprünglich in Anknüpfung an eine Methode zur angenäherten Bestimmung von Flächeninhalten entstanden, die praktisch sehr brauchbar ist und deren Anfänge sich kaum zurückverfolgen lassen.

Man denke sich eine Funktion $f(x)$, die stetig und positiv im Intervall $\langle \alpha, \beta \rangle$ ist, so dass der zugehörige Kurvenbogen C: $y = f(x)$, oberhalb der x-Achse verläuft (vgl. Fig. 15). Wir stellen uns die Aufgabe, den Flächeninhalt

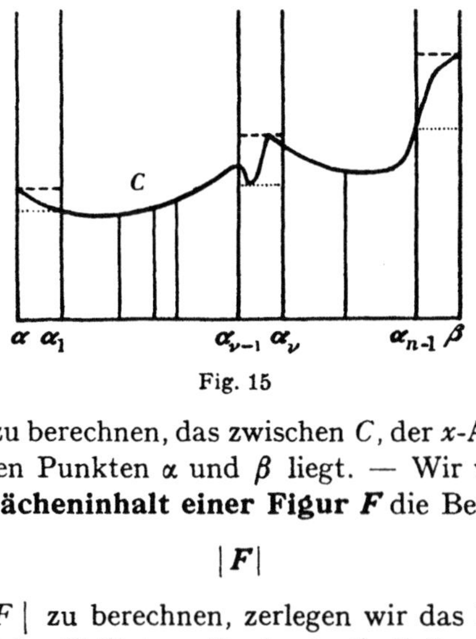

Fig. 15

des Flächenstücks F zu berechnen, das zwischen C, der x-Achse und den beiden Grenzordinaten in den Punkten α und β liegt. — Wir werden im folgenden allgemein für den **Flächeninhalt einer Figur F** die Bezeichnung

$$|F|$$

benutzen. — Um $|F|$ zu berechnen, zerlegen wir das Intervall $\langle \alpha, \beta \rangle$ der x-Achse in etwa n kleine Teilintervalle durch die Teilpunkte $\alpha_1, \alpha_2, \ldots, \alpha_{n-1}$. Wir setzen zugleich $\alpha = \alpha_0$ und $\beta = \alpha_n$. Zieht man die Parallelen zur y-Achse durch diese Teilpunkte, so wird dadurch das Flächenstück F in schmale Teilflächenstücke $F_1, F_2, \ldots, F_n$ zerschnitten, wie z. B. das Teilflächenstück F_ν, das in der Figur über der Strecke $\langle \alpha_{\nu-1}, \alpha_\nu \rangle$ liegt.

Ist nun die Breite eines F_ν relativ klein gegenüber seiner Höhe, so kann man $|F_\nu|$ mit einem im allgemeinen kleinen Prozentualfehler berechnen, indem man das obere, zu C gehörende Berandungsstück von F_ν durch eine Parallele zur x-Achse ersetzt. Man könnte z. B. durch den tiefsten oder höchsten Punkt dieses Stücks der Berandung eine solche Parallele ziehen, — die Parallele durch den ersten ist in der Figur bei F_1, F_ν und F_n punktiert, diejenige durch den zweiten gestrichelt gezeichnet. So erhalten wir zwei Rechtecke, zwischen deren sofort zu berechnenden Inhalten $|F_\nu|$ liegt. Bilden wir die Inhaltssumme der kleineren bzw. grösseren Rechtecke für alle F_ν, so erhalten wir zwei *Näherungswerte für* $|F|$.

Ersetzen wir den gesuchten Flächeninhalt von F_ν durch den Flächeninhalt eines der beiden auf der Strecke $\langle \alpha_{\nu-1}, \alpha_\nu \rangle$ errichteten Rechtecke, so ist der Fehler höchstens gleich dem Flächeninhalt des Rechtecks, das in der Figur zwischen der punktierten und der gestrichelten Linie liegt. Die Höhe dieses kleinen Rechtecks ist aber gleich der grössten Differenz, die zwei Funktionswerte im Intervall $\langle \alpha_{\nu-1}, \alpha_\nu \rangle$ haben können. Wählt man nun die Einteilung des Gesamtintervalls so fein, dass diese Differenzen in jedem der Teilintervalle $\langle \alpha_{\nu-1}, \alpha_\nu \rangle$ sehr klein sind, so wird dann auch im allgemeinen der Prozentualfehler unserer Näherungswerte entsprechend klein.

Es liegt daher nahe, zu vermuten, dass, wenn man die Einteilung des Intervalls $\langle \alpha, \beta \rangle$ ins Unendliche verfeinert, die beiden Näherungswerte gegen $|F|$ konvergieren. Es wird sich in der Tat ergeben, dass dies zutrifft.

Bei der Berechnung der angenäherten Werte der $|F_\nu|$ würde nun die Notwendigkeit, jedesmal die grösste und die kleinste Ordinate zu berechnen, unter Umständen unnötige Betrachtungen verlangen. Man bedenke indessen,

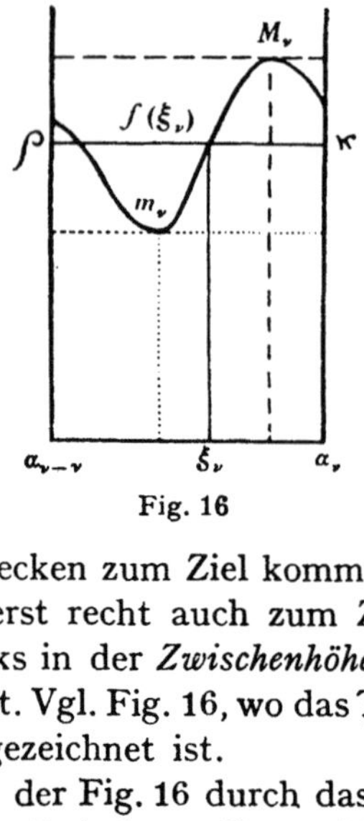

Fig. 16

dass, wenn man mit Rechtecken zum Ziel kommt, deren obere Seite wie angegeben liegt, man dann erst recht auch zum Ziel gelangt, wenn man die „obere“ Seite des Rechtecks in der *Zwischenhöhe* wählt, die einer beliebigen Zwischenordinate entspricht. Vgl. Fig. 16, wo das Teilflächenstück F_ν zwischen $\alpha_{\nu-1}$ und α_ν ausführlicher gezeichnet ist.

Ersetzt man nun F_ν in der Fig. 16 durch das Rechteck $\alpha_{\nu-1}\,\alpha_\nu \varkappa \varrho$, dessen Höhe gleich einer beliebigen Zwischenordinate $f(\xi_\nu)$ ist — hier ist also ξ_ν ein beliebiger Punkt zwischen $\alpha_{\nu-1}$ und α_ν —, so ist der Beitrag dieses Rechtecks zum Näherungswert von $|F|$ gleich

$$(\alpha_\nu - \alpha_{\nu-1})\, f(\xi_\nu). \tag{46,1}$$

Wählt man insbesondere ξ_ν so, dass $f(\xi_\nu)$ gleich dem kleinsten Wert m_ν oder dem grössten Wert M_ν von $f(x)$ in $\langle \alpha_{\nu-1}, \alpha_\nu \rangle$ ist, so sind die Beiträge der entsprechenden Rechtecke bzw. gleich

$$(\alpha_\nu - \alpha_{\nu-1})\, m_\nu, \quad (\alpha_\nu - \alpha_{\nu-1})\, M_\nu. \tag{46,2}$$

Offenbar liegt jedes Produkt (46,1) zwischen den beiden Werten (46,2); zwischen denselben Schranken liegt aber auch $|F_\nu|$, wie ein Blick auf die Figur zeigt.

Daher ergeben sich auf diesem Wege die folgenden Näherungswerte für $|F|$:

$$\sum_{\nu=1}^{n} (\alpha_\nu - \alpha_{\nu-1}) m_\nu, \quad \sum_{\nu=1}^{n} (\alpha_\nu - \alpha_{\nu-1}) M_\nu, \quad \sum_{\nu=1}^{n} (\alpha_\nu - \alpha_{\nu-1}) f(\xi_\nu). \tag{46,3}$$

Die beiden ersten Summen sind hier offenbar Spezialfälle der dritten Summe, deren Werte im übrigen für jede Wahl der Zwischenpunkte ξ_ν zwischen den beiden ersten Summen liegen. Ebenso liegt auch $|F|$ zwischen den beiden ersten Summen (46,3).

Man kann nun beweisen, dass, wenn die Intervalleinteilung ins Unendliche verfeinert wird, jede der beiden ersten Summen (46,3) und damit auch die zwischen ihnen eingeschlossene dritte Summe (46,3) gegen $|F|$ konvergiert.

Der Prozess, der hier von der Funktion $f(x)$ zur Bestimmung von $|F|$ als des gemeinsamen Grenzwerts der Summen (46,3) führt, ist ein typisches Beispiel eines allgemeineren Grenzprozesses, des sogenannten **Integrationsprozesses,** auf den sehr viele Fragen der reinen und angewandten Mathematik führen.

Für die Definition der Summen (46,3) ist es übrigens unwesentlich, dass die Funktion $f(x)$ nur *positiver* Werte fähig ist. Bildet man nun die Summen (46,3) im allgemeineren Falle, wo $f(x)$ beliebiger Vorzeichen fähig ist, so läuft die Bestimmung des gemeinsamen Grenzwerts dieser Summen gerade auf die sogenannte **Integration** hinaus. Hier entfällt aber die Möglichkeit, von dem anschaulichen Begriff des Flächeninhalts auszugehen. — Übrigens wäre es auch prinzipiell falsch, einen solchen ausserhalb der Analysis liegenden Begriff, wie denjenigen des Flächeninhalts, zur Begründung eines Prozesses heranzuziehen, der einer der beiden fundamentalen Prozesse der ganzen Infinitesimalrechnung ist.

47. Allgemeiner Ansatz des Integrationsprozesses

Wir wollen nun den Ansatz der Integration unabhängig vom Begriff des Flächeninhalts für eine beliebige stetige Funktion $f(x)$ über dem Intervall $J = \langle \alpha, \beta \rangle$ formulieren:

Man unterteile J in beliebiger Weise in n Teilintervalle mit Hilfe der $n-1$ Teilpunkte $\alpha_1, \alpha_2, \ldots, \alpha_{n-1}$, wobei zugleich $\alpha = \alpha_0$ und $\beta = \alpha_n$ gesetzt wird:

$$\alpha = \alpha_0 < \alpha_1 < \alpha_2 < \cdots < \alpha_n = \beta.$$

Die damit festgelegte Unterteilung von J soll mit τ bezeichnet werden. Das ν-te Teilintervall $\langle \alpha_{\nu-1}, \alpha_\nu \rangle$ sei mit j_ν bezeichnet, seine Länge mit Δ_ν:

$$\Delta_\nu = \alpha_\nu - \alpha_{\nu-1}.$$

Auf dem abgeschlossenen Intervall j_ν hat die dort stetige Funktion $f(x)$ ein Minimum m_ν und ein Maximum M_ν. Wir bilden nun:

$$\omega(\tau) = \sum_{\nu=1}^{n} m_\nu \Delta_\nu, \quad \Omega(\tau) = \sum_{\nu=1}^{n} M_\nu \Delta_\nu \tag{47,1}$$

und bezeichnen $\omega(\tau)$ als die **Untersumme** und $\Omega(\tau)$ als die **Obersumme** der Funktion $f(x)$ über J zur Einteilung τ. Ferner möge in jedem der Intervalle j_ν ein Punkt ξ_ν in beliebiger Weise gewählt werden, so dass also

$$\alpha_{\nu-1} \leqq \xi_\nu \leqq \alpha_\nu \quad (\nu = 1, 2, \ldots, n)$$

ist. Bildet man mit Hilfe dieser ξ_ν die Summe

$$S(\tau) = \sum_{\nu=1}^{n} f(\xi_\nu) \Delta_\nu, \tag{47,2}$$

so wird diese Summe als eine **Zwischensumme** von $f(x)$ über J zur Einteilung τ bezeichnet.

Es gibt offenbar zu einem τ unendlich viele Zwischensummen $S(\tau)$, je nach der Wahl der ξ_ν, während $\omega(\tau)$ und $\Omega(\tau)$ durch τ eindeutig festgelegt sind.

Nach der Definition von m_ν und M_ν gilt

$$m_\nu \leqq f(\xi_\nu) \leqq M_\nu \quad (\nu = 1, 2, \ldots)$$

und daher, wenn diese Ungleichungen mit Δ_ν multipliziert und für alle ν von 1 bis n addiert werden,

$$\omega(\tau) \leqq S(\tau) \leqq \Omega(\tau). \tag{47,3}$$

Wie werden wir nun die Feinheit der Intervalleinteilung τ messen? — Offenbar genügt es nicht, dass n sehr gross ist, damit τ als sehr fein gelten kann. Denn trotzdem brauchen nicht alle Intervalle sehr klein zu sein. Wir wollen vielmehr die Grösse betrachten

$$l_\tau = \operatorname{Max} \Delta_\nu \quad (\nu = 1, \ldots, n), \tag{47,4}$$

d. h. die grösste unter den Zahlen Δ_ν. Die Grösse l_τ werden wir nun als das „**Feinheitsmass**“ der Intervalleinteilung τ betrachten.

Wir behaupten nun, dass für $l_\tau \to 0$ *alle Summen* $\omega(\tau)$, $\Omega(\tau)$, $S(\tau)$ *gegen ein und denselben Grenzwert s konvergieren*. M. a. W., es gibt eine Zahl s mit der folgenden Eigenschaft: *Zu jedem* $\varepsilon > 0$ *gehört ein* $\delta(\varepsilon) > 0$ *derart, dass für jede Intervalleinteilung* τ, *für die*

$$l_\tau < \delta(\varepsilon) \tag{47,5}$$

ist, die Relationen gelten:

$$|\omega(\tau) - s| < \varepsilon, \; |\Omega(\tau) - s| < \varepsilon, \; |S(\tau) - s| < \varepsilon, \tag{47,6}$$

und zwar die letztere für alle Zwischensummen zur Einteilung τ.

Diese Behauptung soll nunmehr bewiesen werden.

48. Konvergenzbeweis für die Näherungssummen des Integrals[1])

Der wesentlichste Punkt in dem nunmehr zu führenden Konvergenzbeweis ist der Nachweis der Tatsache, dass *keine Untersumme irgend eine Obersumme* — für gleiche oder verschiedene Intervalleinteilungen — *überschreiten kann*; m. a. W.:

$$\boxed{\omega(\tau) \leqq \Omega(\tau_1),} \tag{48,1}$$

wo τ und τ_1 vollständig beliebige Intervalleinteilungen sind. (Natürlich handelt es sich dabei um eine und dieselbe *feste* Funktion $f(x)$.) Handelt es sich um die Näherungssummen zu einem Flächeninhalt, so erscheint diese Tatsache geometrisch einleuchtend, da ja dann alle Untersummen nicht oberhalb und alle Obersummen nicht unterhalb des Flächeninhalts liegen. Allein, es ist besonders wichtig, diesen Nachweis in jedem einzelnen Falle *ohne Zuhilfenahme der geometrischen Anschauung* zu führen, da man gerade bei einer sorgfältigen Begründung des Begriffs des Flächeninhalts vom Integralbegriff Gebrauch machen muss.

Um (48,1) zu beweisen, denken wir uns zuerst die Einteilung τ weiter unterteilt durch Einführung *eines einzigen* weiteren Teilpunktes α'. Es sei die so aus τ entstehende Einteilung mit τ' bezeichnet, und es möge etwa

$$\alpha_{k-1} < \alpha' < \alpha_k$$

sein. Um nun aus $\omega(\tau)$ die neue Untersumme $\omega(\tau')$ zu erhalten, muss das Produkt

$$m_k(\alpha_k - \alpha_{k-1}) \tag{48,2}$$

durch die Summe von zwei analogen Produkten ersetzt werden, die zu den beiden neuen Teilintervallen

$$\langle \alpha_{k-1}, \alpha' \rangle, \ \langle \alpha', \alpha_k \rangle \tag{48,3}$$

gehören. Bezeichnen wir die Minima von $f(x)$ im ersten bzw. im zweiten der Intervalle (48,3) mit m', m'', so ist die an die Stelle von (48,2) tretende Summe gleich

$$m'(\alpha' - \alpha_{k-1}) + m''(\alpha_k - \alpha'). \tag{48,4}$$

Nun gilt offenbar

$$m' \geqq m_k, m'' \geqq m_k,$$

da ja m_k der kleinste der Werte von $f(x)$ im *ganzen* Intervall j_k ist, von dem die Intervalle (48,3) *Teilintervalle* sind. Multiplizieren wir hier die erste Ungleichung mit $\alpha' - \alpha_{k-1}$, die zweite mit $\alpha_k - \alpha'$ und addieren, so folgt

$$m'(\alpha' - \alpha_{k-1}) + m''(\alpha_k - \alpha') \geqq m_k(\alpha' - \alpha_{k-1} + \alpha_k - \alpha') = m_k(\alpha_k - \alpha_{k-1}).$$

---

[1]) Dem Anfänger wird empfohlen, bei der ersten Lektüre den Konvergenzbeweis in dieser Nummer zu überschlagen und erst später darauf zurückzukommen.

Daher ist das Produkt (48,2) nicht grösser als die Summe (48,4), und es folgt:

$$\omega(\tau) \leqq \omega(\tau'). \tag{48,5}$$

Beim Vergleich von $\Omega(\tau)$ und $\Omega(\tau')$ schliesst man ganz analog. Sind M', M'' die Maxima von $f(x)$ im ersten bzw. zweiten der Teilintervalle (48,3), so gilt offenbar

$$M' \leqq M_k,\ M'' \leqq M_k$$

und daher

$$M'(\alpha' - \alpha_{k-1}) + M''(\alpha_k - \alpha') \leqq M_k(\alpha' - \alpha_{k-1} + \alpha_k - \alpha') = M_k(\alpha_k - \alpha_{k-1}),$$

so dass also die Summe links, die in $\Omega(\tau')$ an die Stelle von $M_k(\alpha_k - \alpha_{k-1})$ in $\Omega(\tau)$ tritt, nicht grösser ist als $M_k(\alpha_k - \alpha_{k-1})$. Daher ist

$$\Omega(\tau) \geqq \Omega(\tau'). \tag{48,6}$$

Die Formeln (48,5) und (48,6) zeigen nun: wird eine Intervalleinteilung durch Einfügung eines weiteren Teilpunktes *unterteilt*, so wird dabei die Untersumme nicht kleiner und die Obersumme nicht grösser.

Wird nun allgemeiner die Einteilung τ durch Einführung *mehrerer* weiterer Teilpunkte unterteilt, so kann man diese Teilpunkte sukzessive, einen nach dem andern einführen und jedesmal (48,5) und (48,6) anwenden. Daher:

Geht man von einer Intervalleinteilung τ zu einer durch ***Unterteilung*** *von τ entstehenden Einteilung τ^* über, so gilt*

$$\omega(\tau) \leqq \omega(\tau^*),\quad \Omega(\tau) \geqq \Omega(\tau^*). \tag{48,7}$$

Es seien nun τ und τ_1 zwei beliebige Intervalleinteilungen. Trägt man in J sowohl die Teilpunkte von τ als auch diejenigen von τ_1 ein, so entsteht eine neue Intervalleinteilung τ^*, die wir sowohl durch eine Unterteilung von τ als auch durch eine Unterteilung von τ_1 gewinnen können. Daher folgt aus (48,7), auf τ und τ_1 angewandt, und aus (47,3), auf τ^* angewandt:

$$\omega(\tau) \leqq \omega(\tau^*),\ \omega(\tau^*) \leqq \Omega(\tau^*),\ \Omega(\tau^*) \leqq \Omega(\tau_1),$$

woraus nunmehr die Behauptung (48,1) unmittelbar folgt. —

Wir beweisen nun, dass es eine Zahl s gibt, die *alle* Untersummen von *allen* Obersummen *trennt*, so dass für alle Intervalleinteilungen τ

$$\omega(\tau) \leqq s \leqq \Omega(\tau) \tag{48,8}$$

gilt. Zu diesem Zwecke bilden wir einen *Dedekind*schen Schnitt, in dessen Unterklasse I alle Zahlen a zu werfen sind, die keine Obersumme überschreiten:

$$a \leqq \text{alle } \Omega(\tau).$$

In die Oberklasse II fallen alle übrigen Zahlen b, so dass für jedes b gilt:

$$b > \text{ein } \Omega(\tau).$$

Demnach ist jedes b grösser als jedes a. Jede Untersumme gehört zu I, und jede Zahl, die grösser ist als irgend ein $\Omega(\tau)$, zu II. Es sei s die diesen Schnitt erzeugende Zahl. Dann kann für kein τ

$$\omega(\tau) > s$$

sein, da ja sonst $\omega(\tau)$ zu II gehörte. Andererseits kann für kein τ

$$\Omega(\tau) < s$$

sein, sonst müsste wegen

$$\Omega(\tau) < \frac{\Omega(\tau)+s}{2} < s$$

die Zahl $\frac{\Omega(\tau)+s}{2}$ zu II gehören, da sie $\Omega(\tau)$ überschreitet, und zugleich zu I, da sie unterhalb s liegt. Damit ist (48,8) für unser s allgemein bewiesen.

Nunmehr ist leicht zu beweisen, dass für $l_\tau \to 0$ die Grössen $\omega(\tau)$, $\Omega(\tau)$, $S(\tau)$ gegen s konvergieren.

Zu diesem Zweck wählen wir ein $\varepsilon > 0$. Wegen der gleichmässigen Stetigkeit von $f(x)$ auf J gibt es eine positive Zahl $\delta(\varepsilon)$ derart, dass, sobald für zwei Punkte x, y auf J die Ungleichung $|x - y| < \delta(\varepsilon)$ gilt, auch stets

$$|f(x) - f(y)| < \frac{\varepsilon}{\beta - \alpha}$$

ist. Wir behaupten, dass für das so bestimmte $\delta(\varepsilon)$ die Ungleichungen (47,6) gelten, sobald $l_\tau < \delta(\varepsilon)$ ist. In der Tat folgt aus (47,1)

$$\Omega(\tau) - \omega(\tau) = \sum_{\nu=1}^{n} (M_\nu - m_\nu)\Delta_\nu.$$

M_ν und m_ν sind nun zwei Werte, die die Funktion $f(x)$ in zwei gewissen Punkten des Intervalls j_ν annimmt. Da aber die Länge von j_ν höchstens gleich $l_\tau < \delta(\varepsilon)$ ist, ist die Distanz jener Punkte kleiner als $\delta(\varepsilon)$; daher gilt für jedes ν

$$M_\nu - m_\nu < \frac{\varepsilon}{\beta - \alpha}.$$

Damit folgt aus der obigen Darstellung von $\Omega(\tau) - \omega(\tau)$ die Relation

$$0 \leqq \Omega(\tau) - \omega(\tau) < \sum_{\nu=1}^{n} \Delta_\nu \frac{\varepsilon}{\beta - \alpha} = \frac{\varepsilon}{\beta - \alpha} \sum_{\nu=1}^{n} \Delta_\nu = \frac{\varepsilon}{\beta - \alpha}(\beta - \alpha) = \varepsilon.$$

Dies bedeutet aber, dass die Länge des Intervalls $\langle \omega(\tau), \Omega(\tau) \rangle$ kleiner als ε ist, sobald l_τ kleiner als $\delta(\varepsilon)$ ist. Da nun in diesem Intervall wegen (48,8) die Zahl s und wegen (47,3) jede Zwischensumme $S(\tau)$ liegt, gelten alle drei Ungleichungen (47,6), womit die in Nr. 47 aufgestellte Behauptung bewiesen ist. Zugleich folgt, dass der Grenzwert s eindeutig bestimmt ist.

Den Grenzwert s aller Zwischensummen für $l_\tau \to 0$ nennt man nun das **Integral von $f(x)$** *über das Intervall J* oder auch *zwischen den Grenzen α und β*. Man spricht gelegentlich auch vom ***bestimmten*** **Integral** zum Unterschied von dem später einzuführenden ***unbestimmten*** **Integral.** Die Variable x, „nach der hier integriert wird", muss normalerweise ausdrücklich angegeben werden, da ja der Ausdruck $f(x)$ möglicherweise auch noch andere Variablen als x enthalten könnte, die im Laufe der Integration nach x als Parameter aufzufassen sind. Das heute übliche Symbol für ein solches Integral ist

$$\int_{\alpha}^{\beta} f(x)\,dx\,^{1)}. \tag{48,9}$$

Hier sind die Zahlen α und β die **Integrationsgrenzen,** α die *untere,* β die *obere*; $f(x)$ ist der **Integrand,** x die **Integrationsvariable.**

Dass gerade x diese Integrationsvariable ist, wird in der symbolischen Darstellung des Integrals dadurch zum Ausdruck gebracht, dass hinter der Funktionalbezeichnung des Integranden $f(x)$ das Symbol dx steht. Dieses dx ist weder ein Produkt von d und x, noch das Zeichen für irgend eine Variable oder Funktion, sondern dient einzig und allein dem Hinweis auf die Variable, die als Integrationsvariable dient. Man bezeichnet dieses Symbol dx als das **Integrationsdifferential.**

Die Integrationsvariable war bei unserer Diskussion mit x bezeichnet. Natürlich kommt es auf den Buchstaben, mit dem man die Integrationsvariable bezeichnet, in keiner Weise an. Nur darf dieser Buchstabe im Ausdruck $f(x)$ nicht zugleich noch in einer anderen Bedeutung vorkommen. Dagegen darf derselbe Buchstabe in anderen Ausdrücken ohne weiteres benutzt werden, die sogar in der gleichen Formel vorkommen, in der das betreffende Integral steht. Ja, derselbe Buchstabe könnte sogar in den Integrationsgrenzen α und β stecken, wenn sie als Funktionen anderer Grössen gegeben sind. Dies ist, wie man sieht, eine Abweichung von der sonst in der Mathematik gültigen Regel, wonach man nicht dasselbe Symbol in einer und derselben Formel in verschiedenen Bedeutungen gebrauchen darf.

Bei der Anwendung unseres Ergebnisses wird man in der Regel eine geeignete unendliche Folge von Intervalleinteilungen wählen, für die l_τ gegen 0 strebt, und das Integral $\int_{\alpha}^{\beta} f(x)\,dx$ als den Grenzwert der entsprechenden Folge geeigneter Zwischensummen auffassen.

Die ersten Integrationsbeispiele im Sinne dieses Paragraphen gehen auf *Archimedes* zurück. Die scharfe Formulierung des Integralbegriffes, wie sie in dieser Nummer gegeben wurde, rührt von *Riemann*[2]) her.

---

[1]) Diese Bezeichnung des Integrals durch das Symbol $\int_{\alpha}^{\beta} f(x)\,dx$ (ohne Grenzen) rührt von *Leibniz* 1675 her, wobei aber zuerst der Faktor dx gelegentlich fehlt. Die hier angegebene, heute allgemein übliche Schreibweise der Integrationsgrenzen rührt von *Jean Baptiste Joseph Fourier* (1768—1830) her. Doch hat z. B. noch *Gauss* von ihr keinen Gebrauch gemacht. Das Wort „Integral" ist zum erstenmal 1690 von *Jakob Bernoulli* gebraucht worden.

[2]) *Bernhard Riemann* (1826—1866), wohl der genialste deutsche Mathematiker. Seine kühnsten Leistungen allerdings, die Schöpfung des Begriffs der sogenannten *Riemann*schen *Fläche* und die Grundlegung der sogenannten *Riemann*schen *Geometrie,* mit denen er neuartige geometrische Gebilde und Geometrieen erschlossen hat, gehen über den Rahmen dieser Vorlesungen hinaus.

49. Beispiele für die direkte Berechnung des Integrals

1. Es sei für $f(x) = ax + b$

$$\int_{\alpha}^{\beta} f(x)\,dx = \int_{\alpha}^{\beta} (ax + b)\,dx \qquad (\alpha < \beta)$$

zu berechnen. Wir wählen eine **äquidistante** Intervalleinteilung, d.h. eine Einteilung in n Intervalle gleicher Länge, so dass die Länge jedes einzelnen Teilintervalles

$$\Delta = \frac{\beta - \alpha}{n} = l_\tau$$

ist. Die Teilpunkte sind dann

$$\alpha_0 = \alpha\,, \quad \alpha_1 = \alpha + \Delta, \ldots, \alpha_\nu = \alpha + \nu\Delta, \ldots, \alpha_n = \alpha + n\Delta = \beta\,.$$

Wir setzen $\xi_\nu = \alpha_{\nu-1}$, so dass die entsprechende Zwischensumme gleich

$$\sum_{\nu=1}^{n} (a\alpha_{\nu-1} + b)\Delta = \Delta\left[nb + a\sum_{\nu=1}^{n} (\alpha + (\nu - 1)\Delta)\right]$$

ist; und dies ist, da die letzte Summe als eine arithmetische Reihe summiert werden kann,

$$= \frac{\beta - \alpha}{n}\left(nb + na\,\frac{\alpha + \alpha + (n-1)\Delta}{2}\right) = (\beta - \alpha)\,b + a\,\frac{\beta - \alpha}{2}\,(\alpha + \beta - \Delta)\,.$$

Für $n \to \infty$ strebt dies gegen

$$b\,(\beta - \alpha) + a\,\frac{\beta^2 - \alpha^2}{2} = \left(a\,\frac{\beta^2}{2} + b\beta\right) - \left(a\,\frac{\alpha^2}{2} + b\alpha\right).$$

Daher

$$\int_{\alpha}^{\beta} (ax + b)\,dx = \left(\frac{a\beta^2}{2} + b\beta\right) - \left(\frac{a\alpha^2}{2} + b\alpha\right). \qquad (49{,}1)$$

Ist insbesondere $a = 0$, so folgt für das Integral einer *Konstanten* c, wenn b in (49,1) noch durch c ersetzt wird:

$$\boxed{\int_{\alpha}^{\beta} c\,dx = c\,(\beta - \alpha).} \qquad (49{,}2)$$

2. Es sei

$$\int_{\alpha}^{\beta} \sin x\,dx \qquad (\alpha < \beta)$$

zu berechnen. — Wir legen wieder wie im Beispiel 1 die äquidistante Intervalleinteilung in n Intervalle gleicher Länge

$$\Delta = \frac{\beta - \alpha}{n} = l_\tau$$

mit den Teilpunkten

$$\alpha_\nu = \alpha + \nu \Delta \qquad (\nu = 0, 1, \ldots, n)$$

zugrunde. Bilden wir wieder eine Zwischensumme für $\xi_\nu = \alpha_{\nu-1}$, so nimmt diese die Gestalt an

$$S_n = \Delta \sum_{\nu=1}^{n} \sin \alpha_{\nu-1} = \Delta \sum_{\nu=1}^{n} \sin (\alpha + (\nu - 1)\Delta).$$

Um hier die Summe rechts zu berechnen, benutzen wir den folgenden Kunstgriff: Es gilt nach (44,8) identisch

$$2 \sin \frac{\Delta}{2} \sin (\alpha + (\nu - 1)\Delta) = \cos\left(\alpha + \left(\nu - \frac{3}{2}\right)\Delta\right) - \cos\left(\alpha + \left(\nu - \frac{1}{2}\right)\Delta\right).$$

Schreiben wir dies für $\nu = 1, 2, \ldots, n$ und addieren, so heben sich rechts beinahe alle Glieder heraus, da jeder Minuend, bis auf den ersten, in der vorhergehenden Formel als Subtrahend auftritt und jeder Subtrahend, bis auf den letzten, der Minuend der nächstfolgenden Formel ist. Daher ergibt sich

$$2 \sin \frac{\Delta}{2} \sum_{\nu=1}^{n} \sin (\alpha + (\nu - 1)\Delta) = \cos\left(\alpha - \frac{\Delta}{2}\right) - \cos\left(\alpha + \left(n - \frac{1}{2}\right)\Delta\right).$$

Hier ist aber die linke Seite nach der obigen Darstellung von S_n gleich

$$2\, S_n \frac{\sin \frac{\Delta}{2}}{\Delta},$$

so dass schliesslich wegen $\alpha + \left(n - \frac{1}{2}\right)\Delta = \beta - \frac{\Delta}{2}$

$$S_n = \frac{\Delta}{2 \sin \frac{\Delta}{2}} \left[\cos\left(\alpha - \frac{\Delta}{2}\right) - \cos\left(\beta - \frac{\Delta}{2}\right)\right]$$

folgt. Hier strebt nun der Faktor vor der eckigen Klammer mit $\Delta \to 0$ gegen 1, da nach (45,8) der Nenner äquivalent mit dem Zähler ist. Der Ausdruck in der eckigen Klammer strebt aber gegen $\cos \alpha - \cos \beta$. Daher ist

$$\int_\alpha^\beta \sin x \, dx = \cos \alpha - \cos \beta. \tag{49,3}$$

In diesen beiden Beispielen sind wir mit einer äquidistanten Intervalleinteilung durchgekommen. Bereits im folgenden Beispiel stösst man damit aber auf Schwierigkeiten.

3. Es sei für ein natürliches p

$$\int_0^1 x^p \, dx$$

zu berechnen.

Wieder teilen wir das Intervall $\langle 0, 1 \rangle$ in n gleiche Teilintervalle von der Länge $\frac{1}{n}$ ein und bilden eine Zwischensumme S_n für $\xi_\nu = \alpha_\nu = \frac{\nu}{n}$. Wir erhalten

$$S_n = \frac{1}{n} \sum_{\nu=1}^{n} \left(\frac{\nu}{n}\right)^p = \frac{1^p + 2^p + \cdots + n^p}{n^{p+1}}. \tag{49,4}$$

Um das gesuchte Integral zu berechnen, hätten wir also den Grenzwert des Ausdrucks rechts für $n \to \infty$ zu bestimmen. Wollte man dazu erst eine explizite Formel für die Summe der p-ten Potenzen der n ersten natürlichen Zahlen herleiten, so wäre dieser Weg zwar gangbar, würde aber doch unverhältnismässig komplizierte algebraische Betrachtungen nötig machen. Dagegen könnte man den Grenzwert von (49,4) mit Hilfe einfacher allgemeiner Grenzwertsätze bestimmen, die wir aber erst im zweiten Teil dieser Vorlesungen besprechen.

Wir werden vielmehr sehr bald den Wert des obigen Integrals auf einem anderen Wege bestimmen und damit auch den Grenzwert des obigen Quotienten (49,4). Man kann aber mit Hilfe einer geeigneten, nicht mehr äquidistanten Intervalleinteilung ein analoges Integral berechnen, dessen beide Grenzen positiv sind:

4. Es ist

$$\int_{\alpha}^{\beta} x^p \, dx, \qquad 0 < \alpha < \beta,$$

zu berechnen.

Hier wählen wir eine ganze positive Zahl n, die später ins Unendliche streben soll, und setzen

$$\alpha_0 = \alpha, \quad \alpha_n = \beta, \quad q^n = \frac{\beta}{\alpha}, \; q = \left(\frac{\beta}{\alpha}\right)^{\frac{1}{n}}, \; \alpha_\nu = \alpha q^\nu \qquad (\nu = 0, 1, \ldots, n).$$

Wählt man diese Punkte α_ν als Teilpunkte einer Intervalleinteilung, so gilt

$$\Delta_\nu = \alpha_\nu - \alpha_{\nu-1} = \alpha (q - 1) q^{\nu-1},$$

so dass das grösste Δ_ν und damit auch l_τ gleich ist

$$l_\tau = \alpha (q - 1) q^{n-1} = \beta \left(1 - \frac{1}{q}\right).$$

Wählen wir $\xi_\nu = \alpha_{\nu-1}$, so ist die zugehörige Zwischensumme gleich

$$S_n = \sum_{\nu=1}^{n} \alpha^p q^{p(\nu-1)} \alpha (q-1) q^{(\nu-1)} = \alpha^{p+1} (q-1) \sum_{\nu=1}^{n} q^{(p+1)(\nu-1)}.$$

Hier ist aber die Summe rechts eine geometrische Reihe mit dem Quotienten q^{p+1} und dem ersten Gliede 1. Die Summe dieser Reihe ist

$$\frac{q^{n(p+1)} - 1}{q^{p+1} - 1} = \frac{\left(\frac{\beta}{\alpha}\right)^{p+1} - 1}{q^{p+1} - 1}.$$

Daher folgt für S_n:

$$S_n = \alpha^{p+1}\left(\left(\frac{\beta}{\alpha}\right)^{p+1} - 1\right)\frac{q-1}{q^{p+1}-1} = \frac{\beta^{p+1}-\alpha^{p+1}}{q^p + q^{p-1} + \cdots + q + 1}.$$

Für $n \to \infty$ gilt aber nach (33,1): $q \to 1$, $l_\tau \to 0$. Daher strebt der Nenner des letzten Ausdrucks von S_n gegen $p+1$. Es folgt:

$$S_n \to \frac{\beta^{p+1}-\alpha^{p+1}}{p+1}$$

und daher

$$\int\limits_\alpha^\beta x^p\,dx = \frac{\beta^{p+1}}{p+1} - \frac{\alpha^{p+1}}{p+1} \qquad (0 < \alpha < \beta). \tag{49,5}$$

Aufgaben

1. Eine Funktion $y = f(x)$ sei gegeben durch

$$y = \frac{x+1}{2} \quad \text{für } x \prec \langle 1{,}3 \rangle,$$
$$y = -x + 5 \quad \text{für } x \prec \langle 3{,}4 \rangle.$$

Man berechne

$$\int\limits_1^4 f(x)\,dx.$$

2. Das Integral

$$\int\limits_{\sqrt{\frac{1}{2}}}^{\frac{1}{2}} \sqrt{1-x^2}\,dx$$

ist mit Hilfe der Kreislinie $x^2 + y^2 = 1$ geometrisch zu berechnen.

3. Gegeben sei eine Funktion $f(x)$ durch

$$f(x) = 2x - 2 \qquad (1 \leqq x \leqq 2),$$
$$f(x) = -2x + 6 \qquad (2 \leqq x \leqq 3).$$

Man berechne $\omega(\tau)$ und $\Omega(\tau)$ zu

$$\int\limits_1^3 f(x)\,dx$$

bei einer äquidistanten Intervalleinteilung für 4 und 8 Teilintervalle.

* * *

4. Gegeben sei eine Funktion $y = f(x)$ durch

$$xy = 1.$$

Man berechne bei einer äquidistanten Intervalleinteilung mit vier Teilintervallen die Untersumme $\omega(\tau)$ und die Obersumme $\Omega(\tau)$ zu

$$\int_1^3 f(x)\,dx.$$

5. Man berechne

$$\int_1^2 \frac{1}{x^2}\,dx.$$

(Man benutze eine äquidistante Intervalleinteilung und wähle ξ_ν derart, dass $f(\xi_\nu) = \sqrt{f(x_{\nu-1})\,f(x_\nu)}$ ist.)

6. Man bestimme

$$\lim_{n\to\infty} \frac{1}{n} \sum_{\nu=1}^{n} \sin\frac{\nu\pi\alpha}{n}.$$

§ 13. Elementare Eigenschaften des bestimmten Integrals

50. Formale Eigenschaften des Integrals für $\alpha < \beta$

In allen Betrachtungen dieses Paragraphen wird stets vorausgesetzt, dass die Integranden der auftretenden Integrale im abgeschlossenen Intervall zwischen den entsprechenden Integrationsgrenzen durchweg **stetige Funktionen** sind, ohne dass dies jedesmal ausdrücklich vermerkt wird.

Wählen wir zur Bestimmung von $\int_\alpha^\beta f(x)\,dx$ eine Folge äquidistanter Intervalleinteilungen, so dass für ein natürliches n die Teilpunkte

$$\alpha_\nu = \alpha + \nu\,\frac{\beta-\alpha}{n} \qquad (\nu = 0, 1, \ldots, n)$$

sind, so gilt für $n \to \infty$:

$$l_\tau = \frac{\beta-\alpha}{n} \to 0\,.$$

Bilden wir daher die Folge entsprechender Zwischensummen, wobei $\xi_\nu = \alpha_\nu\,(\nu = 1, \ldots, n)$ ist, so ergibt sich, wie in den Beispielen der vorigen Nummer, für $n \to \infty$:

$$\frac{\beta-\alpha}{n}\sum_{\nu=1}^{n} f\left(\alpha + \nu\,\frac{\beta-\alpha}{n}\right) \to \int_\alpha^\beta f(x)\,dx\,. \tag{50,1}$$

Hieraus folgen sofort verschiedene einfache formale Sätze:

1. *Es gilt für jede Konstante* c

$$\int_\alpha^\beta c f(x)\,dx = c\int_\alpha^\beta f(x)\,dx\,. \tag{50,2}$$

Denn das Integral links ist nach Definition der Grenzwert für $n \to \infty$ von

$$\frac{\beta-\alpha}{n}\sum_{\nu=1}^{n} c f\left(\alpha + \nu\,\frac{\beta-\alpha}{n}\right) = c\left[\frac{\beta-\alpha}{n}\sum_{\nu=1}^{n} f\left(\alpha + \nu\,\frac{\beta-\alpha}{n}\right)\right],$$

und dieser Grenzwert ist das c-fache des Grenzwerts des Ausdrucks in der eckigen Klammer, d. h. das Produkt rechter Hand in (50,2).

2. *Es gilt*

$$\int_\alpha^\beta (f(x) + g(x))\,dx = \int_\alpha^\beta f(x)\,dx + \int_\alpha^\beta g(x)\,dx\,. \tag{50,3}$$

In der Tat ist hier die linke Seite der Grenzwert für $n \to \infty$ von

$$\frac{\beta-\alpha}{n} \sum_{\nu=1}^{n} \left[f\left(\alpha + \nu \frac{\beta-\alpha}{n}\right) + g\left(\alpha + \nu \frac{\beta-\alpha}{n}\right)\right] =$$

$$= \frac{\beta-\alpha}{n} \sum_{\nu=1}^{n} f\left(\alpha + \nu \frac{\beta-\alpha}{n}\right) + \frac{\beta-\alpha}{n} \sum_{\nu=1}^{n} g\left(\alpha + \nu \frac{\beta-\alpha}{n}\right).$$

Die beiden Stücke rechts konvergieren aber einzeln gegen die entsprechenden Summanden rechts in (50,3).

3. Aus den beiden eben bewiesenen Beziehungen folgt *allgemein für zwei beliebige Konstanten a, b*:

$$\boxed{\int_\alpha^\beta \big(a f(x) + b g(x)\big) dx = a \int_\alpha^\beta f(x)\,dx + b \int_\alpha^\beta g(x)\,dx.}$$

Insbesondere ergibt sich also (für $a = 1, b = -1$): *Das Integral einer Differenz ist gleich der Differenz der Integrale.*

4. *Ist $f(x) \geqq 0$ im ganzen Intervall $\langle \alpha, \beta \rangle$, so gilt auch*

$$\int_\alpha^\beta f(x)\,dx \geqq 0. \tag{50,4}$$

Denn dann sind ja die Ausdrücke links in (50,1) nicht negativ, und dasselbe muss auch für ihren Grenzwert gelten.

5. *Es sei $\alpha < \gamma < \beta$. Dann gilt*

$$\int_\alpha^\beta f(x)\,dx = \int_\alpha^\gamma f(x)\,dx + \int_\gamma^\beta f(x)\,dx \qquad (\alpha < \gamma < \beta). \tag{50,5}$$

In der Tat sind hier die beiden Integrale rechts die Grenzwerte von

$$\frac{\gamma-\alpha}{n} \sum_{\nu=1}^{n} f\left(\alpha + \nu \frac{\gamma-\alpha}{n}\right) \quad \text{bzw.} \quad \frac{\beta-\gamma}{n} \sum_{\nu=1}^{n} f\left(\gamma + \nu \frac{\beta-\gamma}{n}\right),$$

und daher ist der Ausdruck rechts in (50,5) der Grenzwert von

$$\frac{\gamma-\alpha}{n} \sum_{\nu=1}^{n} f\left(\alpha + \nu \frac{\gamma-\alpha}{n}\right) + \frac{\beta-\gamma}{n} \sum_{\nu=1}^{n} f\left(\gamma + \nu \frac{\beta-\gamma}{n}\right). \tag{50,6}$$

Durch die Punkte

$$\alpha + \nu \frac{\gamma-\alpha}{n} \quad (\nu = 0, 1, \ldots, n); \quad \gamma + \mu \frac{\beta-\gamma}{n} \quad (\mu = 1, \ldots, n)$$

wird aber das ganze Intervall $\langle\alpha, \beta\rangle$ in $2n$ Teilintervalle unterteilt. Dabei ist das zugehörige l_τ gleich der grösseren der beiden Zahlen

$$\frac{\gamma-\alpha}{n}, \quad \frac{\beta-\gamma}{n}$$

und strebt also für $n \to \infty$ gegen 0. Daher ist (50,6) eine Zwischensumme der Funktion $f(x)$ zum Intervall $\langle\alpha, \beta\rangle$ und konvergiert für $n \to \infty$ gegen das Integral links in (50,5). –

Man bezeichnet die in der Formel (50,5) zum Ausdruck kommende Tatsache gelegentlich auch als die **Additivität** *des bestimmten Integrals in bezug auf das Integrationsintervall.*

Bei unserer Herleitung ist (50,5) an die Ungleichungen $\alpha < \gamma < \beta$ gebunden. Dadurch wird aber die Anwendbarkeit dieser wichtigen Formel erschwert, da man sich eben erst über die Grössenverhältnisse der Zahlen α, β und γ jedesmal vergewissern muss und so gelegentlich gezwungen wird, viele Fallunterscheidungen einzuführen.

Um dieser Komplikation aus dem Wege zu gehen, hat es sich als nützlich erwiesen, das Integrationssymbol (48,9) auch dann in geeigneter Weise zu definieren, wenn nicht mehr $\alpha < \beta$ gilt.

51. Formale Eigenschaften des bestimmten Integrals für beliebige Grenzen

Das Symbol

$$\int_\alpha^\beta f(x)\,dx \tag{51,1}$$

ist im obigen unter der ausdrücklichen Annahme definiert, dass $\alpha < \beta$ ist. Wir wollen nun diesem Symbol auch dann eine bestimmte Bedeutung beilegen, wenn $\alpha = \beta$ oder $\alpha > \beta$ ist.

Für $\alpha = \beta$ setzen wir den Wert dieses Symbols als 0 fest:

$$\boxed{\int_\alpha^\alpha f(x)\,dx = 0 \quad (\alpha = \beta).} \tag{51,2}$$

Für $\alpha > \beta$ setzen wir den Wert des Symbols (51,1) gleich dem mit -1 multiplizierten Wert des Integrals von $f(x)$ über das Intervall $\langle\beta, \alpha\rangle$:

$$\boxed{\int_\beta^\alpha f(x)\,dx = -\int_\alpha^\beta f(x)\,dx \quad (\alpha > \beta).} \tag{51,3}$$

Durch diese Festsetzungen ist nunmehr der Sinn des Symbols (51,1) für beliebige Werte von α und β eindeutig festgelegt, solange $f(x)$ im abgeschlossenen Intervall zwischen α und β stetig ist.

Wir wollen nun zeigen, dass die in der vorigen Nummer hergeleiteten Tatsachen, bis auf 4., unabhängig von der Grössenanordnung der beiden Grenzen gelten.

Zunächst beachte man, dass die Relation (51,3) unabhängig von der Grössenanordnung der beiden Grenzen gilt:

$$\boxed{\int_{\alpha}^{\beta} f(x)\,dx = -\int_{\beta}^{\alpha} f(x)\,dx \quad (\alpha \gtreqless \beta).} \tag{51,4}$$

M. a. W.: *Vertauscht man die Grenzen eines bestimmten Integrals, so multipliziert es sich mit* -1.

Denn für $\alpha = \beta$ sind die beiden Seiten von (51,4) gleich 0; für $\alpha > \beta$ ist dies die Definitionsrelation (51,3) und für $\alpha < \beta$ ist definitionsgemäss

$$\int_{\beta}^{\alpha} f(x)\,dx = -\int_{\alpha}^{\beta} f(x)\,dx,$$

woraus durch Multiplikation mit -1 auch in diesem Fall (51,4) folgt. Daraus folgt übrigens sofort, dass die Formel (49,2) auch für $\alpha \geqq \beta$ richtig bleibt: Für $\alpha = \beta$ folgt dies aus (51,2), und für $\alpha > \beta$ gilt ja

$$\int_{\alpha}^{\beta} c\,dx = -\int_{\beta}^{\alpha} c\,dx = -[c(\alpha - \beta)] = c(\beta - \alpha) \quad (\alpha > \beta).$$

Ferner gilt auch für beliebige Konstanten a und b:

$$\boxed{\int_{\alpha}^{\beta} \bigl(a f(x) + b g(x)\bigr)\,dx = a\int_{\alpha}^{\beta} f(x)\,dx + b\int_{\alpha}^{\beta} g(x)\,dx \quad (\alpha \gtreqless \beta).} \tag{51,5}$$

Denn für $\alpha = \beta$ sind hier beide Seiten gleich 0; für $\alpha < \beta$ ist diese Relation schon bewiesen, und für $\alpha > \beta$ gilt wieder nach der in der letzten Nummer unter 3. hergeleiteten Relation:

$$\int_{\beta}^{\alpha} (a f(x) + b g(x))\,dx = a\int_{\beta}^{\alpha} f(x)\,dx + b\int_{\beta}^{\alpha} g(x)\,dx,$$

woraus durch Multiplikation mit -1 wegen (51,4) die Behauptung (51,5) auch in diesem Falle folgt.

Mit (51,5) sind zugleich auch die Formeln (50,2) und (50,3) für beliebige Grenzen als gültig erwiesen.

Wir beweisen nunmehr, dass auch die Formel (50,5) für beliebige Anordnung der Zahlen α, β, γ gilt, m. a. W., dass allgemein

$$\boxed{\int_\alpha^\beta f(x)\,dx = \int_\alpha^\gamma f(x)\,dx + \int_\gamma^\beta f(x)\,dx} \tag{51,6}$$

gilt.

Beim Beweis dieser Formel werden wir relativ viele Fälle unterscheiden, da (51,6) eben für alle möglichen gegenseitigen Lagen von α, β, γ zu beweisen ist. Mit Hilfe der so bewiesenen Formel (51,6) werden wir aber später gerade verschiedene Fallunterscheidungen vermeiden können.

Wir erledigen zunächst die Fälle, in denen nicht alle drei Zahlen α, β, γ untereinander verschieden sind. Für $\gamma = \alpha$ oder $\gamma = \beta$ verschwindet wegen (51,2) einer der Summanden rechts in (51,6), während der andere Summand identisch wird mit dem Integral links in (51,6). Für $\alpha = \beta$ läuft die Formel wegen (51,2) auf

$$0 = \int_\alpha^\gamma f(x)\,dx + \int_\gamma^\alpha f(x)\,dx$$

hinaus und ergibt sich sofort aus (51,4).

Wir können also von nun an annehmen, dass *alle drei Zahlen α, β, γ untereinander verschieden sind.*

Wir machen zunächst die Annahme

$$\alpha < \beta.$$

Hier sind drei Fälle zu unterscheiden:

1. $\alpha < \gamma < \beta$,
2. $\gamma < \alpha < \beta$,
3. $\alpha < \beta < \gamma$.

Im Falle 1 fällt (51,6) mit (50,5) zusammen. Im Falle 2 gilt nach (50,5)

$$\int_\gamma^\alpha f(x)\,dx + \int_\alpha^\beta f(x)\,dx = \int_\gamma^\beta f(x)\,dx.$$

Bringen wir hier das erste Glied links auf die rechte Seite und benutzen (51,4), so ergibt sich (51,6). Im Falle 3 gilt analog

$$\int_\alpha^\beta f(x)\,dx + \int_\beta^\gamma f(x)\,dx = \int_\alpha^\gamma f(x)\,dx.$$

Bringen wir hier das zweite Glied links auf die rechte Seite, so folgt nach (51,4) wiederum (51,6). Damit ist (51,6) für $\alpha < \beta$ bewiesen.

Ist nun $\beta < \alpha$, so gilt nach dem bereits bewiesenen

$$\int_\beta^\alpha f(x)\,dx = \int_\beta^\gamma f(x)\,dx + \int_\gamma^\beta f(x)\,dx.$$

Multiplizieren wir hier alle Integrale mit -1 und vertauschen die Grenzen, so ergibt sich wegen (51,4) wiederum (51,6), womit diese Formel nunmehr in allen Fällen bewiesen ist.

Die Formel (51,6) wird oft in der „Differenzenform" angewandt:

$$\int_\alpha^\beta f(x)\,dx - \int_\alpha^\gamma f(x)\,dx = \int_\gamma^\beta f(x)\,dx, \tag{51,7}$$

die offenbar mit (51,6) äquivalent ist.

52. Ungleichungen und erster Mittelwertsatz für bestimmte Integrale

Eine Ungleichung für bestimmte Integrale ist bereits in der Nr. 50 hergeleitet worden. Es ist dies die Formel (50,4), die für $\alpha < \beta$ und für eine im ganzen Intervall $\langle \alpha, \beta \rangle$ nicht negative Funktion $f(x)$ gilt.

Daraus folgt allgemeiner: *Ist im ganzen Intervall* $\alpha \leqq x \leqq \beta$:

$$f(x) \geqq g(x),$$

so gilt auch

$$\int_\alpha^\beta f(x)\,dx \geqq \int_\alpha^\beta g(x)\,dx. \tag{52,1}$$

In der Tat gilt ja

$$\int_\alpha^\beta f(x)\,dx - \int_\alpha^\beta g(x)\,dx = \int_\alpha^\beta (f(x) - g(x))\,dx \geqq 0,$$

da nach Annahme $f(x) - g(x)$ nicht negativ ist.

Es sei nun

$$m = \operatorname*{Min}_{\langle \alpha, \beta \rangle} f(x), \quad M = \operatorname*{Max}_{\langle \alpha, \beta \rangle} f(x). \tag{52,2}$$

Dann gilt für alle x aus $\langle \alpha, \beta \rangle$:

$$m \leqq f(x) \leqq M \tag{52,3}$$

und daher nach der soeben bewiesenen Relation für $\alpha < \beta$:

$$m(\beta - \alpha) \leqq \int_\alpha^\beta f(x)\,dx \leqq M(\beta - \alpha), \tag{52,4}$$

da wegen (49,2)

$$\int_\alpha^\beta m\,dx = m\,(\beta-\alpha)\,, \qquad \int_\alpha^\beta M\,dx = M\,(\beta-\alpha)$$

ist. — Übrigens gilt nach unserer Herleitung (52,4) auch dann, wenn m und M nicht notwendig Minimum und Maximum von $f(x)$ bedeuten, sondern nur so gewählt sind, dass (52,3) durchweg in $\langle\alpha,\beta\rangle$ richtig ist. Man hat es daher nicht nötig, jedesmal die genauen Werte des Minimums und Maximums zu bestimmen, um die Formel (52,4) zu benutzen.

Man kann ferner die Formel (52,4) noch in einer anderen Gestalt schreiben, die für eine gewisse Verallgemeinerung sehr nützlich ist. Da nämlich in (52,4) $\beta-\alpha>0$ ist, folgt daraus durch Division durch $\beta-\alpha$:

$$m \leqq \frac{1}{\beta-\alpha}\int_\alpha^\beta f(x)\,dx \leqq M\,. \tag{52,5}$$

Nun wird der Ausdruck

$$\frac{1}{\beta-\alpha}\int_\alpha^\beta f(x)\,dx$$

gewöhnlich als der **Integralmittelwert von $f(x)$ im Intervall** $\langle\alpha,\beta\rangle$ bezeichnet, so dass die Formel (52,5) in Worten besagt, dass *der Integralmittelwert einer Funktion $f(x)$ in einem Intervall $\langle\alpha,\beta\rangle$ zwischen dem grössten und dem kleinsten Wert von $f(x)$ in diesem Intervall liegt.*

Andererseits muss dieser Integralmittelwert, da er zwischen zwei Werten von $f(x)$ im Intervall $\langle\alpha,\beta\rangle$ liegt, nach dem Zwischenwertsatz selbst irgendwo im Intervall $\langle\alpha,\beta\rangle$ von $f(x)$ angenommen werden. Es gibt also dort einen Punkt ξ derart, dass

$$\frac{1}{\beta-\alpha}\int_\alpha^\beta f(x)\,dx = f(\xi)\,,$$

$$\int_\alpha^\beta f(x)\,dx = f(\xi)\,(\beta-\alpha)\,, \quad \alpha \leqq \xi \leqq \beta \tag{52,6}$$

gilt.

Diese letzte Formel hat, als Formel aufgefasst, eine gewisse Unbestimmtheit, da in ihr eine Grösse — nämlich ξ — vorkommt, deren genauer Wert ja gar nicht bekannt ist. Andererseits ist gerade diese Fassung sehr bequem zu gebrauchen. Insbesondere folgen aus (52,6) die Ungleichungen (52,5) sofort.

Ist nun nicht mehr $\alpha<\beta$, sondern $\alpha>\beta$, so gelten die Ungleichungen (50,4), (52,1) und (52,4) nicht mehr, sondern erst, wenn in ihnen alle Ungleichheitszeichen durch entgegengesetzte ersetzt werden.

Dagegen bleiben die Relationen (52,5) und (52,6) auch in diesem Falle richtig. Da aber alle diese Ungleichungen in allen Fällen aus (52,6) folgen, genügt es, wenn wir diese Formel auf den allgemeinsten Fall ausdehnen.

Es gilt nun in der Tat allgemein

$$\boxed{\int_{\alpha}^{\beta} f(x)\,dx = f(\xi)\,(\beta-\alpha) \qquad (\alpha \lesseqqgtr \beta),} \tag{52,7}$$

wo ξ ein geeigneter Wert aus dem abgeschlossenen Intervall zwischen α und β ist.

Diese Relation ist für $\alpha < \beta$ in (52,6) enthalten; für $\alpha = \beta$ haben ihre beiden Seiten den Wert 0; für $\alpha > \beta$ aber gilt nach dem bereits bewiesenen:

$$\int_{\beta}^{\alpha} f(x)\,dx = f(\xi)\,(\alpha-\beta),$$

woraus durch Multiplikation mit -1, wegen (51,4), auch in diesem Fall (52,7) folgt.

Die damit bewiesene Formel (52,7) bringt den sogenannten **ersten Mittelwertsatz der Integralrechnung** zum Ausdruck. Die Fassung (52,7) erscheint insofern etwas ungeschickt, als dabei unter ξ eine geeignete Zahl zu verstehen ist, die zwischen α und β liegt. Dies wird aber in der Formel selbst nicht zum Ausdruck gebracht, sondern muss erst noch „in Worten" hinzugefügt werden. Man kann ja diese Tatsache nicht ohne weiteres durch eine Ungleichung zum Ausdruck bringen, solange man über die Grössenanordnung zwischen α und β nichts Bestimmtes weiss.

Man benutzt daher gelegentlich eine etwas andere Schreibweise für ξ. Der Ausdruck

$$\alpha + t(\beta-\alpha)$$

nimmt ja für $t = 0$ den Wert α und für $t = 1$ den Wert β an. Läuft aber t von 0 bis 1, so durchläuft dieser Ausdruck alle zwischen α und β gelegenen Werte und nur solche Werte. Daher muss auch das in der Gleichung (52,7) steckende ξ sich sicher in der Form schreiben lassen:

$$\xi = \alpha + \Theta(\beta-\alpha),$$

wo Θ zwischen 0 und 1 liegt. Man kann daher die obige Formel des Mittelwertsatzes auch in der Form schreiben:

$$\int_{\alpha}^{\beta} f(x)\,dx = (\beta-\alpha)\,f(\alpha + \Theta\,(\beta-\alpha)), \quad 0 \leqq \Theta \leqq 1. \tag{52,8}$$

Übrigens wird bei dieser Formel nicht einmal immer hinzugefügt, dass Θ zwischen 0 und 1 liegt, da dies in allen derartigen Formeln in der Regel der Fall ist und daher als eine ziemlich feststehende Konvention anzusehen ist. Nur wenn Θ ausnahmsweise anderen Einschränkungen zu unterwerfen ist, muss dies ausdrücklich vermerkt werden.

Aus (52,7) folgt die gelegentlich sehr nützliche Abschätzung:
Ist im Intervall zwischen α *und* β

$$|f(x)| \leqq \mathfrak{M}, \tag{52,9}$$

so gilt

$$\left|\int_{\alpha}^{\beta} f(x)\,dx\right| \leqq \mathfrak{M}\,|\beta-\alpha| \qquad (\alpha \gtreqless \beta). \tag{52,10}$$

In der Tat ist in (52,7) rechts $|f(\xi)| \leqq \mathfrak{M}$.

53. Der verallgemeinerte erste Mittelwertsatz

Die Formel (52,7) des ersten Mittelwertsatzes der Integralrechnung lässt sich noch etwas verallgemeinern:

Verallgemeinerter erster Mittelwertsatz der Integralrechnung. *Es seien* $u(x)$ *und* $p(x)$ *zwei im abgeschlossenen Intervall zwischen* α *und* β $(\alpha \gtreqless \beta)$ *stetige Funktionen, wobei* $p(x)$ *in diesem Intervall entweder durchweg* $\leqq 0$ *oder durchweg* $\geqq 0$ *ist. Dann gilt für ein geeignetes* ξ *aus diesem Intervall*

$$\boxed{\int_{\alpha}^{\beta} u(x)\,p(x)\,dx = u(\xi)\int_{\alpha}^{\beta} p(x)\,dx} \text{ [1]}. \tag{53,1}$$

Aus der Formel (53,1) folgt offenbar (52,7), man braucht ja nur in (53,1) $p(x) \equiv 1$ zu setzen.

Um (53,1) zu beweisen, betrachten wir zunächst den Fall $\alpha < \beta$, $p(x) \geqq 0$. Es seien m und M das Minimum und das Maximum von $u(x)$ im Intervall $\langle\alpha, \beta\rangle$. Dann gilt für alle x aus diesem Intervall

$$m\,p(x) \leqq u(x)\,p(x) \leqq M\,p(x)$$

und daher nach (52,1), wenn zwischen α und β integriert wird,

$$m\int_{\alpha}^{\beta} p(x)\,dx \leqq \int_{\alpha}^{\beta} u(x)\,p(x)\,dx \leqq M\int_{\alpha}^{\beta} p(x)\,dx. \tag{53,2}$$

Wegen $p(x) \geqq 0$ gilt auch

$$\int_{\alpha}^{\beta} p(x)\,dx \geqq 0.$$

Ist nun $\int_{\alpha}^{\beta} p(x)\,dx = 0$, so verschwinden wegen (53,2) beide Seiten von (53,1), und diese Formel ist sicher richtig, wenn etwa $\xi = \frac{\alpha+\beta}{2}$ gesetzt wird.

---

[1]) *Dirichlet*, 1837, gesammelte Werke, Bd. I, p. 137.

Ist aber $\int\limits_{\alpha}^{\beta} p(x)\,dx > 0$, so darf man (53,2) durch $\int\limits_{\alpha}^{\beta} p(x)\,dx$ dividieren,

so dass der Quotient

$$\frac{\int\limits_{\alpha}^{\beta} u(x)\,p(x)\,dx}{\int\limits_{\alpha}^{\beta} p(x)\,dx}$$

zwischen zwei Werten von $u(x)$ im Intervall $\langle \alpha, \beta \rangle$ liegt und daher nach dem Zwischenwertsatz

$$\frac{\int\limits_{\alpha}^{\beta} u(x)\,p(x)\,dx}{\int\limits_{\alpha}^{\beta} p(x)\,dx} = u(\xi)$$

ist für ein ξ aus $\langle \alpha, \beta \rangle$.

Damit ist (53,1) für $\alpha < \beta, p(x) \geqq 0$ bewiesen. Ist nun $\alpha < \beta$, aber $p(x) \leqq 0$, so darf man (53,1) auf $-p(x)$ anwenden, und es ergibt sich

$$\int\limits_{\alpha}^{\beta} u(x)\,(-p(x))\,dx = u(\xi) \int\limits_{\alpha}^{\beta} (-p(x))\,dx,$$

woraus (53,1) durch Multiplikation mit -1 folgt. Damit ist (53,1) für $\alpha < \beta$ allgemein bewiesen.

Für $\alpha = \beta$ verschwinden beide Seiten in (53,1) etwa für $\xi = \frac{\alpha+\beta}{2}$.

Ist aber $\alpha > \beta$, so gilt nach dem bereits bewiesenen

$$\int\limits_{\beta}^{\alpha} u(x)\,p(x)\,dx = u(\xi) \int\limits_{\beta}^{\alpha} p(x)\,dx,$$

woraus durch Multiplikation mit -1 und Vertauschung der Grenzen wiederum (53,1) folgt.

Damit ist der verallgemeinerte erste Mittelwertsatz der Integralrechnung allgemein bewiesen.

Wir leiten endlich noch eine wichtige Abschätzung für bestimmte Integrale her, in die der absolute Betrag des Integranden eingeht.

Integriert man für $\alpha < \beta$ die Relation

$$-|f(x)| \leqq f(x) \leqq |f(x)|$$

zwischen α und β, so folgt wegen (52,1):

$$-\int_\alpha^\beta |f(x)|\,dx \leqq \int_\alpha^\beta f(x)\,dx \leqq \int_\alpha^\beta |f(x)|\,dx.$$

Dies bedeutet aber, dass (vgl. (18,6))

$$\left|\int_\alpha^\beta f(x)\,dx\right| \leqq \int_\alpha^\beta |f(x)|\,dx \qquad (\alpha < \beta) \tag{53,3}$$

gilt.

Will man eine Abschätzung haben, die von der Reihenfolge von α und β unabhängig ist, so beachte man, dass (53,3) natürlich auch für $\alpha = \beta$ richtig ist. Ist aber $\alpha > \beta$, so gilt offenbar

$$\left|\int_\beta^\alpha f(x)\,dx\right| \leqq \int_\beta^\alpha |f(x)|\,dx,$$

$$\left|\int_\alpha^\beta f(x)\,dx\right| \leqq -\int_\alpha^\beta |f(x)|\,dx,$$

und da die rechte Seite dieser Ungleichung für $\beta < \alpha$, ebenso wie die rechte Seite der Ungleichung (53,3) für $\alpha < \beta$, gleich dem absoluten Betrage von $\int_\alpha^\beta |f(x)|\,dx$ ist, gilt also in allen Fällen

$$\left|\int_\alpha^\beta f(x)\,dx\right| \leqq \left|\int_\alpha^\beta |f(x)|\,dx\right| \qquad (\alpha \gtreqless \beta). \tag{53,4}$$

Aufgaben

1. Man beweise die Relationen:

a) $0 < \int_0^{\pi/2} \sin^{n+1} x\,dx \leqq \int_0^{\pi/2} \sin^n x\,dx,$

b) $0 < \int_0^{\pi/4} \operatorname{tg}^{n+1} x\,dx \leqq \int_0^{\pi/4} \operatorname{tg}^n x\,dx.$

2. Ist $f(x)$ stetig und > 0 in $\langle \alpha, \beta \rangle$, so gilt

$$\int_\alpha^\beta f(x)\,dx > 0.$$

(Vgl. Formel (52,7).)

* * *

3. Es ist der Integralmittelwert der Funktion $f(x)$ im Intervall $\langle 1, 10 \rangle$ zu bestimmen, wobei $f(x)$ folgendermassen definiert ist: $f(x)$ ist stetig und

stückweise linear in $\langle 1, 10 \rangle$; der zugehörige Streckenzug hat die Eckpunkte:

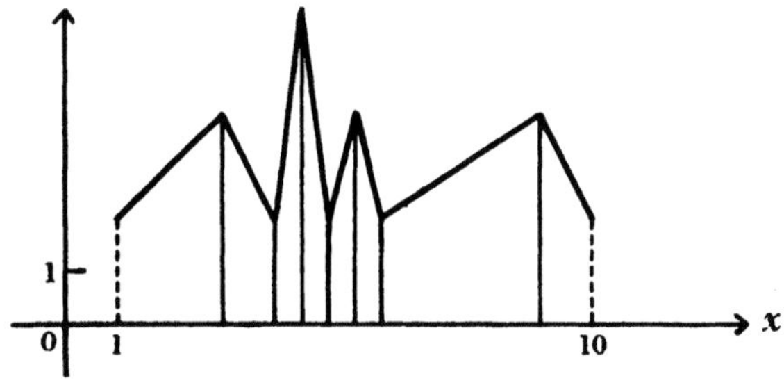

Fig. 17

$(1, 2)$, $(3, 4)$, $(4, 2)$, $(\frac{9}{2}, 6)$, $(5, 2)$, $(\frac{11}{2}, 4)$, $(6, 2)$, $(9, 4)$ und $(10, 2)$. (Vgl. Fig. 17).

4. Es ist zu zeigen, dass

$$0 < \int_{\frac{1}{2}}^{1} x \sin x \, dx \leqq \frac{7}{24}$$

ist.

5. Ist $f(x)$ stetig und $\geqq 0$ in $\langle \alpha, \beta \rangle$ und in einem Punkte dieses Intervalls positiv, so gilt

$$\int_{\alpha}^{\beta} f(x) \, dx > 0 .$$

(Durch Verengerung des Integrationsintervalls auf Aufgabe 2 zurückzuführen.)

6. Es seien $f(x)$ und $g(x)$ stetig in $\langle \alpha, \beta \rangle$, und in diesem ganzen Intervall sei

$$f(x) \geqq g(x) .$$

Ist in irgend einem Punkte dieses Intervalles $f(x) > g(x)$, so gilt

$$\int_{\alpha}^{\beta} f(x) \, dx > \int_{\alpha}^{\beta} g(x) \, dx \quad (\alpha < \beta).$$

7. Man zeige, dass in den Relationen der Aufgabe 1 durchweg das Kleinerzeichen gesetzt werden kann.

8. Man zeige, dass in der Formel (52,8) des ersten Mittelwertsatzes der Integralrechnung $0 < \Theta < 1$ angenommen werden kann.

9. Man beweise, dass die Relation (53,1) durch die schärfere ersetzt werden kann:

$$\int_{\alpha}^{\beta} u(x) \, p(x) \, dx = u\big(\alpha + \Theta \, (\beta - \alpha)\big) \int_{\alpha}^{\beta} p(x) \, dx, \; 0 < \Theta < 1.$$

KAPITEL IV

DER BEGRIFF DER ABLEITUNG UND DIE FUNDAMENTALSÄTZE DER INFINITESIMALRECHNUNG

§ 14. Die Ableitung

54. Der Begriff der Ableitung

Die in der Nr. 49 durchgerechneten Beispiele lassen erkennen, dass die direkte Berechnung des bestimmten Integrals als Grenzwert geeigneter Folgen von Zwischensummen nur in Ausnahmefällen ohne weiteres durchführbar ist und jedesmal sehr spezielle, auf den einzelnen Fall zugeschnittene Kunstgriffe erfordert. Eine allgemeine Methode zur Berechnung bestimmter Integrale lässt sich auf diesem Wege nicht aufbauen.

Um zu einer solchen Methode zu kommen, muss man vielmehr die bestimmten Integrale unter dem folgenden Gesichtspunkt studieren:

Der Wert eines bestimmten Integrals hängt ja erstens vom Integranden ab und zweitens von den beiden Integrationsgrenzen. Bisher haben wir die Integrationsgrenzen als *feste Daten* des Problems angesehen. Und der Wert des bestimmten Integrals war dann auch jedesmal eine feste Zahl. *Lässt man* aber *eine dieser Grenzen variieren* — natürlich solange der Integrand im Integrationsintervall stetig bleibt —, so ändert sich auch der Wert des Integrals, und unser Integral erscheint somit als **eine Funktion der betreffenden Integrationsgrenze.**

Man kann von vornherein erwarten, dass eine genauere Kenntnis der Eigenschaften eines bestimmten Integrals als Funktion seiner Grenzen uns eine nützliche Handhabe zur Bestimmung seiner Werte für verschiedene Werte dieser Grenzen liefern kann.

Allerdings bezieht sich die wichtigste dieser Eigenschaften auf einen Begriff, der in der Analysis zuerst in einem ganz anderen Zusammenhang auftauchte, nämlich in Verbindung mit der Diskussion des sogenannten *Tangentenproblems*. Dies ist der Begriff der **Ableitung.**

Man betrachte eine Kurve C mit der Gleichung $y = f(x)$, und es sei x irgendein Stetigkeitspunkt von $f(x)$. Will man die Tangente an C in dem Punkte P legen, der der Abszisse x entspricht, so hat man die Steigung dieser Tangente zu bestimmen (vgl. Fig. 18). Nun ist aber definitionsgemäss die Tangente an C durch P die Grenzlage der Sehne durch P, wenn der zweite Endpunkt $(x', f(x'))$ der Sehne gegen P geht, d. h., wegen der Stetigkeit von

$f(x)$ in P, wenn x' gegen x geht. Daher ist auch die Steigung der Tangente

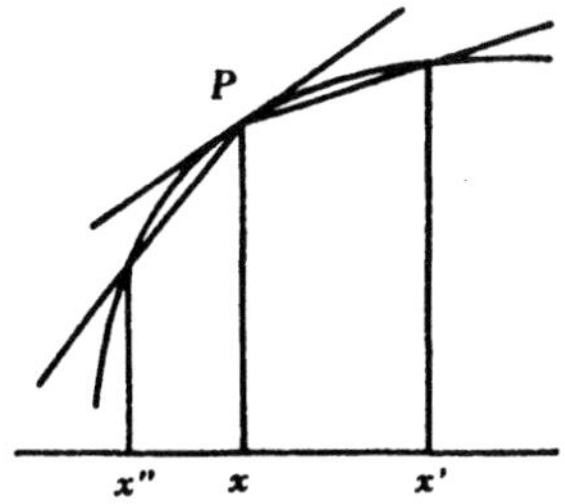

Fig. 18

an C in P der Grenzwert der Steigung dieser Sehne für $x' \to x$. Die Steigung der Geraden durch die beiden Punkte

$$(x, f(x)), (x', f(x'))$$

ist aber, wie aus der analytischen Geometrie bekannt, gleich dem «Differenzenquotienten»

$$\frac{f(x') - f(x)}{x' - x}, \tag{54,1}$$

und zwar gilt dies, gleichgültig ob x' *rechts* von x liegt oder *links* in der Lage von x'' (vgl. Fig. 18). Daher ergibt sich für die Steigung der Tangente an C in P der Ausdruck

$$\lim_{x' \to x} \frac{f(x') - f(x)}{x' - x}. \tag{54,2}$$

Ist $f(x)$ im Punkte x beidseitig stetig, so kann dann x' sowohl rechtsseitig als auch linksseitig gegen x gehen. Die Existenz einer Tangente an C durch P impliziert damit, dass der Grenzwert (54,2) sowohl bei rechtsseitiger als auch bei linksseitiger Annäherung an x existiert und dass diese beiden einseitigen Grenzwerte den gleichen Wert haben.

Natürlich braucht *keiner* der beiden einseitigen Grenzwerte von (54,1) vorhanden zu sein.

Andererseits kann es auch vorkommen, dass die beiden einseitigen, (54,2) entsprechenden Grenzwerte existieren, aber nicht den gleichen Wert haben

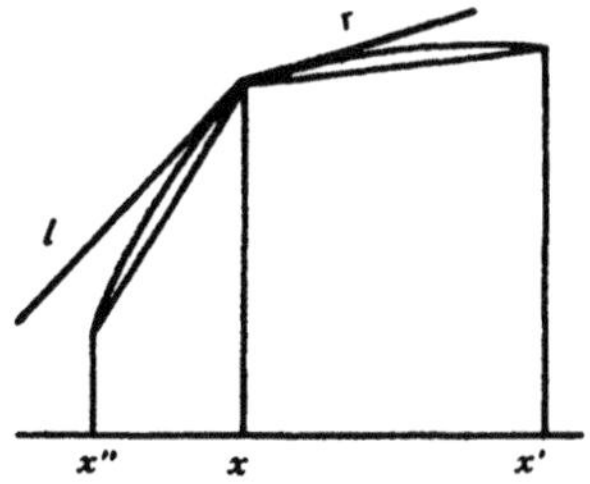

Fig. 19

(vgl. Fig. 19). Dann hat C in P eine *Ecke*. In der Fig. 19 ist die Gerade r die *rechtsseitige*, l die *linksseitige* Tangente durch den x entsprechenden Punkt.

Es kann ferner auch vorkommen, dass in einem Punkte nur eine der beiden einseitigen Tangenten existiert. Ist x der *Anfangs*punkt des Abszissenintervalls, so kommt natürlich nur die rechtsseitige Tangente in Frage; im *End*punkt des Abszissenintervalls kann man natürlich nur von einer linksseitigen Tangente sprechen.

Wie man sieht, läuft die Bestimmung der Tangente an die Kurve $y = f(x)$ auf die Bestimmung des Grenzwertes (54,2) hinaus. Besitzt die Kurve C eine Tangente auf einer ganzen x-Strecke, so wird die Steigung dieser Tangente für jedes x durch den Ausdruck (54,2) gegeben, der dann also als eine Funktion von x erscheint.

Die so definierte Funktion von x heisst die **Ableitung** oder auch der **Differentialquotient** von $f(x)$, gelegentlich auch *erste Ableitung*, zur Unterscheidung von den später einzuführenden sogenannten *höheren Ableitungen*. Man benutzt dafür gewöhnlich die *Lagrange*sche Bezeichnung[1]) $f'(x)$ oder auch die ältere, zuerst etwas merkwürdig anmutende, von *Leibniz* herrührende Bezeichnung $\frac{df(x)}{dx} = \frac{dy}{dx}$, gelegentlich auch die *Newton*sche[2]) Bezeichnung $\dot{y} = \dot{f}(x)$. Es gilt also

$$\boxed{f'(x) \equiv \dot{f}(x) \equiv \dot{y} \equiv \frac{dy}{dx} \equiv \frac{df(x)}{dx} \equiv \operatorname*{Lim}_{x' \to x} \frac{f(x') - f(x)}{x' - x}.} \qquad (54,3)$$

Der in der Definition (54,3) angegebene Grenzprozess, der, von der Funktion $f(x)$ ausgehend, die Funktion $f'(x)$ liefert, heisst *Differentiation* oder *Derivation* oder seltener „das *Ableiten*".

Natürlich kann man von der Ableitung von $f(x)$ in einem Punkte x nur dann sprechen, wenn der Grenzwert rechts in (54,3) existiert. Ist dies der Fall, so nennt man die Funktion $f(x)$ **differenzierbar** im Punkte x.

Auch wenn $f(x)$ im Punkte x nicht differenzierbar ist, könnte es sein, dass einer der zugehörigen einseitigen Grenzwerte von (54,1) oder sogar auch beide existieren. Man nennt diese Grenzwerte dann *rechtsseitige* (oder *vordere*) bzw. *linksseitige* (oder *hintere*) Ableitung von $f(x)$.

Wir sehen also: *die Ableitung von $f(x)$ im Punkte x ist die Steigung der Tangente an C im Punkte P; die rechtsseitige Ableitung ist die Steigung der rechtsseitigen, die linksseitige Ableitung die Steigung der linksseitigen Tangente.*

Die Ableitungen spielen immer wesentlich hinein, wenn es sich um die Beurteilung der *Änderungsgeschwindigkeit* einer Grösse handelt. Betrachten wir z. B. eine Grösse $y = f(t)$, die sich in Abhängigkeit von der „Zeit" t ändert,

---

[1]) *Joseph Louis Lagrange* (1736—1813).

[2]) *Isaac Newton* und *Gottfried Wilhelm Leibniz* (1646—1716) haben unabhängig voneinander die Infinitesimalrechnung entdeckt. Sie haben insbesondere als erste geeignete Symbole für den Begriff der Ableitung eingeführt, der allerdings im Prinzip schon seit langer Zeit bekannt gewesen war.

so wird das Änderungsverhältnis von $f(t)$ für das Zeitintervall $\langle t_1, t_2 \rangle$ durch den Quotienten

$$\frac{f(t_2) - f(t_1)}{t_2 - t_1}$$

gegeben. Dies ist die ***durchschnittliche Änderungsgeschwindigkeit*** von $f(t)$ in jenem Zeitintervall. Will man aber z. B. in der Mechanik die ***Ursachen*** der Änderung der Grösse $f(t)$ studieren, so muss man die sogenannte ***momentane*** Änderungsgeschwindigkeit untersuchen, die sich ergibt, wenn das Intervall $\langle t_1, t_2 \rangle$ sich auf einen Punkt zusammenzieht. Für $t_2 \to t_1$ aber strebt der obige Quotient, falls der Grenzwert existiert, gerade gegen $f'(t_1)$. So kommt man in der Mechanik zu den Begriffen der *Geschwindigkeit, Beschleunigung* usw.

55. Beispiele. Einfachste Eigenschaften der Ableitung

An sich ist es klar, dass eine stetige Funktion keinesfalls differenzierbar zu sein braucht, da ja die zugehörige Kurve in einem Stetigkeitspunkt z. B. sehr wohl eine Ecke haben kann. Es ist sogar *Weierstrass* gelungen, eine für alle reellen x stetige Funktion zu bilden, die für *kein* x differenzierbar ist[1]). Doch meistens sind die Funktionen, mit denen man es in der Analysis zu tun hat, bis auf höchstens einzelne isolierte Punkte differenzierbar. Daher wird durch Differentiation aus der gegebenen Funktion eine neue Funktion hergeleitet, die im allgemeinen im gleichen Intervall wie die gegebene definiert ist.

Man benutzt zur Bezeichnung der Ableitung von $f(x)$ oft auch die folgenden Symbole, die den Operationscharakter des Differenzierens stärker zum Ausdruck bringen:

$$\frac{d}{dx} f(x) \text{ oder } D_x f(x) .$$

Wird allerdings die zweite dieser Bezeichnungen benutzt, die auf *L. F. A. Arbogast*, 1800, zurückgeht, so sollte doch besser zuerst an ihre Bedeutung ausdrücklich erinnert werden.

Wir werden uns in einem späteren Abschnitt mit der Technik des Differenzierens ausführlich abgeben müssen. In dieser Nummer sollen zuerst einige spezielle Ableitungen direkt berechnet werden.

1. Es sei $y = a x + b$. Dann ist

$$\frac{dy}{dx} = \operatorname*{Lim}_{x' \to x} \frac{(a x' + b) - (a x + b)}{x' - x} = \operatorname*{Lim}_{x' \to x} a = a .$$

Daher ist

$$\frac{d(a x + b)}{dx} = a , \tag{55,1}$$

[1]) Zuerst veröffentlicht im Aufsatz von *P. Du Bois-Reymond*, Journ. f. d. r. u. a. Math. Bd. 79 (1875), p. 29. Übrigens ist man neuerdings darauf aufmerksam geworden, dass ein derartiges Beispiel lange Zeit vor *Weierstrass* durch *Bolzano* konstruiert worden war.

was geometrisch auch evident ist, da die Tangente zu einer Geraden diese Gerade selber ist. Insbesondere folgt für $a = 0$: $\frac{db}{dx} = 0$, d. h. *die Ableitung einer Konstanten verschwindet identisch*. Auch dies ist geometrisch evident, da die zugehörige Gerade zur x-Achse *parallel* ist und die Steigung 0 hat.

2. Es sei $y = x^n$, wo n ganz und positiv ist. Hier gilt

$$\operatorname*{Lim}_{u \to x} \frac{u^n - x^n}{u - x} = \operatorname*{Lim}_{u \to x} (u^{n-1} + x u^{n-2} + \cdots + x^{n-1}) = n x^{n-1},$$

da $x^\nu u^{n-1-\nu} \to x^{n-1}$ mit $u \to x$ gilt. Daher ist

$$\boxed{\frac{d x^n}{d x} = n x^{n-1} \quad (n \text{ ganz und positiv}).} \tag{55,2}$$

3. Es sei $y = \sin x$. Dafür gilt

$$\frac{\sin x' - \sin x}{x' - x} = \frac{2 \sin \frac{x' - x}{2} \cdot \cos \frac{x' + x}{2}}{x' - x} = \cos \frac{x' + x}{2} \cdot \frac{\sin \frac{x' - x}{2}}{\frac{x' - x}{2}}.$$

Hier strebt für $x' \to x$ das Argument des Cosinus gegen x und daher der Cosinusfaktor gegen $\cos x$. Der zweite Faktor konvergiert aber wegen (45,8) gegen 1. Daher ist für alle reellen x

$$\boxed{\frac{d \sin x}{d x} = \cos x.} \tag{55,3}$$

4. Es sei $y = \cos x$. Hier hat man ganz analog wie oben

$$\frac{\cos x' - \cos x}{x' - x} = -2 \frac{\sin \frac{x' - x}{2} \sin \frac{x' + x}{2}}{x' - x} = -\sin \frac{x' + x}{2} \cdot \frac{\sin \frac{x' - x}{2}}{\frac{x' - x}{2}},$$

und dies konvergiert mit $x' \to x$ wegen (45,8) gegen $-\sin x$. Daher gilt

$$\boxed{\frac{d \cos x}{d x} = -\sin x.} \tag{55,4}$$

Wir beweisen nunmehr einige einfache Eigenschaften der Ableitung:

α) Ist $f(x)$ für ein x differenzierbar, c eine Konstante, so ist auch $c f(x)$ dort differenzierbar, und es gilt für dieses x

$$\frac{d c f(x)}{d x} = c f'(x). \tag{55,5}$$

In der Tat ist

$$\frac{d c f(x)}{d x} = \operatorname*{Lim}_{x' \to x} \frac{c f(x') - c f(x)}{x' - x} = c \operatorname*{Lim}_{x' \to x} \frac{f(x') - f(x)}{x' - x} = c f'(x).$$

β) Sind $f(x)$ und $g(x)$ für ein x differenzierbar, so gilt dasselbe auch für ihre Summe, und es ist für dieses x

$$(f(x) + g(x))' = f'(x) + g'(x). \tag{55,6}$$

Denn es gilt

$$(f(x) + g(x))' = \lim_{x' \to x} \frac{(f(x') + g(x')) - (f(x) + g(x))}{x' - x} =$$

$$= \lim_{x' \to x} \left[\frac{f(x') - f(x)}{x' - x} + \frac{g(x') - g(x)}{x' - x} \right] =$$

$$= \lim_{x' \to x} \frac{f(x') - f(x)}{x' - x} + \lim_{x' \to x} \frac{g(x') - g(x)}{x' - x} = f'(x) + g'(x).$$

Aus α) und β) folgt nunmehr die allgemeinere Formulierung, in der sowohl α) als auch β) enthalten sind:

Sind $f(x)$ und $g(x)$ differenzierbar und a und b Konstanten, so gilt

$$\boxed{\frac{d}{dx}[af(x) + bg(x)] = af'(x) + bg'(x).} \tag{55,7}$$

In der Tat folgt aus α) und β)

$$\frac{d}{dx}[af(x) + bg(x)] = (af(x))' + (bg(x))' = af'(x) + bg'(x).$$

Ganz analoge Beziehungen gelten natürlich auch dann, wenn es sich um mehr als zwei, aber *endlich viele* für ein bestimmtes x differenzierbare Funktionen handelt. So folgt z. B.: Ist $P(x) = a_0 x^n + a_1 x^{n-1} + \cdots + a_{n-1} x + a_n$, so gilt

$$P'(x) = n a_0 x^{n-1} + (n-1) a_1 x^{n-2} + \cdots + a_{n-1}.$$

Ein Polynom in x ist für alle x differenzierbar.

Es sei zum Schluss noch bemerkt, dass man die Definitionsformel (54,3) für die Ableitung noch in einer etwas anderen Gestalt schreiben kann, die für gewisse Zwecke bequemer ist. Man setze in (54,3) $x' = x + h$, so dass $x' \to x$ äquivalent ist mit $h \to 0$. Dann ergibt sich

$$\boxed{f'(x) = \lim_{h \to 0} \frac{f(x+h) - f(x)}{h}.} \tag{55,8}$$

Diese Relation kann man nun wieder mit Hilfe des Begriffs der Nullfunktion auf die Form einer einfachen Gleichung bringen. Denn die Relation (55,8) ist damit gleichbedeutend, dass die Differenz

$$\frac{f(x+h) - f(x)}{h} - f'(x) = \varepsilon(h)$$

eine Nullfunktion ist. Die letzte Gleichung, nach $f(x+h)$ aufgelöst, liefert aber

$$f(x+h) = f(x) + hf'(x) + h\,\varepsilon(h), \tag{55,9}$$

so dass die Relation (55,8) mit der Gleichung (55,9) gleichbedeutend ist, wo $\varepsilon(h)$ eine übrigens auch von x abhängige Nullfunktion für $h \to 0$ ist.

Wir haben bei der Definition der Differenzierbarkeit von $f(x)$ von vornherein vorausgesetzt, dass $f(x)$ an der betreffenden Stelle stetig ist. Es ist aber gar nicht nötig, diese Annahme von vornherein zu treffen. Definiert man nämlich die Ableitung von $f(x)$ an der Stelle x durch die Formel (55,8), so folgt aus der damit gleichbedeutenden Relation (55,9), dass $f(x+h)$ für $h \to 0$ gegen $f(x)$ konvergiert, d. h., dass f an der Stelle x stetig ist. Handelt es sich in (55,8) um die Definition einer einseitigen Derivierten, so dass entweder der Grenzübergang $h \uparrow 0$ oder der Grenzübergang $h \downarrow 0$ zugrunde liegt, so folgt aus der Existenz der einseitigen Ableitung die „entsprechende" einseitige Stetigkeit der Funktion $f(x)$ an der Stelle x.

Aufgaben

1. Man berechne durch Grenzübergang die Ableitungen $f'(x)$ der Funktionen:

a) $f(x) = \sin(ax+b)$,

b) $f(x) = (ax+b)^n$ (n ist eine natürliche Zahl),

c) $f(x) = \dfrac{ax+b}{cx+d}$.

2. Warum verschwindet im Falle der Aufgabe 1c) $f'(x)$, wenn $ad-bc=0$ ist?

3. Unter welchen Winkeln schneiden sich die Kurven[1])

$$y = 2x - 1,$$
$$y = x^2 - x?$$

4. Man stelle die Gleichungen der Normalen in $x = a$ für die folgenden Kurven auf:

$$\text{a) } y = x^2, \qquad \text{b) } y = x^3.$$

5. Man berechne die Ableitung der in Aufgabe 3 von § 13 definierten Funktion, soweit diese Ableitung existiert.

* * *

6. Man zeige, dass die Funktion

$$y(x) = x \sin\frac{1}{x} \quad (x \neq 0), \quad y(0) = 0$$

für $x = 0$ nicht differenzierbar ist.

---

[1]) Unter dem Winkel zweier Kurven in einem Schnittpunkt versteht man einen der beiden Winkel ihrer Tangenten in diesem Punkt.

7. Man beweise, dass die Funktion

$$y(x) = x^2 \sin \frac{1}{x} \quad (x \neq 0), \quad y(0) = 0$$

für $x = 0$ differenzierbar ist, und bestimme ihre Ableitung in diesem Punkte.

8. Es möge $f'(a)$ existieren. Man berechne den Grenzwert

$$\operatorname*{Lim}_{h \to 0} \frac{f(a+nh) - f(a+(n-1)h)}{h}.$$

9. Die Funktion $\varphi(x) = [x] + \sqrt{x - [x]}$ (vgl. Aufg. 19 zu § 10) ist für jedes nichtganzzahlige x differenzierbar. Für jedes ganzzahlige x ist ihre linksseitige Ableitung gleich $\frac{1}{2}$; rechtsseitig ist die Funktion dort dagegen nicht differenzierbar.

10. Man berechne die Ableitung von

$$y = |x - \alpha|$$

für $x < \alpha$, $x = \alpha$, $x > \alpha$.

§ 15. Der Zusammenhang zwischen der Ableitung und dem Differenzenquotienten einer Funktion

56. Der Rollesche Satz

Die Ableitung von $f(x)$ wird durch Grenzübergang aus dem Differenzenquotienten (54,1) hergeleitet, so dass man immer wieder aus den Eigenschaften dieses Differenzenquotienten auf die Eigenschaften der Ableitung schliessen kann. Was lässt sich umgekehrt aus den Eigenschaften der Ableitung über den Differenzenquotienten erschliessen? — Die Antwort auf diese Frage wird durch den sogenannten **Mittelwertsatz der Differentialrechnung** gegeben. Bevor wir diesen Satz herleiten, soll erst ein schöner und wichtiger Satz bewiesen werden, den man *Rolle*[1]) verdankt.

Der *Rolle*sche Satz. *Es sei $f(x)$ für $\alpha < \beta$ auf dem abgeschlossenen Intervall $J = \langle \alpha, \beta \rangle$ stetig und im Innern von J überall differenzierbar. Verschwindet $f(x)$ ausserdem in den beiden Endpunkten des Intervalls, $f(\alpha) = f(\beta) = 0$, so gibt es in J wenigstens einen inneren Punkt ξ, für den $f'(\xi)$ verschwindet:*

$$f'(\xi) = 0, \quad \alpha < \xi < \beta .$$

Geometrisch erscheint die Aussage des *Rolle*schen Satzes ausserordentlich einleuchtend. Denn der Kurvenbogen C: $y = f(x)$ geht nach der Voraussetzung des Satzes durch die beiden Endpunkte der Strecke $\langle \alpha, \beta \rangle$ auf der x-Achse (vgl. Fig. 20). Behauptet wird, dass über einem gewissen inneren Punkte dieser

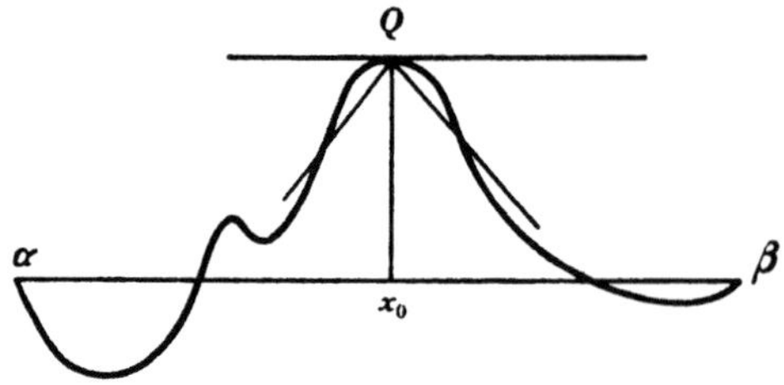

Fig. 20

Strecke eine Tangente an C zur x-Achse *parallel* ist. Will man sich anschaulich klar machen, warum dies zutreffen muss, so überlege man folgendermassen:

Liegt auch nur ein Teil von C oberhalb der x-Achse, so denke man sich eine parallele Gerade zur x-Achse: $y = \gamma$, für ein so grosses γ, dass diese Parallele C nicht trifft. Sodann verkleinere man γ solange, bis diese Parallele „zum ersten Mal" C berührt. „In diesem Augenblick" ist diese Parallele zur x-Achse zugleich die Tangente an C, und die Steigung von C ist dort also 0. Verläuft

[1]) *Michel Rolle* (1652—1719).

aber C nur unterhalb der x-Achse, so schliesst man analog für negative γ.

Die exakte Durchführung dieser Überlegung würde in Wahrheit die Benützung von Begriffen erfordern, die erst im zweiten Teil dieser Vorlesungen eingeführt werden. Trotzdem gibt uns diese Überlegung einen Anhaltspunkt dafür, wie man den Beweis recht elementar führen kann. Denn ein Punkt Q, in dem jene Gerade $y = \gamma$ „zuerst" die Kurve C berührt, ist ja offenbar ein Punkt, in dem $f(x)$ *am grössten* ist. Wir können also annehmen, dass ein Punkt Q im Innern des Intervalls, in dem $f(x)$ ein Maximum hat und positiv ist, gerade die im Satz behauptete Eigenschaft besitzen wird. Unser übrigens von der Geometrie unabhängiger Beweis besteht nun in der sorgfältigen Durchführung dieses Gedankens.

Beweis des Rolleschen Satzes. Wir unterscheiden drei Fälle:

Erster Fall: In $\langle \alpha, \beta \rangle$ ist $f(x) \equiv 0$. Dann ist im ganzen Intervall auch $f'(x) \equiv 0$ und etwa

$$f'\left(\frac{\alpha+\beta}{2}\right) = 0 .$$

Zweiter Fall: $f(x)$ nimmt im Intervall $\langle \alpha, \beta \rangle$ insbesondere auch *positive* Werte an. — Hier benutzen wir den Satz der Nr. 42, wonach eine stetige Funktion in einem abgeschlossenen Intervall ein Maximum besitzt. Ist dann

$$M = \underset{\langle \alpha, \beta \rangle}{\operatorname{Max}} f(x) = f(x_0),$$

wo x_0 in $\langle \alpha, \beta \rangle$ liegt, so ist auf jeden Fall $M > 0$ und daher

$$\alpha < x_0 < \beta, \tag{56,1}$$

da $f(x)$ in α und β ja verschwindet. Wegen der Maximaleigenschaft von $f(x_0)$ gilt nun

$$f(x_0 - h) \leqq f(x_0), \quad f(x_0 + h) \leqq f(x_0),$$

wenn $h > 0$ so klein wird, dass sowohl $x_0 + h$ als auch $x_0 - h$ in $\langle \alpha, \beta \rangle$ liegen. Daraus folgt aber

$$\frac{f(x_0 + h) - f(x_0)}{h} \leqq 0 \leqq \frac{f(x_0 - h) - f(x_0)}{-h}, \tag{56,2}$$

da hier die Zähler beide Male nicht positiv sind, während $h > 0$ und $-h < 0$ ist.

Nimmt aber nun h über positive Werte gegen 0 ab, so konvergiert der Quotient links gegen die *rechtsseitige* und der Quotient rechts gegen die *linksseitige* Ableitung von $f(x)$ an der Stelle x_0. Nach Voraussetzung haben aber diese beiden einseitigen Ableitungen den gemeinsamen Wert $f'(x_0)$. Für $h \downarrow 0$ folgen also aus (56,2) die Ungleichungen

$$f'(x_0) \leqq 0 \leqq f'(x_0).$$

Dies besagt aber, dass $f'(x_0)$ sowohl $\geqq 0$ als auch $\leqq 0$ ist, was nur angeht, wenn $f'(x_0) = 0$ ist, womit wegen (56,1) der Satz in diesem Fall bewiesen ist.

Man beachte, was die obige Überlegung geometrisch bedeutet. Da die Ordinate $f(x_0)$ des Punktes $Q(x_0, f(x_0))$ am grössten ist, müssen die von diesem Punkt nach beiden Seiten ausgehenden Sehnen entweder nach unten gehen oder parallel zur x-Achse sein (vgl. Fig. 20), und da die Richtungen dieser Sehnen gegen die Richtungen der entsprechenden Tangentenhälften konvergieren, kann keine dieser Tangentenhälften nach oben weisen, was nur angeht, wenn die Tangente zur x-Achse parallel ist.

Dritter Fall: $f(x)$ nimmt irgendwo in $\langle\alpha, \beta\rangle$ negative Werte an. — Dann nimmt $-f(x)$ irgendwo in $\langle\alpha, \beta\rangle$ positive Werte an. Da $-f(x)$ mit $f(x)$ in (α, β) überall differenzierbar ist, lässt sich der soeben bewiesene Fall auf $-f(x)$ anwenden. Es gibt also ein ξ mit $\alpha < \xi < \beta$, so dass dort

$$\frac{d(-f(\xi))}{d\xi} = -f'(\xi)$$

verschwindet. Dann gilt aber auch

$$f'(\xi) = 0,$$

womit unser Satz auch in diesem Fall bewiesen ist.

Damit ist aber unser Satz allgemein bewiesen. Denn verschwindet $f(x)$ in $\langle\alpha, \beta\rangle$ nicht identisch, so nimmt $f(x)$ irgendwo zwischen α und β entweder positive oder negative Werte an, so dass entweder der zweite oder der dritte Fall sicher anwendbar ist.

Wendet man z. B. den *Rolle*schen Satz auf die Funktion $\sin x$ und auf das Intervall $\langle 0, \pi\rangle$ an, in dessen beiden Endpunkten $\sin x$ verschwindet, so folgt, dass $\cos x = \frac{d \sin x}{dx}$ im offenen Intervall $(0, \pi)$ eine Nullstelle hat. In der Tat gilt ja $\cos \frac{\pi}{2} = 0$.

Ebenso folgt aus $\cos\left(-\frac{\pi}{2}\right) = \cos\frac{\pi}{2} = 0$, dass $\frac{d \cos x}{dx} = -\sin x$ zwischen $-\frac{\pi}{2}$ und $\frac{\pi}{2}$ eine Nullstelle besitzt. In der Tat ist $\sin 0 = 0$.

Der *Rolle*sche Satz wurde von *Rolle* im Falle von *Polynomen* gefunden, wo seine Aussage besonders einfach lautet. Denn ein Polynom in x ist ja für alle x differenzierbar. Daher lautet hier der *Rolle*sche Satz:

Zwischen zwei Nullstellen eines Polynoms $P(x)$ liegt wenigstens eine Nullstelle der Ableitung $P'(x)$. (Hier ist „zwischen" *im engeren Sinne* zu verstehen.)

Hat man nun für ein Polynom $P(x)$ vom Grade $n \geqq 2$ *alle* Nullstellen seiner Ableitung $P'(x)$ (deren Grad ja $n-1$ ist) berechnet und auf der Zahlengeraden aufgetragen, so ist dadurch die Zahlengerade in Intervalle eingeteilt, von denen jedes höchstens eine Nullstelle von $P(x)$ im Inneren enthalten kann. Damit sind, wie man sagt, die Wurzeln des Polynoms $P(x)$ *getrennt*.

Wie man sieht, liefert der *Rolle*sche Satz eine Lösung des Problems der Wurzeltrennung für alle Polynome vom Grade n, sobald man alle algebraischen Gleichungen vom Grade $n-1$ auflösen kann.

Wie in der Algebra des näheren ausgeführt wird, knüpft an die Aufgabe der Wurzeltrennung die erste prinzipiell vollständige Lösung des Problems an, alle reellen Wurzeln einer beliebigen algebraischen Gleichung zu finden.

57. Der Mittelwertsatz der Differentialrechnung

Der geometrische Gehalt des **Mittelwertsatzes der Differentialrechnung** erscheint zuerst als identisch mit demjenigen des *Rolle*schen Satzes. Dieser Mittelwertsatz besagt nämlich, geometrisch formuliert: *Es möge längs eines Bogens der stetigen Kurve $y = f(x)$ eine Tangente vorhanden sein. Dann ist in einem gewissen inneren Punkte dieses Bogens die Tangente parallel zur Sehne, die den Bogen spannt* (vgl. die Sehne PP' in der Fig. 21).

Wie man sieht, unterscheidet sich diese Aussage von derjenigen des *Rolle*schen Satzes nur dadurch, dass dort die Sehne PP' auf der x-Achse lag. Nun könnte man zuerst denken, dass dies unwesentlich sei, da ja die geome-

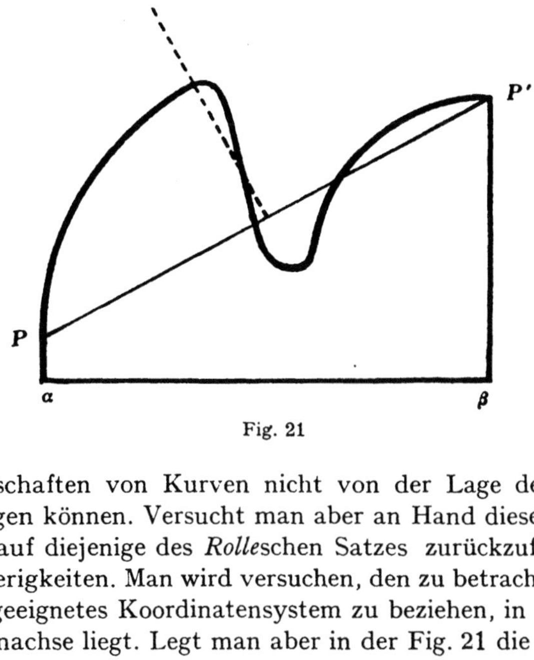

Fig. 21

trischen Eigenschaften von Kurven nicht von der Lage des Koordinatensystems abhängen können. Versucht man aber an Hand dieser Erwägung die obige Aussage auf diejenige des *Rolle*schen Satzes zurückzuführen, so stösst man auf Schwierigkeiten. Man wird versuchen, den zu betrachtenden Kurvenbogen auf ein geeignetes Koordinatensystem zu beziehen, in dem PP' in der neuen Abszissenachse liegt. Legt man aber in der Fig. 21 die neue Abszissenachse durch die Strecke PP' und die neue Ordinatenachse senkrecht dazu, etwa längs des gestrichelt gezeichneten Halbstrahls, so wird im neuen Koordinatensystem die Ordinate längs unseres Kurvenbogens nicht mehr notwendig eine eindeutige Funktion der Abszisse sein, während diese Annahme unserer Formulierung des *Rolle*schen Satzes schon im Ansatz zugrunde liegt. Daher wollen wir die zu beweisende Tatsache lieber analytisch formulieren und auch analytisch beweisen.

Der Mittelwertsatz der Differentialrechnung. *Es sei $f(x)$ stetig im abgeschlossenen Intervall $\langle \alpha, \beta \rangle$ und differenzierbar überall im Inneren dieses Intervalls, also für $\alpha < x < \beta$. Dann gibt es im Inneren dieses Intervalls einen Punkt ξ, für den*

$$\boxed{\frac{f(\beta) - f(\alpha)}{\beta - \alpha} = f'(\xi), \quad \alpha < \xi < \beta} \tag{57,1}$$

gilt.

Man beachte, dass links in (57,1) gerade die Steigung der Sehne an die Kurve $y = f(x)$ durch die beiden Punkte $(\alpha, f(\alpha))$ und $(\beta, f(\beta))$ steht. $f'(\xi)$ ist aber die Steigung der Tangente im Punkte mit der Abszisse ξ.

Beweis des Mittelwertsatzes. Man setze

$$\frac{f(\beta) - f(\alpha)}{\beta - \alpha} = \varrho \tag{57,2}$$

und betrachte die folgende Hilfsfunktion:

$$g(x) \equiv f(x) - f(\alpha) - \varrho(x - \alpha).$$

Wir behaupten, dass $g(x)$ im Intervall $\langle \alpha, \beta \rangle$ die Voraussetzungen des *Rolle*schen Satzes erfüllt. Denn $g(x)$ ist in $\langle \alpha, \beta \rangle$ *stetig*, als Differenz stetiger Funktionen. Ferner gilt für jedes x mit $\alpha < x < \beta$ nach den in der Nr. 55 bewiesenen Eigenschaften der Ableitung

$$g'(x) = f'(x) - \varrho, \tag{57,3}$$

so dass $g(x)$ in (α, β) differenzierbar ist. Weiter gilt

$$\begin{aligned} g(\alpha) &= f(\alpha) - f(\alpha) - \varrho(\alpha - \alpha) = 0, \\ g(\beta) &= f(\beta) - f(\alpha) - \varrho(\beta - \alpha) = \\ &= f(\beta) - f(\alpha) - \frac{f(\beta) - f(\alpha)}{\beta - \alpha}(\beta - \alpha) = 0, \end{aligned}$$

so dass $g(x)$ in den beiden Endpunkten von $\langle \alpha, \beta \rangle$ verschwindet.

Daher ist der *Rolle*sche Satz auf $g(x)$ anwendbar, und es folgt für ein ξ mit $\alpha < \xi < \beta$ wegen (57,3)

$$g'(\xi) = f'(\xi) - \varrho = 0.$$

Dies ist aber wegen (57,2) gerade die Behauptung (57,1). Damit ist der Mittelwertsatz der Differentialrechnung bewiesen. Er rührt von *Lagrange*, 1797, her.

Ebenso wie in der Formel (57,1) tritt ein Mittelwert ξ zwischen α und β bereits im ersten Mittelwertsatz der Integralrechnung auf, nur mit dem Unterschied, dass in (57,1) der Mittelwert ξ *im engeren Sinne* zwischen α und β liegt. Wir können daher dieses ξ auch hier in der Form darstellen

$$\xi = \alpha + \Theta(\beta - \alpha),$$

wie dies bei der Herleitung der Gestalt (52,8) des ersten Mittelwertsatzes der

Integralrechnung geschehen ist. Nur liegt hier die an sich unbekannte Zahl Θ *im engeren Sinne* zwischen 0 und 1:

$$0 < \Theta < 1.$$

Übersichtlicher wird die Formel (57,1), wenn man darin $\beta - \alpha = h$, $\beta = \alpha + h$ setzt. Dann wird $\xi = \alpha + \Theta h$, und (57,1) nimmt die Gestalt an

$$\frac{f(\alpha + h) - f(\alpha)}{h} = f'(\alpha + \Theta h), \quad 0 < \Theta < 1. \tag{57,4}$$

Löst man diese Formel nach $f(\alpha + h)$ auf, so ergibt sich

$$\boxed{f(\alpha + h) = f(\alpha) + h f'(\alpha + \Theta h), \quad 0 < \Theta < 1.} \tag{57,5}$$

Diese Formel kann übrigens zur Begründung der Interpolation vermittelst der „partes proportionales" benutzt werden, wovon im zweiten Teil dieser Vorlesungen ausführlich die Rede sein wird.

Aufgaben

1. Die Wurzeln der Gleichung

$$x^2 + a x + b = 0$$

werden durch $-\frac{a}{2}$ getrennt, wenn sie reell sind.

2. Die Gleichung

$$x^3 - 3x + c = 0$$

hat für kein c zwei Wurzeln zwischen 0 und 1.

3. Die Funktion

$$f(x) = \frac{d}{dx}\left(x(x-1)\right)^2$$

hat wenigstens eine Nullstelle zwischen 0 und 1.

4. Was kann man über die Wurzeln der Ableitung des Polynoms

$$P(x) = (x-1)(x-2)(x-3)(x-4)$$

sagen, ohne diese Ableitung zu berechnen?

5. Man löse die zur Aufgabe 4 analoge Aufgabe für das Polynom

$$P(x) = (x-1)^2(x+1)^3.$$

6. Mit Hilfe des Mittelwertsatzes der Differentialrechnung beweise man die Relationen

a) $n\,x^{n-1} \geqq \dfrac{x^n - y^n}{x - y} \geqq n\,y^{n-1} \quad (x > y > 0,\ n \text{ ganz},\ n > 0)$,

b) $(y - x)\cos y \leqq \sin y - \sin x \leqq (y - x)\cos x \quad \left(0 < x < \frac{\pi}{2},\ 0 < y < \frac{\pi}{2}\right)$.

* * *

7. In der Formel

$$\frac{f(x+h) - f(x)}{h} = f'(x + \Theta h)$$

ist Θ für $f(x) = x^2$ zu berechnen und

$$\lim_{h \to 0} \Theta$$

zu bestimmen.

8. Die zur Aufgabe 7 analoge Aufgabe ist für

$$f(x) = x^3$$

zu lösen.

9. Existiert $f'(x)$ in einem Intervall $\langle a - \varepsilon, a + \varepsilon \rangle$ und existiert der Grenzwert

$$\lim_{h \to 0} f'(a + h),$$

so ist dieser Grenzwert gleich $f'(a)$ — eine Ableitung kann keine hebbare Unstetigkeit haben.

10. Es sei die Funktion $f(x)$ in $\langle \alpha, \beta \rangle$ stetig und im Inneren dieses Intervalles differenzierbar. Gilt

$$\lim_{x \uparrow \beta} f'(x) = A,$$

wo A ein endlicher Wert ist, so hat $f(x)$ in β die linksseitige Ableitung A.

11. Die Gleichung

$$f(x) = x^n + p\,x + q = 0$$

hat höchstens zwei reelle Wurzeln für gerade n und höchstens drei reelle Wurzeln für ungerade n.

12. Der Wert von $\sin 35^0$ ist in Schranken einzuschliessen aus den gegebenen Werten von $\sin \frac{\pi}{6}$ und $\cos \frac{\pi}{6}$. (Man wende den Mittelwertsatz der Differentialrechnung auf $\sin x$ an zwischen 30^0 und 35^0.)

13. Man schätze die Grösse des Fehlers ab, mit dem der Ausdruck

$$\frac{1}{\pi^2+1}$$

berechnet wird, wenn man für π den Wert 3,14 annimmt.

14. Ist $f'(x_0)$ vorhanden, so strebt für $x_1 < x_0 < x_2$ der Ausdruck

$$\frac{f(x_2)-f(x_1)}{x_2-x_1}$$

gegen $f'(x_0)$, wenn $x_1 \uparrow x_0$ und $x_2 \downarrow x_0$ gilt.

15. Es seien $f(x)$ und $f'(x)$ stetig im Intervall $\langle 0, 1 \rangle$, und es sei dort $f'(x) \geqq m > 0, f(0) = 0$. Dann ist in diesem Intervall ein Teilintervall von der Länge $\frac{1}{2}$ enthalten, in dem $f(x)$ durchweg $\geqq \frac{m}{2}$ ist.

§ 16. Die Fundamentalsätze der Infinitesimalrechnung

58. Das bestimmte Integral als Funktion der oberen Grenze

Es sei $f(t)$ im abgeschlossenen Intervall $\langle \alpha, \beta \rangle$ stetig. Dann lässt sich $f(t)$ über jedes Teilintervall dieses Intervalls integrieren.

Es seien nun γ und x zwei beliebige Zahlen aus diesem Intervall. Wir betrachten dann das Integral

$$\int_{\gamma}^{x} f(t)\,dt.$$

Hier soll γ in der ganzen Betrachtung zunächst als Parameter konstant gehalten werden. Dagegen möge die obere Grenze x über das ganze Intervall $\langle \alpha, \beta \rangle$ variieren. Wir bezeichnen unser Integral als Funktion der oberen Grenze x mit $F(x)$:

$$F(x) = \int_{\gamma}^{x} f(t)\,dt. \tag{58,1}$$

Ist dann $x + h$ für ein $h \neq 0$ ein zweiter Wert aus dem Intervall $\langle \alpha, \beta \rangle$, so gilt offenbar nach (51,7)

$$F(x+h) - F(x) = \int_{\gamma}^{x+h} f(t)\,dt - \int_{\gamma}^{x} f(t)\,dt = \int_{x}^{x+h} f(t)\,dt.$$

Das letzte Integral ist aber nach dem ersten Mittelwertsatz der Integralrechnung gleich

$$h f(\xi)$$

für einen Zwischenwert ξ zwischen $x + h$ und x, so dass wir schliesslich

$$F(x+h) - F(x) = h f(\xi), \quad \xi = x + \Theta h \tag{58,2}$$

erhalten.

Da $f(t)$ im abgeschlossenen Intervall $\langle \alpha, \beta \rangle$ stetig ist, ist $|f(t)|$ dort gleichmässig beschränkt, so dass für ein geeignetes M

$$|f(t)| < M \quad (\alpha \leqq t \leqq \beta)$$

gilt. Daher folgt aus (58,2)

$$|F(x+h) - F(x)| \leqq M\,|h|,$$

und wir sehen, dass $F(x+h)$ für $h \to 0$ gegen $F(x)$ konvergiert: *$F(x)$ ist stetig in $\langle \alpha, \beta \rangle$.*

Dividieren wir ferner beide Seiten von (58,2) durch h, so folgt

$$\frac{F(x+h)-F(x)}{h} = f(x+\Theta h), \quad 0 \leqq \Theta \leqq 1. \tag{58,3}$$

Lässt man hier h gegen 0 konvergieren, aber so, dass $x+h$ im Intervall $\langle \alpha, \beta \rangle$ bleibt, so strebt $x+\Theta h$ gegen x und damit konvergiert $f(x+\Theta h)$ gegen $f(x)$, da f in $\langle \alpha, \beta \rangle$ stetig ist. Daher muss auch der Ausdruck links in (58,3) den Grenzwert $f(x)$ haben. Dies bedeutet aber, dass

$$\frac{dF(x)}{dx} = f(x) \quad (\alpha \leqq x \leqq \beta) \tag{58,4}$$

ist. Dabei sind in den Endpunkten des Intervalls die entsprechenden *einseitigen* Ableitungen zu nehmen.

Wir haben der obigen Betrachtung ein *abgeschlossenes* Stetigkeitsintervall $\langle \alpha, \beta \rangle$ von $f(t)$ zugrunde gelegt. Unsere Resultate bleiben aber auch dann richtig, wenn ein beliebiges Stetigkeitsintervall J von $f(t)$ angenommen wird, in dem sowohl γ als auch x liegen. Denn man braucht dann nur für jedes x aus J ein geeignetes abgeschlossenes Teilintervall $\langle \alpha, \beta \rangle$ von J zu betrachten, das sowohl γ als auch x enthält. Liegt x im engeren Sinne im Inneren von J, so lässt sich $\langle \alpha, \beta \rangle$ so wählen, dass x auch im engeren Sinne im Innern dieses Teilintervalls liegt. Daher ist dann in (58,4) für einen solchen Punkt die beidseitige Ableitung zu nehmen. Ist aber x ein Endpunkt von J, so wählt man $\langle \alpha, \beta \rangle$ so, dass x der entsprechende Endpunkt dieses Teilintervalls ist. Dann ist also in (58,4) die entsprechende einseitige Ableitung zu nehmen. Das damit gewonnene Resultat lautet:

Der erste Fundamentalsatz der Infinitesimalrechnung. *Ein bestimmtes Integral ist eine stetige und differenzierbare Funktion der oberen Grenze im ganzen Stetigkeitsintervall des Integranden. Die Ableitung eines bestimmten Integrals nach der oberen Grenze ist gleich dem Wert des Integranden an der oberen Grenze.*

Es ist noch von Interesse, die entsprechenden Tatsachen über die Abhängigkeit eines bestimmten Integrals von der *unteren Grenze* anzugeben. Wir betrachten das Integral

$$\int_{\alpha}^{\beta} f(t)\,dt = G(\alpha)$$

für ein konstantes β, als Funktion der unteren Grenze α, wobei α über ein Stetigkeitsintervall von $f(x)$ variiert, in dem auch β gelegen ist. Dann ist wegen (51,4)

$$-G(\alpha) = \int_{\beta}^{\alpha} f(t)\,dt,$$

so dass nach dem oben bewiesenen $-G(\alpha)$ und damit auch $G(\alpha)$ stetig in bezug auf α ist. Ferner folgt

$$\frac{d(-G(\alpha))}{d\alpha} = f(\alpha),$$

$$\frac{dG(\alpha)}{d\alpha} = -f(\alpha):$$

Die Ableitung eines bestimmten Integrals nach seiner unteren Grenze ist gleich dem mit -1 multiplizierten Wert des Integranden an der unteren Grenze.

59. Bestimmtes Integral und Stammfunktion

Eine besonders wichtige Interpretation des ersten Fundamentalsatzes der Infinitesimalrechnung ergibt sich, wenn man den Begriff der **Stammfunktion** einführt.

Es sei $f(x)$ eine in einem gewissen Intervall J stetige Funktion. Dann heisst eine in J definierte Funktion $F(x)$, deren Ableitung in J gleich $f(x)$ ist, eine ***Stammfunktion*** *von $f(x)$ in J.*

Für eine Stammfunktion $F(x)$ von $f(x)$ ist also die Relation

$$\frac{dF(x)}{dx} = f(x)$$

charakteristisch. Nunmehr folgt aus dem Ergebnis der vorigen Nummer:

Ist $f(x)$ in einem Intervall J stetig, so gibt es stets eine Stammfunktion von $f(x)$ in J. Und zwar erhält man eine solche Stammfunktion $F(x)$, indem man ein beliebiges, aber festes γ aus J wählt und für ein beliebiges x aus J

$$F(x) = \int_\gamma^x f(t)\,dt$$

setzt.

Zugleich sieht man, dass man so unendlich viele, im allgemeinen verschiedene Stammfunktionen von $f(x)$ erhält, da man γ in J ja beliebig wählen kann. Die verschiedenen so entstehenden Stammfunktionen von $f(x)$ unterscheiden sich aber auf jeden Fall nur um eine *Konstante* voneinander. Denn es gilt ja identisch für jedes x aus J

$$\int_\gamma^x f(t)\,dt - \int_{\gamma_1}^x f(t)\,dt = \int_\gamma^{\gamma_1} f(t)\,dt,$$

und hier ist die rechte Seite von x unabhängig.

Es ist aber auch klar, dass man überhaupt aus einer beliebigen Stammfunktion $F(x)$ *weitere Stammfunktionen* von $f(x)$ bekommt, indem man zu $F(x)$ beliebige Konstanten hinzufügt. Denn es gilt ja für jede Konstante c:

$$\frac{d(F(x)+c)}{dx} = \frac{dF(x)}{dx} + \frac{dc}{dx} = f(x) + 0 = f(x).$$

Diese Tatsache lässt sich auch umkehren: Man erhält in der Form $F(x) + c$ für geeignetes c ***jede Stammfunktion*** von $f(x)$ in J aus einer beliebig vorgegebenen Stammfunktion $F(x)$.

Denn es seien $F(x)$ und $F_1(x)$ zwei Stammfunktionen von $f(x)$ in J. Dann folgt aus

$$\frac{dF(x)}{dx} = \frac{dF_1(x)}{dx} = f(x),$$

wenn

$$F_1(x) - F(x) = D(x)$$

gesetzt wird,

$$D'(x) = \frac{dF_1(x)}{dx} - \frac{dF(x)}{dx} = f(x) - f(x) = 0.$$

Aus dieser Relation folgt aber leicht, dass $D(x)$ in J ***konstant*** ist. Denn es sei γ irgendein Punkt in J, und man setze $c = D(\gamma)$. Dann liefert der Mittelwertsatz der Differentialrechnung für jedes von γ verschiedene x aus J

$$\frac{D(x) - D(\gamma)}{x - \gamma} = D'(\gamma + \Theta(x - \gamma)) = 0,$$

so dass $D(x) - D(\gamma) = 0$ und

$$D(x) = D(\gamma) = c \quad (x \prec J)$$

ist. Daher folgt im ganzen Intervall J

$$F_1(x) = F(x) + c.$$

Aus den gewonnenen Resultaten ergibt sich als deren Zusammenfassung:

Der zweite Fundamentalsatz der Infinitesimalrechnung. *Ist $F(x)$ eine Stammfunktion von $f(x)$ im Intervall J, so erhält man daraus* ***alle Stammfunktionen*** *von $f(x)$ in J, indem man zu $F(x)$ willkürliche Konstanten hinzufügt.*

Durch Kombination der beiden Fundamentalsätze der Infinitesimalrechnung können wir nunmehr leicht eine Formel erhalten, die die Berechnung aller bestimmten Integrale einer Funktion $f(x)$ gestattet, *sobald eine Stammfunktion von $f(x)$ bekannt ist.*

Denn es sei $F(x)$ eine Stammfunktion von $f(x)$ in einem Intervall J. Es seien α und β zwei beliebige Zahlen aus J. Um $\int_\alpha^\beta f(t)\,dt$ zu berechnen, betrachten wir die Funktion $\int_\alpha^x f(t)\,dt$ für alle x aus J. Diese Funktion ist nach dem ersten Fundamentalsatz eine Stammfunktion von $f(x)$ in J. Sie unterscheidet sich also von $F(x)$ um eine additive Konstante:

$$\int_\alpha^x f(t)\,dt = F(x) + c.$$

Um die Konstante c zu berechnen, setze man in dieser Gleichung $x = \alpha$. Da dann das Integral links zu 0 wird, ergibt sich

$$F(\alpha) + c = 0, c = -F(\alpha)$$

und daher

$$\int_\alpha^x f(t)\,dt = F(x) - F(\alpha).$$

Setzen wir aber darin $x = \beta$, so folgt schliesslich

$$\boxed{\int_\alpha^\beta f(t)\,dt = F(\beta) - F(\alpha) \qquad \big(F'(x) = f(x)\big).} \tag{59,1}$$

Daher:

Korollar zu den Fundamentalsätzen der Infinitesimalrechnung. *Man erhält den Wert eines bestimmten Integrals einer stetigen Funktion aus einer Stammfunktion des Integranden, indem man vom Wert dieser Stammfunktion an der oberen Grenze den Wert dieser Stammfunktion an der unteren Grenze abzieht*[1]).

Wir haben z. B. in der Nr. 49 die folgenden Formeln gewonnen: Für $\alpha < \beta$ gilt

$$\int_\alpha^\beta (ax + b)\,dx = \left(\frac{a\beta^2}{2} + b\beta\right) - \left(\frac{a\alpha^2}{2} + b\alpha\right),$$

$$\int_\alpha^\beta \sin x\,dx = \cos\alpha - \cos\beta;$$

ferner für $0 < \alpha < \beta$ und ein natürliches p:

$$\int_\alpha^\beta x^p\,dx = \frac{\beta^{p+1}}{p+1} - \frac{\alpha^{p+1}}{p+1}.$$

[1]) Die Fundamentalsätze der Infinitesimalrechnung, durch die der Zusammenhang zwischen den Prozessen der Differentiation und der Integration hergestellt wird, sind von *Newton* und *Leibniz*, wie wir heute wissen, unabhängig aufgestellt worden. *Newton* besass zwar diese Sätze lange vor *Leibniz*, hat sie aber erst nach *Leibniz* veröffentlicht. Über die Priorität dieser Entdeckung spielte sich ein sehr unerquicklicher Streit ab, der in den Jahren 1699—1722 sehr viel Staub in der gebildeten Welt Europas aufgewirbelt hat. Heute kann man vielleicht als das eine erfreuliche Resultat dieses Streites wenigstens die Auffassung nennen, dass es ein Verstoss gegen die Interessen der Wissenschaft ist, wissenschaftliche Entdeckungen, oder Methoden, die zu solchen Entdeckungen führen, geheim zu halten oder nur innerhalb eines kleinen Kreises bekannt zu geben. In dieser Beziehung hat die Tätigkeit der grossen Schweizer Mathematiker des 18. Jahrhunderts: *Johann Bernoulli, Jakob Bernoulli, Daniel Bernoulli* (1700—1782) und vor allem *Leonhard Euler* besonders segensreich gewirkt.

Diese Formeln ergeben sich jetzt aus der Formel (59,1) ohne weiteres, wenn man beachtet, dass

$$\frac{a x^2}{2} + b x, \quad -\cos x, \quad \frac{x^{p+1}}{p+1}$$

nach den Resultaten der Nr. 55 bzw. Stammfunktionen von

$$a x + b, \quad \sin x, \quad x^p$$

sind. Zugleich folgt, dass die obigen Formeln nunmehr für *ganz beliebige* Werte α und β gelten. Setzen wir z. B. in der letzten dieser Formeln $\alpha = 0$, $\beta = 1$, so folgt

$$\int_0^1 x^p d x = \frac{1}{p+1}.$$

Wir haben aber andererseits in Nr. 49 gesehen, dass der Quotient $\frac{1^p + \cdots + n^p}{n^{p+1}}$ für $n \to \infty$ gegen $\int_0^1 x^p d x$ konvergiert. Daher folgt nunmehr für $n \to \infty$:

$$\frac{1^p + \cdots + n^p}{n^{p+1}} \to \frac{1}{p+1}. \tag{59,2}$$

Wie man sieht, ergeben sich jetzt alle in der Nr. 49 durch sehr spezielle Methoden und zum Teil unter einschränkenden Voraussetzungen über die Grenzen hergeleiteten Ausdrücke für bestimmte Integrale unmittelbar auf dem Wege einer fast mechanischen Verifikation.

In der Praxis wird für die Differenz $F(\beta) - F(\alpha)$, wie sie rechts in der Formel (59,1) steht, die abgekürzte Bezeichnung

$$F(x) \Big/_{\alpha}^{\beta}$$

benutzt. Man liest dies: $F(x)$ *zwischen den Grenzen* α *und* β.

Die Stammfunktionen von $f(x)$ werden auch **Integralfunktionen** oder auch **unbestimmte Integrale** von $f(x)$ genannt. Man benutzt für sie das Symbol

$$\int f(x) d x,$$

wobei also *keine Grenzen* angegeben werden und als Integrationsvariable die Variable der Stammfunktion genommen wird. Gelegentlich wird die gleiche Variable an der oberen Grenze geschrieben. Ebenso wird oft hinter dem Integralausdruck $+ c$ geschrieben, um anzudeuten, dass eine beliebige additive Konstante hinzugefügt werden kann.

So können wir z. B. schreiben

$$\sin x = \int \cos x\, d x = \int^x \cos x\, d x = \int \cos x\, d x + c.$$

Aus den Rechnungen der Nr. 55 ergibt sich nunmehr:

$$\boxed{\int x^p\,dx = \frac{x^{p+1}}{p+1}} \tag{59,3}$$

für ein beliebiges ganzes $p \geqq 0$. Denn da dann $p + 1$ ganz und positiv ist, folgt

$$\frac{d}{dx}\left(\frac{x^{p+1}}{p+1}\right) = \frac{1}{p+1}(p+1)\,x^p = x^p\,;$$

$$\boxed{\int \cos x\,dx = \sin x\,,} \tag{59,4}$$

wegen $\frac{d\sin x}{dx} = \cos x$;

$$\boxed{\int \sin x\,dx = -\cos x\,,} \tag{59,5}$$

wegen $\frac{d(-\cos x)}{dx} = \sin x$.

Wir wollen nun in den beiden nächsten Kapiteln die Operationen der Differentiation und der Integration im einzelnen besprechen und zugleich auf die Definition verschiedener algebraischer und transzendenter Funktionen eingehen.

Aufgaben

* * *

1. Man beweise, dass das Integral

$$\int_{x^2}^{x^3} \sin x\,dx$$

eine stetige Funktion von x ist.

2. Man leite den Mittelwertsatz der Integralrechnung aus dem Mittelwertsatz der Differentialrechnung her.

3. Man beweise unter Benutzung der Aufgabe 2, dass in der Formel (52,7) der Zwischenwert ξ als ein *innerer* Punkt des Intervalls zwischen α und β gewählt werden kann, wenn $\alpha \neq \beta$ ist.

KAPITEL V

DIE TECHNIK DES DIFFERENZIERENS

§ 17. Ableitungen rationaler Verbindungen gegebener Funktionen

60. Elementare Differentiationsregeln

Wir haben bereits in (55,7) eine einfache Differentiationsregel gewonnen:

$$\frac{d}{dx}\big(af(x) + bg(x)\big) = af'(x) + bg'(x), \tag{60,1}$$

die für beliebige Konstanten a und b gilt. In dieser Regel kommen die Charaktere des Differentiationsprozesses zum Ausdruck, die man als *Additivität* oder auch als *Distributivität* zu bezeichnen pflegt. Sie gilt übrigens auch dann, wenn man nicht nur *zwei*, sondern eine beliebige *endliche* Anzahl von Summanden hat. Dann lautet sie in geeigneten Bezeichnungen geschrieben:

$$\frac{d}{dx}\sum_{\nu=1}^{n} a_\nu f_\nu(x) = \sum_{\nu=1}^{n} a_\nu f'_\nu(x), \tag{60,2}$$

wo die a_ν beliebige Konstanten und die $f_\nu(x)$ im betrachteten Punkt differenzierbare Funktionen sind.

In dieser Formel steckt eine doppelte Aussage, nämlich erstens, dass die Summe $\sum_{\nu=1}^{n} a_\nu f_\nu(x)$ in jedem Punkt differenzierbar ist, in dem alle Funktionen $f_\nu(x)$ differenzierbar sind, und zweitens, dass dann die Ableitung den rechts in (60,2) stehenden Wert besitzt. Für $n = 2$ ist (60,2) offenbar mit (60,1) gleichbedeutend. Für alle grösseren Werte von n ergibt sich diese Formel sofort durch vollständige Induktion.

Wir leiten jetzt die Regeln für die Ableitung des Produktes und des Quotienten von zwei gegebenen differenzierbaren Funktionen her.

A. **Ableitung eines Produktes.** Es seien $f(x)$ und $g(x)$ in einem Punkte x stetig und differenzierbar. Dann gilt nach (55,9)

$$\begin{aligned} f(x+h) &= f(x) + hf'(x) + h\varepsilon(h), \\ g(x+h) &= g(x) + hg'(x) + h\delta(h), \end{aligned} \tag{60,3}$$

wo $\varepsilon(h)$ und $\delta(h)$ für $h \to 0$ Nullfunktionen sind. Multipliziert man diese beiden Gleichungen gliedweise und subtrahiert auf beiden Seiten $f(x)\,g(x)$, so folgt

$$\begin{aligned} f(x+h)g(x+h) - f(x)g(x) &= hf'(x)g(x) + hg'(x)f(x) + h^2 f'(x)g'(x) + \\ &+ h^2\varepsilon(h)\delta(h) + h\delta(h)\,[f(x) + hf'(x)] + h\varepsilon(h)\,[g(x) + hg'(x)]. \end{aligned}$$

Dividiert man dies durch h, so lässt sich das Resultat in der Form schreiben

$$\frac{f(x+h)\,g(x+h)-f(x)\,g(x)}{h}=f'(x)g(x)+g'(x)f(x)+\Delta(h), \qquad (60{,}4)$$

wo

$$\Delta(h)=hf'(x)g'(x)+h\varepsilon(h)\delta(h)+\delta(h)\big(f(x)+hf'(x)\big)+\varepsilon(h)\big(g(x)+hg'(x)\big)$$

ist. Aus diesem Ausdruck von $\Delta(h)$ folgt aber sofort, dass $\Delta(h)$ für $h\to 0$ eine Nullfunktion ist. Daher konvergiert die rechte Seite von (60,4) gegen $f'(x)g(x)+$ $+g'(x)f(x)$, und wir sehen:

Sind die Funktionen $f(x)$ und $g(x)$ für ein x differenzierbar, so gilt dasselbe auch für $f(x)g(x)$, und es ist

$$\boxed{\frac{d\,f(x)\,g(x)}{dx}=f'(x)g(x)+g'(x)f(x).} \qquad (60{,}5)$$

B. **Ableitung eines Quotienten.** Es seien wiederum $f(x)$ und $g(x)$ an einer Stelle x differenzierbar, und es sei dort $g(x)\neq 0$. Um die Ableitung von $\frac{f(x)}{g(x)}$ zu finden, könnte man ganz analog wie oben verfahren, indem man die Darstellungen (60,3) benutzt. Wir wollen indessen einen etwas kürzeren Weg einschlagen und von der folgenden identischen Umformung ausgehen:

$$\frac{1}{h}\left[\frac{f(x+h)}{g(x+h)}-\frac{f(x)}{g(x)}\right]=\frac{1}{g(x)\,g(x+h)}\left[g(x)\,\frac{f(x+h)-f(x)}{h}-f(x)\frac{g(x+h)-g(x)}{h}\right]. \quad (60{,}6)$$

In dieser sofort durch direkte Umrechnung zu verifizierenden Relation ist h eine von 0 verschiedene, aber so kleine Zahl, dass $x+h$ noch im Definitionsintervall von f und g liegt.

Lassen wir nun in dieser Formel h gegen 0 streben, so streben die Quotienten innerhalb der eckigen Klammer rechter Hand nach Definition der Ableitung gegen $f'(x)$ bzw. $g'(x)$. Daher konvergiert der ganze Ausdruck innerhalb der eckigen Klammer rechts gegen $g(x)f'(x)-f(x)g'(x)$. Andererseits folgt aus der Stetigkeit der Funktion g an der Stelle x, dass für $h\to 0$ zugleich $g(x+h)\to g(x)$, $g(x)g(x+h)\to g^2(x)$ gilt. Da aber nach Annahme $g(x)\neq 0$ ist, strebt die rechte Seite von (60,6) mit $h\to 0$ gegen $\frac{gf'-fg'}{g^2}$, wo alle Funktionen an der Stelle x zu nehmen sind.

Daraus folgt aber nach (60,6), dass die Ableitung von $\frac{f(x)}{g(x)}$ an der Stelle x existiert und den obigen Wert hat. Wir sehen:

Sind die Funktionen $f(x)$ und $g(x)$ für ein x differenzierbar, und ist dort $g(x)\neq 0$, so ist dort auch $\frac{f(x)}{g(x)}$ differenzierbar, und es ist

$$\boxed{\frac{d}{dx}\frac{f(x)}{g(x)}=\frac{g(x)f'(x)-f(x)g'(x)}{g^2(x)}.} \qquad (60{,}7)$$

Übrigens kann man sich leicht überzeugen, wenn man die obigen Beweise noch einmal durchgeht, dass die Regeln über Produkt- und Quotientendifferentiation auch dann richtig bleiben, wenn es sich nur um die *rechtsseitige* oder die *linksseitige* Differentiation an der Stelle x handelt.

61. Weitere Ausführungen zu den elementaren Differentiationsregeln

Vergleicht man die Formeln (60,5) und (60,7) miteinander, so fällt in ihnen ein gewisser Mangel an Symmetrie auf. Ferner ist die Formel (60,7) relativ schwer zu merken, und dem Anfänger muss empfohlen werden, sie im Wortlaut dieser Regel einfach mechanisch auswendig zu lernen:

Die Ableitung eines Quotienten ist gleich dem Bruch, in dessen Nenner das Quadrat des Nenners steht, dessen Zähler aber gleich ist dem Nenner mal der Ableitung des Zählers weniger dem Zähler mal der Ableitung des Nenners.

Man kann nun die beiden Formeln (60,5) und (60,7) auf eine andere Gestalt bringen, die die Symmetrie sehr schön zum Ausdruck bringt. Dividiert man nämlich beide Seiten von (60,5) durch $f(x)g(x)$ und beide Seiten von (60,7) durch $\frac{f(x)}{g(x)}$, so nehmen diese beiden Formeln die Gestalten an

$$\boxed{\frac{(fg)'}{fg} = \frac{f'}{f} + \frac{g'}{g}, \quad \frac{\left(\frac{f}{g}\right)'}{\frac{f}{g}} = \frac{f'}{f} - \frac{g'}{g}.} \tag{61,1}$$

Den Quotienten $\frac{f'(x)}{f(x)}$ bezeichnet man gewöhnlich als die **logarithmische Ableitung** von $f(x)$. Benutzt man diesen Begriff, so sieht man, dass die Formeln (60,5) und (60,7) mit den Aussagen äquivalent sind:

Die logarithmische Ableitung eines Produktes von zwei Faktoren ist gleich der Summe der logarithmischen Ableitungen der Faktoren; die logarithmische Ableitung eines Quotienten ist gleich der logarithmischen Ableitung des Zählers weniger der logarithmischen Ableitung des Nenners.

Die Bildung der logarithmischen Ableitung ist allerdings daran gebunden, dass die betreffende Funktion an der betrachteten Stelle von 0 verschieden ist.

Die obige Deutung der Differentiationsregel für ein Produkt von zwei Faktoren lässt sich nun sofort auf den Fall eines Produktes von einer beliebigen, aber endlichen Anzahl von Faktoren übertragen. Denn es sei

$$F(x) = f_1(x) f_2(x) \ldots f_n(x).$$

Verschwindet keiner der Faktoren f_ν an der Stelle x, so folgt aus der ersten Formel (61,1) durch vollständige Induktion

$$\frac{F'(x)}{F(x)} = \sum_{\nu=1}^{n} \frac{f'_\nu(x)}{f_\nu(x)}$$

und daher, wenn auf beiden Seiten mit $F(x)$ multipliziert wird,

$$(f_1 f_2 \ldots f_n)' = f_1 f_2 \ldots f_n \left(\frac{f_1'}{f_1} + \frac{f_2'}{f_2} + \cdots + \frac{f_n'}{f_n}\right). \qquad (61,2)$$

Wie man sieht, besteht die Ableitung des Produktes $f_1 f_2 \ldots f_n$ aus n Summanden, von denen der ν-te ($\nu = 1,2 \ldots, n$) aus dem Produkt $f_1 f_2 \ldots f_n$ entsteht, wenn darin der Faktor f_ν durch f_ν' ersetzt wird, die übrigen Faktoren aber unverändert gelassen werden.

Bei dieser Herleitung haben wir allerdings vorausgesetzt, dass keiner der Faktoren $f_1, \ldots, f_n$ an der betrachteten Stelle verschwindet. Ist aber auch nur ein Faktor f_ν an der Stelle x_0 gleich 0, so lautet die Regel wesentlich einfacher:

Die Ableitung eines Produktes an einer Stelle x_0, an der einer der Faktoren verschwindet, ist gleich der Ableitung des verschwindenden Faktors mal dem Produkt der übrigen Faktoren in x_0.

Denn bezeichnet man den in x_0 verschwindenden Faktor von $F(x)$ mit $f(x)$ und das Produkt der übrigen Faktoren mit $g(x)$, so gilt wegen (60,5) und $f(x_0) = 0$:

$$F'(x_0) = f'(x_0) g(x_0) + g'(x_0) f(x_0) = f'(x_0) g(x_0).$$

Übrigens führt auch die Formel (61,2), wenn darin die rechte Seite ausmultipliziert und ohne Nenner geschrieben wird, auf den gleichen Ausdruck, so dass danach (61,2) immer richtig ist, sobald alle Faktoren an der betreffenden Stelle differenzierbar sind.

Wendet man die Formel (60,7) auf den Quotienten $\frac{1}{f(x)}$ an, wobei also in (60,7) $f(x)$ durch 1 und $g(x)$ durch $f(x)$ zu ersetzen ist, so ergibt sich, sofern $f(x) \neq 0$ ist,

$$\boxed{\left(\frac{1}{f(x)}\right)' = -\frac{f'(x)}{f^2(x)} \quad (f(x) \neq 0).} \qquad (61,3)$$

Es sei nun $n = -m$ eine ganze *negative* Zahl, so dass m ganz und positiv ist. Dann ist

$$x^n = \frac{1}{x^m}.$$

Wenden wir daher (61,3) auf $f(x) = x^m$ an, so folgt wegen (55,2) für $x \neq 0$:

$$(x^n)' = -\frac{(x^m)'}{x^{2m}} = -\frac{m x^{m-1}}{x^{2m}} = -m x^{-m-1} = n x^{n-1}.$$

Wir sehen also, dass die Formel (55,2)

$$(x^n)' = n x^{n-1}$$

auch dann richtig bleibt, wenn n eine ganze negative Zahl ist. Ferner bleibt diese Formel auch richtig für $n = 0$, da dann $x^n = 1$ ist und beide Seiten dieser Formel verschwinden. So sehen wir, dass die Formel (55,2) *für jedes ganzzahlige n* richtig ist.

Wir wenden ferner (60,7) auf

$$\operatorname{tg} x = \frac{\sin x}{\cos x}, \quad \operatorname{ctg} x = \frac{\cos x}{\sin x}$$

an. Dann ergibt sich wegen (55,3) und (55,4)

$$\frac{d \operatorname{tg} x}{d x} = \frac{\cos x (\sin x)' - \sin x (\cos x)'}{\cos^2 x} = \frac{\cos^2 x + \sin^2 x}{\cos^2 x}.$$

Hier ist aber die rechte Seite einerseits $= \frac{1}{\cos^2 x}$, andererseits $= 1 + \frac{\sin^2 x}{\cos^2 x} = 1 + \operatorname{tg}^2 x$, so dass wir schliesslich erhalten:

$$\boxed{\frac{d \operatorname{tg} x}{d x} = \frac{1}{\cos^2 x} = 1 + \operatorname{tg}^2 x.} \tag{61,4}$$

Ganz analog folgt für $\operatorname{ctg} x$:

$$\frac{d \operatorname{ctg} x}{d x} = \frac{\sin x (\cos x)' - \cos x (\sin x)'}{\sin^2 x} = -\frac{\sin^2 x + \cos^2 x}{\sin^2 x},$$

und dies ist $= -\frac{1}{\sin^2 x} = -(1 + \operatorname{ctg}^2 x)$. Daher

$$\boxed{\frac{d \operatorname{ctg} x}{d x} = -\frac{1}{\sin^2 x} = -(1 + \operatorname{ctg}^2 x).} \tag{61,5}$$

Aus den gewonnenen Resultaten folgt nun erstens, dass die Formel (59,3) nunmehr für jedes ganzzahlige $p \neq -1$ gilt:

$$\int x^p \, d x = \frac{x^{p+1}}{p+1} \quad (p \neq -1). \tag{61,6}$$

Denn setzt man $p + 1 = n \neq 0$, so folgt nunmehr aus (55,2):

$$\left(\frac{x^n}{n}\right)' = \frac{1}{n} (x^n)' = \frac{1}{n} n x^{n-1} = x^{n-1} = x^p,$$

was mit (61,6) gleichbedeutend ist.

Ebenso folgt aus (61,4) und (61,5)

$$\boxed{\int \frac{d x}{\cos^2 x} = \operatorname{tg} x, \quad \int \frac{d x}{\sin^2 x} = -\operatorname{ctg} x.} \tag{61,7}$$

Aufgaben

1. Man bilde die Ableitungen der folgenden Ausdrücke:

a) $x - \frac{x^2}{2} + \frac{x^3}{3} - \frac{x^4}{4}$, b) $\frac{a x + b}{c x + d}$, c) $\frac{x^2 - 1}{x^4 - 1}$,

d) $\frac{x^4 - 1}{x^2 - 1}$, e) $\frac{(x + a)(x + b)}{x^n}$, f) $\frac{x^n}{x^m - a^m}$, g) $\frac{(x + a)^p}{(x + b)^q}$.

2. Gegeben sei eine Funktion $f(x)$ durch die folgenden Relationen:

$$\begin{aligned} f(x) &= 1 + x && (x \leqq 0), \\ f(x) &= x && (0 < x < 1), \\ f(x) &= 2 - x && (1 \leqq x \leqq 2), \\ f(x) &= 3x - x^2 && (x > 2). \end{aligned}$$

Wann ist $f(x)$ stetig? Wann existiert $f'(x)$, und wann ist $f'(x)$ stetig?

3. Die Grössen a, b, α, β sind so zu wählen, dass

$$\big((a x + b) \sin x + (\alpha x + \beta) \cos x\big)' = x \cos x$$

wird.

4. Die Grössen a, b, c, α, β, γ sind so zu wählen, dass

$$\big((a x^2 + b x + c) \sin x + (\alpha x^2 + \beta x + \gamma) \cos x\big)' = x^2 \sin x$$

wird.

5. Man berechne

a) $(\operatorname{tg}^2 x)'$, b) $(x^5 \sin^2 x + \operatorname{tg} x)'$,

c) $(\operatorname{tg} x - \operatorname{ctg} x)'$, d) $\left(\frac{1}{3} \operatorname{tg}^3 x - \operatorname{tg} x + x\right)'$.

6. Man bestimme zu den folgenden Ausdrücken die zugehörigen Stammfunktionen:

a) $7{,}5\, x^2$, b) $17\, x^{25}$, c) $2 - 3x + 7x^5$.

7. Man berechne die folgenden Integrale:

a) $\int\limits_{-1}^{1} (x - x^2)\, dx$, b) $\int\limits_{1}^{0} (1 - x + x^2 - x^3)\, dx$,

c) $\int\limits_{0}^{1} (1 + x)(1 - x)(1 + x^2)\, dx$, d) $\int\limits_{0}^{2} x^2 (x - 1)^2 dx$,

e) $\int\limits_{-2}^{1} (5x - 1)\, dx$, f) $\int\limits_{\sigma}^{1} \frac{dx}{\sqrt{x}}$ $(\sigma > 0)$,

g) $\int\limits_{1}^{2} \frac{dx}{\sqrt[3]{x^2}}$, h) $\int\limits_{-1}^{1} x\, |x|\, dx$,

i) $\int\limits_{-2}^{2} |x^2 - 1|\, dx$, k) $\int\limits_{0}^{2\pi} |\sin x|\, dx$,

l) $\int\limits_{0}^{2\pi} |\cos x|\, dx$.

8. Man berechne den Inhalt der Fläche, die begrenzt wird durch: 1. die Gerade $y = 0$; 2. die Geraden $x = \pm a$; 3. die Parabel $y = a x^2$ $(a > 0)$.

9. Man berechne den Inhalt der Fläche, die begrenzt wird durch: 1. die Gerade $x = a$; 2. die Gerade $y = 0$; 3. die kubische Parabel $y = a x^3$ $(a > 0)$.

* * *

10. Aus der Summenformel der geometrischen Reihe sind geschlossene Ausdrücke für die folgenden Summen zu berechnen:

a) $A(x) = 1 + 2x + 3x^2 + \cdots + n x^{n-1}$,

b) $B(x) = 1^2 x + 2^2 x^2 + 3^2 x^3 + \cdots + n^2 x^n$.

11. Man zeige, dass die Kurve $y = \frac{f(x)}{f'(x)}$ die x-Achse nur unter Winkeln von 45 Grad schneiden kann, wenn an der betreffenden Stelle $f'(x) \neq 0$ ist.

12. Enthält das Polynom $P(x)$ den Faktor $(x - a)^n$, so enthält das Polynom $P'(x)$ den Faktor $(x - a)^{n-1}$. Ist dabei $P(x)$ durch $(x - a)^{n+1}$ nicht teilbar, so ist $P'(x)$ durch $(x - a)^n$ nicht teilbar.

13. Die Ableitung einer rationalen Funktion

$$\frac{f(x)}{g(x)},$$

wo f und g Polynome sind, enthält jeden Linearfaktor, der im Nenner der Ableitung nach Kürzung überhaupt vorkommt, wenigstens quadratisch.

14. Man berechne den Flächeninhalt zwischen der x-Achse, den Geraden $x = a$ und $x = b$ und der Parabel $y = A x^2 + B x + C$ und stelle ihn in der Form

$$F = \frac{b-a}{6}(y_0 + 4 y_1 + y_2)$$

dar, wo y_0, y_1, y_2 die zu den Abszissen a, $\frac{a+b}{2}$, b gehörenden Parabelordinaten sind.

15. Man berechne den Flächeninhalt S des durch die Parabel $y = A x^2 + B x + C$ und die Gerade $y = m x + n$ begrenzten Parabelsegments. Man zeige, dass

$$S = \frac{2}{3} | y_2 - y_1 | \, | x_2 - x_1 |$$

ist, wo x_1 und x_2 die Abszissen der Schnittpunkte und y_1 und y_2 die Ordinaten der Punkte der Parabel und der Geraden sind, die der Abszisse $x = \frac{1}{2}(x_1 + x_2)$ entsprechen.

16. Gegeben sei eine Funktion $f(x)$ durch

$$\begin{aligned} f(x) &= 0 && \left(0 \leqq x \leqq \tfrac{1}{2}\right), \\ f(x) &= (x-1)^2 - \frac{1}{4} && \left(\tfrac{1}{2} \leqq x \leqq \tfrac{3}{2}\right), \\ f(x) &= 0 && \left(\tfrac{3}{2} \leqq x \leqq 2\right). \end{aligned}$$

Wann existiert $f'(x)$? Wann ist $f'(x)$ stetig?

17. Man beweise, dass die Gleichung

$$(1 - x)\cos x - \sin x = 0$$

eine Wurzel zwischen 0 und 1 besitzt. (Man stelle die linke Seite der Gleichung als die Ableitung einer geeigneten Funktion dar.)

18. Man berechne den Inhalt des zwischen den beiden Parabeln $y^2 = 4x$, $y = 2x^2$ eingeschlossenen Flächenstücks.

19. Es sei $f(x)$ für alle x definiert und stetig, und es möge die zugehörige Kurve $y = f(x)$ ein gebrochener Streckenzug mit n Ecken sein, deren Abszissen $\alpha_1, \alpha_2, \ldots, \alpha_n$ mit

$$\alpha_1 < \alpha_2 < \cdots < \alpha_n$$

sind (vgl. Fig. 22). Sind β_ν bzw. $\beta_{\nu+1}$ $(\nu = 1, \ldots, n)$ die Steigungen der in α_ν

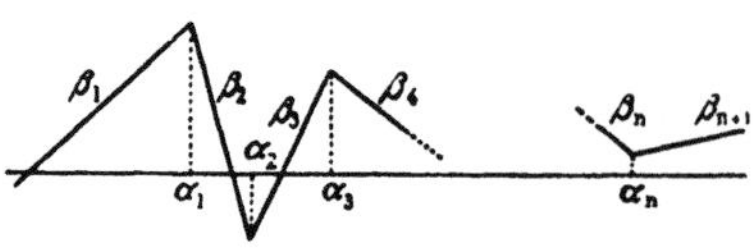

Fig. 22

zusammenstossenden Teilstrecken der Kurve, so lässt sich die Funktion $f(x)$ in der Form darstellen

$$f(x) = \sum_{\nu=1}^{n} \frac{\beta_{\nu+1} - \beta_\nu}{2} \,|\, x - \alpha_\nu \,|\, + \frac{\beta_1 + \beta_{n+1}}{2} x + a,$$

wo a eine geeignete Konstante ist.

20. Man beweise:

$$\frac{y - x}{\cos^2 x} \leqq \operatorname{tg} y - \operatorname{tg} x \leqq \frac{y - x}{\cos^2 y} \qquad \left(0 \leqq x, y < \frac{\pi}{2}\right).$$

§ 18. Umkehrung monotoner Funktionen

62. Existenz und Stetigkeit inverser Funktionen. Eigentlich monoton wachsende Funktionen

Es sei $f(x)$ eine im abgeschlossenen Intervall $J = \langle \alpha, \beta \rangle$ eigentlich monoton wachsende und stetige Funktion, so dass also, wenn $x_1 < x_2$ für zwei Werte x_1 und x_2 aus J ist, dann auch $f(x_1) < f(x_2)$ gilt.

Setzt man dann

$$f(\alpha) = A, \quad f(\beta) = B, \tag{62,1}$$

so gilt für jedes x aus J:

$$\alpha \leqq x \leqq \beta, \quad A \leqq y = f(x) \leqq B,$$

so dass alle Werte, die $f(x)$ in J annimmt, zwischen A und B liegen. Umgekehrt folgt offenbar aus dem Zwischenwertsatz, dass jeder Wert y, der zwischen A und B liegt, irgendwo in J von der Funktion $f(x)$ angenommen wird. Ist also $A \leqq y_0 \leqq B$, so gibt es wenigstens ein x_0 in J, so dass

$$f(x_0) = y_0$$

ist. Man sieht aber nun leicht, dass es *nur ein einziges* solches x_0 in J geben kann. Denn ist $x > x_0$, so folgt aus den Annahmen über $f(x)$, dass $f(x) > f(x_0) = y_0$ ist. Ist aber $x < x_0$, so folgt ebenso $f(x) < f(x_0) = y_0$. Wir sehen also:

Für jedes y aus dem Intervall $\langle A, B \rangle$ hat die Gleichung

$$f(x) = y \tag{62,2}$$

eine und nur eine in J liegende Lösung. Diese Lösung hängt offenbar von y ab. Wir schreiben dafür

$$x = \varphi(y). \tag{62,3}$$

Diese in $\langle A, B \rangle$ definierte Funktion heisst die **Umkehrfunktion** oder die **inverse Funktion** von $f(x)$.

Die inverse Funktion kann, wie wir später an Beispielen sehen werden, durchaus von der Wahl des Ausgangsintervalls abhängen.

Die oben im Intervall $\langle A, B \rangle$ eindeutig definierte Funktion $\varphi(y)$ ist nun wiederum *eigentlich monoton wachsend.* Denn ist

$$A \leqq y_1 < y_2 \leqq B; \quad x_1 = \varphi(y_1), \quad x_2 = \varphi(y_2),$$

so folgt nach Definition

$$y_1 = f(x_1), \quad y_2 = f(x_2).$$

Wäre nun $x_1 \geqq x_2$, so müsste nach den Annahmen über $f(x)$ auch $y_1 \geqq y_2$ sein. Daher ist $x_1 < x_2$:

$$\varphi(y_1) < \varphi(y_2),$$

wie behauptet.

Die damit bewiesene Existenz und Monotonie von $\varphi(y)$ erscheint unmittelbar einleuchtend, wenn man die Kurve $y = f(x)$ betrachtet (vgl. Fig. 23). Dann erscheinen die beiden Gleichungen (62,2) und (62,3) als Gleichungen einer und

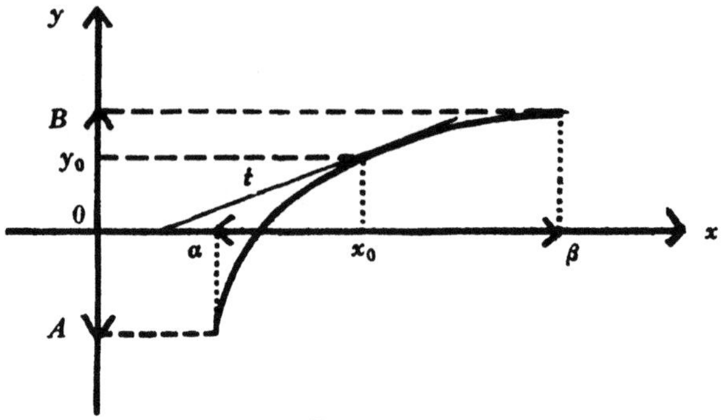

Fig. 23

derselben Kurve, wobei das eine Mal die Ordinate als Funktion der Abszisse betrachtet wird, das andere Mal die Abszisse als Funktion der Ordinate.

Es erscheint daher sehr plausibel, dass auch die Funktion $\varphi(y)$ in ihrem Definitionsintervall $\langle A, B \rangle$ *stetig* ist. Immerhin wollen wir diese Tatsache *analytisch* beweisen.

Es sei

$$x_0 = \varphi(y_0).$$

Wir wollen zeigen, dass, wenn $y \prec \langle A, B \rangle$ ist und gegen y_0 strebt, dann auch $\varphi(y) \to \varphi(y_0)$ gilt.

Zuerst möge y monoton gegen y_0 *fallen*. Auf jeden Fall ist $y_0 < B$ und $x_0 < \beta$. Da für $y \downarrow y_0$ die Werte $\varphi(y)$ gleichfalls monoton fallen und zugleich $\geqq \alpha$ bleiben, streben diese Werte gegen einen Wert ξ, so dass

$$\operatorname*{Lim}_{y \downarrow y_0} \varphi(y) = \xi, \quad \alpha \leqq \xi \leqq \beta,$$

ist. Nach Definition von $\varphi(y)$ gilt aber

$$f(\varphi(y)) = y. \tag{62,4}$$

Lassen wir in dieser Gleichung y gegen y_0 fallen, so konvergiert die linke Seite gegen $f(\xi)$, da $f(x)$ für $x = \xi$ stetig ist, und man erhält $f(\xi) = y_0$. ξ ist also eine in J gelegene Lösung der Gleichung

$$f(x) = y_0. \tag{62,5}$$

Da aber die in J liegende Lösung dieser Gleichung *eindeutig bestimmt* ist, folgt

$$\xi = \varphi(y_0) = x_0$$

und daher

$$\operatorname*{Lim}_{y \downarrow y_0} \varphi(y) = x_0 = \varphi(y_0).$$

$\varphi(y_0)$ ist also in y_0 *rechtsseitig* stetig.

Die *linksseitige* Stetigkeit von $\varphi(y)$ im Punkte y_0 wird durch eine genau symmetrische Betrachtung bewiesen. Für $y \uparrow y_0$ wachsen die zugehörigen Werte von $\varphi(y)$, und da $\varphi(y)$ in J liegt, gilt

$$\operatorname*{Lim}_{y \uparrow y_0} \varphi(y) = \eta, \quad \alpha \leqq \eta \leqq \beta.$$

Um dieses η zu bestimmen, lassen wir nun in (62,4) y linksseitig gegen y_0 konvergieren. Wegen der Stetigkeit von $f(x)$ in η folgt $f(\eta) = y_0$, so dass auch η die eindeutig bestimmte, in J gelegene Lösung $x_0 = \varphi(y_0)$ der Gleichung (62,5) ist. Daher gilt auch

$$\operatorname*{Lim}_{y \uparrow y_0} \varphi(y) = \varphi(y_0),$$

d. h. $\varphi(y)$ ist in y_0 auch *linksseitig stetig*, sofern $y_0 > A$ ist.

Damit ist die Stetigkeit der inversen Funktion einer eigentlich monoton wachsenden Funktion $f(x)$ bewiesen.

Zugleich ist es klar, dass die Funktion $y = f(x)$ die Umkehrfunktion von $x = \varphi(y)$ ist: *Die Umkehrfunktion der Umkehrfunktion ist die ursprüngliche Funktion.*

63. Existenz, Stetigkeit und Ableitung inverser Funktionen. Beliebige eigentlich monotone Funktionen

Es sei nun $f(x)$ eine im Intervall $J = \langle \alpha, \beta \rangle$ stetige und eigentlich monoton *fallende* Funktion, und es sei $A = f(\alpha)$ und $B = f(\beta)$. Wir behaupten dann:

Die Gleichung

$$f(x) = y$$

hat für

$$B \leqq y \leqq A$$

eine und nur eine in J liegende Lösung nach x. Wird diese Lösung mit

$$x = \varphi(y)$$

bezeichnet, so ist $\varphi(y)$ eine im Intervall $\langle B, A \rangle$ stetige und eigentlich monoton fallende Funktion.

Der Beweis dieses Satzes könnte natürlich durch eine ganz analoge Betrachtung geführt werden, wie der Beweis der entsprechenden Tatsachen für monoton *wachsende* Funktionen in der Nr. 62. Um Wiederholungen zu vermeiden, wollen wir statt dessen unseren Satz direkt auf das Resultat der letzten Nummer *zurückführen.*

Wir setzen

$$-f(x) \equiv g(x).$$

Dann ist $g(x)$ eine in J eigentlich monoton *wachsende* und stetige Funktion, deren Werte im Intervall $\langle -A, -B \rangle$ liegen, und für jedes z aus diesem Intervall wird die Gleichung

$$g(x) = z$$

durch eine Funktion

$$x = \psi(z)$$

aufgelöst, deren Werte in J liegen und die im Intervall $\langle -A, -B \rangle$ stetig und eigentlich monoton wachsend ist.

Ist nun $y \langle\langle B, A \rangle$, so liegt $-y$ im Intervall $\langle -A, -B \rangle$. Die Gleichung $f(x) = y$, die äquivalent mit der Gleichung $g(x) = -y$ ist, hat daher genau eine in J liegende Lösung $x = \psi(-y)$. Setzen wir nun

$$\psi(-y) = \varphi(y),$$

so ist $\varphi(y)$ nach der oben angegebenen Eigenschaft der ψ-Funktion im Intervall $\langle B, A \rangle$ stetig und eigentlich monoton fallend.

Damit sind die oben aufgestellten Behauptungen bewiesen. Die Funktion $\varphi(y)$ heisst auch in diesem Falle **Umkehrfunktion** oder **inverse Funktion** von $f(x)$.

Es sei nun allgemein $f(x)$ eine im Intervall J stetige und eigentlich monotone (wachsende oder fallende) Funktion. Es sei x_0 ein i n n e r e r Punkt von J, $\alpha < x_0 < \beta$. Die Umkehrfunktion von $y = f(x)$ sei mit $x = \varphi(y)$ bezeichnet, und es werde $f(x_0) = y_0$ gesetzt. Wir behaupten, dass, *wenn $f(x)$ in x_0 differenzierbar ist und eine von 0 verschiedene Ableitung hat:*

$$f'(x_0) \neq 0,$$

dann $\varphi(y)$ im entsprechenden Punkt y_0 differenzierbar ist und dort

$$\varphi'(y_0) = \frac{1}{f'(x_0)} \tag{63,1}$$

gilt.

Zum Beweis beachte man, dass y_0 *ganz innerhalb des abgeschlossenen Intervalles J^** zwischen $f(\alpha)$ und $f(\beta)$ enthalten ist. Denn für hinreichend kleine h liegen die beiden Werte $x_0 \pm h$ in J und enthalten zwischen sich x_0. Daher liegen auch die beiden Werte $f(x_0 \pm h)$ in J^* und enthalten zwischen sich $f(x_0) = y_0$. Um $\varphi'(y_0)$ zu berechnen, haben wir den Grenzwert

$$\operatorname*{Lim}_{k \to 0} \frac{\varphi(y_0 + k) - \varphi(y_0)}{k} \tag{63,2}$$

zu bestimmen. Wir setzen nun

$$\varphi(y_0 + k) - \varphi(y_0) = h. \tag{63,3}$$

Dann gilt einerseits

$$\varphi(y_0 + k) = \varphi(y_0) + h = x_0 + h,$$

und hier ist wegen der eigentlichen Monotonie von $\varphi(y)$ für hinreichend kleine $k \neq 0$ auch $h \neq 0$. Andererseits folgt, da $\varphi(y)$ die Umkehrfunktion von $f(x)$ ist,

$$y_0 + k = f(x_0 + h), \quad y_0 = f(x_0)$$

und daraus

$$k = f(x_0 + h) - f(x_0). \tag{63,4}$$

Wegen (63,3) und (63,4) gilt aber

$$\frac{\varphi(y_0 + k) - \varphi(y_0)}{k} = \frac{1}{\frac{f(x_0 + h) - f(x_0)}{h}}. \tag{63,5}$$

Für $k \to 0$ strebt nach (63,3) wegen der Stetigkeit von $\varphi(y)$ auch h gegen 0. Dann konvergiert der Ausdruck rechts in (63,5) gegen $\frac{1}{f'(x_0)}$, da $f'(x_0)$ existiert und $\neq 0$ ist. Daher ist der Grenzwert (63,2) vorhanden und gleich $\frac{1}{f'(x_0)}$, womit unsere Behauptung bewiesen ist.

Geometrisch erscheint die Formel (63,1) unmittelbar einleuchtend. Denn in der Fig. 23 a. p. 192 ist $f'(x_0)$ der Tangens des Winkels der Tangente t mit Ox und $\varphi'(y_0)$ der Tangens des Winkels von t mit Oy. Da aber diese beiden Winkel zueinander komplementär sind, ist der Tangens des einen Winkels der Cotangens des anderen, und das Produkt der beiden Tangense ist also 1.

Die Relation (63,1) kann unter Verwendung der *Leibniz*schen Bezeichnung der Ableitungen in der folgenden Form geschrieben werden:

$$\boxed{\frac{dx}{dy} = \frac{1}{\frac{dy}{dx}}}. \tag{63,6}$$

Wie man sieht, verhalten sich die *Leibniz*schen Symbole für die Ableitungen von x nach y und von y nach x so, als ob sie in der Tat *Quotienten* von zwei gewissen Grössen dx und dy wären. Wir werden analoge Eigenschaften der *Leibniz*schen Bezeichnung noch wiederholt konstatieren können.

64. x^r für rationale r

Es sei n eine natürliche Zahl, und die unabhängige Variable, die jetzt mit y bezeichnet werden soll, möge alle nichtnegativen Werte durchlaufen. Wir betrachten dann die Funktion

$$x = y^n \quad (0 \leqq y < \infty). \tag{64,1}$$

Diese Funktion ist, wie wir wissen, für jedes nichtnegative y stetig (vgl. Nr. 40). Ferner ist sie für nichtnegative y eigentlich monoton wachsend, — dies steckt in der Ungleichung (15,2) von § 4. Ist nun β eine positive Zahl, und durchläuft y das abgeschlossene Intervall $\langle 0, \beta \rangle$, so durchläuft x das abgeschlossene Intervall $\langle 0, \beta^n \rangle$. Dann ist nach Nr. 62 die Umkehrfunktion

$$y = \varphi(x) \tag{64,2}$$

von (64,1) die einzige in $\langle 0, \beta \rangle$ liegende Lösung der Gleichung (64,1) für x aus $\langle 0, \beta^n \rangle$.

Halten wir aber einen solchen Wert von x fest und vergrössern β, so ändert sich die durch (64,2) gegebene Lösung von (64,1) natürlich nicht, da sie ja auch im grösseren Intervall eindeutig bestimmt ist.

Wir sehen, dass die Umkehrfunktion (64,2) von (64,1) für jedes nichtnegative x *eindeutig* bestimmt ist als die einzige nichtnegative Lösung der Gleichung (64,1).

Ferner folgt aus den Ergebnissen der Nr. 62, dass $\varphi(x)$ für alle $x \geqq 0$ eigentlich monoton wächst und für jedes $x \geqq 0$ stetig ist. Denn um $\varphi(x_1)$ mit $\varphi(x_2)$ zu vergleichen, braucht man nur die Ergebnisse von Nr. 62 für ein so grosses β anzuwenden, dass x_1 und x_2 zwischen 0 und β^n liegen. Ebenso folgt die Stetigkeit von $\varphi(x)$, wenn $\beta^n > x$ gewählt wird.

Wegen (63,6) ergibt sich für $x \neq 0$, $y \neq 0$:

$$\frac{dy}{dx} = \frac{1}{\dfrac{dx}{dy}} = \frac{1}{n\,y^{n-1}} = \frac{1}{n}\,y^{1-n}. \tag{64,3}$$

Die damit für alle nichtnegativen x eindeutig bestimmte, nichtnegative, stetige und eigentlich monoton wachsende Funktion $\varphi(x)$ bezeichnen wir nun mit

$$\boxed{y = x^{\frac{1}{n}}.}$$

Die Formel (64,3) liefert dann

$$\frac{d\,x^{\frac{1}{n}}}{dx} = \frac{1}{n}\left(x^{\frac{1}{n}}\right)^{1-n}. \tag{64,4}$$

Es sei nun allgemeiner r eine beliebige rationale Zahl. Dann lässt sich r eindeutig in der *reduzierten Form* schreiben:

$$r = \frac{m}{n},$$

wo m und n ganz und teilerfremd sind und n *positiv* ist. Wir definieren allgemein für $x > 0$ die Potenz x^r durch

$$x^r = \left(x^{\frac{1}{n}}\right)^m \quad \left(r = \frac{m}{n}\right). \tag{64,5}$$

Die Werte der so definierten Funktion x^r sind offenbar positiv.

Über die damit für nichtnegative x definierten „gebrochenen" Potenzen wird nun in der Algebra bewiesen, dass man mit ihnen genau ebenso rechnen kann, wie mit „ganzen" Potenzen. Die dabei in den Elementen meist nicht genügend geklärte Existenzfrage ist ja durch das Obige erledigt. Es gilt insbesondere für beliebige *rationale Zahlen* r_1 und r_2, für beliebiges ganzes m und beliebige natürliche Zahlen n und k:

$$x^{\frac{m}{n}} = \left(x^{\frac{1}{kn}}\right)^{km}, \quad x^{r_1} x^{r_2} = x^{r_1 + r_2}, \quad (x^{r_1})^{r_2} = x^{r_1 r_2}, \quad x_1^r x_2^r = (x_1 x_2)^r. \tag{64,6}$$

Die durch (64,5) definierte Funktion von x ist für jedes positive x *stetig*. Denn ist $x \to x_0$ für $x_0 > 0$, so wissen wir schon, dass dann $x^{\frac{1}{n}} \to x_0^{\frac{1}{n}}$ gilt, und daher, wegen (64,5), strebt auch x^r gegen $x_0{}^r$.

Wir beweisen nun, dass x^r *differenzierbar* ist. In der Tat ist für $r > 0$ und $m > 0$ x^r die m-te Potenz von $x^{\frac{1}{n}}$, also ein Produkt von m differenzierbaren Funktionen. Daher ist auch x^r differenzierbar, und es folgt aus (61,2) und (64,4)

$$\frac{dx^r}{dx} = m x^{\frac{m}{n}} \frac{\frac{dx^{\frac{1}{n}}}{dx}}{x^{\frac{1}{n}}} = \frac{m}{n} x^{\frac{m}{n} - \frac{1}{n}} x^{\frac{1}{n}(1-n)} = \frac{m}{n} x^{\frac{m}{n} - \frac{1}{n} + \frac{1}{n} - 1} = \frac{m}{n} x^{\frac{m}{n} - 1},$$

und daher

$$\boxed{\frac{dx^r}{dx} = r x^{r-1}.} \tag{64,7}$$

Dies ist aber auch richtig, wenn r *negativ* ist. Denn ist r rational und negativ $= -\varrho$, $\varrho > 0$, so gilt *definitionsgemäss*

$$x^r = \frac{1}{x^\varrho},$$

woraus nach (61,3)

$$(x^r)' = -\frac{(x^\varrho)'}{x^{2\varrho}} = -\varrho \frac{x^{\varrho-1}}{x^{2\varrho}} = -\varrho x^{-\varrho-1} = r x^{r-1}$$

folgt, so dass damit (64,7) *für jedes rationale* r nachgewiesen ist.

Was die Monotonieverhältnisse der Funktion x^r anbetrifft, so ist x^r für $r = 0$ konstant, $\equiv 1$. Für $r > 0$ ist x^r *monoton wachsend*, da für natürliche m und n

$$x^r = \left(x^{\frac{1}{n}}\right)^m$$

die m-te Potenz einer monoton wachsenden Funktion ist. Für negative $r = -\varrho$, $\varrho > 0$, ist

$$x^r = \frac{1}{x^\varrho}$$

monoton fallend, da x^ϱ monoton wächst.

Fällt x gegen 0, so strebt, wie wir wissen, auch $x^{\frac{1}{n}}$ gegen 0 für natürliche n und daher für natürliche m und n auch

$$x^{\frac{m}{n}} = \left(x^{\frac{1}{n}}\right)^m.$$

Daher ist für $r > 0$

$$\lim_{x \downarrow 0} x^r = 0,$$

so dass x^r im halboffenen Intervall $\langle 0, \infty)$ *stetig* ist, wenn x^r für $x = 0$ als 0 *definiert* wird.

Für negative $r = -\varrho$, $\varrho > 0$, wächst offenbar mit $x \downarrow 0$ die Funktion $x^r = \frac{1}{x^\varrho}$ monoton gegen ∞.

Wir haben uns bei den obigen Definitionen von $x^{\frac{1}{n}}$, x^r auf $x \geqq 0$ bzw. $x > 0$ beschränkt. Man kann nun für *ungerade* natürliche n die Funktion

$$y(x) = x^{\frac{1}{n}}$$

auch für *negative* x eindeutig definieren, als die einzige Wurzel der Gleichung (64,1). Man kann dies aber ohne ausführliches Zurückgehen auf die Theorie der Umkehrfunktionen durchführen. In der Tat ist es klar, dass für ein $x < 0$ eine Lösung y der Gleichung (64,1) negativ sein muss, da für ein nichtnegatives y auch y^n nicht negativ sein kann. Ist aber $y^n = x$ für negative y und x, so folgt daraus

$$(-y)^n = -x, \quad y = -(-x)^{\frac{1}{n}}.$$

Wir sehen, dass für negative x die Relation

$$x^{\frac{1}{n}} = -(-x)^{\frac{1}{n}}$$

gilt, aus der aber nunmehr sofort folgt, dass $x^{\frac{1}{n}}$ auch für negative x monoton wachsend und stetig ist. Ebenso kann für ein $r = \frac{m}{n}$, wo m und n ganze Zahlen sind und n ungerade ist, auch für negative x gesetzt werden:

$$x^r = \left(x^{\frac{1}{n}}\right)^m = (-1)^m (-x)^r.$$

Man sucht indessen den Gebrauch gebrochener Potenzen negativer Zahlen in der reellen Analysis zu vermeiden, da für solche Potenzen einige der Relationen (64,6) nicht mehr anwendbar sind[1]).

[1]) Allgemeine Exponenten sind erst durch *Newton* um 1686 eingeführt worden. Doch spricht bereits *Wallis* 1655 von negativen Exponenten, und auch mit gebrochenen Exponenten wurde bereits von *A. Girard* 1629 und *D. Gregory* 1684 gerechnet.

65. Umkehrung von Sinus und Cosinus

A. **Umkehrung der sin-Funktion.** Die Funktion

$$x = \sin y \tag{65,1}$$

ist, wenn y das Intervall $\langle -\frac{\pi}{2}, \frac{\pi}{2} \rangle$ durchläuft, das der rechten Hälfte des Einheitskreises entspricht, eine stetige und differenzierbare Funktion, deren Werte eigentlich monoton wachsen von -1 bis 1. Daraus folgt nach Nr. 62, dass für alle x aus dem Intervall $\langle -1, 1 \rangle$ die Gleichung (65,1) eine eindeutig bestimmte, in $\langle -\frac{\pi}{2}, \frac{\pi}{2} \rangle$ liegende Lösung besitzt, die stetig und eigentlich monoton wachsend ist. Diese Lösung schreibt man gewöhnlich in der Form

$$\boldsymbol{y = \arcsin x}$$

(lies: arcus sinus x). Man beachte, dass $\arcsin x$ nicht etwa eine Art von Sinus ist. Es handelt sich hier einfach um die Abkürzung der Umschreibung: *der Arcus (Bogen), dessen Sinus gleich x ist.*

Wir vermerken noch, dass $\arcsin x$ eine *ungerade* Funktion ist. Denn es sei $\varphi = \arcsin(-x)$. Daraus folgt $-x = \sin \varphi$, $x = \sin(-\varphi)$. Liegt aber

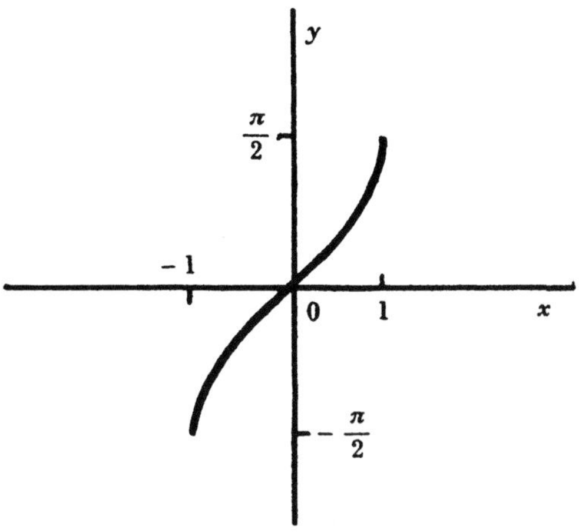

$y = \arcsin x$

Fig. 24

φ in $\langle -\frac{\pi}{2}, \frac{\pi}{2} \rangle$, so gilt dasselbe auch für $-\varphi$. Daher ist $-\varphi = \arcsin x$, d. h.

$$\arcsin(-x) = -\arcsin x,$$

wie behauptet. Der Verlauf der Funktion $\arcsin x$ ist in der Fig. 24 dargestellt.

Die Ableitung von $\arcsin x$ erhält man aus

$$\frac{dy}{dx} = \frac{1}{\frac{dx}{dy}} = \frac{1}{\frac{d \sin y}{dy}} = \frac{1}{\cos y} = \frac{1}{\sqrt{1 - \sin^2 y}} = \frac{1}{\sqrt{1 - x^2}},$$

— man beachte, dass die Wurzel mit *positivem* Vorzeichen zu nehmen ist, da $\cos y$ in $\langle -\frac{\pi}{2}, \frac{\pi}{2}\rangle$ nicht negativ ist. Daher folgt für $x \neq \pm 1$:

$$\boxed{\frac{d \arcsin x}{d x} = \frac{1}{\sqrt{1-x^2}}.} \tag{65,2}$$

Natürlich ist $\arcsin x$ nicht die einzige Lösung der Gleichung (65,1), sondern diejenige, deren Werte zwischen $-\frac{\pi}{2}$ und $\frac{\pi}{2}$ liegen. Ein Blick auf Fig. 25 zeigt, dass es in der Regel noch einen zweiten Punkt, auf der linken

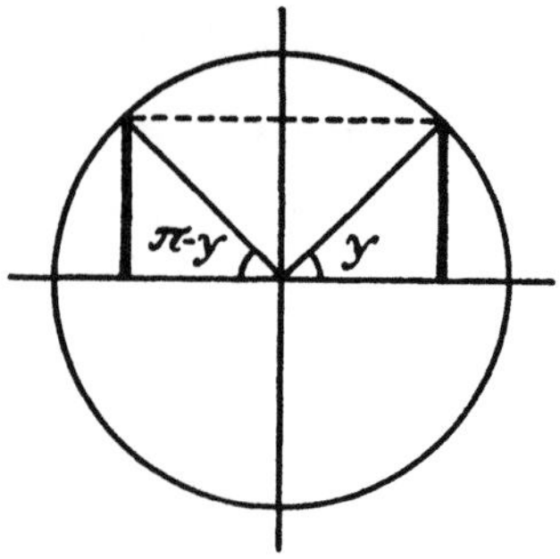

Fig. 25

Hälfte des Einheitskreises gibt, dem derselbe Sinus entspricht, und der zum Bogen $\pi - y$ gehört. Nur für $y = \pm\frac{\pi}{2}$ fällt dieser zweite Punkt mit dem ersten zusammen. Weitere Punkte auf dem Einheitskreise, zu denen der vorgegebene sin-Wert gehört, gibt es nicht.

Man erhält nun sämtliche Bögen, die zu diesen beiden Punkten auf dem Einheitskreis gehören, wenn man zu y und $\pi - y$ beliebige ganzzahlige Vielfache von 2π hinzufügt. Daher erhält man sämtliche Lösungen der Gleichung (65,1) in den Ausdrücken:

$$\left.\begin{array}{r} 2n\pi + \arcsin x \\ (2n+1)\pi - \arcsin x \end{array}\right\} \quad (n = 0, \pm 1, \pm 2, \ldots). \tag{65,3}$$

Wie man sieht, hat die Gleichung (65,1) unendlich viele Lösungen, die sich auf die unendlich vielen Ausdrücke (65,3) verteilen. Man spricht gelegentlich von diesen Ausdrücken (65,3) als von den verschiedenen „Zweigen" von $\arcsin x$, wobei die oben definierte Funktion $\arcsin x$ als der **Hauptwert** oder der **Hauptzweig** von $\arcsin x$ bezeichnet wird. Doch lässt sich diese Bezeichnung nur mit Hilfe der Theorie der Funktionen einer komplexen Variablen richtig verstehen. Im folgenden soll daher unter $\arcsin x$ nur die oben eingeführte Umkehrfunktion von (65,1) verstanden werden, deren Werte zwischen $-\frac{\pi}{2}$ und $\frac{\pi}{2}$ liegen.

B. **Umkehrung der cos-Funktion.** Bei der Funktion

$$x = \cos y \tag{65,4}$$

legen wir das y-Intervall $\langle 0, \pi \rangle$ zugrunde, das der oberen Hälfte des Einheitskreises entspricht. In diesem Intervall ist $\cos y$ stetig und differenzierbar und eigentlich monton fallend von 1 bis -1. Daher besitzt nach Nr. 63 die Gleichung (65,4) für jedes x aus $\langle -1, 1 \rangle$ genau eine in $\langle 0, \pi \rangle$ liegende Lösung, die stetig ist und eigentlich monoton abnimmt. Man bezeichnet diese Lösung mit

$$\boldsymbol{y = \operatorname{arccos} x}$$

(lies: arcus cosinus x).

Hier folgt für die Ableitung

$$\frac{dy}{dx} = \frac{1}{\frac{dx}{dy}} = \frac{1}{\frac{d\cos y}{dy}} = \frac{1}{-\sin y} = \frac{1}{-\sqrt{1-\cos^2 y}} = \frac{-1}{\sqrt{1-x^2}}.$$

Auch hier ist die Wurzel mit dem + Zeichen zu nehmen, da $\sin y$ in $\langle 0, \pi \rangle$ nicht negativ ist. Daher gilt für $x \neq \pm 1$:

$$\boxed{\frac{d \operatorname{arccos} x}{dx} = \frac{-1}{\sqrt{1-x^2}}.} \tag{65,5}$$

Ist $x \neq \pm 1$, so gibt es auf dem Einheitskreis noch genau einen weiteren Punkt, zu dem der cos-Wert x gehört. Dieser Punkt entspricht dem Bogen

$$-y = -\operatorname{arccos} x.$$

Für $x = \pm 1$ fällt dieser Punkt offenbar mit dem Punkt zusammen, der y entspricht. Der Verlauf von $\operatorname{arccos} x$ ist in der Fig. 26 dargestellt.

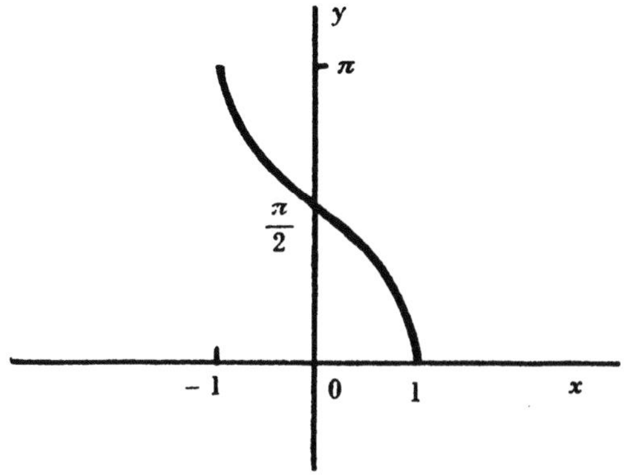

$y = \operatorname{arccos} x$

Fig. 26

Sämtliche zu diesen beiden Punkten gehörende Bögen erhält man, wenn man zu y und zu $-y$ beliebige ganzzahlige Vielfache von 2π addiert. Daher sind sämtliche Lösungen der Gleichung (65,4) in den unendlich vielen Ausdrücken zusammengefasst:

$$2n\pi \pm \arccos x \quad (n = 0, \pm 1, \pm 2, \ldots). \tag{65,6}$$

Diese Ausdrücke nennt man gelegentlich wiederum die „Zweige“ von arccos x. Doch verstehen wir im folgenden unter arccos x nur die oben definierte Funktion, deren Werte in $\langle 0, \pi \rangle$ liegen.

66. Umkehrung von Tangens und Cotangens

A. **Umkehrung der tg-Funktion.** Bei der Betrachtung der Funktion

$$x = \operatorname{tg} y \tag{66,1}$$

legen wir das offene Intervall

$$\left(-\frac{\pi}{2}, \frac{\pi}{2}\right) \tag{66,2}$$

zugrunde. In diesem Intervall ist tg y stetig und eigentlich monoton wachsend, und zwar durchlaufen die Werte von x die ganze Zahlengerade von $-\infty$ bis ∞, wenn y von $-\frac{\pi}{2}$ bis $\frac{\pi}{2}$ geht (vgl. Fig. 12 a. p. 125).

Es sei nun $\langle \alpha, \beta \rangle$ ein in (66,2) enthaltenes abgeschlossenes Intervall. Durchläuft y dieses Intervall, so durchläuft x das abgeschlossene Intervall

$$\langle \operatorname{tg} \alpha, \operatorname{tg} \beta \rangle. \tag{66,3}$$

Aus Nr. 62 folgt nun, dass für jedes x aus (66,3) die Gleichung (66,1) genau eine in $\langle \alpha, \beta \rangle$ liegende Lösung besitzt, die wir mit

$$y = \varphi(x)$$

bezeichnen wollen

Liegt nun ein x in (66,3), und lassen wir α näher an $-\frac{\pi}{2}$ und β näher an $\frac{\pi}{2}$ rücken, so bleibt die Lösung $\varphi(x)$ von (66,1) die gleiche, da ja diese Lösung im erweiterten Intervall die einzige ist. Andererseits liegt jedes reelle x für geeignet gewählte α und β aus (66,2) im Intervall (66,3), da für $\alpha \downarrow -\frac{\pi}{2}$: tg $\alpha \downarrow -\infty$ und für $\beta \uparrow \frac{\pi}{2}$: tg $\beta \uparrow \infty$ gilt.

Wir sehen, dass die Gleichung (66,1) für jedes reelle x genau eine in (66,2) liegende Lösung besitzt, die wir mit

$$\boldsymbol{y = \operatorname{arctg} x}$$

(lies: arcus tangens x) bezeichnen. Offenbar stimmt arctg x für jedes Teilintervall $\langle \alpha, \beta \rangle$ von (66,2) mit der zugehörigen Funktion $y = \varphi(x)$ überein, und da nach Nr. 62 $\varphi(x)$ im entsprechenden Intervall (66,3) stetig und eigentlich monoton wachsend ist, sehen wir, dass arctg x für alle reellen x stetig ist und eigentlich monoton wächst. Für die Ableitung von arctg x folgt:

$$\frac{dy}{dx} = \frac{1}{\frac{dx}{dy}} = \frac{1}{\frac{d\,\mathrm{tg}\,y}{dy}} = \frac{1}{1+\mathrm{tg}^2\,y} = \frac{1}{1+x^2},$$

$$\boxed{\frac{d\,\mathrm{arctg}\,x}{dx} = \frac{1}{1+x^2}.} \tag{66,4}$$

Ebenso wie arcsin x ist auch arctg x eine ungerade Funktion. Denn es sei $\varphi = \mathrm{arctg}\,(-x)$. Daraus folgt $-x = \mathrm{tg}\,\varphi$, $x = \mathrm{tg}\,(-\varphi)$. Liegt aber φ in $\left(-\frac{\pi}{2}, \frac{\pi}{2}\right)$, so gilt dasselbe für $-\varphi$. Daher ist $\varphi = -\mathrm{arctg}\,x$, d. h.

$$\mathrm{arctg}\,(-x) = -\mathrm{arctg}\,x,$$

wie behauptet. — Strebt x wachsend gegen ∞, so geht offenbar arctg x gegen

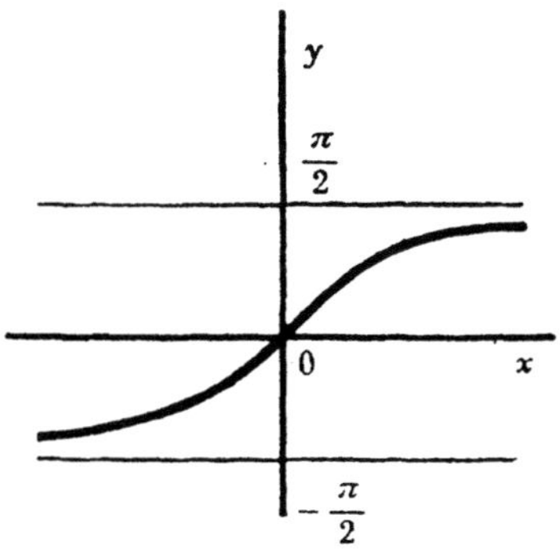

$y = \mathrm{arctg}\,x$

Fig. 27

$\frac{\pi}{2}$; fällt aber x gegen $-\infty$, so geht arctg x gegen $-\frac{\pi}{2}$:

$$\lim_{x\to\infty} \mathrm{arctg}\,x = \frac{\pi}{2}, \quad \lim_{x\to-\infty} \mathrm{arctg}\,x = -\frac{\pi}{2}.$$

Der Verlauf von arctg x ist in der Fig. 27 dargestellt.

arctg x liefert die einzige zwischen $-\frac{\pi}{2}$ und $\frac{\pi}{2}$ liegende Lösung der Gleichung (66,1). Da aber tg y die Periode π hat, erhält man daraus durch Hinzufügen eines beliebigen ganzzahligen Vielfachen von π unendlich viele weitere Lösungen, und zwar sogar *alle* derartigen Lösungen, da ja jedem Bogen y ein Punkt auf dem Einheitskreis entspricht, der, falls er nicht auf der rechten Hälfte des Einheitskreises liegt, durch Subtraktion von π auf diese rechte Hälfte zu liegen kommt. Daher lässt sich die Gesamtheit aller Lösungen der Gleichung (66,1) in die unendlich vielen „Zweige“ der arctg-Funktion zusammenfassen:

$$n\pi + \operatorname{arctg} x \quad (n = 0, \pm 1, \pm 2, \ldots). \tag{66,5}$$

B. **Umkehrung der ctg-Funktion.** Die Funktion

$$x = \operatorname{ctg} y \tag{66,6}$$

wird im offenen Intervall

$$(0, \pi) \tag{66,7}$$

betrachtet, in dem sie stetig und monoton fallend ist und die gesamte Zahlengerade von rechts nach links durchläuft. Wenden wir die Ergebnisse der Nr. 63 auf jedes in (66,7) enthaltene abgeschlossene Intervall $\langle \alpha, \beta \rangle$ an, so sehen wir ganz analog wie bei der Betrachtung der Umkehrung der tg-Funktion, dass die Gleichung (66,6) für jedes reelle x genau eine zwischen 0 und π liegende Lösung besitzt, die stetig und eigentlich monoton fallend ist. Wir bezeichnen sie mit

$$\boldsymbol{y = \operatorname{arcctg} x}$$

(lies arcus cotangens x). Für die Ableitung dieser Funktion ergibt sich genau wie oben:

$$\frac{dy}{dx} = \frac{1}{\frac{dx}{dy}} = \frac{1}{\frac{d \operatorname{ctg} y}{dy}} = \frac{1}{-(1+\operatorname{ctg}^2 y)} = \frac{-1}{1+x^2},$$

$$\boxed{\frac{d \operatorname{arcctg} x}{dx} = \frac{-1}{1+x^2}.} \tag{66,8}$$

Für arcctg x gilt

$$\lim_{x\to\infty} \operatorname{arcctg} x = 0, \quad \lim_{x\to-\infty} \operatorname{arcctg} x = \pi.$$

Der Verlauf der arcctg-Funktion ist in der Fig. 28 dargestellt.

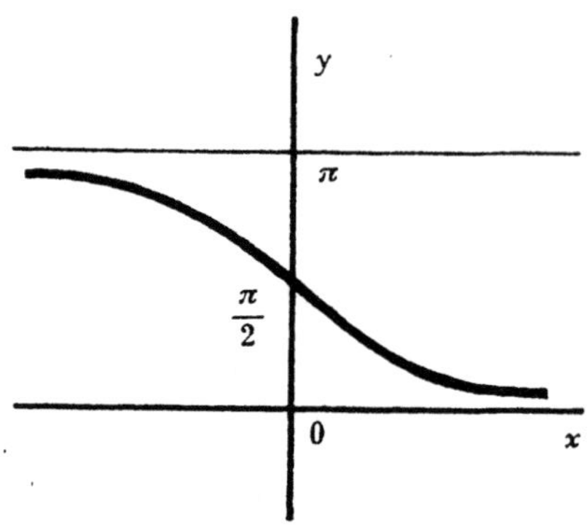

$y = \operatorname{arcctg} x$

Fig. 28

Da auch $\operatorname{ctg} y$ die Periode π hat, lassen sich sämtliche Lösungen der Gleichung (66,6) in unendlich viele „Zweige" der arcctg-Funktion zusammenfassen:

$$n\pi + \operatorname{arcctg} x \quad (n = 0, \pm 1, \pm 2, \ldots)^{1)}. \tag{66,9}$$

67. Allgemeines über Arcus-Funktionen

Die Funktionen $\arcsin x$, $\arccos x$, $\operatorname{arctg} x$ und $\operatorname{arcctg} x$ bezeichnet man gewöhnlich als die *Arcus-Funktionen* oder die *zyklometrischen (Kreis-) Funktionen.* Wie aus den Ableitungsformeln für diese Funktionen hervorgeht, ergeben sie sich immer wieder als Stammfunktionen von relativ einfachen algebraischen Ausdrücken. Denn es folgt aus (65,2) und (66,4):

$$\int \frac{dx}{\sqrt{1-x^2}} = \arcsin x\,, \tag{67,1}$$

$$\int \frac{dx}{1+x^2} = \operatorname{arctg} x\,. \tag{67,2}$$

Bei Umrechnungen derartiger Integralausdrücke ergeben sich gelegentlich Funktionen, die sich auf wesentlich einfachere Form bringen lassen. Wir erläutern dies an zwei Beispielen:

1. Sei

$$y = \sin 2 \operatorname{arctg} x.$$

Diese durch zwei transzendente Funktionen ausgedrückte Funktion ist in Wahrheit sehr einfacher Natur. Denn es sei

$$\operatorname{arctg} x = \varphi, \quad x = \operatorname{tg} \varphi.$$

Dann ist

$$y = \sin 2\varphi = 2 \sin\varphi \cos\varphi = 2\frac{\sin\varphi}{\cos\varphi}\cos^2\varphi = 2\operatorname{tg}\varphi\left(\frac{1}{1+\operatorname{tg}^2\varphi}\right) = \frac{2x}{1+x^2}.$$

Wie man sieht, ist die obige Funktion einfach

$$y = \frac{2x}{1+x^2}.$$

2. Sei für $x \neq 0$:

$$y(x) = \operatorname{arctg} x + \operatorname{arctg}\frac{1}{x}.$$

Zuerst sei $x > 0$ und

$$\operatorname{arctg} x = \varphi, \quad x = \operatorname{tg}\varphi,$$

wo φ zwischen 0 und $\frac{\pi}{2}$ liegt. Bekanntlich ist dann

$$\frac{1}{x} = \operatorname{ctg}\varphi = \operatorname{tg}\left(\frac{\pi}{2} - \varphi\right).$$

---

[1]) In der älteren englischen Literatur benutzt man gelegentlich anstatt der von *Lagrange* und *C. Scherffer* herrührenden Symbole $\arcsin x$, $\arccos x$, $\operatorname{arctg} x$, $\operatorname{arcctg} x$ auch die von *J. Herschel* vorgeschlagenen Bezeichnungen: $\sin^{-1} x$, $\cos^{-1} x$, $\operatorname{tg}^{-1} x$, $\operatorname{ctg}^{-1} x$.

Da hier $\frac{\pi}{2} - \varphi$ zugleich mit φ zwischen 0 und $\frac{\pi}{2}$, daher auch zwischen $-\frac{\pi}{2}$ und $\frac{\pi}{2}$ liegt, folgt

$$\operatorname{arctg} \frac{1}{x} = \frac{\pi}{2} - \varphi .$$

Daher ist unser $y(x) = \operatorname{arctg} x + \operatorname{arctg} \frac{1}{x} = \frac{\pi}{2}$ für $x > 0$. Beachtet man nunmehr, dass $\operatorname{arctg} x$ und damit auch $\operatorname{arctg} \frac{1}{x}$ *ungerade* Funktionen sind so folgt $y(-x) = -y(x)$. Daher ist unser y für negative x gleich $-\frac{\pi}{2}$. Es ergibt sich für $x \neq 0$:

$$\operatorname{arctg} x + \operatorname{arctg} \frac{1}{x} = \frac{\pi}{2} \operatorname{sgn} x .$$

Es ist nicht ohne Interesse, zu überlegen, dass während uns die Geometrie direkt zu den trigonometrischen Funktionen führt mit der ganzen Fülle der für sie geltenden eleganten Beziehungen, sich aus der Integralrechnung hingegen in erster Linie die Arcus-Funktionen $\arcsin x$ und $\operatorname{arctg} x$ ergeben.

Die vielen Formeln der Trigonometrie lassen sich natürlich auch als Funktionalrelationen zwischen Arcus-Funktionen schreiben. Doch ergeben sich diese Relationen aus den Integraldefinitionen der Arcus-Funktionen erst durch umständliche Integralumformungen.

Wenn aber die Mathematik in irgendeiner der möglichen Welten von denkenden Wesen entwickelt wird, denen wegen der physikalischen Beschaffenheit ihrer Umwelt und wegen ihrer eigenen Körperbeschaffenheit der Begriff des starren Körpers fern liegt, so werden solche Wesen zuerst nicht die Geometrie, sondern die Analysis entwickeln. Solche Wesen werden also zuerst von der Integralrechnung her auf die Arcus-Funktionen kommen.

Besonders scharfsinnigen Mathematikern unter ihnen wird es sodann gelingen, durch geeignete, kunstvolle Integralumformungen sehr bemerkenswerte und unerwartete Relationen zwischen den Arcus-Funktionen zu entdecken. In die unübersichtliche Fülle dieser Relationen wird dann endlich die schönste Ordnung hineingebracht werden durch die geniale Entdeckung, dass man in erster Linie die *Umkehrungen* der Arcus-Funktionen zu betrachten hat. Für diese *Umkehrungen* reduzieren sich jene Relationen in einfacher und harmonischer Weise auf Additionstheoreme.

Diese etwas phantastisch erscheinende Entwicklung hat sich bemerkenswerter Weise auf einem mit der Theorie der trigonometrischen Funktionen eng zusammenhängenden Gebiet tatsächlich abgespielt.

Es handelte sich nämlich um das Integral

$$\int \frac{dx}{\sqrt{(1-x^2)(1-\mu x^2)}} = E(x) ,$$

auf das man bei der Berechnung der Länge des Ellipsenbogens geführt wird. Für $\mu = 0$ ist $E(x) = \arcsin x$.

Im speziellen Fall $\mu = -1$ findet man in den Arbeiten von Conte di *Fagnano*[1]) zwischen 1714 und 1750 eine Reihe sehr interessanter Betrachtungen über diese Funktion, die sodann *Euler* zur Auffindung höchst bemerkenswerter Eigenschaften der Funktion $E(x)$ für beliebige μ führten, denen er auch eine grosse Anzahl seiner Abhandlungen widmete. (Diese sind zusammengestellt in den Bänden XX und XXI der gesammelten Werke von *Euler.*)

Für $\mu = 0$ steckt in den *Euler*schen Relationen insbesondere die Formel, die das Additionstheorem der sin-Funktion liefert, durch die arcsin-Funktion dargestellt.

An die *Euler*schen Untersuchungen schlossen sich zahlreiche Untersuchungen anderer Autoren an, namentlich diejenigen von *Legendre*[2]), deren Ergebnisse *Legendre* 1825 in einem zweibändigen Werke zusammenfassend zu veröffentlichen begann. Im Jahre 1826 setzten aber die Veröffentlichungen *Abels*[3]) ein, die der ganzen Theorie eine merkwürdige und sehr überraschende Wendung gaben. *Abel* betrachtete nämlich die *Umkehrfunktion* von $E(x)$. Es stellte sich dabei heraus, dass die *Euler*schen Relationen einfach auf ein *Additionstheorem* für jene Umkehrfunktionen hinauslaufen, das demjenigen der sin-Funktion ganz analog ist. Darüber hinaus hat sich aber zugleich ergeben, dass jene Umkehrfunktionen nicht nur in Analogie zu den trigonometrischen Funktionen *eine* Periode besitzen, sondern sogar *zwei* wesentlich verschiedene Perioden. Jene Umkehrfunktionen sind die sogenannten „doppeltperiodischen" Funktionen.

Mit diesen Entdeckungen *Abels* begann die eigentliche Theorie der elliptischen Funktionen und der elliptischen Integrale in dem Augenblick, in dem *Legendre* diese Theorie abschliessen zu können glaubte.

Bei der Beurteilung dieser höchst bemerkenswerten Wendung darf man allerdings einen Umstand nicht aus dem Auge lassen. Die Hauptsache am *Abel*schen Ansatz war, dass *Abel* die Funktion $E(x)$ und ihre Umkehrfunktion nicht nur für *reelle*, sondern auch für *komplexe* Werte des Argumentes betrachtete. Dies lag zur Zeit, als *Abel* mit seinen Untersuchungen begonnen hatte (1823), bereits in der Luft. Von einer fundamentalen Abhandlung von *Cauchy* aus dem Jahre 1825 datiert wohl der Zeitpunkt, von dem an den komplexen Zahlen nicht nur in der Algebra, sondern auch in der Analysis das volle Bürgerrecht allgemein anerkannt wird. Vorher und namentlich zur Zeit *Eulers* gingen die Mathematiker bei Betrachtung von Funktionen einer komplexen Veränderlichen nur recht zögernd vor. Es war, als ob jeder, der eine schöne Entdeckung in diesem Zusammenhang machte, „Angst vor der eigenen Courage" kriegte und weitere Fortschritte anderen überliess.

So ist es zu erklären, dass *Legendre* gar nicht das Bedürfnis empfand, die elliptischen Integrale im komplexen Gebiet zu betrachten.

---

[1]) Conte di *Fagnano* (1682—1766).

[2]) *Adrien Marie Legendre* (1752—1833).

[3]) *Niels Henrik Abel* (1802—1829).

Aufgaben

1. Man berechne aus den logarithmisch-trigonometrischen Tafeln

$$\operatorname{arctg} 2\,, \quad \operatorname{arctg} \frac{1}{\sqrt{2}}\,.$$

2. Man berechne den Grenzwert für $x \to 1$ von

$$\frac{x^{\frac{m}{n}} - 1}{x - 1} \qquad (m, n > 0)\,.$$

3. Man berechne

$$\operatorname{Lim}_{x \to 1} \frac{\sqrt[3]{x} - 1}{\sqrt[5]{x} - 1}\,.$$

4. Man bestimme

$$(\sqrt[3]{x})'.$$

5. Man bestimme jeweils ein x aus dem Intervall $\langle 0, \frac{\pi}{2} \rangle$, für das

a) $\arcsin x = \arcsin \frac{1}{3} + \arcsin \frac{4}{5}$,

b) $\operatorname{arctg} x = 4 \operatorname{arctg} \frac{1}{5} - \operatorname{arctg} \frac{1}{239}$

gilt.

6. Man beweise

a) $2 \operatorname{arctg} 10 + \arcsin \frac{20}{101} = \pi$.

b) $8 \operatorname{arctg} \frac{1}{10} - \operatorname{arctg} \frac{1}{239} - 4 \operatorname{arctg} \frac{1}{515} = \frac{\pi}{4}$ $\left(\text{Man bestimme zuerst } 2 \operatorname{arctg} \frac{1}{10} - \operatorname{arctg} \frac{1}{515}\right)$.

c) $\operatorname{arctg} \frac{2a - b}{b\sqrt{3}} + \operatorname{arctg} \frac{2b - a}{a\sqrt{3}} = \frac{\pi}{3} \qquad (a, b \neq 0)$.

d) $5 \operatorname{arctg} \frac{1}{7} + 2 \operatorname{arctg} \frac{3}{79} = \frac{\pi}{4}$.

7. Man berechne

$$\operatorname{Lim}_{x \to 0} \frac{\operatorname{arctg} x}{x}\,.$$

8. Die folgenden Grössen sind durch x auszudrücken:

a) $\arccos (\sin x)$,

b) $\sin \arccos \frac{1}{x}$.

9. Für welche x ist

a) $\arcsin x = \operatorname{arctg} \frac{x}{\sqrt{1-x^2}}$,

b) $\operatorname{arctg} x = \arcsin \frac{x}{\sqrt{1+x^2}}$,

c) $\sin [2 \arccos \{\operatorname{ctg} (2 \operatorname{arctg} x)\}] = 0$?

10. Man beweise:

$$\arcsin x = \arccos \sqrt{1-x^2} \quad (0 \leqq x \leqq 1).$$

11. Man bilde die Ableitung der folgenden Ausdrücke:

a) $\cos (2 \operatorname{arctg} x)$, b) $\arcsin (\sin x)$,

c) $(\arcsin x)^2$, d) $\arcsin \sqrt{1-x^2}$,

e) $\frac{x^2+1}{2} \operatorname{arctg} x - \frac{x}{2}$,

f) $\sqrt{x} \operatorname{arctg} x$, g) $x^4 \operatorname{arctg} x$.

12. Man beweise

$$\frac{y-x}{1+y^2} < \operatorname{arctg} y - \operatorname{arctg} x < \frac{y-x}{1+x^2} \quad (x \neq y;\ 0 < x, y).$$

* * *

13. Man beweise

a) $\operatorname{arcctg} x + \operatorname{arcctg} \frac{1}{x} = \frac{\pi}{2} \quad (x \neq 0)$,

b) $\operatorname{arctg} x + \operatorname{arctg} \frac{1-x}{1+x} = \begin{cases} \frac{\pi}{4} & (x > -1), \\ -\frac{3\pi}{4} & (x < -1), \end{cases}$

c) $\operatorname{arctg} \frac{1+x}{1-x} - \operatorname{arctg} x = \begin{cases} \frac{\pi}{4} & (x < 1), \\ -\frac{3\pi}{4} & (x > 1), \end{cases}$

d) $2 \operatorname{arctg} x = \arcsin \frac{2x}{1+x^2} \quad (|x| < 1)$,

e) $\operatorname{arctg} \sqrt{\frac{1-x}{1+x}} + \frac{1}{2} \arcsin x = \frac{\pi}{4} \quad (|x| < 1)$,

f) $\operatorname{arctg} \frac{\alpha \cos x}{1 - \alpha \sin x} - \operatorname{arctg} \frac{\alpha - \sin x}{\cos x} = x \quad \left(|x| < \frac{\pi}{2}\right)$.

14. Es sei $x^2 < 1$. Man bestimme

$$\arcsin x + 3 \arccos x + \arcsin (2x\sqrt{1-x^2}).$$

15. Es sei $qr = 1 + p^2$. Dann gilt

$$\operatorname{arctg} \frac{1}{p} = \operatorname{arctg} \frac{1}{p+q} + \operatorname{arctg} \frac{1}{p+r}\ ^{1)}.$$

16. Es sind ganzzahlige x, y so zu finden, dass

$$\operatorname{arctg} x + \operatorname{arctg} \frac{1}{y} = \operatorname{arctg} 3$$

gilt.

17. Man beweise

$$\left| \int_0^a \frac{\cos bx}{1+x^2}\, dx \right| < \frac{\pi}{2}.$$

18. Man berechne $\Delta \operatorname{arctg} \alpha x$, $\alpha = \text{const.}$

19. Man bestimme die Summe

$$\sum_{\nu=1}^{n} \operatorname{arctg} \frac{x}{1+(\nu+1)\nu x^2}.$$

20. Man berechne $\Delta \operatorname{arcctg} \alpha x$, $\alpha = \text{const.}$

21. Man bestimme die Summe

$$\sum_{\nu=1}^{n} \operatorname{arcctg} \left(\frac{2}{a} + \frac{\nu(\nu+1)}{2} a \right) \quad (a \neq 0).$$

22. Man bestimme $\Delta \operatorname{arcctg} \left(\frac{\alpha}{x} + \beta \right)$ und berechne mit Hilfe des so erhaltenen Ausdrucks

$$\sum_{\nu=0}^{n} \operatorname{arctg} (1 + \nu + \nu^2).$$

23. Man bestimme ein $f(x)$, so dass

$$\Delta f(x) = \operatorname{arctg} \frac{c}{c^2 + (a+x)(a+x-1)}$$

gilt. (Man setze $f(x)$ in der Form $\operatorname{arctg} \varphi(x)$ an.)

24. Man berechne die Summe

$$\sum_{\nu=1}^{n} \operatorname{arctg} \frac{1}{1+\nu+\nu^2}.$$

25. Ist $y = f(x)$ eine in $\langle -a, a \rangle$ definierte, stetige, eigentlich monotone Funktion, deren Werte das Intervall $\langle -A, A \rangle$ durchlaufen, und ist $f(x)$ *ungerade*, so ist auch die im Intervall $\langle -A, A \rangle$ definierte *Umkehrfunktion* von $f(x)$ *ungerade*.

---

[1]) Diese Relation rührt von *C. L. Dodgson* her, dem englischen Mathematiker, der wohl unter allen Mathematikern englischer Zunge die weiteste Popularität erlangt hat, nämlich unter dem Pseudonym *Lewis Carroll* als Verfasser des bekanntesten englischen Märchenbuches: *Alice in the Wonderland*.

§ 19. Die Kettenregel und ihre Anwendungen

68. Zusammengesetzte Funktionen einer Veränderlichen

Bisher haben wir aus gegebenen Funktionen neue Funktionen gebildet, indem wir mit den gegebenen Funktionen verschiedene rationale Operationen ausführten. Man kann daneben auch auf eine andere Weise neue Funktionen aus gegebenen bilden, indem man nämlich gegebene Funktionen *ineinander einsetzt.*

Es seien z. B. $y = g(x)$ für x aus einem Intervall J und $z = f(y)$ für y aus einem Intervall K definiert, und es mögen die Werte, die $g(x)$ in J annimmt, selbst in K liegen. Dann ist offenbar z für jedes x aus J eine Funktion $F(x)$, gegeben durch

$$z = F(x) = f(g(x)).$$

Wir werden eine solche Funktion gelegentlich als eine **zusammengesetzte,** genauer als eine aus f und g **zusammengesetzte Funktion** bezeichnen.

Damit aber $f(g(x))$ gebildet werden kann, ist es natürlich immer notwendig, dass der Wertevorrat der Funktion $g(x)$ im Definitionsbereich der Funktion $f(x)$ liegt.

Ist z.B. $f(y) = \sqrt{y}$, $g(x) = \sin x$, so ist für $x \langle < 0, \pi >$: $f(g(x)) = \sqrt{\sin x}$; ist wiederum $f(y) = \sin y$, $g(x) = \sqrt{x}$ für $x \geqq 0$, so ist $f(g(x)) = \sin \sqrt{x}$.

Wie man sieht, bekommt man im allgemeinen bei Vertauschung von f und g ganz verschieden beschaffene Funktionen.

Man erhält aus stetigen Funktionen durch Zusammensetzung wiederum stetige Funktionen.

Genauer: *Sei $g(x)$ im Intervall J definiert und für ein x_0 aus J stetig, und es sei $y_0 = g(x_0)$. Die Werte von $g(x)$ mögen im Definitionsintervall K einer Funktion $f(y)$ enthalten sein, und es sei $f(y)$ in y_0 stetig. Dann ist $f(g(x))$ in x_0 stetig.*

Denn strebt x aus dem Inneren von J gegen x_0, so strebt nach Voraussetzung $g(x)$ gegen $g(x_0)$, d. h. gegen y_0. Dann muss nach Annahme $f(g(x))$ gegen $f(y_0)$, d. h. gegen $f(g(x_0))$ konvergieren. Dies ist aber die Behauptung.

Darüber hinaus *ergeben sich durch Zusammensetzung differenzierbarer Funktionen wiederum differenzierbare Funktionen.*

Genauer: *Es sei die Funktion g in einem Intervall J definiert und in einem Punkte x aus J differenzierbar, und es sei $y = g(x)$. Die Werte, die g in J annimmt, mögen im Definitionsintervall K einer Funktion f liegen, die ihrerseits im Punkte y differenzierbar ist. Dann ist $f(g(x))$ differenzierbar, und es gilt*

$$\boxed{\frac{d f(g(x))}{dx} = \left(\frac{d f(g)}{dg}\right)_{g = g(x)} \cdot \frac{d g(x)}{d x}.} \qquad (68{,}1)$$

In dieser Formel ist der erste Faktor rechts so zu verstehen, dass man zuerst die Funktion f der unabhängigen Veränderlichen g nach dieser Variablen g differenzieren und erst *hinterher* $g(x)$ für g einsetzen muss. Ist z. B. $f(g) = g^2$, $g(x) = \sin x$, so ist der erste Faktor rechts

$$(2\,g)_{g=g(x)} = 2\,g(x) = 2 \sin x\,.$$

Man kann den ersten Faktor rechts in (68,1) auch in der Form schreiben

$$f'(g(x)).$$

Doch könnte der Anfänger den „Differentiationsstrich" zuerst falsch auffassen und meinen, dass unter diesem Symbol die Ableitung von $f(g(x))$ nach x zu verstehen ist, während man für die Ableitung der *gesamten* Funktion $f(g(x))$ nach x in dieser Schreibweise das Symbol $(f(g(x)))'$ verwenden muss.

Die in der Formel (68,1) zum Ausdruck kommende Regel für die Differentiation zusammengesetzter Funktionen heisst die **Kettenregel.** Man versteht diese Bezeichnung besser, wenn man die Formel (68,1) etwas anders schreibt. Setzt man $z = f(y) = f(g(x))$, so kann man (68,1) in der Gestalt schreiben:

$$\frac{dz}{dx} = \frac{df}{dy}\,\frac{dg}{dx} = \frac{dz}{dy}\,\frac{dy}{dx}\,. \tag{68,2}$$

Wie man sieht, erscheint hier die Differentiation von z nach x als *Verkettung* von zwei „Einzeldifferentiationen": von z nach y und von y nach x. Übrigens hat auch die Formel (68,2) die Eigenschaft, die uns bereits früher bei der Formel (63,6) aufgefallen ist, dass sie zu einer algebraischen Identität wird, wenn die in ihr stehenden Differentialquotienten durch wirkliche Quotienten gewisser Grössen dx, dy, dz ersetzt werden.

Zum Beweis der Differenzierbarkeit von $f(g(x))$ und der Formel (68,1) beachte man, dass nach (55,9), auf die Funktionen $f(y)$ und $g(x)$ angewandt,

$$g(x+h) - g(x) = h g'(x) + h\,\varepsilon(h), \tag{68,3}$$

$$f(y+k) - f(y) = k f'(y) + k\,\delta(k) \tag{68,4}$$

gilt, wenn $x+h$ in J und $y+k$ in K liegen, wo $\varepsilon(h)$ und $\delta(k)$ für $h \to 0$ bzw. $k \to 0$ Nullfunktionen sind. Wir setzen nun für ein hinreichend kleines h:

$$k = g(x+h) - g(x) = g(x+h) - y, \tag{68,5}$$

so dass $y + k = g(x+h)$ in K liegt. Dann gilt

$$f(g(x+h)) = f(y+k)$$

und daher wegen (68,4)

$$f(g(x+h)) - f(g(x)) = f(y+k) - f(y) = k(f'(y) + \delta(k)).$$

Setzen wir aber hier wegen (68,5) und (68,3) für den ersten Faktor rechts den Ausdruck rechts in (68,3) ein, so ergibt sich

$$f(g(x+h)) - f(g(x)) = h(g'(x) + \varepsilon(h))(f'(y) + \delta(k))$$

oder

$$\frac{f(g(x+h)) - f(g(x))}{h} = (f'(y) + \delta(k))(g'(x) + \varepsilon(h)).$$

Lassen wir hier h gegen 0 gehen, so konvergiert wegen (68,3) und (68,5) auch k gegen 0. Daher streben dann auch $\varepsilon(h)$ und $\delta(k)$ gegen 0, und der Ausdruck rechts in der letzten Formel hat den Grenzwert $f'(y)g'(x)$. Dies bedeutet aber, dass auch der Ausdruck links in dieser Formel diesen Grenzwert besitzt, d. h. dass die Ableitung von $f(g(x))$ gleich $f'(y)g'(x)$ ist. Dies ist gerade die zu beweisende Formel (68,1).

Ist z. B. $g(x) = ax + b$ für konstante a und b, so folgt

$$\frac{df(ax+b)}{dx} = \frac{df(ax+b)}{d(ax+b)} \frac{d(ax+b)}{dx},$$

$$\frac{df(ax+b)}{dx} = af'(ax+b), \tag{68,6}$$

da $(ax+b)' = a$ ist. Insbesondere ist z. B.

$$\frac{df(-x)}{dx} = -f'(-x).$$

Die Kettenregel verallgemeinert sich sofort auf den Fall einer aus *mehr als zwei* gegebenen differenzierbaren Funktionen zusammengesetzten Funktion. Es sei z. B.

$$u = f(z),\ z = g(y),\ y = h(x).$$

Wir betrachten die Funktion

$$u = F(x) = f(g(h(x))),$$

natürlich unter der Voraussetzung, dass die Wertevorräte der Funktionen f, g, h und ihre Definitionsintervalle „richtig ineinander passen". Dann liefert die Kettenregel:

$$\frac{du}{dx} = \frac{du}{dz}\frac{dz}{dx}, \quad \frac{dz}{dx} = \frac{dz}{dy}\frac{dy}{dx}, \quad \frac{du}{dx} = \frac{du}{dz}\frac{dz}{dy}\frac{dy}{dx}. \tag{68,7}$$

Es sei z. B. die Ableitung von

$$u = \sqrt{\cos^4 x^2 + \sin\sqrt{x + x^5}}$$

zu berechnen. — Wir setzen

$$\cos^4 x^2 = (\cos x^2)^4 = v,\ \sin\sqrt{x+x^5} = w$$

und berechnen zunächst die Ableitungen von v und w. Setzen wir

$$x^2 = y, \cos y = z, z^4 = v,$$

so folgt

$$\frac{dv}{dx} = \frac{dv}{dz}\frac{dz}{dy}\frac{dy}{dx} = 4\,z^3 \cdot (-\sin y) \cdot 2x\,,$$

$$v' = -\,8\,x \sin x^2 \cos^3 x^2.$$

Setzen wir andererseits

$$x + x^5 = y, \sqrt{y} = z, \sin z = w,$$

so folgt

$$\frac{dw}{dx} = \frac{dw}{dz}\frac{dz}{dy}\frac{dy}{dx} = \cos z \cdot \frac{1}{2\sqrt{y}} \cdot (1 + 5x^4),$$

$$w' = \frac{(1+5\,x^4)\cos\sqrt{x+x^5}}{2\sqrt{x+x^5}}.$$

Weiter liefert die Kettenregel,

$$v + w = t, u = \sqrt{t}$$

gesetzt:

$$\frac{du}{dx} = \frac{du}{dt}\frac{dt}{dx} = \frac{1}{2\sqrt{t}}(v' + w').$$

Daher erhalten wir schliesslich

$$u' = \frac{-\,8\,x \sin x^2 \cos^3 x^2 + \dfrac{(1+5\,x^4)\cos\sqrt{x+x^5}}{2\sqrt{x+x^5}}}{2\sqrt{\cos^4 x^2 + \sin\sqrt{x+x^5}}}.$$

Wir haben dieses Beispiel ausführlich durchgerechnet, um den Anfänger auf zwei Dinge aufmerksam zu machen: *Erstens* soll man bei Differentiationen zusammengesetzter Funktionen lieber nicht zu sparsam mit Hilfsvariablen sein. *Zweitens* soll man zuerst möglichst wenig Teildifferentiationen im Kopf rechnen, ohne sie niederzuschreiben. Auf jeden Fall soll man das ausführliche Niederschreiben der Teilrechnungen erst unterlassen, wenn man eine genügend grosse Sicherheit im Differenzieren erlangt hat. Erfahrungsgemäss unterlaufen bei Benützung der Kettenregel die meisten Rechenfehler deshalb, weil die Rechnungen nicht übersichtlich genug angeordnet werden.

69. Partielle Ableitung und Kettenregel für Funktionen mehrerer Variablen

Für die Technik des Differenzierens ist eine Verallgemeinerung der Kettenregel auf Funktionen mehrerer Veränderlicher wichtig, die nunmehr entwickelt werden soll. Die Funktionen mehrerer Veränderlicher werden ausführlich erst im zweiten Teil dieser Vorlesungen behandelt. Doch wollen wir die für die in Frage kommende Anwendung wichtigen Tatsachen bereits hier erläutern.

Gegeben sei eine Funktion $f(x, y, z)$ von etwa drei Veränderlichen x, y, z, die unabhängig voneinander in gewissen Intervallen J_x, J_y, J_z variieren. Betrachten wir zwei dieser Variablen, etwa y und z, als Parameter, und existiert für die betreffenden festen Werte von y und z die Ableitung der Funktion f nach x für ein bestimmtes x, so nennen wir diese Ableitung die **partielle Ableitung von f nach x**. Man benutzt zur Bezeichnung solcher Ableitungen entweder das *Lagrange*sche Symbol f'_x oder das von *Jacobi*[1]) vorgeschlagene Symbol $\frac{\partial f}{\partial x}$.

Offenbar gilt für die partielle Ableitung von f, nach x etwa, die folgende Definitionsformel:

$$\frac{\partial f(x, y, z)}{\partial x} = \operatorname*{Lim}_{h \to 0} \frac{f(x+h, y, z) - f(x, y, z)}{h}. \tag{69,1}$$

Ganz analoge Definitionen gelten natürlich für die partiellen Ableitungen nach y und nach z.

Ist z. B.

$$f(x, y, z) = xyz + \frac{y-z}{x},$$

so gilt

$$f'_x = yz - \frac{y-z}{x^2}, \quad f'_y = xz + \frac{1}{x}, \quad f'_z = xy - \frac{1}{x}.$$

Wir werden ferner von der *Stetigkeitseigenschaft* einer Funktion mehrerer Veränderlicher Gebrauch machen. Man sagt: *Eine Funktion $f(x, y, z)$ ist an der Stelle x_0, y_0, z_0* ***stetig****, wenn die Werte dieser Funktion für ein „benachbartes" System von Argumenten $x_0 + h, y_0 + k, z_0 + l$ gegen den Wert der Funktion an der Stelle x_0, y_0, z_0 streben für $h \to 0, k \to 0, l \to 0$.*

Genauer gesagt: *$f(x, y, z)$ ist an der Stelle x_0, y_0, z_0* ***stetig,*** *wenn zu jedem positiven ε eine positive Zahl δ derart gefunden werden kann, dass die Ungleichung*

$$|f(x_0 + h, y_0 + k, z_0 + l) - f(x_0, y_0, z_0)| < \varepsilon$$

gilt, sobald

$$|h| \leqq \delta, |k| \leqq \delta, |l| \leqq \delta$$

ist. — Es gilt nun der

Satz. *Es sei $f(x, y, z)$ stetig, wenn x, y, z unabhängig voneinander gewisse offene Intervalle durchlaufen,*

$$x \prec J_x, y \prec J_y, z \prec J_z,$$

und es seien für alle diese x, y, z auch die partiellen Ableitungen f'_x, f'_y, f'_z stetig.

Es seien ferner $u(t)$, $v(t)$, $w(t)$ drei Funktionen von t, die, wenn t ein gewisses offenes Intervall J durchläuft, stetig sind und in J stetige Ableitungen

[1]) Im Jahre 1841. Doch rührt dieser Vorschlag eigentlich von *Legendre*, 1786, her. Allerdings hat *Legendre* selbst seinen Vorschlag nicht befolgt, und so war diese Bezeichnung vollständig in Vergessenheit geraten.

$u'(t)$, $v'(t)$, $w'(t)$ besitzen, wobei zugleich die Werte von $u(t)$ in J_x, diejenigen von $v(t)$ in J_y und diejenigen von $w(t)$ in J_z liegen.

Dann ist die Funktion

$$F(t) = f\big(u(t), v(t), w(t)\big) \tag{69,2}$$

für alle t aus J stetig und diffenzierbar, und für alle diese t gilt:

$$\boxed{F'(t) = f'_x(u,v,w)\, u'(t) + f'_y(u,v,w)\, v'(t) + f'_z(u,v,w)\, w'(t).} \tag{69,3}$$

Beweis. Für ein t aus J setzen wir

$$x = u(t), y = v(t), z = w(t).$$

Es sei ein $\Delta \neq 0$ so klein, dass auch $t + \Delta$ noch in J liegt. Wir setzen dann

$$h = u(t + \Delta) - u(t), k = v(t + \Delta) - v(t), l = w(t + \Delta) - w(t), \tag{69,4}$$

so dass

$$u(t + \Delta) = x + h, v(t + \Delta) = y + k, w(t + \Delta) = z + l,$$

$$F(t + \Delta) - F(t) = f\big(u(t + \Delta), v(t + \Delta), w(t + \Delta)\big) - f\big(u(t), v(t), w(t)\big) = \\ = f(x + h, y + k, z + l) - f(x, y, z)$$

ist. Die letzte Differenz ist identisch gleich

$$[f(x + h, y + k, z + l) - f(x, y + k, z + l)] + \\ + [f(x, y + k, z + l) - f(x, y, z + l)] + \\ + [f(x, y, z + l) - f(x, y, z)].$$

Hier haben die drei Differenzen innerhalb der eckigen Klammern nach dem Mittelwertsatz der Differentialrechnung bzw. die Werte:

$$h f'_x(x + \Theta_1 h, y + k, z + l), k f'_y(x, y + \Theta_2 k, z + l), l f'_z(x, y, z + \Theta_3 l), \tag{69,5}$$

so dass $F(t + \Delta) - F(t)$ gleich der Summe der drei Ausdrücke (69,5) wird.

Andererseits liefert der Mittelwertsatz der Differentialrechnung, auf die drei Differenzen (69,4) angewandt,

$$h = \Delta u'(t + \Theta_4 \Delta), k = \Delta v'(t + \Theta_5 \Delta), l = \Delta w'(t + \Theta_6 \Delta).$$

Dabei sind $\Theta_1, \ldots, \Theta_6$ Größen, die zwischen 0 und 1 variieren.
Tragen wir diese Audrücke von h, k, l in die Produkte (69,5) ein und dividieren durch Δ, so sehen wir, dass

$$\frac{F(t + \Delta) - F(t)}{\Delta} \tag{69,6}$$

gleich der Summe der drei Ausdrücke wird:

$$\begin{aligned} &u'(t+\Theta_4\Delta)f'_x(x+\Theta_1 h, y+k, z+l),\\ &v'(t+\Theta_5\Delta)f'_y(x, y+\Theta_2 k, z+l),\\ &w'(t+\Theta_6\Delta)f'_z(x, y, z+\Theta_3 l). \end{aligned} \tag{69,7}$$

Lässt man nun Δ gegen 0 konvergieren, so streben die drei Produkte (69,7) bzw. gegen

$$f'_x(x, y, z)u'(t), \quad f'_y(x, y, z)v'(t), \quad f'_z(x, y, z)w'(t),$$

und ihre Summe, d. h. (69,6) strebt daher gegen

$$f'_x u'(t) + f'_y v'(t) + f'_z w'(t),$$

wo f'_x, f'_y, f'_z für die Argumente x, y, z, d. h. für $u(t), v(t), w(t)$ zu nehmen sind. Dies ist aber die Formel (69,3). — Daraus folgt insbesondere auch, dass $F(t+\Delta) - F(t)$ mit Δ gegen 0 konvergiert, d. h., dass $F(t)$ stetig ist.

Damit ist der obige Satz vollständig bewiesen.

Ist z. B. insbesondere

$$u = a + \alpha t, v = b + \beta t, w = c + \gamma t,$$

wo $a, b, c, \alpha, \beta, \gamma$ Konstanten sind, so ergibt sich $u' = \alpha, v' = \beta, w' = \gamma$ und daher

$$\frac{d}{dt} F(a+\alpha t, b+\beta t, c+\gamma t) = (\alpha F'_x + \beta F'_y + \gamma F'_z)\,(a+\alpha t, b+\beta t, c+\gamma t),$$

wobei wir rechts die Argumente, die ja für alle drei Funktionen F'_x, F'_y, F'_z die gleichen sind, nur einmal, in der letzten Klammer geschrieben haben. Eine solche abgekürzte Schreibweise wird in diesem Zusammenhang oft benutzt.

Die Formel (69,3) heisst die **verallgemeinerte Kettenregel.**

Wir haben diese Regel hier für Funktionen von *drei* Veränderlichen bewiesen. Natürlich ist sie auch dann anwendbar, wenn f nur von zwei oder von mehr als drei Variablen abhängt. Der Beweis für den Fall von mehr als drei Variablen ist vollständig analog dem oben entwickelten Beweis, so dass wir darauf nicht näher einzugehen brauchen. Für den Fall von zwei Variablen ist die Herleitung etwas einfacher. Übrigens lässt sich die dem Fall von zwei Variablen entsprechende Formel auch sofort aus (69,3) herleiten, wenn man darin $f'_z \equiv 0$ setzt.

Wir benutzen unser Resultat, um eine Regel für die **Differentiation einer Determinante** herzuleiten, deren Elemente stetig differenzierbare Funktionen sind. Um Ideen zu fixieren, schreiben wir alles explizite für Determinanten *dritter* Ordnung hin. Doch gilt unser Ergebnis für Determinanten beliebiger Ordnung.

Es sei

$$\Delta = \begin{vmatrix} a_{11} & a_{12} & a_{13} \\ a_{21} & a_{22} & a_{23} \\ a_{31} & a_{32} & a_{33} \end{vmatrix}, \tag{69,8}$$

wo die a_{ik} stetig differenzierbare Funktionen einer Variablen x sind. Dann liefert der obige Satz, wenn in ihm f durch Δ und die drei Grössen u, v, w durch die neun Grössen a_{ik} ersetzt werden,

$$\frac{d\Delta}{dx} = \sum_{i,k=1}^{3} \frac{\partial \Delta}{\partial a_{ik}} \cdot \frac{d a_{ik}}{dx}\text{[1]}.$$

Um die partielle Ableitung $\frac{\partial \Delta}{\partial a_{ik}}$ zu bestimmen, entwickeln wir Δ nach der i-ten Zeile:

$$\Delta = A_{i1} a_{i1} + A_{i2} a_{i2} + A_{i3} a_{i3}, \tag{69,9}$$

wo allgemein unter A_{ik} der zu a_{ik} gehörende Minor der Determinante Δ verstanden wird. Die Minoren A_{i1}, A_{i2}, A_{i3} enthalten aber nur die Elemente $a_{\mu\nu}$, die nicht in der i-ten Zeile vorkommen. Daher folgt aus (69,9), dass Δ eine ganze lineare Funktion des Elementes a_{ik} darstellt, wobei der Koeffizient bei a_{ik} gerade A_{ik} ist. Daraus folgt

$$\frac{\partial \Delta}{\partial a_{ik}} = A_{ik}. \tag{69,10}$$

Werden nun diese Werte in den obigen Ausdruck von $\frac{d\Delta}{dx}$ eingeführt, so ergibt sich

$$\frac{d\Delta}{dx} = \sum_{i,k=1}^{3} A_{ik} \frac{d a_{ik}}{dx}, \tag{69,11}$$

als der gesuchte Ausdruck für die Ableitung von Δ.

Dieser Ausdruck kann noch anders interpretiert werden. Schreibt man die linke Seite von (69,11) in der Form

$$\sum_{i=1}^{3} \sum_{k=1}^{3} A_{ik} \frac{d a_{ik}}{dx},$$

so ist hier für jedes feste i die innere Summe gleich

$$A_{i1} \frac{d a_{i1}}{dx} + A_{i2} \frac{d a_{i2}}{dx} + A_{i3} \frac{d a_{i3}}{dx}. \tag{69,12}$$

Vergleicht man aber (69,12) mit (69,9), so sieht man, dass (69,12) aus Δ entsteht, wenn die Elemente der i-ten Zeile a_{i1}, a_{i2}, a_{i3} durch ihre Ableitungen ersetzt werden, da die Koeffizienten A_{i1}, A_{i2}, A_{i3} gerade von diesen Elementen a_{i1}, a_{i2}, a_{i3} unabhängig sind. Wir sehen also, dass $\frac{d\Delta}{dx}$ *sich aus drei Determinanten zusammensetzt, von denen die i-te* ($i = 1, 2, 3$) *aus* Δ *entsteht, wenn die Elemente der i-ten Zeile durch ihre Ableitungen nach x ersetzt werden.*

In dieser letzten Regel dürfen natürlich die Zeilen von Δ durch die Kolonnen ersetzt werden.

---

[1]) In dieser Formel ist das Summenzeichen rechts eine abgekürzte Bezeichnung für die sogenannte Doppelsumme $\sum_{i=1}^{3} \sum_{k=1}^{3}$. Allgemein wird eine Doppelsumme $\sum_{i=1}^{n} \sum_{k=1}^{n}$, in der also die beiden Indizes über die gleichen Werte laufen, abgekürzt geschrieben als $\sum_{i,k=1}^{n}$. Ähnlich werden auch analoge mehrfache Summen mit mehr als zwei Summenzeichen abgekürzt.

70. Differentiation impliziter Funktionen

In der Geometrie benutzt man bekanntlich zur Darstellung von Kurven und Flächen mit Vorliebe *implizite* Gleichungen von der Form $F(x, y) = 0$ bzw. $F(x, y, z) = 0$, da solche Gleichungen sich im allgemeinen symmetrischer schreiben lassen, als wenn man sie nach einer Koordinate auflöst. Man kann ganz allgemein die Frage diskutieren, inwiefern sich eine solche Gleichung nach einer der Veränderlichen auflösen lässt, und gelangt dabei zu überraschend allgemeinen Ergebnissen. Wir verschieben indessen die Behandlung dieser Frage auf den zweiten Teil dieser Vorlesungen.

Im folgenden soll nur gezeigt werden, wie die Ableitung $\frac{dy}{dx}$ dargestellt werden kann, wenn y mit x durch die Gleichung

$$F(x, y) = 0$$

zusammenhängt, *sofern man bereits weiss, dass $y(x)$ stetig und differenzierbar ist.*

Wir bezeichnen $y(x)$ mit $f(x)$ und nehmen an, dass $f(x)$ stetig ist für alle x aus einem offenen Intervall J und dass in J auch $f'(x)$ vorhanden und stetig ist. Dann gilt identisch in x

$$F(x, f(x)) \equiv 0, \tag{70,1}$$

wenn x das Intervall J durchläuft. Sei K ein offenes Intervall, in dem alle Werte von $f(x)$ liegen, wenn x das Intervall J durchläuft.

Über F wollen wir voraussetzen, dass $F(x, y)$ ebenso wie $F'_x(x, y)$ und $F'_y(x, y)$ stetig sind, wenn x und y unabhängig voneinander die Intervalle J bzw. K durchlaufen. Da nun die linke Seite von (70,1) für alle x aus J gleich 0, also eine Konstante ist, so ist auch ihre Ableitung nach x gleich 0:

$$\frac{d}{dx} F(x, f(x)) \equiv 0 . \tag{70,2}$$

Andererseits kann diese Ableitung nach der Formel (69,3) berechnet werden, wenn man $x = u(t) \equiv t$, $y = v(t) = f(t)$ setzt. Dann liefert (69,3)

$$\frac{dF(x, f(x))}{dx} = \frac{dF(u, v)}{dx} = F'_x(u, v) + F'_y(u, v) f'(t)$$

und daher, wenn man hier t durch x ersetzt, wegen (70,2):

$$F'_x(x, f(x)) + f'(x) F'_y(x, f(x)) \equiv 0.$$

Löst man diese Gleichung nach $f'(x) = \frac{dy}{dx}$ auf, so folgt

$$\boxed{\frac{dy}{dx} = -\left(\frac{F'_x(x, y)}{F'_y(x, y)}\right)_{y = f(x)}} . \tag{70,3}$$

Natürlich gilt diese Formel nur dann, wenn im Nenner $F'_y(x, y) \neq 0$ ist.

So wie wir (70,3) hergeleitet haben, braucht diese Formel nur dann zu gelten, wenn man bereits aus anderer Quelle weiss, dass y nach x differenzierbar ist. Trotzdem kann diese spezielle Darstellung der Ableitung $\frac{dy}{dx}$ recht brauchbar sein.

Man betrachte z. B. die Ellipse

$$\frac{x^2}{a^2}+\frac{y^2}{b^2}-1=0 \quad (a>0, b>0).$$

Diese Gleichung kann man direkt nach y auflösen und erhält

$$y=\pm b\sqrt{1-\frac{x^2}{a^2}}.$$

Aus dieser Formel folgt direkt, dass die beiden „Zweige" von y, die der oberen und der unteren Ellipsenhälfte entsprechen, stetig sind im abgeschlossenen Intervall $\langle -a, a\rangle$ und stetig differenzierbar im Inneren dieses Intervalls, d. h. im offenen Intervall $(-a, a)$. Denn bei der Differentiation kommt $\sqrt{1-\frac{x^2}{a^2}}$ in den Nenner. Sehen wir also von den beiden Scheitelpunkten $x=\pm a$, $y=0$ ab, so liefert die Formel (70,3)

$$\frac{dy}{dx}=-\frac{\frac{2x}{a^2}}{\frac{2y}{b^2}}=-\frac{b^2}{a^2}\frac{x}{y}.$$

Wollen wir z. B. die Gleichung der Tangente durch den Ellipsenpunkt x, y mit den laufenden Koordinaten ξ, η aufstellen, so erhalten wir

$$\frac{dy}{dx}=\frac{\eta-y}{\xi-x}=-\frac{b^2}{a^2}\frac{x}{y}$$

oder, mit $\frac{y(\xi-x)}{b^2}$ multipliziert,

$$\frac{(\eta-y)\,y}{b^2}=-\frac{(\xi-x)\,x}{a^2}, \qquad \frac{x\xi}{a^2}+\frac{y\eta}{b^2}=\frac{x^2}{a^2}+\frac{y^2}{b^2}=1.$$

Aufgaben

1. Man bilde die Ableitung der folgenden Ausdrücke:

a) $\frac{1}{1+x^2}$, b) $\left(a-\frac{1}{x}\right)^3$,

c) $\frac{1}{(ax^2+bx+c)^m}$, d) $\left(\frac{1}{1-x^p}\right)^m$,

e) $\frac{ax^2+2bx+c}{\alpha x^2+2\beta x+\gamma}$.

2. Man bestimme[1])

a) $(f(x^3))'$, b) $(f^k(x^2))'$,

c) $\left(\frac{af(x)+b}{cf(x)+d}\right)'$.

3. Man bilde die Ableitung der folgenden Ausdrücke:

a) $\sqrt{x^2+1} - x$, b) $x + \sqrt{1-x^2}$,

c) $\sqrt[3]{x^2+1}$, d) $\sqrt{\frac{\alpha+\beta x}{\alpha-\beta x}}$, e) $\sqrt{\frac{1-x}{1+x}}$,

f) $\sqrt{\frac{\alpha+\beta x^2}{\alpha-\beta x^2}}$, g) $\frac{\sqrt{\alpha+\beta x}+\sqrt{\alpha-\beta x}}{\sqrt{\alpha+\beta x}-\sqrt{\alpha-\beta x}}$,

h) $\frac{\sqrt{x+1}-1}{\sqrt{x+1}+1}$, i) $x\sqrt{a+bx}$,

k) $x^{\frac{1}{3}}(1-x)^{\frac{2}{3}}(1+x)^{\frac{1}{2}}$,

l) $\frac{x}{\sqrt{a+bx}}$, m) $(-3a+2bx^2)\sqrt[3]{(a+bx)^2}$,

n) $\frac{2x^2}{3}\sqrt{(1-x)^3}+\frac{8x}{15}\sqrt{(1-x)^5}+\frac{16}{105}\sqrt{(1-x)^7}$.

4. Man bilde

$$\left(f\left(\sqrt{1+x^2}\right)\right)'.$$

5. Man bilde die Ableitung der folgenden Ausdrücke:

a) $\sin^3 x - 3\sin x$, b) $2x - \sin 2x$, c) $\sin^2 \alpha x$,

d) $\frac{x}{\sin x}$, e) $\frac{1}{\sin x}$, f) $9\sin x + \sin 3x$,

g) $x \pm \sin x \cos x$, h) $\operatorname{tg} x + \sec x$, i) $x^4 \sin^2 x + \operatorname{tg} x$,

k) $\operatorname{tg}(1+x^2)$, l) $\operatorname{tg}(x^2+x+1)$, m) $\sin \alpha x \cos \beta x$,

n) $\sin^7 x$, o) $\sin(\cos x^2)$, p) $3\operatorname{tg} x - \operatorname{tg}^3 x$,

q) $\sin^m(ax+b)$, r) $\operatorname{tg}^3(ax+b)$, s) $x^5(\sin x + \operatorname{tg} x)$,

t) $(x^2-1)\left(\operatorname{ctg} x + \frac{\operatorname{tg} x}{x^2+1}\right)$, u) $\frac{\sin x}{a+b\cos x}$, v) $\frac{x}{1+\cos x} - \operatorname{tg}\frac{x}{2}$,

w) $\sin\cos^2\sin^3\cos^2\sin x$.

---

[1]) Im folgenden wird vorausgesetzt, dass die Ableitungen der Funktionen, die nur durch ein Funktionszeichen angegeben werden, in den in Betracht kommenden Punkten existieren. Ebenso wird beim Gebrauch der Funktionszeichen der Arcus-Funktionen und später $\lg x$ stillschweigend vorausgesetzt, dass das jeweilige Argument im Existenzbereich der Funktion liegt.

6. Man bilde die Ableitung der folgenden Ausdrücke:

a) $\sqrt{\sin^3 x + \cos^3 x}$, b) $\sqrt{a \cos^2 x + b \sin^2 x}$,

c) $\sqrt[5]{1 \pm \sin^2 x}$, d) $\sqrt{\sin^4 x^2 + \cos^4 x^2}$,

e) $\sqrt[3]{x^{\frac{2}{5}} + \sin^3 \frac{1}{x} - \operatorname{tg} x^7}$, f) $\sqrt[4]{a \sin^2 x + b \cos^2 x}$.

7. Man berechne

$$\frac{d \sin \alpha^0}{d\alpha}.$$

8. Man bilde die Ableitung der folgenden Ausdrücke:

a) $\sin(2 \operatorname{arctg} x)$, b) $x - a \operatorname{arctg} \frac{x}{a}$, c) $\arcsin x^2$,

d) $-\frac{1}{a} \arcsin \frac{a}{x}$, e) $\arcsin \frac{\alpha x + \beta}{\alpha + \beta x}$, f) $\arcsin(3x - 4x^3)$,

g) $\pm \frac{x}{2} \sqrt{a^2 - x^2} + \frac{a^2}{2} \arcsin \frac{x}{a}$, h) $\arcsin \frac{1 - x^2}{1 + x^2}$,

i) $\operatorname{arctg} \frac{\alpha + x}{1 - \alpha x}$, k) $\operatorname{arctg}(a \sqrt{x^2 + 1})$, l) $2 \operatorname{arctg} \sqrt{\frac{x - \beta}{\alpha - x}}$,

m) $\operatorname{arctg}(x - \sqrt{1 + x^2})$, n) $\cos(2 \operatorname{arctg} x)$,

o) $\frac{1}{ab} \operatorname{arctg}\left(\frac{a}{b} \operatorname{tg} x\right)$, p) $\arccos \frac{b + a \cos x}{a + b \cos x}$,

q) $\arccos \sqrt{\frac{\cos 3x}{\cos^3 x}}$, r) $\operatorname{arctg} \frac{2a + bx}{x \sqrt{4ac - b^2}}$,

s) $\frac{3 \operatorname{tg} x - \operatorname{tg}^3 x}{1 - 3 \operatorname{tg}^2 x}$, t) $\sqrt{\frac{1}{ab}} \operatorname{arctg}\left(x \sqrt{\frac{a}{b}}\right)$,

u) $a^3 \operatorname{arctg} \frac{x}{a} - a^2 x + \frac{x^3}{3}$, v) $\frac{1}{\sqrt{a^2 - b^2}} \arcsin\left(\frac{bx - a^2}{ax - ab}\right)$,

w) $\frac{-1}{\sqrt{x^2 - 1}} - \arccos \frac{1}{x}$, x) $\frac{2}{\sqrt{a^2 - b^2}} \operatorname{arctg}\left(\sqrt{\frac{a - b}{a + b}} \operatorname{tg} \frac{x}{2}\right)$,

y) $\frac{2}{\sqrt{a^2 - b^2}} \operatorname{arctg}\left(\sqrt{\frac{a - b}{a + b}} \operatorname{ctg} \frac{x}{2}\right)$.

9. Gegeben sei die Funktion

$$f(x, y) = \frac{1}{\sqrt{(x - \alpha)^2 + (y - \beta)^2}}.$$

Man berechne die partiellen Ableitungen f'_x und f'_y.

10. Es sei $f(x) = x \sin \frac{x}{y} + 2y \cos \frac{y}{x}$. Man bestimme

$$x f'_x + y f'_y.$$

11. Es sei $f = x^3 + y^3 + z^3 - 3xyz$. Man bestimme

$$x f'_x + y f'_y + z f'_z.$$

12. Es sei $z = \operatorname{tg} x^2 y^3$. Man bestimme

$$3\,x z'_x - 2\,y z'_y .$$

13. Man stelle die Gleichungen der Tangenten an die Kurve

$$y^3 - 3\,y + x = 0$$

in den Schnittpunkten der Kurve mit der y-Achse auf.

14. Zu den durch die folgenden Gleichungen definierten Funktionen $y = f(x)$ bilde man die Ableitung $\frac{dy}{dx}$:

a) $y^3 + x^3 + 3\,xy = 0$, b) $y^4 - 4\,y^3 + xy^2 - 4\,y + 1 = 0$,

c) $x^4 - 3\,(x^2 + y^2)xy + y^3 = 0$, d) $y^n = \frac{x+y}{x-y}$,

e) $\sqrt{x^2 + y^2} + \sqrt{x^2 - y^2} = C$, f) $x\sqrt{1+y} + y\sqrt{1+x} = 0$,

g) $(1 - y)\cos x - \sin x = 0$, h) $\sin y - xy = 0$,

i) $\operatorname{tg} y - xy = 0$.

15. Aus $x^2 = \frac{1-y^2}{1+y^2}$ folgt:

$$\left(\frac{dx}{dy}\right)^2 = \frac{1-x^4}{1-y^4}.$$

16. Man berechne

$$\frac{\partial}{\partial t}\left(f\left(x - \frac{t}{y}\right) + f\left(-x - \frac{t}{y}\right)\right).$$

17. Die Tangenten an die Kurven $y = af(x)$, die für verschiedene Werte von a einer festen Abszisse $x = x_0$ entsprechen, gehen alle durch einen und denselben Punkt.

18. Man bestimme den geometrischen Ort der Fusspunkte aller Lote vom Punkte (a, b) auf die Tangenten

a) der Parabel $y^2 = 4\,cx$,

b) des Kreises $x^2 + y^2 = 1$.

19. Unter welchem Winkel schneiden sich die Hyperbeln $xy = c_1$ und $x^2 - y^2 = c_2$?

* * *

20. Mit Hilfe der Aufgabe 21 zu § 2 berechne man die Summen:

a) $\sin x + 2\sin 2x + \cdots + n \sin nx$,

b) $\sin x + 3\sin 3x + \cdots + (2n - 1)\sin(2n - 1)x$.

21. Aus $f(x, y, z) = 0$ folgt

$$\left(\frac{\partial x}{\partial y}\right)_{z=\text{const}} \cdot \left(\frac{\partial y}{\partial z}\right)_{x=\text{const}} \cdot \left(\frac{\partial z}{\partial x}\right)_{y=\text{const}} = -1 .$$

22. Gegeben sei ein Dreieck mit den Seiten a, b, c und den gegenüberliegenden Winkeln α, β, γ. Man drücke den Flächeninhalt F des Dreiecks als Funktion von a, b, c aus und beweise, dass

$$\frac{\partial F}{\partial a} = R \cos \alpha$$

ist, wo R der Radius des Umkreises bedeutet.

23. Die Seiten eines Dreiecks variieren so, dass der Flächeninhalt F des Dreiecks konstant bleibt, $F = 1$. Betrachtet man (vgl. die Bezeichnungen der Aufgabe 22) a als Funktion von b und c, so gilt

$$\frac{\partial a}{\partial b} = -\frac{\cos \beta}{\cos \alpha}, \qquad \frac{\partial a}{\partial c} = -\frac{\cos \gamma}{\cos \alpha}.$$

24. Sind f und g stetige Funktionen in $\langle \alpha, \beta \rangle$ und differenzierbar in (α, β), so gilt für ein $\xi, \alpha < \xi < \beta$:

$$\begin{vmatrix} f(\alpha) & f(\beta) \\ g(\alpha) & g(\beta) \end{vmatrix} = (\beta - \alpha) \begin{vmatrix} f(\alpha) & f'(\xi) \\ g(\alpha) & g'(\xi) \end{vmatrix}.$$

25. Sind f, g, h stetige Funktionen in $\langle \alpha, \beta \rangle$ und differenzierbar in (α, β), so gilt für ein ξ zwischen α und β:

$$\begin{vmatrix} f(\alpha) & g(\alpha) & h(\alpha) \\ f(\beta) & g(\beta) & h(\beta) \\ f'(\xi) & g'(\xi) & h'(\xi) \end{vmatrix} = 0 .$$

26. Sind $F(x)$, $G(x)$ zwei Polynome in x, derart, dass

$$\sqrt{1-F^2} = G\sqrt{1-x^2}$$

gilt, so ist

$$F' = nG ,$$

wo n den Grad von F bezeichnet.

27. Man beweise

a) $\displaystyle\int \sin^{n-1} x \cos (n+1) x \, dx = \frac{\sin^n x \cos nx}{n}$,

b) $\displaystyle\int \sin^{n-1} x \sin (n+1) x \, dx = \frac{\sin^n x \sin nx}{n}$,

c) $\displaystyle\int \cos^{n-1} x \cos (n+1) x \, dx = \frac{\cos^n x \sin nx}{n}$,

d) $\displaystyle\int \cos^{n-1} x \sin (n+1) x \, dx = -\frac{\cos^n x \cos nx}{n}$. (Euler.)

28. An die Parabel $y = 1 + x^2$ wird ein die Abszissenachse berührender Kreis vom Radius r herangeschoben. Wo berührt er die Parabel?

29. Wo ist die Tangente an die Kurve $y = x^n$ parallel zur Winkelhalbierenden des Hauptquadranten?

30. Man lege die Parabel $y = a x^2 + b x + c$ so, dass sie durch den Punkt $\left(\frac{\pi}{2}, 1\right)$ geht und dort die Sinuslinie $y = \sin x$ berührt.

31. Die Gleichung des Kreises vom Radius a, der das *Descartes*sche Blatt $x^3 + y^3 = 3 a x y$ im Punkte mit der Abszisse $x = \frac{4}{3} a$ berührt, ist aufzustellen.

32. Es seien die Funktionen $S(x)$, $C(x)$ in einem in bezug auf den 0-Punkt symmetrischen Intervall J stetig und differenzierbar, und es seien dort die Relationen

$$S'(x) = C(x), \; C'(x) = S(x), \; S(0) = 0, \; C(0) = 1$$

erfüllt. Man beweise, dass in J identisch

$$C^2(x) - S^2(x) \equiv 1 \quad (x \prec J)$$

gilt. (Man zeige zuerst, dass $C^2(x) - S^2(x)$ eine Konstante ist.)

33. Es seien die Funktionen $s(x)$ und $c(x)$ in einem in bezug auf den 0-Punkt symmetrischen offenen Intervall J stetig und differenzierbar, und es seien dort die Relationen

$$s'(x) = c(x), \; c'(x) = -s(x), \; s(0) = 0, \; c(0) = 1$$

erfüllt. Man beweise, dass in J identisch

$$s^2(x) + c^2(x) \equiv 1 \qquad (x \prec J)$$

gilt.

34. Es seien $s(x), c(x); s_1(x), c_1(x)$ zwei Funktionenpaare, die den Bedingungen der Aufgabe 33 genügen. Man beweise, dass $s_1(x) = s(x)$, $c_1(x) = c(x)$ in J ist. (Man betrachte den Ausdruck $(s - s_1)^2 + (c - c_1)^2$.)

35. Man beweise, dass unter den Bedingungen der Aufgabe 33 $s(x)$ ungerade und $c(x)$ gerade ist. (Man betrachte $-s(-x) = s_1(x)$, $c(-x) = c_1(x)$.)

36. Man beweise, dass unter den Bedingungen der Aufgabe 33 die Additionstheoreme gelten:

$$s(x+y) = s(x)c(y) + s(y)c(x), \; c(x+y) = c(x)c(y) - s(x)s(y).$$

(Man betrachte den Ausdruck:
$D(x,y) = \big(s(x+y) - s(x)c(y) - s(y)c(x)\big)^2 + \big(c(x+y) - c(x)c(y) + s(x)s(y)\big)^2$).

37. Die Ableitung einer geraden (ungeraden) Funktion ist ungerade (gerade), wenn diese Ableitung in einer Umgebung des Nullpunktes existiert.

KAPITEL VI

DIE TECHNIK DES INTEGRIERENS

§ 20. Integralumformung durch partielle Integration und Variablensubstitution

71. Partielle Integration

Eine der wichtigsten Methoden zur Berechnung der Integralfunktionen ist die sogenannte Umformung durch *partielle Integration*. Aus der Formel für die Produktableitung

$$\frac{d(uv)}{dx} = uv' + vu'$$

folgt offenbar, dass die Summe einer beliebigen Stammfunktion von uv' und einer beliebigen Stammfunktion von vu' sich von uv nur um eine additive Konstante unterscheiden kann. Man kann daher schreiben:

$$\boxed{\int uv'\,dx = uv - \int vu'\,dx + c.} \qquad (71,1)$$

Dies ist die Formel der **partiellen Integration**[1]).

Wenn die Funktionen u und v so beschaffen sind, dass eine Stammfunktion von vu' leicht zu berechnen ist, kann man die rechte und damit auch die linke Seite dieser Formel bestimmen. Gelegentlich muss diese Umformung wiederholt angewandt werden. Dann schleppt man die additive Konstante nicht bei jedem einzelnen Schritt mit, sondern fügt sie erst am Schluss hinzu. Ferner ist bei der Anwendung dieser Formel darauf zu achten, dass alle in ihr vorkommenden Funktionen und Ableitungen stetig sind im ganzen Intervall, das von x durchlaufen wird.

Wir erläutern die Anwendung dieser Formel an einigen Beispielen. Dabei handelt es sich jedesmal darum, den Integranden so in zwei Faktoren zu zerspalten, dass der eine dieser Faktoren, den wir mit v' identifizieren, sich leicht integrieren lässt, während die Ableitung u' des anderen Faktors u einfacher oder wenigstens nicht komplizierter ist als der Faktor u selbst.

Bei der Ausführung der partiellen Integration empfiehlt es sich, die Werte u, v', u', v ausführlich hinzuschreiben und dann erst die Formel anzuwenden.

---

[1]) Man sagt auch *Produktintegration*, *Teilintegration*, *Integration nach Teilen*, *teilweise Integration*.

1. $\int x \sin x\, dx$. — Hier ist die Stammfunktion $-\cos x$ von $\sin x$ nicht komplizierter als die Funktion $\sin x$ selbst, während die Ableitung 1 von $u \equiv x$ wesentlich einfacher ist. Wir setzen daher

$$u = x, \qquad v' = \sin x,$$
$$u' = 1, \qquad v = -\cos x.$$

Dann ergibt sich

$$\int x \sin x\, dx = -x\cos x - \int(-\cos x)\, dx = \int \cos x\, dx - x\cos x =$$
$$= \sin x - x \cos x + c,$$

da $\sin x$ eine Stammfunktion von $\cos x$ ist. —

Haben wir hier vor dem Faktor $\sin x$ eine höhere Potenz von x oder allgemein ein Polynom in x, so kann auf gleiche Weise durch Wiederholung der partiellen Integration dieser polynomiale Faktor „herausdifferenziert" werden. Ganz analog kann man verfahren, wenn der zweite Faktor gleich $\cos x$ ist.

2. $\int (x^2 - 1) \cos x\, dx$. — Hier setzen wir

$$u = x^2 - 1, \qquad v' = \cos x,$$
$$u' = 2x, \qquad v = \sin x.$$

Dann ergibt sich

$$\int (x^2-1) \cos x\, dx = (x^2-1)\sin x - \int 2x \sin x\, dx.$$

Hier ist das letzte Integral das Doppelte des oben berechneten Integrals über $x \sin x$. Daher ist die rechte Seite gleich

$$(x^2-1)\sin x - 2(\sin x - x\cos x) = (x^2-3)\sin x + 2x\cos x.$$

Daher:

$$\int (x^2-1)\cos x\, dx = (x^2-3)\sin x + 2x\cos x + c.$$

Gelegentlich ist es nützlich, die in v steckende additive Konstante geeignet zu wählen, wie z. B. im folgenden Beispiel:

3. $\int x^3 \operatorname{arctg} x\, dx$. — Hier setzen wir

$$u = \operatorname{arctg} x, \qquad v' = x^3,$$
$$u' = \frac{1}{1+x^2}, \qquad v = \frac{x^4}{4} + \gamma,$$

wo die Konstante γ noch geeignet zu wählen ist. Dann ergibt sich

$$\int x^3 \operatorname{arctg} x\, dx = \left(\frac{x^4}{4} + \gamma\right) \operatorname{arctg} x - \int \frac{\frac{x^4}{4} + \gamma}{x^2+1}\, dx.$$

Hier ist es offenbar am vorteilhaftesten, $\gamma = -\frac{1}{4}$ zu wählen; dann wird das letzte Integral zu

$$\frac{1}{4}\int \frac{x^4-1}{x^2+1}\,dx = \frac{1}{4}\int (x^2-1)\,dx = \frac{x^3}{12} - \frac{x}{4}.$$

Daher:

$$\int x^3 \operatorname{arctg} x\,dx = \frac{x^4-1}{4}\operatorname{arctg} x - \frac{x^3}{12} + \frac{x}{4} + c.$$

Gelegentlich gewinnt man mit Hilfe der partiellen Integration genügend viele lineare Gleichungen zwischen verschiedenen Integralen, aus denen diese Integrale dann berechnet werden können. Es sei z. B.:

4. $J_1 = \int \sin^2 x\,dx$, $J_2 = \int \cos^2 x\,dx$. — Man gewinnt eine erste Relation zwischen J_1 und J_2 durch Addition der beiden Integrale:

$$J_1 + J_2 = \int (\sin^2 x + \cos^2 x)\,dx = \int dx = x + c_1. \tag{71,2}$$

Um eine weitere Relation zwischen J_1 und J_2 zu gewinnen, formen wir J_1 durch partielle Integration um, indem wir setzen

$$u = \sin x,\quad v' = \sin x,$$

$$u' = \cos x,\quad v = -\cos x.$$

Dann ergibt sich

$$J_1 = -\sin x\cos x - \int(-\cos^2 x)\,dx = -\sin x\cos x + J_2 + c_2,$$

$$J_1 - J_2 = -\sin x\cos x + c_2. \tag{71,3}$$

Addieren wir (71,2) und (71,3) und halbieren, so ergibt sich der Wert für J_1:

$$J_1 = \int \sin^2 x\,dx = \frac{1}{2}(x - \sin x\cos x) + c. \tag{71,4}$$

Subtrahieren wir (71,3) von (71,2) und halbieren, so folgt

$$J_2 = \int \cos^2 x\,dx = \frac{1}{2}(x + \sin x\cos x) + c. \tag{71,5}$$

— Aus der Formel (71,1) ergibt sich, wenn man auf beiden Seiten $x = \alpha$, $x = \beta$ setzt und subtrahiert, die entsprechende Umformung für bestimmte Integrale:

$$\boxed{\int_\alpha^\beta u v'\,dx = u v \Big/_{\!\alpha}^{\!\beta} - \int_\alpha^\beta u' v\,dx.} \tag{71,6}$$

72. Substitution einer neuen Integrationsvariablen

Haben wir eine Stammfunktion einer gegebenen Funktion $f(x)$ zu berechnen, so liegt es oft nahe, x durch eine geeignete Funktion $\varphi(y)$ einer weiteren Veränderlichen y zu ersetzen, wenn entweder $f(\varphi(y))$ besonders einfach wird oder aus dem ganzen Zusammenhang, in dem das zu berechnende Integral auftritt, eine prinzipielle Vereinfachung beim Übergang zur neuen Variablen zu erwarten ist. Es wäre indessen falsch zu meinen, dass man dann einfach eine Stammfunktion von $f(\varphi(y))$, d.h. das Integral $\int^{y} f(\varphi(y))\,dy$ zu bilden habe. Denn dieses Integral ist im allgemeinen durchaus verschieden vom Integral $\int^{x} f(x)\,dx = \int^{\varphi(y)} f(x)\,dx$. Vielmehr hat man erst unter dem Integralzeichen den weiteren Faktor $\varphi'(y)$ hinzuzufügen. Dann ergibt sich die folgende Formel, die wir hier beweisen wollen:

$$\boxed{\int^{\varphi(y)} f(x)\,dx = \int^{y} f(\varphi(y))\,\varphi'(y)\,dy + c.} \tag{72,1}$$

Man kann diese Formel etwa folgendermassen interpretieren: Es ist *erstens* im Integral links die *Integrationsvariable* x durch $\varphi(y)$ zu ersetzen. *Zweitens* tritt an Stelle des „alten" *Integrationsdifferentials* dx der Ausdruck $\varphi'(y)\,dy$, d. h. man setzt

$$dx = \varphi'(y)\,dy,$$

— man beachte, dass dieser Teil der Regel mit der *Leibniz*schen Symbolik im Einklang steht; denn nach *Leibniz* wird ja

$$\varphi'(y) = \frac{dx}{dy}$$

geschrieben. *Drittens* ist als *obere Grenze* die „neue" Variable y zu setzen, wobei dann die „alte" obere Grenze im ersten Integral durch ihren Ausdruck $\varphi(y)$ in y zu ersetzen ist.

Die Voraussetzungen, unter denen wir die Formel (72,1) beweisen wollen, sind die folgenden: *Läuft y durch ein Intervall J, so sollen $\varphi(y)$ und $\varphi'(y)$ vorhanden und stetig sein. Die Werte von $\varphi(y)$ sollen dabei in einem Intervall K liegen, in dem die Funktion f stetig ist.* Dann wird behauptet, dass die Formel (72,1) für jedes y in J gilt, d. h., dass die beiden Funktionen

$$\int^{\varphi(y)} f(x)\,dx, \qquad \int^{y} f(\varphi(y))\,\varphi'(y)\,dy \tag{72,2}$$

sich in J nur um eine additive Konstante unterscheiden. Dies läuft darauf hinaus, dass ihre Ableitungen nach y in J die gleichen sind.

Nun ist die Ableitung der zweiten Funktion (72,2) nach Definition der Stammfunktion gleich

$$f(\varphi(y))\,\varphi'(y)\,.$$

Um die Ableitung der ersten Funktion (72,2) zu berechnen, setzen wir

$$F(z)=\int^{z} f(x)\,dx \tag{72,3}$$

für beliebige z aus K. Dann ist das erste Integral (72,2) gleich

$$F(\varphi(y))\,.$$

Seine Ableitung nach y ist daher nach der Kettenregel gleich

$$\left(\frac{d\,F(z)}{d\,z}\right)_{z=\varphi(y)}\cdot\frac{d\varphi(y)}{d\,y}\,.$$

Hier ist aber der zweite Faktor gleich $\varphi'(y)$.

Um den ersten Faktor zu bestimmen, berechnen wir zunächst $\frac{d\,F(z)}{d\,z}$. Dies ist aber die Ableitung des Integrals rechter Hand in (72,3) nach der oberen Grenze z, d. h $f(z)$. Daher erhalten wir für die Ableitung von $F(\varphi(y))$ nach y den Wert $f(\varphi(y))\,\varphi'(y)$, so dass die beiden Funktionen (72,2) in der Tat die gleichen Ableitungen nach y haben, womit die Formel (72,1) bewiesen ist.

73. Beispiele zur Substitutionsmethode

Die Formel (72,1) wird auf zwei Arten angewandt, entweder von „links nach rechts“ oder von „rechts nach links“. Wendet man sie von links nach rechts an, so bedeutet dies, dass man in ein gegebenes Integral $\int f(x)\,d\,x$ als neue Integrationsvariable y einführt, indem man $x=\varphi(y)$ setzt. Dann erhält man als Ergebnis das Integral rechts in (72,1), in dem aber die obere Grenze y, nachdem dieses Integral ausgerechnet wurde, erst durch x dargestellt werden muss. Man hat also die Gleichung $x=\varphi(y)$ nach y aufzulösen und y durch die Umkehrfunktion von $\varphi(y)$ zu ersetzen. Diese Umkehrfunktion kann aber manchmal nur sehr schwer zu berechnen sein. Dann bleibt das zu berechnende Integral linker Hand durch die *Hilfsvariable* y ausgedrückt, was für verschiedene Zwecke ausreichen kann[1]). Diese Art der Anwendung der Formel (72,1) lohnt sich insbesondere dann, wenn der Integrand des Integrals rechts einfacher als $f(x)$ wird.

Wird aber die Formel (72,1) von „rechts nach links“ angewandt, so wollen wir sie in der folgenden Form schreiben, in der die Variablen x und y vertauscht wurden:

$$\boxed{\int^{x} f(\varphi(x))\,\varphi'(x)\,dx=\int^{\varphi(x)} f(y)\,dy+c.} \tag{73,1}$$

[1]) Diese Methode wird in der Theorie der Differentialgleichungen vielfach benutzt.

Wir haben hier den Integranden des gegebenen Integrals links in zwei Faktoren zerspalten, von denen der eine die Gestalt $f(\varphi(x))$, der andere die Gestalt $\varphi'(x)$ hat. Dabei kann man natürlich erforderlichenfalls einen beliebigen Zahlenfaktor unter das Integralzeichen einführen, indem man das ganze Integral durch diesen Zahlenfaktor dividiert.

Formal wird dies so geschrieben, dass man die Relationen

$$y = \varphi(x), \quad dy = \varphi'(x)\,dx, \quad dx = \frac{dy}{\varphi'(x)}$$

ansetzt und dx vermöge der letzten Relation durch dy ausdrückt. Dabei soll man sich aber nicht beeilen, x durch y darzustellen durch Umkehrung der Relation $y = \varphi(x)$, sondern diese endgültige Umformung auf x erst zum Schluss vornehmen; sonst könnte man unnötige „Mehrdeutigkeiten" in den Integranden hineinbringen.

Wir wollen nun diese etwas weitläufigen Erläuterungen an einigen Beispielen illustrieren.

1. $\int^x \sin(ax+b)\,dx,\ a \neq 0$. — Hier wenden wir (73,1) an und setzen

$$y = \varphi(x) \equiv ax + b, \quad dy = a\,dx, \quad dx = \frac{dy}{a}.$$

Dann liefert (73,1)

$$\int^x \sin(ax+b)\,dx = \int^y \sin y \frac{dy}{a} = -\frac{\cos y}{a} + c = -\frac{\cos(ax+b)}{a} + c.$$

Die Integration ist in diesem Beispiel deshalb gelungen, weil wir eine Stammfunktion von $f(y)$ kannten. Wir wollen nun allgemein annehmen, dass wir eine Funktion $F(y)$ kennen, derart dass

$$F'(y) = f(y)$$

ist. Dann betrachten wir das Integral[1])

2. $\int^x f(ax+b)\,dx, a \neq 0$. — Führen wir hier als neue Integrationsvariable $y = ax + b$ ein und wenden (73,1) an, so folgt

$$y = ax + b, \quad dy = a\,dx, \quad dx = \frac{dy}{a}$$

und daher

$$\int^x f(ax+b)\,dx = \frac{1}{a}\int^y f(y)\,dy = \frac{F(y)}{a} + c = \frac{F(ax+b)}{a} + c.$$

Z. B.:

$$\int^x \frac{dx}{(x-\alpha)^\nu} = \frac{1}{1-\nu}(x-\alpha)^{1-\nu} + c \qquad (\nu = 2, 3, \ldots).$$

---

[1]) Vgl. Fussnote [1]), p. 221.

3. $\int^x \frac{x^\alpha}{(x^2+a^2)^\beta}\,dx\ (a \neq 0)$. — Dieses Integral kann durch eine geeignete Substitution auf eine Form gebracht werden, in der der allgemeine *Parameter* a durch 1 ersetzt wird. Man setze zu dem Zwecke

$$x = a\,y,\quad dx = a\,dy$$

und wende (72,1) an. Dann folgt

$$\int^x \frac{x^\alpha\,dx}{(x^2+a^2)^\beta} = \int^y \frac{a^\alpha y^\alpha a\,dy}{(a^2y^2+a^2)^\beta} = a^{\alpha+1-2\beta}\int^y \frac{y^\alpha\,dy}{(y^2+1)^\beta}\,.$$

Ist hier z. B. $\alpha = 0$ und $\beta = 1$, so folgt

$$\int^x \frac{dx}{x^2+a^2} = \frac{1}{a}\int^y \frac{dy}{y^2+1} = \frac{1}{a}\operatorname{arctg} y = \frac{1}{a}\operatorname{arctg}\frac{x}{a}\,.$$

4. $\int^x x^{n-1}\sin x^n\,dx,\ n \neq 0$. — Hier setzen wir

$$y = x^n,\quad dy = n\,x^{n-1}\,dx,\quad x^{n-1}\,dx = \frac{dy}{n}$$

und wenden (73,1) an. Drückt man nun das obige Integral durch y und dy aus, so ergibt sich

$$\int^x x^{n-1}\sin x^n dx = \frac{1}{n}\int^y \sin y\,dy = -\frac{\cos y}{n} = -\frac{\cos x^n}{n}\,.$$

Man beachte, dass, wenn wir in diesem Beispiel dx durch y und dy darstellen wollten, wir für gerades n: $dx = \pm\frac{dy}{n\,y^{\frac{n-1}{n}}}$ bekommen würden. Dann würde sich unser Integral verwandeln in

$$\frac{1}{n}\int^y \frac{\left(\pm y^{\frac{n-1}{n}}\right)\sin y\,dy}{(\pm y)^{\frac{n-1}{n}}} = \pm\frac{1}{n}\int^y \sin y\,dy\,.$$

Die Vorzeichenunsicherheit wird vermieden, wenn wir zuerst mit x und y zugleich rechnen und erst zum Schluss alles durch y ausdrücken.

Auch dieses Beispiel lässt sich, ebenso wie das Beispiel 1, verallgemeinern, indem man die Funktion $\sin y$ durch eine beliebige Funktion von y ersetzt, deren Stammfunktion bekannt ist.

In einigen Fällen gelingt die Aufstellung einer sogenannten **Rekursionsformel,** mit deren Hilfe das in Frage kommende Integral auf einfachere Integrale zurückgeführt werden kann. Dies zeigen wir am folgenden Beispiel:

5. $J_n = \int \sin^n x\,dx$. — Für $n = 1$ und $n = 2$ ist J_n bereits oben berechnet worden (vgl. (59,5) und (71,4)). Sei nun $n > 2$. Dann können wir schreiben:

$$J_n = \int \sin^n x dx = \int \sin^{n-2} x (1 - \cos^2 x)\, dx = J_{n-2} - \int [\sin^{n-2} x \cos x] \cos x\, dx.$$

Das letzte Integral rechts integrieren wir partiell, indem wir setzen:

$$u = \cos x, \qquad v' = \sin^{n-2} x \cos x,$$

$$u' = -\sin x; \qquad v = \frac{\sin^{n-1} x}{n-1}.$$

Dann folgt

$$\int [\sin^{n-2} x \cos x] \cos x\, dx = \frac{\sin^{n-1} x \cos x}{n-1} + \frac{1}{n-1} \int \sin^n x dx.$$

Das letzte Integral ist aber wiederum gleich J_n. Tragen wir dies in die obige Umformung von J_n ein, so ergibt sich

$$J_n = J_{n-2} - \frac{\cos x \sin^{n-1} x}{n-1} - \frac{1}{n-1} J_n$$

oder, nach J_n aufgelöst,

$$J_n = \frac{n-1}{n} J_{n-2} - \frac{\cos x \sin^{n-1} x}{n}.$$

Dies ist die gesuchte Rekursionsformel. Mit ihrer Hilfe wird der Wert von J_n auf denjenigen von J_{n-2} zurückgeführt. Wird die Rekursionsformel also genügend oft angewandt, so kommt man schliesslich auf eines der Integrale J_1 oder J_2, deren Werte bereits oben berechnet wurden. –

Aus den Formeln (72,1) und (73,1) ergeben sich nun analoge Umformungen für *bestimmte* Integrale. Wird z. B. in (72,1) nach y und in (73,1) nach x zwischen α und β integriert, so erhalten wir

$$\boxed{\int_{\varphi(\alpha)}^{\varphi(\beta)} f(x)\, dx = \int_{\alpha}^{\beta} f(\varphi(y))\, \varphi'(y)\, dy,} \tag{73,2}$$

$$\boxed{\int_{\alpha}^{\beta} f(\varphi(x))\, \varphi'(x)\, dx = \int_{\varphi(\alpha)}^{\varphi(\beta)} f(y)\, dy,} \tag{73,3}$$

und diese Formeln gelten, wenn die Funktionen φ und φ' für alle Argumente aus dem abgeschlossenen, zwischen α und β liegenden Intervall vorhanden und stetig sind und wenn die Werte von φ dabei in einem Intervall K liegen, in dem die Funktion f stetig ist.

Man beachte aber, dass *es nicht wesentlich ist, dass die Werte von φ zwischen $\varphi(\alpha)$ und $\varphi(\beta)$ bleiben, wenn das Argument von φ zwischen α und β läuft.*

Wir wenden noch (73,2) auf das folgende Integral an:

$$\int_{\alpha}^{\beta} \frac{dx}{x} \qquad (\alpha\beta > 0).$$

Der Integrand $\frac{1}{x}$ ist nur unstetig für $x = 0$. Wegen $\alpha\beta > 0$ haben aber α und β gleiche Vorzeichen, so dass im abgeschlossenen Intervall zwischen α und β der Integrand $\frac{1}{x}$ stetig ist. Setzen wir hier

$$x = \gamma y, \quad \gamma \neq 0, \quad dx = \gamma dy,$$

so liefert (73,2)

$$\int_{\gamma\alpha}^{\gamma\beta} \frac{dx}{x} = \int_{\alpha}^{\beta} \frac{dy}{y}.$$

Bezeichnet man in diesen beiden Integralen die Integrationsveränderliche mit t und setzt $\alpha = 1$, $\beta = x$, $\gamma = y$, so erhält man die folgende Identität:

$$\boxed{\int_1^x \frac{dt}{t} = \int_y^{xy} \frac{dt}{t} \quad (x>0,\ y \neq 0).} \tag{73,4}$$

Aufgaben

1. Man berechne

a) $\int x^3 \sin x \, dx$, b) $\int x^3 \cos x \, dx$.

(Wiederholte partielle Integration.)

2. $\int x(x+a)^m dx$. (Integration durch partielle Integration oder, indem man $y = x + a$ setzt.)

3. $\int_{-2}^{3} x\,(x^2 - 1)\, dx \quad (y = x^2 - 1)$.

4. $\int \frac{2x+3}{(6x+7)^3} dx \quad (y = 6x + 7)$.

5. a) $\int x^4 (1 + x^5)^5 dx \quad (y = 1 + x^5)$, b) $\int (1 - x)^3 dx \quad (y = 1 - x)$,

c) $\int_0^1 x^4 (1 - x)^{20} dx$, d) $\int \frac{x^3}{(1 + x^4)^2} dx$, e) $\int \frac{x\,dx}{1 + x^4}$.

6. a) $\int \frac{dx}{2x^2 + 9}$, b) $\int \frac{dx}{a^2 + x^2}$,

c) $\int_0^1 \frac{dx}{1 + 2x\cos a + x^2} \quad (-\pi < a < \pi)$.

7. a) $\displaystyle\int \frac{dx}{\sqrt{x}+\sqrt{x+1}}$, b) $\displaystyle\int \frac{x\,dx}{\sqrt{a-x}}$ $(y=\sqrt{a-x})$,

c) $\displaystyle\int \frac{x^3+1}{\sqrt{5x+7}}\,dx$, d) $\displaystyle\int \frac{x\,dx}{\sqrt[3]{1-x}}$ $(y=1-x)$,

e) $\displaystyle\int \frac{(1+x)\,dx}{\sqrt{x^2+2x+2}}$, f) $\displaystyle\int \frac{x^3\,dx}{\sqrt{1-x^2}}$,

g) $\displaystyle\int x\sqrt{1-x^2}\,dx$, h) $\displaystyle\int \frac{x^3\,dx}{\sqrt{1+x^4}}$,

i) $\displaystyle\int \frac{dx}{\sqrt{1-a^2x^2}}$, k) $\displaystyle\int \frac{x^2\,dx}{\sqrt{1-x^6}}$ $(y=x^3)$,

l) $\displaystyle\int \sqrt{a^2-x^2}\,dx$ $(x=a\sin\varphi)$.

8. a) $\displaystyle\int \sin 5x\,dx$, b) $\displaystyle\int \cos^5 x\sin x\,dx$ $(y=\cos x)$,

c) $\displaystyle\int \cos(2x+1)\pi\,dx$.

9. Man bestimme für ganze a und b:

a) $\displaystyle\int_0^{2\pi} \sin ax\sin bx\,dx$, b) $\displaystyle\int_0^{2\pi} \cos ax\cos bx\,dx$,

c) $\displaystyle\int_0^{2\pi} \sin ax\cos bx\,dx$. (Man benutze die Formeln (44,8).)

10. a) $\displaystyle\int_0^{\frac{\pi}{2}} \cos 2x\sin 3x\,dx$, b) $\displaystyle\int_0^{\frac{\pi}{2}} \sin 2x\sin 3x\,dx$,

c) $\displaystyle\int \sin(x-1)\cos 3x\,dx$, d) $\displaystyle\int \sin^2 2x\,dx$.

11. Es sei die Funktion $y=f(x)$ gegeben durch

$$y=x+1 \quad (0\leqq x\leqq 1),$$
$$y=2+\sin(x-1) \quad (1\leqq x\leqq 2),$$
$$y=(3-x)(2+\sin 1) \quad (2\leqq x\leqq 3).$$

Man berechne den Flächeninhalt des Flächenstücks, das begrenzt wird: 1. durch die Gerade $y=0$; 2. durch die Gerade $x=0$; 3. durch die Kurve $y=f(x)$.

12. a) $\displaystyle\int x\sin x^2\,dx$, b) $\displaystyle\int \frac{\sin x}{\sqrt{\cos x}}\,dx$ $(y=\cos x)$,

c) $\displaystyle\int \frac{\cos^3 x}{\sin^4 x}\,dx$ $(y=\sin x)$, d) $\displaystyle\int \sin^3 x\,dx$ $(y=\cos x)$,

e) $\int \cos^5 x\,dx$, f) $\int x \sin x^2 \cos^2 x^2\,dx$,

g) $\int \frac{\sin x \cos^4 x}{(1+\cos^5 x)^5}\,dx$, h) $\int \sqrt{1+3\cos^2 x}\,\sin 2x\,dx$,

i) $\int \sin^3 x \cos^3 x\,dx \quad (y=\cos 2x)$, k) $\int \frac{\operatorname{tg} x\,dx}{\cos^2 x}$.

13. a) $\int \sin \sqrt[4]{x-1}\,dx \quad (y=\sqrt[4]{x-1})$, b) $\int x \sin mx\,dx$,

c) $\int x^2 \sin 2x\,dx$, d) $\int (x^2 \pm 1)\cos 2x\,dx$,

e) $\int (x^3+3x+5)\cos 2x\,dx$, f) $\int \frac{\sin\frac{1}{x}}{x^2}\,dx$.

14. a) $\int x^2 \arcsin x\,dx$, b) $\int x \arcsin x\,dx$,

c) $\int x \operatorname{arctg} x\,dx$.

15. $\int \frac{dx}{\sin^2 x \cos^2 x}$. (Man füge im Zähler den Faktor $\cos^2 x + \sin^2 x$ hinzu.)

16. Im Integral $\int x^{-2}\,dx$ führe man y als neue Integrationsveränderliche ein, wobei $x = \frac{y}{cy+d}$ ist.

* * *

17. a) $\int \sqrt{\frac{x}{1-x^3}}\,dx \quad \left(y = x^{\frac{3}{2}}\right)$,

b) $\int \frac{x\,dx}{\sqrt{(1-x^2)(1-k^2x^2)}} \quad (x=\sin\varphi)$.

18. a) $\int \frac{x}{\sqrt{1-x^2}} \arcsin x\,dx$, b) $\int (\arcsin x)^2\,dx$.

19. Man beweise

$$\int_x^1 \frac{dx}{1+x^2} = \int_1^{\frac{1}{x}} \frac{dx}{1+x^2} \qquad (x>0).$$

20. Man führe das Integral

$$\int_a^b f(x)\,dx$$

durch Substitution einer neuen Variablen in ein Integral mit den Grenzen α und β $(\alpha \neq \beta)$ über.

21. Man beweise

$$\int_{\alpha}^{\beta} F(x)\,dx = \int_{\alpha}^{\beta} F(\alpha+\beta-x)\,dx.$$

22. Es gilt $\int_0^1 x^m (1-x)^n\,dx = \int_0^1 x^n (1-x)^m\,dx$.

23. Kann man im Integral

$$\int_{-1}^{1} \frac{dx}{1+x^2}$$

$y = \frac{1}{x}$ als neue Variable einführen?

24. a) $\int \frac{dx}{\sin^2 x \cos^4 x}$, b) $\int \frac{dx}{a + b\cos^2 x}$ $(ab > 0)$,

c) $\int \frac{d\varphi}{a^2\cos^2\varphi + b^2\sin^2\varphi}$, d) $\int \frac{\sin x}{\cos^3 x}\,dx$, e) $\int \frac{\sin^n x}{\cos^{n+2} x}\,dx$.

25. $\int \frac{x^n}{\sqrt{a+x^2}}\,dx$ (n ungerade).

26. Man übe auf das Integral

$$\int \frac{dx}{(1+x^2)^n}$$

die Variablentransformation $x = \frac{1+y}{1-y}$ aus.

27. $\int \frac{dx}{\sin^{2m} x \cos^{2n} x}$

ist auf das Integral einer rationalen Funktion zurückzuführen.

28. a) $\int x\sqrt{1-x^2}\,dx$ $(x = \sin y,\ \cos y = u)$,

b) $\int x^3\sqrt{1-x^2}\,dx$.

29. Für die folgenden Integrale ermittle man Rekursionsformeln:

a) $\int \operatorname{tg}^n x\,dx$, b) $\int x^n \cos\alpha x\,dx$, c) $\int x^n \sin\alpha x\,dx$,

d) $\int_0^1 (1-x^2)^n\,dx$, e) $\int \cos^n x\,dx$.

30. Setzt man

$$J_{p,q} = \int x^p (1+x)^q \, dx,$$

wo p und q rational sind, so gilt

$$(p+1) J_{p,q} + q J_{p+1,q-1} = x^{p+1} (1+x)^q + c.$$

31. Man ermittle eine Rekursionsformel für

$$\int \frac{x^m \, dx}{(1+x^2)^r} \quad (m, r \text{ rational}).$$

32. Für

$$u_n = \int_0^{\frac{\pi}{4}} \operatorname{tg}^n x \, dx \quad (n > 1)$$

gilt

$$u_n + u_{n-2} = \frac{1}{n-1}$$

und daher

$$\frac{1}{2n+2} < u_n < \frac{1}{2n-2}. \quad \text{(Vgl. Aufgabe 1 b) in § 13.)}$$

33. Man beweise für

$$J_n = \int_0^{\frac{\pi}{2}} \sin^n \varphi \, d\varphi$$

die Rekursionsformel

$$J_{n+2} = \frac{n+1}{n+2} J_n,$$

sowie die Relationen

$$J_{2n} = \frac{(2n-1)(2n-3)\ldots 3}{2n(2n-2)\ldots 2} \frac{\pi}{2},$$

$$J_{2n+1} = \frac{2n(2n-2)\ldots 2}{(2n+1)(2n-1)\ldots 3}.$$

34. Es gilt (vgl. Aufgabe 33) für jedes natürliche n die Relation

$$(n+1) J_n J_{n+1} = \frac{\pi}{2}.$$

35. Man beweise

$$\frac{2n(2n-2)\ldots 2}{(2n-1)(2n-3)\ldots 3} \, \frac{2n(2n-2)\ldots 2}{(2n+1)(2n-1)\ldots 3} < \frac{\pi}{2} <$$

$$< \frac{2n(2n-2)\ldots 2}{(2n-1)(2n-3)\ldots 3} \, \frac{(2n-2)(2n-4)\ldots 2}{(2n-1)(2n-3)\ldots 3}$$

(Vgl. die Aufgaben 1 a) und 7 in § 13.)

36. Es gilt

a) $\prod_{\nu=1}^{n}\left(1-\frac{1}{(2\nu)^2}\right)\to\frac{2}{\pi} \qquad (n\to\infty)$,

b) $\prod_{\nu=2}^{n}\left(1-\frac{1}{(2\nu-1)^2}\right)\to\frac{\pi}{4} \qquad (n\to\infty)$.

37. Man beweise

$$0{,}5<\int_0^{\frac{1}{2}}\frac{dx}{\sqrt{1-x^{2n}}}<0{,}524 \qquad (n>1).$$

(Man beachte, dass der Radikand zwischen 1 und $1-x^2$ liegt.)

38. Man beweise

$$\frac{1}{2}<\int_0^1\frac{dx}{\sqrt{4-x^2+x^3}}<\frac{\pi}{6}.$$

(Man beachte, dass der Radikand zwischen 4 und $4-x^2$ liegt.)

39. Man beweise

$$\int_0^1\frac{dx}{\sqrt{4-3x+x^3}}<\frac{2}{3}.$$

(Man beachte, dass

$$\frac{1}{\sqrt{4-3x+x^3}}<\frac{1}{\sqrt{4-3x}}$$

ist.)

40. Man beweise

$$0<\int_0^1\frac{x^{19}}{\sqrt[7]{1+x^9}}\,dx<\frac{1}{20}.$$

41. Es mögen α und φ zwischen 0 und $\frac{\pi}{2}$ liegen. Dann gilt

$$\varphi<\int_0^{\varphi}\frac{dx}{\sqrt{1-\sin^2\alpha\sin^2 x}}<\frac{\varphi}{\sqrt{1-\sin^2\alpha\sin^2\varphi}}.$$

42. Man beweise

a) $\int_1^a\frac{1+x^{30}}{1+x^{60}}\,dx=\frac{3\vartheta}{58} \qquad 0<\vartheta<1,\ (a>1)$,

b) $\int_0^1\frac{1+x^{30}}{1+x^{60}}\,dx=1+\frac{\vartheta}{31}, \qquad 0<\vartheta<1$.

43. Man bestimme den Grenzwert

$$\lim_{n\to\infty}\sum_{\nu=1}^{n}\frac{n}{n^2+\nu^2}$$

durch Zurückführung der Summe auf die Zwischensumme eines bestimmten Integrals.

44. Analog bestimme man

$$\lim_{n\to\infty}\sum_{\nu=1}^{n}\frac{2}{\sqrt{4n^2-\nu^2}}\,.$$

45. Man bestimme das Integral

$$\int\left[\frac{\cos x}{f(x)}+\frac{f'(x)\sin x}{f(x)^2}\right]dx\,.$$

46. Man führe im Integral

$$\int_0^{\pi}(a+b\cos x)^{-n}\,dx$$

y als neue Integrationsvariable ein, wobei

$$(a+b\cos x)(a-b\cos y)=a^2-b^2\qquad (a>|b|)$$

ist.

47. Es sei $f(x)$ stetig in $\langle 0,1\rangle$. Dann gilt

$$\int_0^{\pi}f(\sin x)\,dx=2\int_0^{\frac{\pi}{2}}f(\sin x)\,dx\,.$$

48. Es sei $f(x)$ stetig in $\langle -a,a\rangle$. Dann gilt

$$\int_{-a}^{a}f(x)\,dx=\int_0^{a}\bigl(f(x)+f(-x)\bigr)\,dx\,.$$

49. Man beweise

$$\int_0^{\frac{\pi}{2}}\cos^m x\sin^m x\,dx=2^{-m}\int_0^{\frac{\pi}{2}}\cos^m x\,dx\,.$$

(Man führe $y=2x$ als neue Variable ein.)

50. Man beweise

$$\int_0^{\pi}x\varphi(\sin x)\,dx=\frac{\pi}{2}\int_0^{\pi}\varphi(\sin x)\,dx\,.$$

(Man führe $y=\pi-x$ als neue Variable ein.)

51. Die Gleichung

$$\sum_{\nu=1}^{n} a_\nu \cos \nu x = 0$$

hat stets eine Wurzel.

52. Berechne das Integral

$$\int_0^\pi \frac{x \sin x}{1+\cos^2 x}\, dx \qquad (y = \pi - x).$$

53. Es gilt

$$\int_0^{\frac{\pi}{2}} \frac{\sin mx}{\sin x}\, dx = \frac{\pi}{2} - 2\cos\frac{m\pi}{2}\int_0^1 \frac{x^m}{1+x^2}\, dx.$$

(Man beweise zuerst die Fälle $m = 0$ und $m = 1$ und schliesse dann von m auf $m + 2$.)

54. Es sei

$$f_1(x) = \int_0^x f(t)\, dt, \quad \ldots, \quad f_{\nu+1}(x) = \int_0^x f_\nu(t)\, dt, \ldots .$$

Dann gilt

$$f_n(x) = \frac{1}{(n-1)!}\int_0^x (x-t)^{n-1} f(t)\, dt.$$

55. Man beweise für eine beliebige in $\langle 0,1 \rangle$ stetige Funktion $f(x)$:

a) $\displaystyle\int_0^{\frac{\pi}{2}} f(\sin x)\, dx = \int_0^{\frac{\pi}{2}} f(\cos x)\, dx$, b) $\displaystyle\int_0^{\frac{\pi}{2}} f(\operatorname{tg} x)\, dx = \int_0^{\frac{\pi}{2}} f(\operatorname{ctg} x)\, dx$,

c) $\displaystyle\int_0^{\pi} f(\sin x) \cos x\, dx = 0$.

§ 21. Logarithmus und Exponentialfunktion

74. Die l-Funktion

Wir setzen für jedes *positive* x:

$$\boxed{l(x) = \int_1^x \frac{dt}{t} \quad (x > 0)\,.} \tag{74,1}$$

Der Integrand $\frac{1}{t}$ ist ja im Intervall zwischen 1 und der positiven Zahl x stetig.

Die so für alle positiven x definierte Funktion von x ist *stetig*, und es folgt durch Differentiation nach der oberen Grenze in (74,1)

$$l'(x) = \frac{1}{x}, \qquad x > 0\,. \tag{74,2}$$

Wenden wir daher auf $l(x)$ den Mittelwertsatz der Differentialrechnung an für $0 < x_1 < x_2$, so folgt aus (74,2)

$$\frac{l(x_2) - l(x_1)}{x_2 - x_1} = \frac{1}{\xi}, \qquad 0 < x_1 < \xi < x_2\,. \tag{74,3}$$

Hier steht rechts ein Zwischenwert der Ableitung von $l(x)$ zwischen x_1 und x_2. In dieser Formel ist die rechte Seite positiv, ebenso nach Voraussetzung der Nenner links, daher auch der Zähler links. Wir sehen, dass für $x_1 < x_2$ auch $l(x_1) < l(x_2)$ ist.

Die Funktion $l(x)$ ist eigentlich monoton wachsend für alle positiven x.

Für $x = 1$ verschwindet das Integral in (74,1). Daher ist $l(x)$ für kleinere x negativ und für grössere x positiv:

$$l(1) = 0;\; l(x) < 0 \;\; (0 < x < 1);\; l(x) > 0 \;\; (x > 1). \tag{74,4}$$

Für zwei beliebige positive Grössen x und y gilt nun

$$l(xy) = \int_1^{xy} \frac{dt}{t} = \int_1^x \frac{dt}{t} + \int_x^{xy} \frac{dt}{t} = l(x) + \int_x^{xy} \frac{dt}{t}\,.$$

Das letzte Integral ist aber nach (73,4) und (74,1) gleich $l(y)$. Daher erhalten wir schliesslich

$$\boxed{l(xy) = l(x) + l(y) \qquad (x > 0, y > 0),} \tag{74,5}$$

die **Funktionalgleichung der l-Funktion.**

Wir wollen nun Folgerungen aus dieser Funktionalgleichung ziehen. Setzt man $y = \frac{1}{x}$, so folgt aus (74,5) und (74,4):

$$l(x) + l\left(\frac{1}{x}\right) = l\left(x \cdot \frac{1}{x}\right) = l(1) = 0,$$

$$l\left(\frac{1}{x}\right) = -l(x) \qquad (x > 0). \tag{74,6}$$

Setzen wir ferner in (74,5) $y = x$, so folgt

$$l(x^2) = 2\,l(x).$$

Setzen wir ferner in (74,5) $y = x^n$ für ein natürliches n, so folgt

$$l(x^{n+1}) = l(x) + l(x^n).$$

Ist nun für ein n bereits bekannt, dass

$$l(x^n) = n\,l(x) \tag{74,7}$$

gilt, so folgt aus der vorletzten Formel, dass auch $l(x^{n+1}) = l(x) + n\,l(x) = (n+1)\,l(x)$ gilt, d. h., dass (74,7) auch für $n+1$ wahr ist. (74,7) ist aber für $n = 1$ und $n=2$ wahr. *Daher gilt* (74,7) nach dem Prinzip der vollständigen Induktion *für jedes natürliche n.*

Wir wollen nun beweisen, dass (74,7) auch für jedes rationale n wahr ist. Denn es sei zunächst n positiv, gleich $\frac{p}{q}$, wo p und q natürliche Zahlen sind, und es sei $x^{\frac{1}{q}} = y$, $x = y^q$. Dann folgt, wenn (74,7) für $n = q$ angewandt wird,

$$l(x) = q\;l(y), \quad l(y) = \frac{1}{q}\,l(x)$$

und weiter, wenn (74,7) für $n = p$ angewandt wird,

$$l(y^p) = p\,l(y) = \frac{p}{q}\,l(x).$$

Da aber $y^p = x^{\frac{p}{q}}$ ist, ist damit (74,7) für $n = \frac{p}{q}$, d. h. für jedes *positive* rationale n bewiesen. Ist $n = 0$, so reduziert sich (74,7) auf $l(1) = 0$ und steckt bereits in (74,4). Ist endlich n eine negative rationale Zahl: $n = -r$, wo r positiv rational ist, so folgt aus (74,6)

$$l(x^n) = -l(x^{-n}) = -l(x^r) = -r\,l(x) = n\,l(x),$$

da ja (74,6) für den Exponenten r angewandt werden kann. Daher gilt (74,7) auch für negative rationale Zahlen.

Damit ist (74,7) *für alle rationalen n nachgewiesen.*

Was geschieht nun mit $l(x)$ für $x \uparrow \infty$? — Dann wächst $l(x)$ entweder ins Unendliche oder gegen einen positiven Grenzwert. Für natürliche n gilt aber: $l(2^n) = n\,l(2)$, und da hier $l(2) > 0$ ist, gilt $l(2^n) \to \infty$ für $n \to \infty$. Daher bleibt $l(x)$ nicht beschränkt, und wir sehen:

$$l(x) \uparrow \infty \qquad (x \uparrow \infty). \tag{74,8}$$

Was geschieht nunmehr, wenn x — über positive Werte — gegen 0 konvergiert? — Dann konvergiert $\frac{1}{x}$ gegen ∞, und aus $l(x) = -l\left(\frac{1}{x}\right)$ folgt, dass $l(x)$ gegen $-\infty$ konvergiert:

$$l(x) \downarrow -\infty \qquad (x \downarrow 0). \tag{74,9}$$

Wir sehen also, dass, wenn x die *positive Halbgerade* $(0, \infty)$ von links nach rechts durchläuft, die Werte der l-Funktion dann die *ganze Zahlengerade* von $-\infty$ bis ∞ durchlaufen.

75. Die e-Funktion

Für ein beliebiges reelles y betrachten wir die Gleichung

$$l(x) = y. \tag{75,1}$$

Nach dem Zwischenwertsatz folgt, dass die stetige Funktion $l(x)$, da sie ja beliebig kleine negative und beliebig grosse positive Werte annimmt, auch den Wert y annimmt. Da sie eigentlich monoton ist, kann sie den Wert y nur an einer einzigen Stelle annehmen. Daher besitzt die Gleichung (75,1) für jedes reelle y eine eindeutig bestimmte, positive Lösung, die als Funktion von y mit

$$x = e(y) \qquad (-\infty < y < \infty) \tag{75,2}$$

bezeichnet werden soll.

Die Funktion $e(y)$ ist dann die Umkehrfunktion der Funktion $l(x)$ für jedes abgeschlossene x-Intervall, das in $(0, \infty)$ liegt. Daher ist nach dem in Nr. 62 bewiesenen die Funktion $e(y)$ ebenso wie $l(x)$ *eigentlich monoton wachsend, stetig* und *differenzierbar*. Zugleich folgt für ihre Ableitung:

$$e'(y) = \frac{dx}{dy} = \frac{1}{\frac{dy}{dx}} = \frac{1}{l'(x)} = \frac{1}{\frac{1}{x}} = x = e(y):$$

$$\boxed{\frac{de(y)}{dy} = e(y).} \tag{75,3}$$

Die e-Funktion hat also die bemerkenswerte Eigenschaft, dass *sie sich durch Differentiation reproduziert.*

Aus den Relationen (74,4) folgt weiter:

$$e(0) = 1; \; e(y) < 1 \quad (y < 0); \; e(y) > 1 \quad (y > 0). \tag{75,4}$$

Ferner folgt aus (74,8) und (74,9)

$$e(y) \uparrow \infty \quad (y \uparrow \infty); \; e(y) \downarrow 0 \quad (y \downarrow -\infty). \tag{75,5}$$

Denn wächst y über alle Grenzen, so wächst auch $x = e(y)$, kann aber dabei nicht gegen einen endlichen Wert konvergieren, da dann auch $y = l(x)$ gegen den entsprechenden endlichen Wert konvergieren müsste. Fällt aber y nach $-\infty$, so fällt $x = e(y)$ über positive Werte gegen 0; denn würde x dabei gegen einen positiven Wert konvergieren, so müsste auch $y = l(x)$ gegen den entsprechenden endlichen Wert konvergieren.

Was entspricht bei der Funktion $e(y)$ der Funktionalgleichung (74,5) und den Relationen (74,6) und (74,7)? — Es seien y_1 und y_2 zwei beliebige reelle Zahlen. Wir setzen

$$x_1 = e(y_1),\quad x_2 = e(y_2);\quad y_1 = l(x_1),\quad y_2 = l(x_2).$$

Wegen (74,5) folgt

$$l(x_1 x_2) = l(x_1) + l(x_2) = y_1 + y_2.$$

Daher ist $x_1 x_2$ der Wert der e-Funktion für das Argument $y_1 + y_2$, und es ergibt sich, wenn man die obigen Werte von x_1 und x_2 berücksichtigt,

$$e(y_1 + y_2) = x_1 x_2 = e(y_1) \cdot e(y_2),$$

d. h. die für beliebige y_1 und y_2 geltende **Funktionalgleichung der e-Funktion:**

$$\boxed{e(y_1 + y_2) = e(y_1) \cdot e(y_2)\,.} \tag{75,6}$$

Setzen wir hier $y_1 = y$, $y_2 = -y$, so folgt wegen $e(0) = 1$ die zu (74,6) analoge Formel

$$e(-y) = \frac{1}{e(y)}\,. \tag{75,7}$$

Die (74,7) entsprechende Formel könnte hier sukzessive aus (75,6) hergeleitet werden. Wir wollen sie lieber aus (74,7) direkt ableiten. Es sei für ein beliebiges reelles y

$$x = e(y),\quad y = l(x)$$

gesetzt. Dann liefert (74,7)

$$l(x^n) = n y$$

und daher

$$x^n = e(n y).$$

Ersetzen wir x durch seinen obigen Wert $e(y)$, so folgt die Relation

$$e(n y) = e(y)^n \text{ [1]}, \tag{75,8}$$

die für jedes rationale n gilt.

Mit Hilfe dieser Relation lassen sich aber nunmehr auch Potenzen mit irrationalem Exponenten besonders einfach und natürlich definieren.

---

[1]) Man schreibt gewöhnlich anstatt $[f(x)]^n$ einfacher $f(x)^n$, seltener $f^n(x)$, jedoch bei trigonometrischen Funktionen immer $\sin^n x, \ldots, \operatorname{ctg}^n x$.

76. Potenzen mit beliebigen Exponenten

Sei x eine beliebige *positive* Zahl. Was hat man für ein **irrationales** ϱ unter x^ϱ zu verstehen? – Die Schulmathematik definiert diese Potenz folgendermassen: Man wählt eine beliebige Folge rationaler Zahlen r_ν, die gegen ϱ konvergiert, und setzt sodann

$$x^\varrho = \lim_{\nu \to \infty} x^{r_\nu} \qquad (r_\nu \text{ rational}, \ r_\nu \to \varrho). \tag{76,1}$$

Diese Definition setzt aber den Beweis von zwei Tatsachen voraus, *erstens*, dass der Grenzwert rechts in (76,1) vorhanden ist, und *zweitens*, dass dieser Grenzwert von der speziellen Wahl der Folgen r_ν unabhängig ist und nur von ϱ (und x) abhängt. Beides lässt sich besonders einfach aus unserer Theorie der l- und der e-Funktion erschliessen.

Denn es sei

$$\alpha = l(x), \quad x = e(\alpha).$$

Dann liefert (75,8) für $y = \alpha$, $n = r_\nu$:

$$e(r_\nu \alpha) = e(\alpha)^{r_\nu} = x^{r_\nu}.$$

Aus $r_\nu \to \varrho$ folgt aber $r_\nu \alpha \to \varrho\alpha$, und da die e-Funktion überall und insbesondere an der Stelle $\varrho\alpha$ stetig ist, konvergiert $e(r_\nu \alpha)$ gegen $e(\varrho\alpha)$. Daher gilt

$$x^{r_\nu} \to e(\varrho\alpha) \quad (r_\nu \text{ rational}, \ r_\nu \to \varrho). \tag{76,2}$$

Hier hängt aber der Grenzwert in der Tat nur vom Exponenten und von der Basis x ab. Daher erhalten wir mit Hilfe der e-Funktion die folgende Definition der allgemeinen Potenz x^ϱ:

$$\boxed{x^\varrho = e\big(\varrho\, l(x)\big) \qquad (x > 0, -\infty < \varrho < \infty).} \tag{76,3}$$

Diese Definition liefert auch für rationale ϱ gerade den richtigen Wert von x^ϱ, wie sich aus (75,8) ergibt, wenn dort y durch $l(x)$ und n durch ϱ ersetzt wird.

Es ist nun leicht zu zeigen, dass die beiden folgenden Rechenregeln für *beliebige* ϱ_1 und ϱ_2 gelten:

$$x^{\varrho_1} x^{\varrho_2} = x^{\varrho_1 + \varrho_2}, \quad (x^{\varrho_1})^{\varrho_2} = x^{\varrho_1 \varrho_2}. \tag{76,4}$$

Denn ist $l(x) = \alpha$, so gilt nach (75,6), wegen $x^{\varrho_1} = e(\varrho_1 \alpha)$, $x^{\varrho_2} = e(\varrho_2 \alpha)$:

$$x^{\varrho_1} x^{\varrho_2} = e(\varrho_1\alpha)\, e(\varrho_2\alpha) = e(\varrho_1 \alpha + \varrho_2\alpha) = e\big((\varrho_1 + \varrho_2)\alpha\big) = x^{\varrho_1 + \varrho_2},$$

und ferner wegen $\varrho_1 \alpha = l(x^{\varrho_1})$:

$$(x^{\varrho_1})^{\varrho_2} = e\big(\varrho_2\, l(x^{\varrho_1})\big) = e(\varrho_1 \varrho_2 \alpha) = x^{\varrho_1 \varrho_2}.$$

Ganz analog beweist man die Richtigkeit der Relation

$$x_1^\varrho x_2^\varrho = (x_1 x_2)^\varrho \quad (x_1, x_2 > 0).$$

Was endlich die **Wurzel mit dem allgemeinen Wurzelexponenten** ϱ anbetrifft, so setzen wir allgemein:

$$\boxed{\sqrt[\varrho]{x} = x^{\frac{1}{\varrho}} \qquad (\varrho \neq 0,\ x > 0).} \tag{76,5}$$

Für $x = 1$ liefert (76,3) wegen

$$l(1) = 0,\ \varrho\, l(1) = 0,\ e(0) = 1:$$

$$1^\varrho = 1. \tag{76,6}$$

Ferner ist $l(x)$ eine *eigentlich monoton wachsende Funktion* von x, daher für positive ϱ auch $\varrho l(x)$ und damit auch $e(\varrho l(x)) = x^\varrho$. Für negative ϱ *fällt* $\varrho l(x)$ *eigentlich monoton* und damit auch $e(\varrho l(x)) = x^\varrho$. Wir sehen:

x^ϱ ist für positive ϱ eine eigentlich monoton wachsende und für negative ϱ eine eigentlich monoton fallende Funktion von x.

Ferner stellen wir fest, dass x^ϱ im Intervall $(0, \infty)$ *stetig* ist. Denn für jedes *positive* x ist $l(x)$ stetig, daher auch $y = \varrho l(x)$, und da auch $e(y)$ für alle y stetig ist, folgt die Behauptung aus dem Ende Nr. 40 bewiesenen Satz über die Einsetzung stetiger Funktionen in stetige Funktionen.

Strebt x für positive ϱ fallend gegen 0, so strebt $l(x)$ wegen (74,9) monoton fallend gegen $-\infty$ und dasselbe gilt auch für $\varrho l(x)$. Aus der zweiten Relation (75,5) folgt, dass dann die linke Seite von (76,3) gegen 0 konvergiert. Legen wir also der Funktion x^ϱ mit positivem ϱ den Wert 0 für $x = 0$ bei, so ist dann die Funktion x^ϱ auch für $x = 0$ *rechtsseitig stetig*.

Die Ableitung von x^ϱ ergibt sich aus (76,3) vermöge der Kettenregel. Setzen wir

$$y = \varrho l(x),$$

so folgt wegen (76,3)

$$\frac{d x^\varrho}{d x} = \frac{d e(y)}{d y} \cdot \frac{d y}{d x} = e(y)\, \frac{d\, \varrho l(x)}{d x} = x^\varrho \cdot \varrho \cdot \frac{1}{x},$$

$$\boxed{\frac{d x^\varrho}{d x} = \varrho\, x^{\varrho - 1}.} \tag{76,7}$$

Wie man sieht, ist die in Nr. 64 für jedes rationale r nachgewiesene Differentiationsregel (64,7) auch für irrationale r richtig, sofern wieder $x > 0$ angenommen wird. Mit dieser Einschränkung ist die Formel (64,7) nunmehr für beliebige Exponenten nachgewiesen.

Zum Schluss dieser Nummer wollen wir noch beweisen, dass die ***Bernoulli*sche Ungleichung** (17,2) auch für *irrationale* Exponenten gilt. Wir behaupten:

Ist $s \geqq 1$, $a \geqq -1$, so gilt

$$(1 + a)^s \geqq 1 + s a \qquad (s \geqq 1,\ a \geqq -1). \tag{76,8}$$

Für $a = 0$ ist diese Formel offenbar wegen (76,6) richtig mit Gleichheitszeichen. Für $a = -1$ ist sie auch richtig, da ihre linke Seite den Wert 0 hat, und zwar gilt in ihr das Gleichheitszeichen dann nur für $s = 1$. Ferner ist diese Formel für $s = 1$ und beliebige a richtig, und zwar dann mit Gleichheitszeichen. Es genügt daher, wenn wir schärfer beweisen, dass

$$\boxed{(1+a)^s > 1 + s\,a \qquad (s > 1, a > -1, a \neq 0)} \tag{76,9}$$

gilt. Wenden wir aber auf die Funktion $(1 + x)^s$ als Funktion von x den Mittelwertsatz der Differentialrechnung zwischen den Werten $x = 0$ und $x = a$ an, so folgt wegen (76,7)

$$(1 + a)^s = 1 + a s (1 + \Theta a)^{s-1} \qquad (0 < \Theta < 1).$$

Ist nun a *negativ* und im Intervall $(-1,0)$ gelegen, so ist wegen $as < 0$

$$(1 + \Theta a) < 1, \quad (1 + \Theta a)^{s-1} < 1, \quad a s (1 + \Theta a)^{s-1} > a s,$$

so dass (76,9) gilt. Ist aber a *positiv*, so ist

$$(1 + \Theta a) > 1, \quad a s (1 + \Theta a)^{s-1} > a s.$$

womit (76,9) auch in diesem Fall bewiesen ist.

77. Logarithmus und Exponentialfunktion

Setzt man in (76,3) $x = e(y)$ und $y = l(x)$, so ergibt sich

$$\boxed{e(\varrho y) = e(y)^\varrho.}$$

Dies bedeutet aber, dass die *Formel* (75,8) nunmehr *nicht nur für rationale, sondern für ganz beliebige reelle n* (und für beliebige reelle y) *bewiesen ist.* Wir ersetzen in ihr insbesondere y durch 1 und ϱ durch y. Dann ergibt sich:

$$e(y) = e(1)^y.$$

Die Zahl $e(1)$ wird in der Analysis stets mit dem Buchstaben e bezeichnet. Wie wir bald sehen werden, ist dies gerade die Zahl, die schon in der Nr. 31 mit e bezeichnet wurde. Damit können wir nun die Funktion $e(y)$ in der Form schreiben

$$\boxed{e(y) = e^y.} \tag{77,1}$$

Man nennt daher diese Funktion die **Exponentialfunktion.** Die übliche Bezeichnung dafür ist e^y, doch schreibt man heute auch oft, um mehrstöckige Formeln zu vermeiden, $\boldsymbol{e(y)}$ oder $\boldsymbol{\exp(y)}$[1]).

[1]) Die Betrachtung von Exponentialfunktionen, bei denen also das Argument als *Exponent* auftritt, geht auf *Leibniz* 1679, 1695 zurück. Diese Untersuchungen wurden von *Johann Bernoulli* 1694, 1697 aufgenommen und dann namentlich von *Euler* weiterverfolgt.

Den Verlauf der Funktion $y = e^x$ stellt die Fig. 29 dar, während in der Fig. 30 der Verlauf von $y = e^{-x}$ veranschaulicht ist. – Wir haben dabei, wie man sieht, für das Argument wie allgemein üblich den Buchstaben x gebraucht.

Da $y = l(x)$ die Umkehrung von $x = e(y) = e^y$ ist, so ist also $l(x)$ gerade der Exponent der Potenz, in die man e erheben muss, um x zu bekommen. In der Bezeichnung der Schulmathematik ist daher $l(x)$ **der Logarithmus**

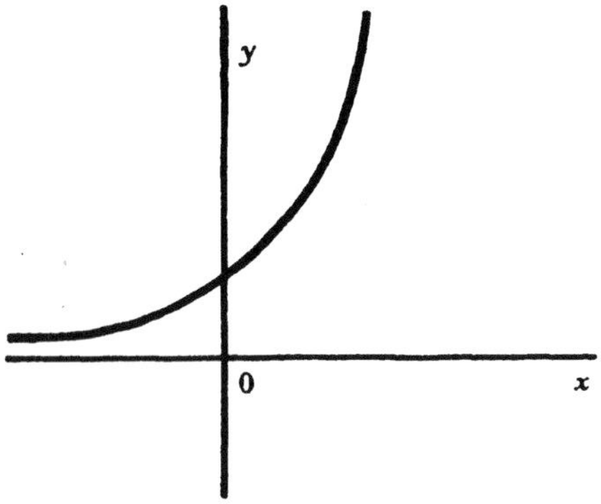

$y = e^x$

Fig. 29

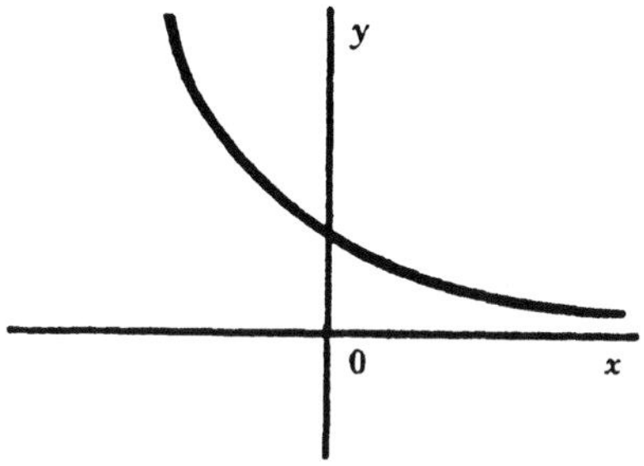

$y = e^{-x}$

Fig. 30

von x zur Basis e. Gerade diese Logarithmusfunktion zur speziellen Basis e ist nun in der Analysis dermassen gegenüber den Logarithmusfunktionen zu anderen Basen durch einfache Eigenschaften ausgezeichnet, dass man sie insbesondere auch als den **natürlichen Logarithmus** (oder auch **hyperbolischen Logarithmus**) von x bezeichnet. Man schreibt dafür oft

$$y = \log \text{nat}\, x \qquad \text{oder auch} \qquad y = ln\, x$$

(lies: *logarithmus naturalis* von x)[1]). Doch ist der natürliche Logarithmus der

[1]) Die ersten Logarithmen wurden von *John Napier* (auch *Neper* geschrieben) (1550—1617) im Jahre 1614 in Edinburgh veröffentlicht. Unabhängig hat *Jost Bürgi* (1552—1632) eine Logarithmentafel berechnet und 1620 veröffentlicht. Die *Napier*schen Logarithmen entsprechen angenähert der Basis $\frac{1}{e}$. Genauer ist die Basis der *Napier*schen Logarithmen $\left(1 - \frac{1}{10^7}\right)^{10^7}$. Den *Bürgi*schen Logarithmen entspricht die Basis $\left(1 + \frac{1}{10^4}\right)^{10^4}$. Die Dezimallogarithmen wurden von *Briggs* 1624 veröffentlicht. Doch haben alle diese Autoren die Logarithmen keineswegs als Exponenten aufgefasst, sondern den Begriff des Logarithmus aus dem Vergleich geeigneter arithmetischer und geometrischer Reihen hergeleitet, wobei *Napier* allerdings zur Begründung der Überbrückung seiner Werte durch Interpolation eine mechanische Analogie herangezogen hat.

Es ist schwer, mit Bestimmtheit zu sagen, wer den Begriff des natürlichen Logarithmus zum erstenmal klar formuliert hat. Zahlenwerte natürlicher Logarithmen kommen bereits bei *John Speidell* 1622, sowie in einem anonymen Appendix zu einer 1618 erschienenen Übersetzung einer Schrift von *Napier* vor. Doch die Benennung *logarithmus naturalis* wird wohl zuerst 1668 in einer bahnbrechenden Schrift von *N. Mercator* (ca. 1620—1687) benutzt, in der die logarithmische Reihe im Prinzip aufgestellt und damit vielleicht auch zum erstenmal der Begriff des natürlichen Logarithmus klar herausgearbeitet wurde.

einzige, den man normalerweise in theoretischen Betrachtungen verwendet, so dass es in Wahrheit durchaus genügt, dafür die Bezeichnung

$$y = \lg x$$

zu benutzen, und so werden wir es auch in diesen Vorlesungen durchweg halten. Dagegen sollen die Logarithmen zur Basis 10, die Dezimallogarithmen (*Briggs*-

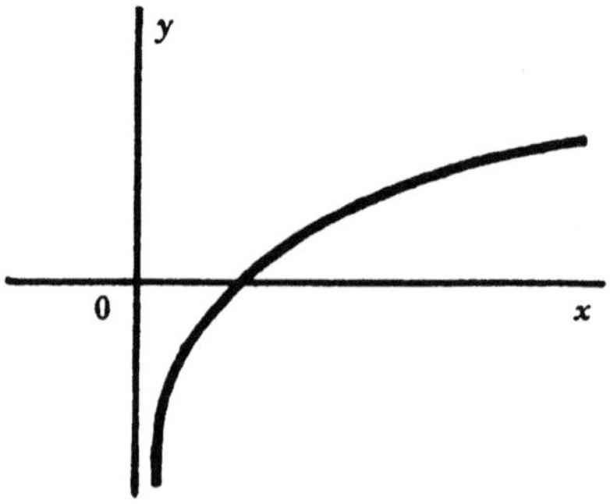

$y = \lg x$

Fig. 31

sche Logarithmen) speziell mit $\operatorname{Log} x$, und allgemein der Logarithmus von x zur Basis a mit dem Symbol $\log_a x$ bezeichnet werden.

Der Verlauf der Funktion $y = \lg x$ ist in der Fig. 31 dargestellt.

Es ist leicht, die Funktion $\log_a x$ durch die Funktion $\lg x$ auszudrücken und umgekehrt. Denn aus $x = a^\varrho$ folgt $\varrho = \log_a x$ und wegen (76,3):

$$x = a^\varrho = e^{\varrho \lg a}, \qquad \varrho \lg a = \lg x, \qquad \varrho = \frac{\lg x}{\lg a},$$

$$\boxed{\log_a x = \frac{\lg x}{\lg a}.} \tag{77,2}$$

Setzen wir hier insbesondere $x = e$, so folgt wegen $\lg e = 1$:

$$\log_a e = \frac{1}{\lg a} = \frac{1}{\log_e a}. \tag{77,3}$$

Wir setzen nun

$$M_a = \frac{1}{\lg a}. \tag{77,4}$$

Die übliche Schreibweise der gebrochenen und negativen Exponenten ist wohl erst durch *Newton* 1676 in Gebrauch gekommen. Wann die Exponentendefinition der Logarithmen aufkam, ist wiederum schwer zu sagen. Diese Definition wird indessen von *Euler* 1736 in seiner Mechanica sive motus scientia analytice exposita, t. I, Cap. II, Nr. 171 (p. 60 der opera omnia (2), Bd. 1) bereits als eine Selbstverständlichkeit behandelt.

1668 benutzt *N. Mercator* zur Definition des Logarithmus den Flächeninhalt eines durch einen Hyperbelbogen und gewisse geradlinige Strecken begrenzten Flächenstücks, was auf die Definition (74,1) hinausläuft. *R. Cotes* (1682—1716) leitete 1714 die Logarithmusfunktion aus einer Funktionalgleichung her.

Die Zahl M_a heisst der *Modul* der Logarithmen zur Basis a. Der Modul M_{10} der *Briggs*schen Logarithmen wird gewöhnlich mit M bezeichnet. Man hat

$$M = 0{,}4342\ 9448\ 1903\ 2518\ 2765\ 1128\ 9189\ 1660\ 5082\ 2944\ldots,$$

$$\frac{1}{M} = 2{,}3025\ 8509\ 2994\ 0456\ 8401\ 7991\ 4546\ 8436\ 4207\ 6011\ldots.$$

Aus (77,2) und (77,4) folgt nunmehr

$$\log_a x = M_a \lg x, \quad \operatorname{Log} x = M \lg x. \tag{77,5}$$

Die zweite Formel (76,4) liefert für

$$x = a^{\varrho_1}, \qquad \varrho_1 = \log_a x, \qquad \varrho_2 = \varrho:$$

$$x^\varrho = a^{\varrho_1 \varrho}, \ \log_a x^\varrho = \varrho_1 \varrho = \varrho \log_a x,$$

$$\log_a x^\varrho = \varrho \log_a x \qquad (a > 0,\ x > 0,\ -\infty < \varrho < \infty). \tag{77,6}$$

Wir wollen noch die Funktionen $\lg x$ und e^y durch gewisse Grenzausdrücke darstellen. Wegen (74,2) ist $\left(\frac{d \lg x}{d x}\right)_{x=1} = 1$. Daher gilt für $h \to 0$

$$\frac{\lg(1+h) - \lg 1}{h} = \frac{\lg(1+h)}{h} \to 1$$

oder, wenn x anstatt h geschrieben wird,

$$\boxed{\lg(1+x) \sim x \qquad (x \to 0).} \tag{77,7}$$

Ersetzen wir hier x durch $\frac{y}{n}$, wo y fest ist und $|n| \to \infty$ gilt, so folgt

$$\frac{\lg\left(1+\frac{y}{n}\right)}{\frac{y}{n}} = \frac{n \lg\left(1+\frac{y}{n}\right)}{y} = \frac{\lg\left(1+\frac{y}{n}\right)^n}{y} \to 1$$

oder, wenn für einen Augenblick

$$\varphi(n) = \lg\left(1+\frac{y}{n}\right)^n$$

gesetzt wird,

$$\lim_{|n| \to \infty} \varphi(n) = y.$$

Setzen wir $\varphi(n)$ in die Funktion $e(x)$ als Argument ein, so ergibt sich für $|n| \to \infty$:

$$e(\varphi(n)) \to e(y) = e^y,$$

da e^y stetig ist. Nach der Definition von $\varphi(n)$ ist aber $e(\varphi(n)) = \left(1+\frac{y}{n}\right)^n$.

Daher gilt

$$\boxed{\left(1+\frac{y}{n}\right)^n \to e^y \qquad (|n| \to \infty)\,^{1)}.} \tag{77,8}$$

Für $y = 1$ folgt $\left(1+\frac{1}{n}\right)^n \to e$, so dass also die Basis e der natürlichen Logarithmen mit der in den Nrn. 31, 32 betrachteten Zahl e identisch ist.

Ferner ist wegen (75,3) für $y = 0$: $\left(\frac{de^y}{dy}\right)_{y=0} = e^0 = 1$ und daher für $h \to 0$:

$$\frac{e^h - e^0}{h} = \frac{e^h - 1}{h} \to 1$$

oder, wenn wir h durch x ersetzen,

$$\boxed{e^x - 1 \sim x \qquad (x \to 0).} \tag{77,9}$$

Wir betrachten nun für ein $x > 0$ den Ausdruck

$$n\,(\sqrt[n]{x} - 1)$$

und lassen darin $|n|$ ins Unendliche wachsen. Sei

$$y = \lg x, \quad x = e^y.$$

Dann gilt

$$\sqrt[n]{x} = (e^y)^{\frac{1}{n}} = e^{\frac{y}{n}}$$

und für $|n| \to \infty$, $\frac{y}{n} \to 0$:

$$\sqrt[n]{x} - 1 = e^{\frac{y}{n}} - 1 \sim \frac{y}{n}\,;$$

$$\frac{n\,(\sqrt[n]{x} - 1)}{y} \to 1\,, \quad n\,(\sqrt[n]{x} - 1) \to y;$$

daher, wegen $y = \lg x$:

$$\boxed{n\,(\sqrt[n]{x} - 1) \to \lg x \qquad (x > 0,\ |n| \to \infty)\,^{2)}.} \tag{77,10}$$

Es sei noch daran erinnert, dass in den Formeln (77,8) und (77,10) n nicht etwa nur über ganze, sondern über *beliebige* reelle Zahlen läuft.

Rationale und algebraische Funktionen, die vier trigonometrischen Funktionen: $\sin x$, $\cos x$, $\operatorname{tg} x$, $\operatorname{ctg} x$, ihre Umkehrfunktionen, $\lg x$ und e^x nennt man **elementare Funktionen**, ebenso wie alle Funktionen, die sich aus

---

[1]) Die Formel (77,8) rührt von *Euler*, 1743, her.

[2]) Diese Formel findet sich wohl zuerst bei *E. Halley* (1656—1742), 1695, wenn auch ohne ausreichende Begründung.

diesen Funktionen durch Zusammensetzung ergeben. Die oben entwickelten Differentiationsregeln gestatten nun offenbar, jede elementare Funktion zu differenzieren. Es ergibt sich aus diesen Regeln das fundamentale Ergebnis, dass **die Ableitung jeder elementaren Funktion wiederum eine elementare Funktion ist.**

Aufgaben

* * *

1. Man setze

$$x = A(y) = \int_0^y \frac{du}{1+u^2} \qquad (-\infty < y < \infty).$$

Man beweise, dass $A(y)$ eine durchweg eigentlich monoton wachsende, ungerade und stetige Funktion ist.

2. Man definiere die Zahl π durch $\pi = 4A(1)$ (vgl. Aufgabe 1) und beweise

$$\lim_{y \to \infty} A(y) = \frac{\pi}{2}, \quad \lim_{y \to -\infty} A(y) = -\frac{\pi}{2}.$$

(Vgl. Aufgabe 19, § 20).

3. Sei $y = t(x)$ die Umkehrfunktion von $x = A(y)$ für $-\frac{\pi}{2} < x < \frac{\pi}{2}$ (vgl. Aufgabe 1). Man beweise, dass $t(x)$ eigentlich monoton wachsend, ungerade und stetig in $\left(-\frac{\pi}{2}, \frac{\pi}{2}\right)$ ist, ferner dass

$$\lim_{x \downarrow -\frac{\pi}{2}} t(x) = -\infty, \quad \lim_{x \uparrow \frac{\pi}{2}} t(x) = \infty, \quad t'(x) = 1 + t^2(x) \quad \left(-\frac{\pi}{2} < x < \frac{\pi}{2}\right)$$

gilt.

4. Man setze $s(-\pi) = s(\pi) = 0$, $c(-\pi) = c(\pi) = 1$, ferner (vgl. Aufgabe 3)

$$s(x) = \frac{2t\left(\frac{x}{2}\right)}{1 + t^2\left(\frac{x}{2}\right)}, \quad c(x) = \frac{1 - t^2\left(\frac{x}{2}\right)}{1 + t^2\left(\frac{x}{2}\right)} \qquad (-\pi < x < \pi).$$

Man beweise, dass $s(0) = c\left(\frac{\pi}{2}\right) = 0$, $c(0) = s\left(\frac{\pi}{2}\right) = 1$ ist; ferner, dass $s(x)$ und $t(x)$ im abgeschlossenen Intervall $\langle -\pi, \pi \rangle$) stetig sind und den Relationen genügen:

$$s'(x) = c(x), \; c'(x) = -s(x).$$

5. Es gilt (vgl. die Aufgaben 1—4)

$$\frac{s(x)}{c(x)} = t(x).$$

$\left(\text{Man differenziere den Quotienten } \frac{s(x)}{c(x)}.\right)$

6. Ist $\varphi(x)$ eine für alle x definierte Funktion, die für alle x und y der Funktionalgleichung $\varphi(x+y) = \varphi(x) + \varphi(y)$ genügt, so gilt für alle x und alle rationalen r:

$$\varphi(rx) = r\,\varphi(x).$$

§ 22. Anwendung der Logarithmus- und der Exponentialfunktion

78. Differential- und Integralformeln, die Logarithmus- und Exponentialfunktionen enthalten

Die Formel (75,3) lässt sich, wenn man das Argument mit x anstatt mit y bezeichnet, in der Form schreiben:

$$\boxed{(e^x)' = e^x.} \tag{78,1}$$

Daraus folgt weiter für konstante a und b nach (68,6)

$$(e^{ax+b})' = a\,e^{ax+b}. \tag{78,2}$$

Da nach (76,3) $a^x = e^{x \lg a}$ ist, folgt aus (78,2) weiter, wenn dort b durch 0 und a durch $\lg a$ ersetzt wird:

$$\boxed{(a^x)' = a^x \lg a.} \tag{78,3}$$

Andererseits gilt nach (74,2)

$$\boxed{(\lg x)' = \frac{1}{x}} \tag{78,4}$$

und daher wegen (77,2)

$$\boxed{(\log_a x)' = \frac{1}{x \lg a}.} \tag{78,5}$$

Es sei nun $\varphi(x)$ eine in dem in Betracht kommenden x-Intervall *positive*, stetige und differenzierbare Funktion. Setzen wir dann

$$y = \varphi(x), z = \lg y = \lg \varphi(x),$$

so folgt nach der Kettenregel

$$\frac{dz}{dx} = \frac{dz}{dy}\,\frac{dy}{dx} = \frac{1}{y}\,\varphi'(x) = \frac{\varphi'(x)}{\varphi(x)},$$

$$\boxed{\frac{d \lg \varphi(x)}{dx} = \frac{\varphi'(x)}{\varphi(x)} \qquad (\varphi(x) > 0).} \tag{78,6}$$

Wie man sieht, ist die in der Nr. 61 benutzte **logarithmische Ableitung** $\frac{f'(x)}{f(x)}$ für $f(x) > 0$ in der Tat einfach die Ableitung des Logarithmus von $f(x)$.

Beispiel: Sei $a \neq 0$. Dann gilt

$$\frac{d\sqrt{x^2+a}}{dx} = \frac{1}{2}\,\frac{1}{\sqrt{x^2+a}}\,2x = \frac{x}{\sqrt{x^2+a}}\,.$$

Daher

$$\frac{d(x+\sqrt{x^2+a})}{dx} = 1 + \frac{x}{\sqrt{x^2+a}} = \frac{x+\sqrt{x^2+a}}{\sqrt{x^2+a}}\,,$$

$$\frac{(x+\sqrt{x^2+a})'}{(x+\sqrt{x^2+a})} = \frac{1}{\sqrt{x^2+a}}\,. \tag{78,7}$$

Daraus folgt wegen (78,6), wenn $x + \sqrt{x^2+a} > 0$ ist,

$$\frac{d \lg (x+\sqrt{x^2+a})}{dx} = \frac{1}{\sqrt{x^2+a}} \qquad (x+\sqrt{x^2+a} > 0)\,. \tag{78,7⁰}$$

Aus (78,1) folgt sofort

$$\boxed{\int e^x\,dx = e^x + c\,.} \tag{78,8}$$

Wegen (78,2) ist die Ableitung $\left(\frac{1}{\alpha}\,e^{\alpha x}\right)' = e^{\alpha x}$ und daher

$$\int e^{\alpha x}\,dx = \frac{1}{\alpha}\,e^{\alpha x} + c\,, \tag{78,9}$$

folglich, da $a^x = e^{x \lg a}$ ist, für $\alpha = \lg a$:

$$\boxed{\int a^x\,dx = \frac{a^x}{\lg a} + c\,.} \tag{78,10}$$

Ferner folgt aus (78,6), wenn $\varphi(x)$ im betrachteten Intervall positiv ist,

$$\int \frac{\varphi'(x)}{\varphi(x)}\,dx = \lg \varphi(x) + c \qquad (\varphi(x) > 0).$$

Ist aber $\varphi(x)$ im betrachteten Intervall *negativ*, so setzen wir

$$-\varphi(x) = \psi(x)\,, \quad \frac{\varphi'(x)}{\varphi(x)} = \frac{\psi'(x)}{\psi(x)}\,.$$

Dann folgt

$$\int \frac{\varphi'(x)}{\varphi(x)}\,dx = \int \frac{\psi'(x)}{\psi(x)}\,dx = \lg \psi(x) = \lg|\varphi(x)| \qquad (\varphi(x) < 0)\,.$$

Beide Resultate lassen sich in eine Formel zusammenfassen:

$$\boxed{\int \frac{\varphi'(x)}{\varphi(x)}\,dx = \lg|\varphi(x)| + c \qquad (\varphi(x) \neq 0)\,.} \tag{78,11}$$

Insbesondere folgt für $\varphi(x) = x - a$, $\varphi'(x) = 1$:

$$\int \frac{dx}{x-a} = \lg |x - a| + c \tag{78,12}$$

und speziell für $a = 0$:

$$\int \frac{dx}{x} = \lg |x| + c. \tag{78,13}$$

Ferner folgt aus (78,7⁰)

$$\int \frac{dx}{\sqrt{x^2+a}} = \lg |x + \sqrt{x^2+a}| + c. \tag{78,14}$$

Kombiniert man die erhaltenen Formeln mit den früher entwickelten Regeln, so lässt sich nunmehr eine grosse Anzahl von Integralen ausrechnen, wie wir in der nächsten Nummer an Beispielen zeigen werden.

Zuerst wollen wir noch eine weitere Differentialformel herleiten, nämlich die Ableitungsformel für u^v, wo u und v Funktionen von x sind. Man kann $(u^v)'$ *erstens* nach der allgemeinen Kettenregel (69,3) bilden:

$$\frac{du^v}{dx} = u' \frac{\partial u^v}{\partial u} + v' \frac{\partial u^v}{\partial v} = u' (v u^{v-1}) + v' (u^v \lg u),$$

$$\boxed{\frac{du^v}{dx} = u^v \left(u' \frac{v}{u} + v' \lg u\right).} \tag{78,15}$$

Das gleiche Resultat erhalten wir *zweitens* ohne Benutzung der Kettenregel durch Betrachtung der logarithmischen Ableitung:

$$\frac{(u^v)'}{u^v} = \frac{d \lg u^v}{dx} = \frac{d(v \lg u)}{dx} = v' \lg u + v \frac{u'}{u},$$

woraus durch Multiplikation mit u^v wieder (78,15) folgt.

Ist z. B. $u = v = x$, so folgt

$$(x^x)' = x^x (1 + \lg x).$$

In den Anwendungen der Infinitesimalrechnung werden gewisse Verbindungen von e^x und e^{-x} oft benutzt. Es sind dies die Funktionen:

$$\boxed{\begin{aligned} \sinh x &= \frac{e^x - e^{-x}}{2}, & \cosh x &= \frac{e^x + e^{-x}}{2}, \\ \operatorname{tgh} x &= \frac{e^x - e^{-x}}{e^x + e^{-x}}, & \operatorname{ctgh} x &= \frac{e^x + e^{-x}}{e^x - e^{-x}}. \end{aligned}} \tag{78,16}$$

Man nennt diese Funktionen die **hyperbolischen Funktionen** und liest die obigen Symbole bzw.: Sinus hyperbolicus x, Cosinus hyperbolicus x, Tangens hyperbolicus x und Cotangens hyperbolicus x.

Diese Benennungen bringen eine gewisse Analogie zu den trigonometrischen Funktionen zum Ausdruck. In der Tat gelten auch für die hyperbolischen Funktionen ganz analoge Formeln wie für die trigonometrischen Funktionen; oft ist der einzige Unterschied der, dass gewisse Glieder ein anderes Vorzeichen haben.

So folgt z. B. aus den Formeln (78,16):

$$\cosh^2 x - \sinh^2 x = 1, \tag{78,17}$$

$$\operatorname{tgh} x = \frac{1}{\operatorname{ctgh} x} = \frac{\sinh x}{\cosh x}, \tag{78,18}$$

$$\frac{d \sinh x}{dx} = \cosh x, \qquad \frac{d \cosh x}{dx} = \sinh x. \tag{78,19}$$

Der Verlauf der vier hyperbolischen Funktionen (78,16) ist in den Figuren 32-35 dargestellt.

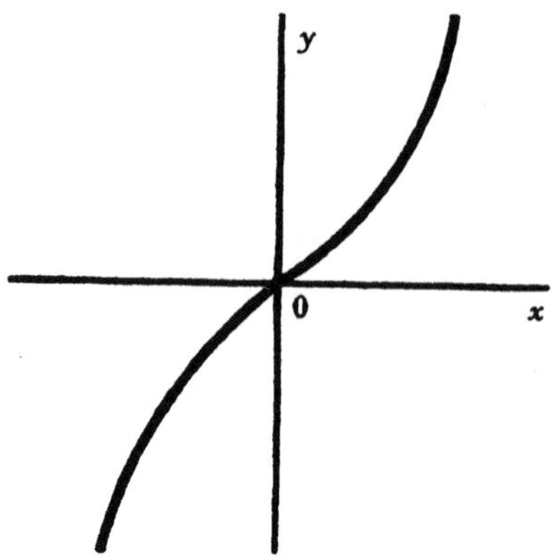

$y = \sinh x$

Fig. 32

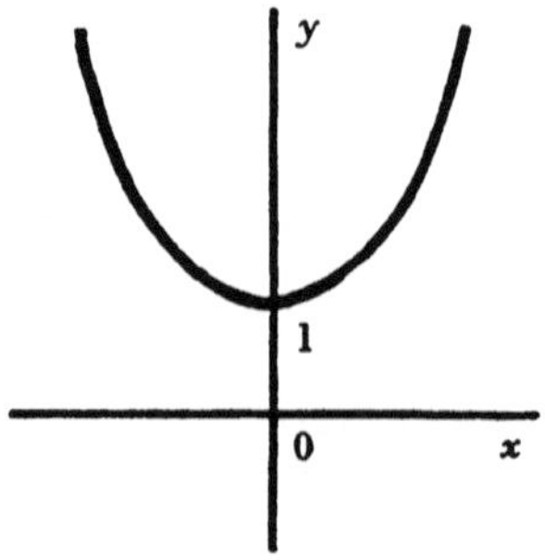

$y = \cosh x$

Fig. 33

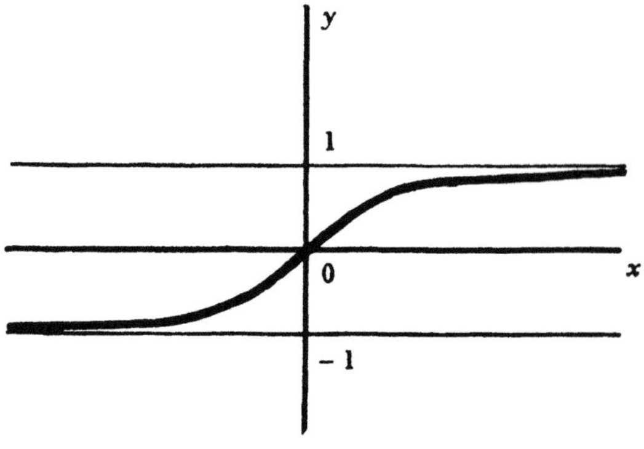

$y = \operatorname{tgh} x$

Fig. 34

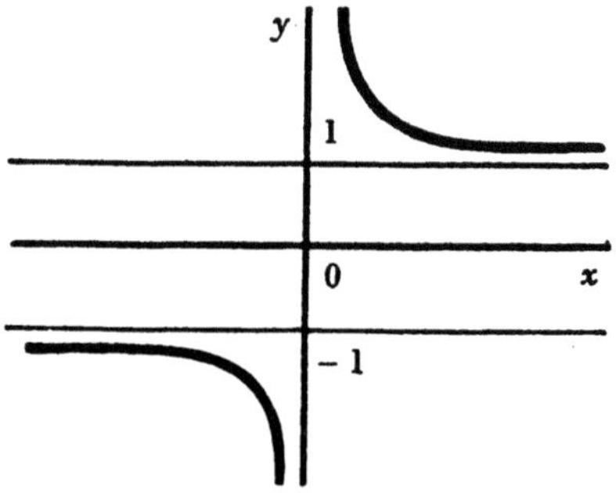

$y = \operatorname{ctgh} x$

Fig. 35

Die Umkehrfunktionen der hyperbolischen Funktionen, die also den Arcus-Funktionen entsprechen, werden so bezeichnet, dass man vor das Funktionssymbol das Symbol Ar (lies: Area) schreibt. So folgt bzw. aus

$$\begin{aligned} y &= \sinh x: & x &= \operatorname{Ar}\sinh y; \\ y &= \cosh x: & x &= \operatorname{Ar}\cosh y; \\ y &= \operatorname{tgh} x: & x &= \operatorname{Ar}\operatorname{tgh} y; \\ y &= \operatorname{ctgh} x: & x &= \operatorname{Ar}\operatorname{ctgh} y. \end{aligned}$$

Die letzte Umkehrfunktion wird z. B. gelesen: Area Cotangens hyperbolicus y[1]).

Um diese Umkehrfunktionen an Hand der Sätze von § 18 genau zu diskutieren, müssten wir allerdings zuerst die Monotonieintervalle der vier hyperbolischen Funktionen bestimmen. Da indessen die Umkehrfunktionen der hyperbolischen Funktionen in der Praxis selten benutzt werden, wird auf diese Diskussion nur in den Aufgaben zu § 24 eingegangen.

79. Integrationsbeispiele

Beispiel 1: $\int \frac{x\,dx}{1+x^2} = \frac{1}{2}\int \frac{(1+x^2)'}{1+x^2}\,dx = \frac{1}{2}\lg(1+x^2) + c.$

Beispiel 2: $\int \operatorname{tg} x\,dx = \int \frac{\sin x}{\cos x}\,dx = -\int \frac{(\cos x)'}{\cos x}\,dx = -\lg|\cos x| + c.$

Beispiel 3: $\int \operatorname{ctg} x\,dx = \int \frac{(\sin x)'}{\sin x}\,dx = \lg|\sin x| + c.$

---

[1]) Hyperbolische Funktionen wurden von *V. Riccati* 1757 eingeführt. Ihre Theorie wurde sodann 1768 von *J. H. Lambert* (1728—1777) weiterentwickelt, von dem auch die heute üblichen Bezeichnungen sinh x etc. stammen. Daneben sind auch gebräuchlich die Bezeichnungen 𝔖𝔦𝔫 x (*C. Gudermann*), Sin x, Sh x und analog für andere hyperbolische Funktionen. Für die Umkehrungen hyperbolischer Funktionen schreibt man auch anstatt Ar sinh x z. B.: Arg sinh x. – Area (lat. Fläche) bei hyperbolischen Funktionen entspricht arcus (lat. Bogen) bei trigonometrischen Funktionen, da man das Argument hyperbolischer Funktionen als einen Flächeninhalt deuten kann. (Vgl. Aufgabe 67 zu diesem Paragraphen.)

Beispiel 4: $\int \frac{dx}{\sin x} = \int \frac{dx}{2 \sin \frac{x}{2} \cos \frac{x}{2}} = \frac{1}{2} \int \frac{\frac{dx}{\cos^2 \frac{x}{2}}}{\operatorname{tg} \frac{x}{2}}$.

Da aber nach der Kettenregel $\left(\operatorname{tg} \frac{x}{2}\right)' = \frac{1}{\cos^2 \frac{x}{2}} \frac{1}{2}$ ist, folgt weiter

$$\int \frac{dx}{\sin x} = \int \frac{\left(\operatorname{tg} \frac{x}{2}\right)'}{\operatorname{tg} \frac{x}{2}} dx = \lg \left|\operatorname{tg} \frac{x}{2}\right| + c .$$

Beispiel 5: $\int \frac{dx}{\cos x} = \int \frac{dx}{\sin\left(\frac{\pi}{2} - x\right)}$,

und dies wird, wenn $y = \frac{\pi}{2} - x$ als neue Integrationsvariable eingeführt wird, gleich

$$-\int \frac{dy}{\sin y} = -\lg \left|\operatorname{tg} \frac{y}{2}\right| \Bigg|_{y = \frac{\pi}{2} - x} + c = -\lg \left|\operatorname{tg}\left(\frac{\pi}{4} - \frac{x}{2}\right)\right| + c =$$

$$= \lg \left|\operatorname{ctg}\left(\frac{\pi}{4} - \frac{x}{2}\right)\right| + c .$$

Beispiel 6: $\int \operatorname{arctg} x \, dx$ integrieren wir partiell:

$$u = \operatorname{arctg} x, \; u' = \frac{1}{1 + x^2} \; ; \; v' = 1 , \; v = x :$$

$$\int \operatorname{arctg} x \, dx = x \operatorname{arctg} x - \int \frac{x \, dx}{1 + x^2} = x \operatorname{arctg} x - \frac{1}{2} \lg (1 + x^2) + c .$$

Beispiel 7: $\int \arcsin x \, dx$ integrieren wir partiell:

$$u = \arcsin x, \; u' = \frac{1}{\sqrt{1 - x^2}} \; ; \; v' = 1 , \; v = x :$$

$$\int \arcsin x \, dx = x \arcsin x - \int \frac{x \, dx}{\sqrt{1 - x^2}} .$$

Im letzten Integral führen wir $y = 1 - x^2$ als neue Integrationsvariable ein: $dy = -2 x \, dx$, $x \, dx = -\frac{dy}{2}$. Dann folgt

$$\int \frac{x \, dx}{\sqrt{1 - x^2}} = -\frac{1}{2} \int \frac{dy}{\sqrt{y}} = -\frac{1}{2} \frac{y^{\frac{1}{2}}}{\frac{1}{2}} = -\sqrt{y} = -\sqrt{1 - x^2} .$$

Daher

$$\int \arcsin x \, dx = x \arcsin x + \sqrt{1 - x^2} + c .$$

Beispiel 8: $\int x e^x d x$ wird partiell integriert:

$$u = x, u' = 1; \; v' = e^x, v = e^x.$$

Daher

$$\int x e^x d x = x e^x - \int e^x d x = (x - 1) e^x + c.$$

Beispiel 9: $\int \lg x \; d x$ wird partiell integriert:

$$u = \lg x, u' = \frac{1}{x}; \; v' = 1, v = x.$$

Daher

$$\int \lg x \, d x = x \lg x - \int x \frac{1}{x} d x = x \lg x - x + c.$$

Beispiel 10: $\int x^n \lg x \, d x$ $(n \neq -1)$. Dieses Integral ist für $n = 0$ mit dem Integral im Beispiel 9 identisch. Für allgemeine n gehen wir genau gleich vor wie im Beispiel 9. Die partielle Integration ergibt für

$$u = \lg x, u' = \frac{1}{x}; \; v' = x^n, v = \frac{x^{n+1}}{n+1}:$$

$$\int x^n \lg x \, d x = \frac{x^{n+1}}{n+1} \lg x - \int \frac{1}{x} \frac{x^{n+1}}{n+1} d x =$$

$$= \frac{x^{n+1}}{n+1} \lg x - \frac{x^{n+1}}{(n+1)^2} + c.$$

Für $n = -1$ betrachten wir allgemeiner das Integral:

Beispiel 11: $\int \frac{(\lg x)^m}{x} d x$. — Hier führen wir $y = \lg x$ als neue Integrationsvariable ein. Wegen $y = \lg x, d y = \frac{d x}{x}$ folgt

$$\int \frac{(\lg x)^m}{x} d x = \int y^m d y = \begin{cases} \dfrac{y^{m+1}}{m+1} & (m \neq -1), \\ \lg |y| & (m = -1). \end{cases}$$

Daher

$$\int \frac{(\lg x)^m}{x} d x = \begin{cases} \dfrac{(\lg x)^{m+1}}{m+1} + c & (m \neq -1), \\ \lg |\lg x| + c & (m = -1). \end{cases}$$

Beispiel 12: $\int \frac{(\lg \lg x)^m}{x \lg x} d x$ $(x > 1)$ [1]. — Hier muss $x > 1$ genommen werden, damit $\lg x$ positiv bleibt. Wir führen $y = \lg \lg x$ als neue Integrationsvariable ein. Es ergibt sich, wenn man $y = \lg z$, $z = \lg x$ setzt:

$$\frac{d y}{d x} = \frac{d y}{d z} \frac{d z}{d x} = \frac{1}{z} \frac{1}{x}, \quad d y = \frac{d x}{x \lg x}$$

[1]) Unter dem Symbol $\lg \lg x$ versteht man $\lg (\lg x)$.

und daher

$$\int \frac{(\lg \lg x)^m\, d x}{x \lg x} = \int y^m d y = \begin{cases} \dfrac{y^{m+1}}{m+1} & (m \neq -1), \\ \lg y & (m = -1). \end{cases}$$

Damit folgt

$$\int \frac{(\lg \lg x)^m\, d x}{x \lg x} = \begin{cases} \dfrac{(\lg \lg x)^{m+1}}{m+1} + c & (m \neq -1), \\ \lg |\lg \lg x| + c & (m = -1). \end{cases} \qquad (x > 1)$$

80. Anwendung der Exponentialfunktion auf das Gesetz des natürlichen Wachsens und Abnehmens

Mit Hilfe der Exponentialfunktion lassen sich viele Vorgänge beschreiben, die in den Naturwissenschaften und in der Nationalökonomie betrachtet werden und sich auf die verschiedenartigsten Dinge beziehen. Das Gemeinsame an all diesen Vorgängen ist, dass in ihnen eine bestimmte Grösse sich so ändert, dass das Änderungsverhältnis nur vom durchlaufenen Intervall abhängt. Bei kontinuierlicher Verzinsung z. B. multipliziert sich das Kapital nach Ablauf einer beliebigen Zeit mit einem Faktor, der nur von dieser Zeit und nicht vom Kapital abhängt; ähnlich verhält es sich mit dem natürlichen Wachstum einer Population. Beim radioaktiven Zerfall *vermindert* sich das Quantum des radioaktiven Stoffes in einem Verhältnis, das nur von der verflossenen Zeit abhängt. Im Falle der Lichtabsorption beim Durchgang durch ein homogenes absorbierendes Medium sinkt die Lichtintensität in einem Verhältnis, das nur von der Dicke der durchlaufenen Schicht abhängt und nicht von der Anfangsintensität des Lichtes usw.

Formelmässig lässt sich dies folgendermassen fassen: Wir betrachten eine Funktion $f(x)$, die für alle x aus dem offenen Intervall $J = (\alpha, \beta)$ definiert und *positiv* ist. Für beliebige Argumente x_1 und x_2 aus J soll der Quotient $\dfrac{f(x_1)}{f(x_2)}$ nur von der Differenz $x_1 - x_2$ abhängen:

$$\frac{f(x_1)}{f(x_2)} = \varphi(x_1 - x_2) \qquad (x_1, x_2 < J). \tag{80,1}$$

Machen wir nun noch die weitere Annahme, dass es irgend ein x_0 aus J gibt, so dass $f(x)$ an der Stelle x_0 *differenzierbar* ist, so können wir die Funktion $f(x)$ mit Hilfe der Exponentialfunktion darstellen.

Dazu schreiben wir (80,1) in einer anderen Form, indem wir x_2 und x_1 bzw. durch x und $x+h$ ersetzen. Es ergibt sich, wenn man mit $f(x)$ heraufmultipliziert,

$$f(x+h) = f(x)\,\varphi(h) \qquad (x, x+h < J), \tag{80,2}$$

wenn x und $x+h$ beide in J liegen. Aus dieser Formel folgt sofort für $h \neq 0$:

$$\frac{f(x+h) - f(x)}{h} = f(x)\, \frac{\varphi(h) - 1}{h}. \tag{80,3}$$

Es werde nun

$$a = \frac{f'(x_0)}{f(x_0)} \tag{80,4}$$

gesetzt. Wendet man dann (80,3) für $x = x_0$ an, so darf h in dieser Formel jeden hinreichend kleinen Wert annehmen, sobald $x_0 + h$ in J liegt. Die linke Seite konvergiert dann für $h \to 0$ und für $x = x_0$ gegen $f'(x_0)$; die rechte Seite ist aber gleich $f(x_0)\,\frac{\varphi(h)-1}{h}$. Daher konvergiert der zweite Faktor $\frac{\varphi(h)-1}{h}$ gegen $\frac{f'(x_0)}{f(x_0)}$, d. h. gegen a:

$$\frac{\varphi(h)-1}{h} \to a \quad (h \to 0). \tag{80,5}$$

Wenden wir nunmehr (80,3) für ein beliebiges x aus J an und lassen darin h gegen 0 streben, so konvergiert die rechte Seite wegen (80,5) gegen $af(x)$. Daher ist die Funktion $f(x)$ *überall* in J differenzierbar, und es gilt dort:

$$f'(x) = af(x), \quad \frac{f'(x)}{f(x)} = a, \quad (\lg f(x))' = a.$$

Daher ist $\lg f(x)$ in J eine lineare Funktion von x:

$$\lg f(x) = ax + b \qquad (x < J).$$

Dies bedeutet aber:

$$f(x) = e^{ax+b} = e^b e^{ax} = Ce^{ax}$$

für $C = e^b$ Wir sehen, dass eine Funktion, die unseren obigen Annahmen genügt, die Gestalt hat:

$$f(x) = Ce^{ax} \qquad (C > 0). \tag{80,6}$$

Hat andererseits $f(x)$ die Gestalt (80,6), so folgt für beliebige x_1, x_2:

$$\frac{f(x_1)}{f(x_2)} = e^{a(x_1 - x_2)},$$

d. h. gerade (80,1) mit $\varphi(x) = e^{ax}$.

Sämtliche am Eingang dieser Nummer genannten Vorgänge werden also mit Hilfe einer Funktion vom Typus (80,6) beschrieben.

Bei der Herleitung der Formel (80,6) haben wir über die Funktion $f(x)$ erstaunlich wenig vorausgesetzt. Immerhin könnte man einwenden, dass die Annahme der *Differenzierbarkeit* von $f(x)$ auch nur an einer einzigen Stelle keineswegs plausibel ist oder von vornherein durch die Natur der zu beschreibenden Vorgänge nahe gelegt wird. Es ist daher von Interesse zu erwähnen, dass man mit viel geringeren Annahmen auskommen könnte. Es würde z. B. genügen, die Funktion $f(x)$ an irgend einer einzigen Stelle von J stetig anzunehmen. Doch verlangt die Herleitung von (80,6) unter dieser Annahme etwas speziellere Betrachtungen, auf die wir hier nicht eingehen wollen[1]).

---

[1]) Man vergleiche die Mitteilung des Verfassers: *Mathematische Miszellen XIV*. Über die Funktionalgleichung der Exponentialfunktion und verwandte Funktionalgleichungen. Jahresbericht der Deutschen Mathematikervereinigung, **Bd. 38 (1929)**, pp. 54—62.

Aufgaben

1. Man bilde die Ableitungen der folgenden Ausdrücke:

a) $x^2 \lg x$, b) $\lg \frac{x+a}{x+b}$, c) $\lg \operatorname{tg} \frac{x}{2}$, d) $\lg \frac{a+x}{a-x}$,

e) $3 \lg (x-5) - 2 \lg (x+1)$, f) $x \operatorname{arctg} \frac{x}{a} + \frac{a}{2} \lg (a^2 + x^2)$,

g) $\lg \frac{\sqrt{x^2+1}-1}{\sqrt{x^2+1}+1}$, h) $2 \lg \sin \frac{x}{2} - x \operatorname{ctg} \frac{x}{2}$,

i) $\lg \frac{1-\cos k x}{1+\cos k x}$, k) $\lg \sqrt{\frac{1+\sin x}{1-\sin x}}$,

l) $\lg \frac{x}{\sqrt{1-x^2}}$, m) $\frac{1}{2} \operatorname{tg}^2 x + \lg \cos x$,

n) $\lg \sqrt{\frac{1-\cos x}{1+\cos x}}$, o) $\lg \frac{b + a \cos x + \sqrt{b^2-a^2} \sin x}{a + b \cos x}$,

p) $\lg \sin x - x \operatorname{ctg} x - \frac{x^2}{2}$, q) $\lg (x+1) + \sqrt{x^2 + 2x}$,

r) $\lg \operatorname{tg} \frac{x}{2} - \frac{x}{\sin x}$, s) $\lg \operatorname{tg} \frac{x^2}{2} + \frac{\cos x}{\sin^4 x}$,

t) $\frac{1}{2} \operatorname{arctg} x + \frac{1}{4} \lg (1+x^2) + \frac{1}{2} \lg (1+x)$.

2. Man bilde die Ableitungen der folgenden Ausdrücke:

a) $e^{\sqrt[3]{(\lg \sin^3 x^2)^2}}$, b) $\lg (e^x + e^{-x} - 2)$,

c) $\frac{1}{\alpha \sqrt{ab}} \operatorname{arctg} \left(e^{\alpha x} \sqrt{\frac{a}{b}}\right)$, d) $e^{\alpha x}(a \sin b x - b \cos b x)$,

e) $e^{\alpha x}(a \cos b x + b \sin b x)$, f) $\operatorname{arctg} \frac{e^x - e^{-x}}{e^x + e^{-x}}$,

g) $x^{(x-1)(x-2)}$, h) $x^{\sin x}$.

3. Es sei $\lg (y+2) = e^{x^2} + 2$. Man berechne $\frac{dy}{dx}$.

4. Es sei $c = e^{ax+by}$. Man berechne $\frac{dy}{dx}$.

5. a) $\int \frac{x^3 dx}{7+2x^4}$, b) $\int \frac{dx}{x+x^{-1}}$, c) $\int \frac{x^5 dx}{(1+x^3)^2}$, d) $\int \frac{1-5x^4}{x-x^5} dx$.

6. $\int x^2 (2-x)^{\sqrt{3}} dx$.

7. a) $\int \frac{dx}{\sqrt{x^2+x+1}}$, b) $\int \frac{5x-1}{\sqrt{x^2+x+1}} dx$,

c) $\int \frac{5x+6}{\sqrt{x^2-3x+2}} dx$.

(Man bringe den Radikanden auf die Form $y^2 \pm 1$.)

8. Man berechne den Flächeninhalt der gleichseitigen Hyperbel $x^2 - y^2 = 1$ zwischen den Abszissen $x = 1$ und $x = a$.

9. a) $\int (\lg x^2)^2 dx$, b) $\int e^{\lg \lg x} \lg x\, dx$,

c) $\int \frac{dx}{x\sqrt{1+(\lg x)^2}}$ $(y = \lg x)$, d) $\int \frac{\lg x}{x} e^{(\lg x)^2} dx$,

e) $\int \frac{dx}{x \lg x^n}$, f) $\int \frac{\lg(a^2+b^2x^2)}{x^2} dx$.

10. Berechne:

$$\int \frac{x^n}{1+x^2} dx .$$

(Die Fälle eines geraden und ungeraden n sind getrennt zu behandeln.)

11. a) $\int \frac{e^x+1}{e^x} dx$, b) $\int e^{kx} dx$, c) $\int x e^{-x} dx$,

d) $\int x e^{ax^2+b} dx$, e) $\int e^{-(a^2-ab+b^2)x} dx$, f) $\int x^2 e^{ax} dx$,

g) $\int \frac{|a|^x}{|a|^x+|a|^{-x}} dx$, h) $\int e^{ax^2+\lg x} dx$, i) $\int x e^{x^2}(1+x^2)\, dx$.

12. a) $\int \frac{e^{\arcsin x}}{\sqrt{1-x^2}} dx$ $(y = \arcsin x)$, b) $\int \frac{e^{\operatorname{arctg}\frac{x}{a}}}{a^2+x^2} dx$,

c) $\int \frac{x e^{x^2}}{1-2e^{x^2}} dx$, d) $\int \frac{x^2 e^{x^3}}{1+2e^{x^3}} dx$,

e) $\int \frac{e^x}{\sqrt{1+e^x}} dx$ $(y = 1+e^x)$, f) $\int e^{\sqrt[3]{x}} dx$ $(y = \sqrt[3]{x})$,

g) $\int \sin x\, e^{-\cos^{100} x} \cos^{99} x\, dx$.

13. a) $\int \frac{\cos x \sin 2x}{3\cos^3 x + 2} dx$, b) $\int \frac{(\arcsin x)^2}{\sqrt{1-x^2}} dx$,

c) $\int \frac{x}{\cos^2 x} dx$, d) $\int x \operatorname{tg}^2 x\, dx$.

14. $\int \frac{dx}{a \sin x + b \cos x}$.

(Man bringe den Nenner auf die Gestalt $r \sin(x + \alpha)$.)

15. Man berechne

$$\int \frac{\sin x}{\sqrt{1 + r\cos x}} dx .$$

16. a) $\int\limits_{-\frac{\pi}{2}}^{\frac{\pi}{2}} \frac{|\sin x|}{(1-2r\cos x + r^2)^n} dx$, b) $\int\limits_{-\frac{\pi}{2}}^{\frac{\pi}{2}} \frac{|\sin^3 \varphi|}{(1-2r\cos\varphi + r^2)^n} d\varphi$.

17. Man beweise

a) $\left(1+\frac{x}{n}-\frac{x^2}{n^2}\right)^n \to e^x \quad (n\to\infty)$, b) $\sqrt[x]{x}\to 1 \quad (x\to\infty)$,

c) $\left(1+\frac{1}{n+\alpha}\right)^{n+\beta} \to e \quad (n\to\infty)$, d) $(1+x)^{\frac{1}{x}}\to e \quad (x\to 0)$,

e) $\left(1+\frac{a}{x}\right)^x \to e^a \quad (x\to\infty)$, f) $\left(1+\frac{a}{n^2}\right)^{bn}\to 1 \quad (n\to\infty)$.

(Man logarithmiere die zu beweisenden Relationen.)

18. Man bestimme die Grenzwerte:

a) $\operatorname*{Lim}_{n\to\infty}\left(1+\frac{n-2}{n^2+3}\right)^{\frac{n^3-1}{n^2+1}}$,

b) $\operatorname*{Lim}_{t\to\infty}\frac{(1+\sin\pi x)^t-1}{(1+\sin\pi x)^t+1}$ (als Funktion von x),

c) $\operatorname{Lim}\frac{e^{\operatorname{tg}x}-1}{e^{\operatorname{tg}x}+1}$ $\left(\text{für } x\downarrow\frac{\pi}{2} \text{ bzw. für } x\uparrow\frac{\pi}{2}\right)$,

d) $\operatorname*{Lim}_{x\to\infty}\left[\sqrt{x}\lg\left(x^2(1+x^2)\right)\right]$.

19. Es gilt:

$$\frac{a^x}{x^x}\to 0 \qquad (a>0,\ x\to\infty).$$

20. Man bestimme den Grenzwert:

$$\operatorname*{Lim}_{x\to\infty}\frac{e^{\sqrt{\lg x}}}{\sqrt{x}}.$$

(Man stelle $\sqrt{x}$ als Exponentielle dar.)

21. Man beweise die Relationen:

$$(y-x)a^x\lg a < a^y - a^x < (y-x)a^y\lg a \qquad (y\neq x,\ a>1).$$

22. Die Gleichung $e^x - P(x) = 0$ hat, wenn $P(x)$ ein Polynom vom Grade n ist, höchstens $n+1$ reelle Wurzeln. (Wiederholte Anwendung des *Rolle*schen Satzes.)

23. Es gilt

a) $\cosh x \geqq 1$, b) $-1<\operatorname{tgh}x<1$, c) $\sinh x\sim x \quad (x\to 0)$.

24. Man beweise

a) $\cosh 2x = \sinh^2 x+\cosh^2 x$, b) $\sinh 2x = 2\sinh x\cosh x$.

25. Es sind die Additionsformeln für

$$\sinh(x+y) \quad \text{und} \quad \cosh(x+y)$$

herzuleiten.

26. Man löse das Gleichungssystem

$$\cosh x \cosh y = a\,, \qquad \sinh x \sinh y = b$$

nach x und y auf.

27. Man berechne

a) $(\operatorname{tgh} x)'$, b) $(\operatorname{Ar\,tgh} x)'$, c) $\int \operatorname{tgh} x\, dx$.

28. Man bestimme den Schnittwinkel der Kurve $y = e^x$ mit der y-Achse.

29. Man berechne die Gleichungen der Normalen und Tangenten an die sogenannte *Kettenlinie* $y = a \cosh \frac{x}{a}$.

30. Unter welchen Winkeln wird die x-Achse von den Kurven

a) $y = \lg x$, b) $y = \sin x$

geschnitten?

* * *

31. a) $\int e^x \cos 2x\, dx$, b) $\int e^x \sin 2x\, dx$, c) $\int e^x \sin^2 x\, dx$, d) $\int e^x \cos^2 x\, dx$.

32. Man behandle das Integral $\int\limits_1^t \frac{dx}{x \lg x}$ durch partielle Integration: $v' = \frac{1}{x}$, $u = \frac{1}{\lg x}$ und erkläre den sich ergebenden Widerspruch.

33. Ist

$$y = \frac{\lg(1+x)}{(1+x)^n},$$

so gilt

$$(1+x)\frac{dy}{dx} + ny = (1+x)^{-n}.$$

34. Aus

$$\prod_{\nu=1}^{n} \cos\frac{x}{2^\nu} = \frac{\sin x}{2^n \sin\frac{x}{2^n}}$$

bestimme man die Summe

$$\sum_{\nu=1}^{n} \frac{1}{\left(2^\nu \cos\frac{x}{2^\nu}\right)^2}.$$

35. Man definiere die Funktionen $f_\nu(x)$, $x > 0$, sukzessive durch

$$f_1(x) = \sqrt[p]{x\sqrt[q]{x}}, \qquad f_2(x) = \sqrt[p]{x\sqrt[q]{x f_1(x)}}, \ldots, \qquad f_{\nu+1}(x) = \sqrt[p]{x\sqrt[q]{x f_\nu(x)}}.$$

Es ist zu bestimmen

$$\lim_{\nu\to\infty} f_\nu(x).$$

36. Man bestimme den Wert der Summe

$$\sum_{\nu=0}^{n} \frac{2^\nu x^{2^\nu}}{1+x^{2^\nu}}.$$

(Man benutze die Aufgabe 10 zu § 2.)

37. Man berechne

$$\int \bigl(f(x) + f'(x)\bigr) e^x \, dx,$$

wo $f(x)$ eine gegebene Funktion ist.

38. Man berechne

a) $\displaystyle\int \frac{x e^x}{(1+x)^2}\, dx$, b) $\displaystyle\int \frac{\cos x + \sin x}{\sqrt{\sin 2x}}\, dx$.

39. Für die folgenden Integrale stelle man Rekursionsformeln auf:

a) $\displaystyle\int (\lg x)^n dx$, b) $\displaystyle\int x^n e^x dx$, c) $\displaystyle\int x^n e^{ax} dx$,

d) $\displaystyle\int (a + bx)^n e^x dx$, e) $\displaystyle\int \frac{x^{2n+1}}{\sqrt{1-x^2}}\, dx$, f) $\displaystyle\int x^{2n} \arcsin x\, dx$,

g) $\displaystyle\int \frac{dx}{x^n\sqrt{x^2+a}}$ $(n \neq 1,\ a \neq 0)$, h) $\displaystyle\int \frac{dx}{\sin^n x}$ $(n \neq 1)$,

i) $\displaystyle\int \frac{dx}{\cos^n x}$ $(n \neq 1)$.

40. a) $\displaystyle\int \frac{1+\sin x}{1+\cos x}\, e^x dx$, b) $\displaystyle\int \frac{dx}{\sqrt{1+\sin x}}$.

(Man drücke in a) den Faktor bei e^x durch $\operatorname{tg}\frac{x}{2}$ aus und bringe das Integral auf die Form der Aufgabe 37.)

41. Es sei $a(x) \sim b(x) \sim x$ für $x \to 0$. Dann gilt

$$\bigl(1 + a(x)\bigr)^{\frac{1}{b(x)}} \to e \qquad (x \to 0).$$

42. a) $\displaystyle\int x^n (\lg x)^2 dx$ $(n \neq -1)$, b) $\displaystyle\int x^n (\lg x)^3 dx$ $(n \neq -1)$,

c) $\displaystyle\int \lg \frac{x-1}{a} \frac{dx}{x^n}$. d) $\displaystyle\int x^n \operatorname{arctg} x\, dx$.

43. Es sei $a_n \sim b_n$, $b_n \to a \neq 1$ $(n \to \infty)$. Dann gilt

$$\lg a_n \sim \lg b_n \quad (n \to \infty).$$

44. Es gilt

$$n (\lg n)^2 \left(\sin \frac{1}{\lg n} - \sin \frac{1}{\lg (n+1)}\right) \to 1 \quad (n \to \infty).$$

45. Für ein konstantes a und $x \to \infty$ beweise man

$$\lg x \sim \lg (x + a).$$

46. Ist $f(x)$ für $x \to \infty$ beschränkt, so gilt

$$\lg x \sim \lg \big(x + f(x)\big) \quad (x \to \infty).$$

47. Man berechne den Grenzwert:

$$\operatorname*{Lim}_{x \to \infty} (1 + x)^{\frac{1}{\lg x}}.$$

48. Man berechne die folgenden Grenzwerte:

a) $\operatorname*{Lim}_{\nu \to \infty} \nu^2 [\sqrt[\nu]{a} - \sqrt[\nu+1]{a}] \quad (a > 0)$, b) $\operatorname*{Lim}_{\nu \to \infty} \nu^2 [a^{\frac{1}{\nu}} - a^{-\frac{1}{\nu}} - 2] \quad (a > 0)$,

c) $\operatorname*{Lim}_{x \to 0} \frac{(1 + x a^x)^{x-2}}{1 + x b^x}$, d) $\operatorname*{Lim}_{\nu \to \infty} \left(\frac{\sqrt[\nu]{a} + \sqrt[\nu]{b}}{2}\right)^\nu$,

e) $\operatorname*{Lim}_{\nu \to \infty} \frac{1}{k} \sum_{\varkappa=1}^{k} \sqrt[\nu]{a_\varkappa}$, f) $\operatorname*{Lim}_{x \to \infty} \frac{\lg \cos \alpha x}{\lg \cos \beta x} \quad (\alpha, \beta \neq 0)$,

g) $\operatorname*{Lim}_{\nu \to \infty} \left(\nu^2 \lg \cos \frac{\pi}{\nu}\right)$, h) $\operatorname*{Lim}_{\nu \to \infty} \left(\nu \lg \operatorname{tg}\left(\frac{\pi}{4} + \frac{\pi}{\nu}\right)\right)$,

i) $\operatorname*{Lim}_{x \to \frac{\pi}{4}} \frac{\lg \operatorname{tg} x}{1 - \operatorname{ctg} x}$, k) $\operatorname*{Lim}_{x \downarrow 0} \frac{\lg x}{\lg \sin x}$,

l) $\operatorname*{Lim}_{x \downarrow 0} \big((\sin \alpha x) \lg x\big)$.

49. Man bestimme die folgenden Grenzwerte:

a) $\operatorname*{Lim}_{x \to \infty} (a + b e^x)^{\frac{c}{x}} \quad (c \neq 0)$, b) $\operatorname*{Lim}_{x \to \infty} \frac{\lg (1 + e^{\alpha x})}{\lg (1 + e^{\beta x})} \quad (\alpha, \beta > 0)$.

50. Es gilt

$$0 < \int_0^{10} \frac{e^{-x}}{20 + x} \, dx < \frac{1}{20}.$$

(Verallgemeinerter erster Mittelwertsatz der Integralrechnung.)

51. Aus

$$\int_1^e \frac{dt}{t} = 1$$

folgt

$$2 < e < 3\,.$$

52. In der Formel des Mittelwertsatzes der Differentialrechnung bestimme man Θ für $f(x) = \lg x$.

53. Gegeben sei

$$\lg 960 = 6{,}86699\,.$$

Man berechne lg 961 mit Hilfe des Mittelwertsatzes der Integralrechnung auf sechs Stellen.

54. Gegeben sei

$$\lg 6 = 0{,}77815\,.$$

Man berechne daraus lg 6,2 wie in der Aufgabe 53. Wie gross ist der Fehler?

55. Ist $0 < x < 1$ und $\varrho > 0$, so liegt

$$\frac{1 - x^\varrho}{1 - x}$$

im engeren Sinne zwischen 1 und ϱ.

56. Sei $x > y > 0$. Ist $\varrho > 1$, so gilt

$$\varrho\, y^{\varrho-1} < \frac{x^\varrho - y^\varrho}{x - y} < \varrho\, x^{\varrho-1}\,;$$

ist aber $0 < \varrho < 1$, so gilt

$$\varrho\, x^{\varrho-1} < \frac{x^\varrho - y^\varrho}{x - y} < \varrho\, y^{\varrho-1}\,.$$

57. Welche der beiden Zahlen

$$\left(\frac{e}{2}\right)^{\sqrt{3}} \qquad \text{und} \qquad \left(\sqrt{2}\right)^{\frac{\pi}{2}}$$

ist grösser?

58. Man bestimme die rechtsseitige und die linksseitige Ableitung der folgenden Funktion $f(x)$ an der Stelle $x = 0$:

$$f(x) = \frac{x}{1 + e^{-\frac{1}{x}}} \qquad (x \neq 0)\,, \qquad f(0) = 0\,.$$

59. Die Gleichung

$$\operatorname{tg} x - k \lg x = 0$$

hat im Intervall $\left(\frac{\pi}{2} + n\pi, \frac{\pi}{2} + (n+1)\pi\right)$ wenigstens eine Wurzel und für $n\pi > k$ nur eine Wurzel. (Zwischenwertsatz.).

60. Zwischen zwei aufeinander folgenden Nullstellen einer stetigen Funktion $f(x)$ liegt stets eine Nullstelle der Funktion

$$f'(x) + c f(x) \qquad (c \text{ beliebig}).$$

(Der *Rolle*sche Satz ist auf $f(x) e^{cx}$ anzuwenden.)

61. Die Funktion $f(x)$ sei zwischen α und β stetig und die Funktion $g(x)$ in $\langle \alpha, \beta \rangle$ stetig und stetig differenzierbar. Ferner sei $g(\alpha) = g(\beta) = 0$. Dann hat die Gleichung

$$f(x) g(x) + g'(x) = 0$$

eine Wurzel zwischen α und β.

62. Man bestimme den Grenzwert:

$$\operatorname*{Lim}_{n\to\infty} \sum_{\nu=1}^{n} \frac{1}{n+\nu}.$$

(Man führe den Ausdruck auf die Zwischensumme eines bestimmten Integrals zurück.)

63. Es gilt

$$\operatorname*{Lim}_{n\to\infty} \prod_{\nu=1}^{n} \cosh \frac{x}{2^\nu} = \frac{\sinh x}{x}.$$

64. Man berechne mittels der Logarithmusfunktion y aus den Gleichungen:

a) $\sinh y = x$, b) $\cosh y = x$.

65. a) $\int \sinh^2 x\, dx$, b) $\int \cosh^2 x\, dx$.

66. Man beweise für $a \neq 0$:

$$\int \frac{dx}{x^2 - a^2} = \begin{cases} -\dfrac{1}{a} \operatorname{Ar\,tgh} \dfrac{x}{a} & \text{für } \dfrac{x+a}{x-a} \leqq 0, \\[2ex] -\dfrac{1}{a} \operatorname{Ar\,ctgh} \dfrac{x}{a} & \text{für } \dfrac{x+a}{x-a} \geqq 0. \end{cases}$$

67. Man bestimme den Inhalt der Fläche, die eingeschlossen wird von der gleichseitigen Hyperbel $x^2 - y^2 = 1$ und den beiden vom Ursprung nach den Punkten (x, y) und $(x, -y)$ gezogenen Strahlen, und drücke x und y durch diesen Inhalt aus.

§ 23. Integration rationaler Funktionen

81. Integration von Partialbrüchen

Mit Hilfe der bisher auseinandergesetzten Methoden gelingt es nun, sehr ausgedehnte Klassen von elementaren Funktionen zu integrieren. Insbesondere **ist es möglich, das Integral jeder rationalen Funktion durch elementare Funktionen, und zwar durch algebraische Funktionen, die Logarithmus- und die Arcustangens-Funktion auszudrücken.**

Dies gelingt, indem man zuerst gewisse rationale Funktionen von besonders einfachem Typus, sogenannte **Partialbrüche** integriert und sodann jede beliebige rationale Funktion als Summe von solchen Partialbrüchen darstellt, d. h. die sogenannte **Partialbruchzerlegung** vornimmt[1]).

Es gibt drei Typen von Partialbrüchen:

$$\text{I. } a x^\nu \qquad (\nu = 0, 1, 2, \ldots),$$

$$\text{II. } \frac{a}{(x-\alpha)^\nu} \qquad (\nu = 1, 2, 3, \ldots),$$

$$\text{III. } \frac{a x + b}{(x^2 + \alpha x + \beta)^\nu} \qquad (\nu = 1, 2, 3, \ldots;\ \alpha^2 - 4\beta < 0).$$

Die Bedingung $\alpha^2 - 4\beta < 0$ besagt, wie man von der Schule her weiss, dass die quadratische Gleichung $x^2 + \alpha x + \beta = 0$ keine reellen Wurzeln hat.

Die Integrale der Partialbrüche der beiden ersten Typen ergeben sich sofort (vgl. Beispiel 2 der Nr. 73, sowie (78,12)):

$$\int a x^\nu \, dx = \frac{a}{\nu + 1} x^{\nu+1} \qquad (\nu = 0, 1, \ldots), \tag{81,1}$$

$$\int \frac{a\, dx}{(x-\alpha)^\nu} = \begin{cases} \dfrac{a}{1-\nu} (x-\alpha)^{1-\nu} & (\nu = 2, 3, \ldots), \\ a \lg |x - \alpha| & (\nu = 1). \end{cases} \tag{81,2}$$

Wir betrachten nunmehr die Integrale der Partialbrüche vom Typus III und beginnen damit, dass wir diese Integrale auf Integrale geeigneter „kanonischer" Partialbrüche reduzieren, in denen die Parameter a, b, α, β, gewisse feste Werte haben.

Wir gehen dabei von der folgenden Transformation aus, die in der Schulmathematik bei der Lösung quadratischer Gleichungen benutzt wird:

$$x^2 + \alpha x + \beta = x^2 + 2\frac{\alpha}{2} x + \frac{\alpha^2}{4} + \beta - \frac{\alpha^2}{4} = \left(x + \frac{\alpha}{2}\right)^2 + \beta - \frac{\alpha^2}{4}.$$

[1]) Diese Methode wurde, nach den ersten Ansätzen aus dem Jahre 1702 von *Leibniz* und *Johann Bernoulli*, vom letzteren 1719 vollständig durchgebildet.

Da $\beta - \frac{\alpha^2}{4}$ wegen $\alpha^2 - 4\beta < 0$ eine positive Zahl ist, können wir

$$\beta - \frac{\alpha^2}{4} = \delta^2 \qquad (\delta > 0) \tag{81,3}$$

setzen. Dann ergibt sich

$$x^2 + \alpha x + \beta = \left(x + \frac{\alpha}{2}\right)^2 + \delta^2. \tag{81,4}$$

Nunmehr führen wir eine neue Integrationsvariable y ein, indem wir setzen:

$$x + \frac{\alpha}{2} = \delta y.$$

Dafür erhalten wir

$$x^2 + \alpha x + \beta = \left(x + \frac{\alpha}{2}\right)^2 + \delta^2 = (\delta y)^2 + \delta^2 = \delta^2 (y^2 + 1),$$

und es ist, wegen

$$x = \delta y - \frac{\alpha}{2}, \quad y = \frac{x + \frac{\alpha}{2}}{\delta}, \quad dx = \delta dy:$$

$$\int \frac{ax + b}{(x^2 + \alpha x + \beta)^\nu} dx = \frac{1}{\delta^{2\nu-1}} \int \frac{a\delta y + b - \frac{a\alpha}{2}}{(y^2 + 1)^\nu} dy =$$

$$= \frac{a}{\delta^{2\nu-2}} \int \frac{y\,dy}{(y^2+1)^\nu} + \frac{b - \frac{a\alpha}{2}}{\delta^{2\nu-1}} \int \frac{dy}{(y^2+1)^\nu}. \tag{81,5}$$

Daher brauchen wir nur noch für jedes natürliche ν die beiden Integrale

$$\int \frac{y\,dy}{(y^2+1)^\nu}, \qquad \int \frac{dy}{(y^2+1)^\nu} \qquad (\nu = 1, 2, \ldots)$$

zu betrachten. Was das erste dieser beiden Integrale anbetrifft, so erhalten wir, wenn wir darin $z = y^2 + 1$ als neue Integrationsvariable einführen, wegen $dz = 2y\,dy$:

$$\int \frac{y\,dy}{(y^2+1)^\nu} = \frac{1}{2} \int \frac{dz}{z^\nu} = \begin{cases} \dfrac{z^{1-\nu}}{2(1-\nu)} & (\nu = 2, 3, \ldots), \\ \dfrac{1}{2} \lg |z| & (\nu = 1). \end{cases}$$

Daher gilt:

$$\int \frac{y\,dy}{(y^2+1)^\nu} = \begin{cases} \dfrac{-1}{2(\nu-1)(y^2+1)^{\nu-1}} & (\nu = 2, 3, \ldots), \\ \dfrac{1}{2} \lg (y^2+1) & (\nu = 1). \end{cases} \tag{81,6}$$

Wir haben also jetzt nur noch die Integrale

$$J_\nu = \int \frac{dy}{(y^2+1)^\nu} \qquad (\nu = 1, 2, \ldots)$$

zu bestimmen.

Für $\nu = 1$ ist $J_1 = \operatorname{arctg} y$. Wir werden nun für J_ν eine *Rekursionsformel* herleiten, mit deren Hilfe $J_{\nu+1}$ für jedes ν aus J_ν berechnet werden kann. Mit Hilfe dieser Formel wird man dann, von J_1 ausgehend, J_ν für jedes ν berechnen können.

Für $\nu = 1, 2, 3, \ldots$ ist

$$J_{\nu+1} = \int \frac{(y^2+1) - y^2}{(y^2+1)^{\nu+1}} \, dy = J_\nu - \int \frac{y^2}{(y^2+1)^{\nu+1}} \, dy.$$

Das letzte Integral rechts formen wir durch partielle Integration um, indem wir setzen

$$u = y, \quad u' = 1; \quad v' = \frac{y}{(y^2+1)^{\nu+1}}.$$

Das zugehörige v ergibt sich dann aus der Formel (81,6), wenn dort ν durch $\nu + 1$ ersetzt wird, zu

$$v = \frac{-1}{2\nu(y^2+1)^\nu}.$$

Dann liefert die partielle Integration:

$$\int \frac{y^2}{(y^2+1)^{\nu+1}} \, dy = \frac{-y}{2\nu(y^2+1)^\nu} + \frac{1}{2\nu} \int \frac{dy}{(y^2+1)^\nu} = \frac{-y}{2\nu(y^2+1)^\nu} + \frac{1}{2\nu} J_\nu.$$

Tragen wir diesen Wert in die obige Formel für $J_{\nu+1}$ ein, so ergibt sich

$$J_{\nu+1} = \left(1 - \frac{1}{2\nu}\right) J_\nu + \frac{y}{2\nu(y^2+1)^\nu} \qquad (\nu = 1, 2, \ldots). \qquad (81,7)$$

Dies ist die gesuchte Rekursionsformel. Insbesondere erhalten wir:

$$J_1 = \operatorname{arctg} y, \quad J_2 = \frac{1}{2} \operatorname{arctg} y + \frac{y}{2(y^2+1)},$$

$$J_3 = \frac{3}{8} \operatorname{arctg} y + \frac{3}{8} \frac{y}{y^2+1} + \frac{y}{4(y^2+1)^2},$$

$$J_4 = \frac{5}{16} \operatorname{arctg} y + \frac{5}{16} \frac{y}{y^2+1} + \frac{5}{24} \frac{y}{(y^2+1)^2} + \frac{y}{6(y^2+1)^3}.$$

Wie man sieht, kann das Problem der Integration der Partialbrüche vom Typus III mit der Aufstellung der Rekursionsformel (81,7) als gelöst angesehen werden.

Wir wollen noch das gesamte Integral (81,5) für $\nu = 1$ und $\nu = 2$ durch x ausdrücken. Offenbar ist

$$\delta^2(y^2+1) = x^2 + \alpha x + \beta.$$

Daher liefert (81,6)

$$\frac{a}{\delta^{2\nu-2}} \int \frac{y}{(y^2+1)^\nu} \, dy = \begin{cases} \dfrac{a}{2} \lg(x^2 + \alpha x + \beta) & \text{für } \nu = 1, \\[2mm] \dfrac{-a}{2(x^2 + \alpha x + \beta)} & \text{für } \nu = 2. \end{cases}$$

Andererseits wird

$$J_1 = \operatorname{arctg} \frac{2x+\alpha}{2\delta},$$

$$J_2 = \frac{1}{2} \operatorname{arctg} \frac{2x+\alpha}{2\delta} + \frac{(2x+\alpha)\,\delta}{4\,(x^2+\alpha x+\beta)}.$$

Daher folgt aus (81,5) für $\nu = 1$:

$$\int \frac{a x + b}{x^2+\alpha x+\beta}\, d x = \frac{a}{2} \lg (x^2 + \alpha x + \beta) + \\ + \frac{2b - a\alpha}{\sqrt{4\beta - \alpha^2}} \operatorname{arctg} \frac{2x+\alpha}{\sqrt{4\beta-\alpha^2}} \qquad (4\beta - \alpha^2 > 0). \tag{81,8}$$

Für $\nu = 2$ ist der rationale Bestandteil von (81,5) gleich

$$\frac{-a}{2\,(x^2+\alpha x+\beta)} + \frac{2b - a\alpha}{2\delta^3} \frac{(2x+\alpha)\,\delta}{4\,(x^2+\alpha x+\beta)} = \\ = \frac{1}{8\delta^2} \frac{1}{(x^2+\alpha x+\beta)} \left[(2b - a\alpha)\,(2x+\alpha) - a\,(4\beta - \alpha^2)\right] = \\ = \frac{2\,(2b - a\alpha)\,x + 2\,(b\alpha - 2a\beta)}{8\delta^2\,(x^2+\alpha x+\beta)} = \frac{(2b - a\alpha)\,x + (b\alpha - 2a\beta)}{(4\beta-\alpha^2)\,(x^2+\alpha x+\beta)}.$$

Daher gilt:

$$\int \frac{a x + b}{(x^2+\alpha x+\beta)^2}\, dx = \frac{(2b - a\alpha)\,x + (b\alpha - 2a\beta)}{(4\beta-\alpha^2)\,(x^2+\alpha x+\beta)} + \\ + \frac{4b - 2a\alpha}{(4\beta-\alpha^2)^{3/2}} \operatorname{arctg} \frac{2x+\alpha}{\sqrt{4\beta-\alpha^2}} \qquad (4\beta - \alpha^2 > 0). \tag{81,9}$$

82. Ansatz der Partialbruchzerlegung

Da wir nun gelernt haben, Partialbrüche zu integrieren, ist es klar, dass wir damit auch jede rationale Funktion integrieren können, die eine Summe von endlich vielen Partialbrüchen ist. *Man kann aber so jede rationale Funktion darstellen.*

Es sei

$$R(x) = \frac{g(x)}{f(x)} \tag{82,1}$$

eine rationale Funktion, dargestellt als Quotient von zwei Polynomen $f(x)$ und $g(x)$, wobei

$$f(x) = x^n + a_1 x^{n-1} + a_2 x^{n-2} + \cdots + a_n \tag{82,2}$$

gesetzt werden kann. Denn da man Zähler und Nenner mit einer beliebigen Konstanten erweitern kann, lässt sich der Koeffizient bei x^n im Nenner gleich 1 machen.

Stellen wir nun diesen Bruch als eine Summe von Partialbrüchen dar, so erscheint es plausibel, dass $f(x)$ der Generalnenner dieser Partialbrüche ist. Man wird daher die Partialbrüche der Typen II und III für die Zerlegung von

$R(x)$ unter denjenigen Partialbrüchen suchen, deren Nenner Teiler von $f(x)$ sind. Um diese Partialbrüche zu charakterisieren, müssen wir aber eine geeignete Zerlegung von $f(x)$ benutzen. Diese Zerlegung wird durch den folgenden Satz geliefert, der dem sogenannten **Fundamentalsatz der Algebra** äquivalent ist[1]):

Das Polynom (82,2) *lässt sich auf eine einzige Weise als Potenzprodukt von verschiedenen linearen Faktoren vom Typus* $x - \alpha$ *und verschiedenen quadratischen Faktoren vom Typus* $x^2 + \beta x + \gamma$ *mit* $\beta^2 - 4\gamma < 0$ *darstellen*:

$$\boxed{f(x) = (x - \alpha_1)^{n_1} \dots (x - \alpha_r)^{n_r} (x^2 + \beta_1 x + \gamma_1)^{m_1} \dots (x^2 + \beta_k x + \gamma_k)^{m_k}.} \quad (82,3)$$

Hier sind die r linearen Faktoren $x - \alpha_\varrho$ alle untereinander verschieden. Natürlich könnten diese Faktoren in der obigen Zerlegung auch vollständig fehlen. Dann ist $r = 0$ zu setzen. Die k quadratischen Faktoren $x^2 + \beta_\varkappa x + \gamma_\varkappa$ sind gleichfalls alle untereinander verschieden, und für jeden einzelnen gilt $\beta_\varkappa^2 - 4\gamma_\varkappa < 0$. Natürlich können auch diese quadratischen Faktoren vollständig fehlen. Dann ist $k = 0$ zu setzen.

Die Zahlen α_ϱ, $\varrho = 1, \dots, r$, haben hier offenbar die Eigenschaft, dass $f(\alpha_\varrho) = 0$ ist, da für $x = \alpha_\varrho$ der ϱ-te Faktor rechts in (82,3) zu 0 wird. Man erhält sie daher, indem man alle *reellen Wurzeln* der Gleichung $f(x) = 0$ aufsucht. Was die quadratischen Faktoren anbetrifft, so verschwinden sie wegen der Bedingung $\beta_\varkappa^2 - 4\gamma_\varkappa < 0$ für keine reellen Werte von x. Man findet diese Faktoren, indem man die sogenannten *komplexen Wurzeln* der Gleichung $f(x) = 0$ aufsucht. Doch soll auf diese Herstellung der Zerlegung (82,3) erst im zweiten Teil dieser Vorlesungen eingegangen werden. Hier nehmen wir an, dass die Zerlegung (82,3) bereits bewerkstelligt worden ist.

Wir denken uns nun (82,1) als eine Summe von Partialbrüchen dargestellt und betrachten die einzelnen Bestandteile dieser „Partialbruchzerlegung" von $R(x)$.

Ist $x - \alpha$ einer der linearen Faktoren in der Zerlegung (82,3), so betrachten wir die Summe aller Partialbrüche in der Partialbruchzerlegung von $R(x)$, die im Nenner Potenzen von $x - \alpha$ enthalten. Wir nennen diese Summe **den zum Linearfaktor $x - \alpha$ gehörenden Hauptteil von $R(x)$**.

Ist ferner $x^2 + \beta x + \gamma$ einer der quadratischen Faktoren der Zerlegung (82,3), so nennen wir die Summe aller Partialbrüche in unserer Partialbruchzerlegung von $R(x)$, deren Nenner Potenzen von $x^2 + \beta x + \gamma$ sind, **den zum quadratischen Faktor $x^2 + \beta x + \gamma$ gehörenden Hauptteil von $R(x)$**.

Endlich bezeichnen wir die Summe aller Partialbrüche vom Typus I, also aller *Monome von der Form* $a x^\nu$ ($\nu = 0, 1, 2, \dots$), die in der Partialbruchzerlegung von $R(x)$ vorkommen, als den **polynomialen Bestandteil** dieser Partialbruchzerlegung.

Wir werden also versuchen, die gesuchte Partialbruchzerlegung von $R(x)$ aus den Hauptteilen zusammenzusetzen, die zu den verschiedenen linearen

---

[1]) Man findet einen Beweis dieses Satzes in jedem Lehrbuch der höheren Algebra.

und quadratischen Faktoren der Zerlegung (82,3) gehören, sowie aus einem polynomialen Bestandteil. Wie werden diese einzelnen Bestandteile aussehen?

Enthält (82,3) den Linearfaktor $x - \alpha_\varrho$ genau mit dem Exponenten n_ϱ, so wird der zugehörige Hauptteil von $R(x)$ keine höhere Potenz von $x - \alpha_\varrho$ als die n_ϱ-te im Nenner enthalten, wenn $f(x)$ der Generalnenner aller Hauptteile sein soll. Andererseits wird dieser Hauptteil sicher einen Partialbruch mit dem Nenner $(x - \alpha_\varrho)^{n_\varrho}$ enthalten müssen, da sonst der Generalnenner den Faktor $x - \alpha_\varrho$ mit einem kleineren Exponenten enthalten würde.

Daher wird der zugehörige Hauptteil, den wir mit dem Symbol $H(x - \alpha_\varrho)$ bezeichnen wollen, in der folgenden Form anzusetzen sein:

$$H(x - \alpha_\varrho) = \frac{a_1^{(\varrho)}}{x - \alpha_\varrho} + \frac{a_2^{(\varrho)}}{(x - \alpha_\varrho)^2} + \cdots + \frac{a_{n_\varrho}^{(\varrho)}}{(x - \alpha_\varrho)^{n_\varrho}} = \sum_{\nu=1}^{n_\varrho} \frac{a_\nu^{(\varrho)}}{(x - \alpha_\varrho)^\nu}. \tag{82,4}$$

Ist ferner $x^2 + \beta_\varkappa x + \gamma_\varkappa$ einer der quadratischen Faktoren von (82,3), der dort genau mit dem Exponenten $m_\varkappa$ vorkommt, so wird der zugehörige Hauptteil $H(x^2 + \beta_\varkappa x + \gamma_\varkappa)$ keine höhere Potenz von $x^2 + \beta_\varkappa x + \gamma_\varkappa$ als die $m_\varkappa$-te enthalten, falls $f(x)$ der Generalnenner aller Hauptteile ist. Dagegen enthält $H(x^2 + \beta_\varkappa x + \gamma_\varkappa)$ sicher einen Partialbruch, in dem $x^2 + \beta_\varkappa x + \gamma_\varkappa$ genau mit dem Exponenten $m_\varkappa$ vorkommt. Daher wird dieser Hauptteil wie folgt anzusetzen sein:

$$H(x^2 + \beta_\varkappa x + \gamma_\varkappa) = \frac{b_1^{(\varkappa)} x + c_1^{(\varkappa)}}{x^2 + \beta_\varkappa x + \gamma_\varkappa} + \cdots + \frac{b_{m_\varkappa}^{(\varkappa)} x + c_{m_\varkappa}^{(\varkappa)}}{(x^2 + \beta_\varkappa x + \gamma_\varkappa)^{m_\varkappa}};$$

$$H(x^2 + \beta_\varkappa x + \gamma_\varkappa) = \sum_{\nu=1}^{m_\varkappa} \frac{b_\nu^{(\varkappa)} x + c_\nu^{(\varkappa)}}{(x^2 + \beta_\varkappa x + \gamma_\varkappa)^\nu}. \tag{82,5}$$

Was nun endlich den polynomialen Bestandteil der Partialbruchzerlegung von $R(x)$ anbetrifft, so hat man dabei zwei Fälle zu unterscheiden, je nachdem ob in $R(x)$ der Grad des Zählers $\geqq n$ oder $< n$ ist.

Es sei im ersten Falle p die Differenz der Gradzahlen von $g(x)$ und $f(x)$. Dividiert man dann $g(x)$ durch $f(x)$, solange es eben geht, so bekommt man als Quotienten ein Polynom $P(x)$ vom genauen Grade p und als Rest ein Polynom $g_1(x)$, dessen Grad kleiner ist als n. Es folgt daraus

$$\frac{g(x)}{f(x)} = P(x) + \frac{g_1(x)}{f(x)}. \tag{82,6}$$

Es liegt daher nahe anzunehmen, dass in diesem Falle $P(x)$ der polynomiale Bestandteil der Partialbruchzerlegung von $R(x)$ ist.

Ist aber der Grad von $g(x)$ kleiner als n, so wird man vermuten, dass der polynomiale Bestandteil in der Partialbruchzerlegung von $R(x)$ wegfällt. Dies liegt deshalb nahe, weil $R(x)$ für $x \to \infty$ gegen 0 konvergiert, wenn der Grad des Zählers kleiner ist als der Grad des Nenners. Andererseits konvergieren aber auch alle Partialbrüche der Typen II und III, also alle Hauptteile von $R(x)$, gegen 0 für $x \to \infty$. Daher müsste auch der polynomiale Bestandteil der Partialbruchzerlegung für $x \to \infty$ gegen 0 streben, was aber nur dann möglich ist, wenn dieses Polynom in x identisch verschwindet.

Zusammenfassend erhalten wir den folgenden Ansatz der Partialbruchzerlegung:

$$\boxed{R(x) = \sum_{\varrho=1}^{r} \sum_{\nu=1}^{n_\varrho} \frac{a_\nu^{(\varrho)}}{(x-\alpha_\varrho)^\nu} + \sum_{\varkappa=1}^{k} \sum_{\nu=1}^{m_\varkappa} \frac{b_\nu^{(\varkappa)} x + c_\nu^{(\varkappa)}}{(x^2+\beta_\varkappa x+\gamma_\varkappa)^\nu} + \sum_{\nu=0}^{p} d_\nu x^\nu .} \tag{82,7}$$

Dabei ist p die Differenz der Grade von $g(x)$ und $f(x)$, falls diese Differenz nicht negativ ist. Sonst fällt die letzte Summe in (82,7) weg.

83. Die Herstellung der Partialbruchzerlegung

Es gilt nun der wichtige Satz, dass *eine Zerlegung von der Form* (82,7) *stets und auf eine einzige Weise möglich ist*; m. a. W., *die Konstanten*

$$a_\nu^{(\varrho)}, \; b_\nu^{(\varkappa)}, \; c_\nu^{(\varkappa)}, \; d_\nu \tag{83,1}$$

lassen sich stets und eindeutig so bestimmen, dass die Relation (82,7) *identisch in x gilt.*

Den vollständigen Beweis dieser Tatsache werden wir erst im zweiten Teil dieser Vorlesungen erbringen. Hier werden wir uns darauf beschränken, ein Verfahren anzugeben, mit dessen Hilfe die Zerlegung (82,7), d. h. die Konstanten (83,1) gefunden werden können. Doch wird dieses Verfahren so beschaffen sein, dass es in jedem einzelnen Falle zugleich auch die Möglichkeit und die Einzigkeit der Zerlegung (82,7) sichert.

Aus der Identität (82,7) erhält man eine ihr äquivalente Identität, wenn man (82,7) auf beiden Seiten mit dem Generalnenner $f(x)$ multipliziert. Dann erhält man links das Polynom $g(x)$, rechts aber die Summe (von Polynomen):

$$\sum_{\varrho=1}^{r} \sum_{\nu=1}^{n_\varrho} a_\nu^{(\varrho)} \frac{f(x)}{(x-\alpha_\varrho)^\nu} + \sum_{\varkappa=1}^{k} \sum_{\nu=1}^{m_\varkappa} (b_\nu^{(\varkappa)} x + c_\nu^{(\varkappa)}) \frac{f(x)}{(x^2+\beta_\varkappa x+\gamma_\varkappa)^\nu} + \sum_{\nu=0}^{p} d_\nu x^\nu f(x) . \tag{83,2}$$

Soll aber das Polynom (83,2) mit $g(x)$ identisch sein, so bedeutet dies, dass der Koeffizient jeder Potenz von x in (83,2) denselben Wert hat wie der Koeffizient der entsprechenden Potenz von x in $g(x)$. Entwickelt man (83,2) nach Potenzen von x, so steht bei jeder Potenz von x ein Ausdruck, der eine lineare Funktion der Unbekannten (83,1) ist. Setzt man daher diese Koeffizienten gleich den entsprechenden Koeffizienten in $g(x)$, so erhält man ein System von linearen Gleichungen mit den Unbekannten (83,1), und dieses System ist äquivalent mit der Identität (82,7). Wir haben also dann in jedem einzelnen Fall dieses System aufzulösen. Wenn die Durchführung der Rechnung zeigt, dass dieses System linearer Gleichungen wirklich eine und nur eine Lösung besitzt, so haben wir damit für die betreffende rationale Funktion $R(x)$ zugleich die Möglichkeit und die Einzigkeit der Partialbruchzerlegung (82,7) bewiesen.

Wir erläutern nun die soeben charakterisierte Methode an einigen Beispielen.

84. Beispiele zur Partialbruchzerlegung

Beispiel 1: $\frac{x+2}{(x^2-1)(x^2+1)^2}$. — Hier liefert der Ansatz (82,7), da der Grad des Zählers kleiner ist als der Grad des Nenners, die Identität:

$$\frac{x+2}{(x^2-1)(x^2+1)^2} = \frac{a}{x-1} + \frac{b}{x+1} + \frac{cx+d}{(x^2+1)^2} + \frac{ex+f}{x^2+1}.$$

Dabei haben wir die unbekannten Koeffizienten rechts mit aufeinanderfolgenden lateinischen Buchstaben bezeichnet.

Multipliziert man die obige Relation mit dem Generalnenner, d. h. mit $(x^2-1)(x^2+1)^2$, so ergibt sich

$$a(x+1)(x^2+1)^2 + b(x-1)(x^2+1)^2 + (cx+d)(x^2-1) + (ex+f)(x^4-1) = x+2.$$

Vergleicht man hier beidseitig die Koeffizienten bei x^ν, $\nu = 0, 1, \ldots, 5$, so erhält man die sechs linearen Gleichungen

$$\begin{array}{llll}
a - b \quad - d \quad - f & = 2 & (\nu = 0), \\
a + b - c \quad - e & = 1 & (\nu = 1), \\
2a - 2b \quad + d & = 0 & (\nu = 2), \\
2a + 2b + c & = 0 & (\nu = 3), \\
a - b \quad + f & = 0 & (\nu = 4), \\
a + b \quad + e & = 0. & (\nu = 5).
\end{array}$$

Um dieses Gleichungssystem aufzulösen, betrachten wir zunächst die zweite, vierte und sechste Gleichung. Setzt man $a + b = s$, so reduzieren sich diese Gleichungen auf

$$s - c - e = 1, \; 2s + c = 0, \; s + e = 0.$$

Durch Addition dieser drei Gleichungen folgt $4s = 1$, $s = \frac{1}{4}$ und daher aus den beiden letzten Gleichungen $c = -\frac{1}{2}$ und $e = -\frac{1}{4}$.

Bezeichnen wir andererseits $a - b$ mit s', so nehmen die erste, dritte und fünfte Gleichung die Gestalt an:

$$s' - d - f = 2, \; 2s' + d = 0, \; s' + f = 0.$$

Hieraus folgt durch Addition $4s' = 2$, $s' = \frac{1}{2}$ und daher aus den beiden letzten Gleichungen $d = -1$, $f = -\frac{1}{2}$.

Endlich folgt aus $s = a + b = \frac{1}{4}$, $s' = a - b = \frac{1}{2}$, dass $a = \frac{3}{8}$, $b = -\frac{1}{8}$ ist. Daher erhalten wir die Partialbruchzerlegung

$$\frac{x+2}{(x^2-1)(x^2+1)^2} = \frac{\frac{3}{8}}{x-1} - \frac{\frac{1}{8}}{x+1} - \frac{\frac{1}{2}x+1}{(x^2+1)^2} - \frac{\frac{1}{4}x+\frac{1}{2}}{x^2+1}.$$

Zur Kontrolle setzen wir hier auf beiden Seiten $x = 2$ und erhalten

$$\frac{4}{75} = \frac{3}{8} - \frac{1}{24} - \frac{2}{25} - \frac{1}{5},$$

was in der Tat stimmt.

Aus dieser Partialbruchzerlegung folgt nun nach den Formeln der Nr. 81, wenn man die einzelnen Summanden rechts integriert:

$$\int \frac{x+2}{(x^2-1)(x^2+1)^2}\, dx = \frac{3}{8} \lg|x-1| - \frac{1}{8} \lg|x+1| + \frac{1}{4}\frac{1}{x^2+1} - \\ - \frac{1}{2} \operatorname{arctg} x - \frac{x}{2(x^2+1)} - \frac{1}{8} \lg(x^2+1) - \frac{1}{2} \operatorname{arctg} x + c.$$

Man beachte, dass das System linearer Gleichungen sich in diesem Falle besonders leicht auflösen liess. Im allgemeinen, bei numerischen, etwa fünfstellig gegebenen Zahlenkoeffizienten verlangt die Auflösung eines Systems von sechs linearen Gleichungen mit sechs Unbekannten eine mehrstündige Rechnung, auch wenn eine gute Rechenmaschine verwendet wird.

Es ist daher wichtig, dass einige der Koeffizienten der Partialbruchzerlegung (82,7) mit einem Schlag gefunden werden können, ohne dass zuvor das zugehörige lineare Gleichungssystem aufgestellt wird. Es sind dies diejenigen Koeffizienten in den zu den Linearfaktoren $x - \alpha_\varrho$ gehörenden Hauptteilen, die der jeweils *höchsten* Potenz von $x - \alpha_\varrho$ im Nenner entsprechen, also die Koeffizienten $a_{n_1}^{(1)}, a_{n_2}^{(2)}, \ldots, a_{n_r}^{(r)}$. Doch müssen dabei die Möglichkeit und die Eindeutigkeit der Zerlegung (82,7) *vorausgesetzt* werden. Wir erläutern dies an Beispielen.

Beispiel 2: $\frac{1}{x(x-1)^2}$. — Der Ansatz (82,7) liefert hier, wenn die unbekannten Koeffizienten rechts wiederum mit a, b, c bezeichnet werden,

$$\frac{1}{x(x-1)^2} = \frac{a}{x} + \frac{b}{x-1} + \frac{c}{(x-1)^2}.$$

Hier kann man a und c direkt bestimmen. Denn multipliziert man beide Seiten mit x, so ergibt sich

$$\frac{1}{(x-1)^2} = a + \frac{bx}{x-1} + \frac{cx}{(x-1)^2}.$$

Setzt man hier $x = 0$, so erhält man sofort $a = 1$. Multiplizieren wir aber die angesetzte Gleichung auf beiden Seiten mit $(x-1)^2$, so ergibt sich

$$\frac{1}{x} = \frac{a(x-1)^2}{x} + b(x-1) + c$$

und daher, $x = 1$ gesetzt, $c = 1$.

Es bleibt daher in der obigen Zerlegung nur noch b zu bestimmen. In diesem Falle lohnt es sich aber nicht mehr, die linearen Gleichungen nach dem in Nr. 83 auseinandergesetzten Verfahren zu bilden. Es ist vielmehr einfacher, wenn man in der oben angesetzten Formel einen geeigneten speziellen Zahlenwert für x einsetzt. Für $x = -1$ z. B. ergibt sich, wenn man $a = c = 1$ berücksichtigt:

$$-\frac{1}{4} = -a - \frac{b}{2} + \frac{c}{4} = -\frac{b}{2} - \frac{3}{4},$$

woraus $b = -1$ folgt. Zur Kontrolle setzen wir noch $x = 2$, dann ergibt sich $\frac{1}{2} = \frac{1}{2} - 1 + 1$.

Daher ist die gesuchte Partialbruchzerlegung:

$$\frac{1}{x(x-1)^2} = \frac{1}{x} - \frac{1}{x-1} + \frac{1}{(x-1)^2},$$

woraus

$$\int \frac{dx}{x(x-1)^2} = \lg|x| - \lg|x-1| - \frac{1}{x-1} + c$$

folgt.

Beispiel 3: $\frac{1}{x^2 - \alpha^2}$ $(\alpha \neq 0)$. — Hier lautet der Ansatz:

$$\frac{1}{x^2 - \alpha^2} = \frac{a}{x-\alpha} + \frac{b}{x+\alpha}.$$

Multiplizieren wir beide Seiten mit $x - \alpha$ und setzen sodann $x = \alpha$, so ergibt sich

$$\frac{1}{x+\alpha} = a + (x-\alpha)\frac{b}{x+\alpha}, \quad a = \frac{1}{2\alpha}.$$

Multiplizieren wir aber beide Seiten mit $x + \alpha$ und setzen sodann $x = -\alpha$, so folgt

$$\frac{1}{x-\alpha} = b + (x+\alpha)\frac{a}{x-\alpha}, \quad b = -\frac{1}{2\alpha}.$$

Daraus folgt, wie direkt zu verifizieren ist,

$$\frac{1}{x^2 - \alpha^2} = \frac{1}{2\alpha}\left[\frac{1}{x-\alpha} - \frac{1}{x+\alpha}\right]$$

und

$$\int \frac{dx}{x^2 - \alpha^2} = \frac{1}{2\alpha}(\lg|x-\alpha| - \lg|x+\alpha|) + c = \frac{1}{2\alpha}\lg\left|\frac{x-\alpha}{x+\alpha}\right| + c.$$

Beispiel 4: $\frac{x^3}{x^2 - \alpha^2}$ $(\alpha \neq 0)$. — Hier lautet der Ansatz:

$$\frac{x^3}{x^2 - \alpha^2} = \frac{a}{x-\alpha} + \frac{b}{x+\alpha} + cx + d,$$

da der Grad des Nenners denjenigen des Zählers um 1 übersteigt. Man beachte übrigens, dass, wenn es sich bloss um die *Integration* dieses Bruches handeln würde, man $y = x^2$ als neue Integrationsvariable einführen sollte. Doch wollen wir eben die *Partialbruchzerlegung* aufstellen, was auch für verschiedene andere Zwecke von Bedeutung sein kann.

Multipliziert man die angesetzte Relation mit $x - \alpha$ und setzt sodann $x = \alpha$, so folgt

$$\frac{x^3}{x+\alpha} = a + (x-\alpha)\frac{b}{x+\alpha} + (x-\alpha)(cx+d), \quad a = \frac{\alpha^2}{2}.$$

Multipliziert man aber mit $x + \alpha$, so ergibt sich analog für $x = -\alpha$:

$$\frac{x^3}{x-\alpha} = b + (x+\alpha)\frac{a}{x-\alpha} + (x+\alpha)(cx+d), \quad b = \frac{\alpha^2}{2}.$$

Setzt man die für a und b gefundenen Werte ein, so reduziert sich die angesetzte Relation auf:

$$\frac{x^3}{x^2-\alpha^2} = \alpha^2\frac{x}{x^2-\alpha^2} + cx + d.$$

Hieraus folgt für $x = 0$: $d = 0$. Lässt man hier aber d weg und dividiert durch x, so ergibt sich

$$\frac{x^2}{x^2-\alpha^2} = \frac{\alpha^2}{x^2-\alpha^2} + c,$$

woraus für $x = 0$ endlich $c = 1$ folgt. Wir erhalten damit

$$\frac{x^3}{x^2-\alpha^2} = \frac{\alpha^2}{2}\left[\frac{1}{x-\alpha} + \frac{1}{x+\alpha}\right] + x,$$

was durch Addition sofort verifiziert werden kann. Daher gilt

$$\int \frac{x^3}{x^2-\alpha^2}\,dx = \frac{\alpha^2}{2}\left[\lg|x-\alpha| + \lg|x+\alpha|\right] + \frac{x^2}{2} + c =$$
$$= \frac{\alpha^2}{2}\lg|x^2-\alpha^2| + \frac{x^2}{2} + c.$$

Dasselbe Resultat erhält man, wenn man zuerst das Integral durch Einführung der neuen Integrationsvariablen $y = x^2$ vereinfacht.

Beispiel 5: $\int \frac{(x^3+1)\,dx}{x(x^9-1)}$. – Dieses Integral wird zuerst durch Einführung einer neuen Integrationsvariablen:

$$y = x^3, \quad dy = 3x^2\,dx, \quad dx = \frac{dy}{3x^2}$$

vereinfacht. Man erhält

$$\int \frac{x^3+1}{x(x^9-1)}\,dx = \frac{1}{3}\int \frac{x^3+1}{x^3(x^9-1)}\,dy = \frac{1}{3}\int \frac{y+1}{y(y^3-1)}\,dy.$$

Die Partialbruchzerlegung setzen wir wie folgt an:

$$\frac{y+1}{y(y-1)(y^2+y+1)} = \frac{a}{y} + \frac{b}{y-1} + \frac{cy+d}{y^2+y+1}.$$

Hier erhält man a und b, wenn man mit y, bzw. $y - 1$ heraufmultipliziert und sodann $y = 0$ bzw. $y = 1$ setzt: $a = -1$, $b = \frac{2}{3}$.

Um Gleichungen für c und d zu erhalten, setzen wir in der obigen Relation $y = -1$ und $y = 2$. Dann ergibt sich:

$$0 = 1 - \frac{1}{3} + d - c\,, \quad \frac{3}{14} = -\frac{1}{2} + \frac{2}{3} + \frac{1}{7}(2c + d)$$

oder

$$c - d = \frac{2}{3}\,, \quad 2c + d = \frac{1}{3}\,,$$

woraus $c = \frac{1}{3}$, $d = -\frac{1}{3}$ folgt. Damit ergibt sich:

$$\frac{y+1}{y(y^3-1)} = -\frac{1}{y} + \frac{2}{3}\,\frac{1}{y-1} + \frac{1}{3}\,\frac{y-1}{y^2+y+1}\,.$$

Zur Kontrolle setzen wir $y = -2$ und erhalten $-\frac{1}{18} = \frac{1}{2} - \frac{2}{9} - \frac{1}{3}$.

Die Integrale der beiden ersten Partialbrüche in der obigen Partialbruchzerlegung ergeben sich unmittelbar zu

$$\frac{2}{3}\lg|y - 1| - \lg|y| = \frac{2}{3}\lg|x^3 - 1| - 3\lg|x|\,.$$

Um den letzten Partialbruch zu integrieren, schreiben wir $y^2 + y + 1 = \left(y + \frac{1}{2}\right)^2 + \frac{3}{4}$ und setzen:

$$y + \frac{1}{2} = \frac{\sqrt{3}}{2}z\,, \quad dy = \frac{\sqrt{3}}{2}dz\,.$$

Dann ergibt sich

$$\begin{aligned}\int \frac{y-1}{y^2+y+1}\,dy &= \frac{2}{\sqrt{3}} \int \frac{\frac{\sqrt{3}}{2}z - \frac{3}{2}}{z^2+1}\,dz = \frac{1}{2}\lg|z^2+1| - \sqrt{3}\operatorname{arctg} z + c = \\ &= \frac{1}{2}\lg|y^2 + y + 1| - \sqrt{3}\operatorname{arctg}\frac{2y+1}{\sqrt{3}} + c_1 = \\ &= \frac{1}{2}\lg|x^6 + x^3 + 1| - \sqrt{3}\operatorname{arctg}\frac{2x^3+1}{\sqrt{3}} + c_1\,.\end{aligned}$$

Damit erhalten wir schliesslich

$$\begin{aligned}\int \frac{x^3+1}{x(x^9-1)}\,dx = \frac{1}{18}\lg|x^6 + x^3 + 1| + \frac{2}{9}\lg|x^3 - 1| - \lg|x| - \\ - \frac{\sqrt{3}}{9}\operatorname{arctg}\frac{2x^3+1}{\sqrt{3}} + c\,.\end{aligned}$$

Wir werden im zweiten Teil dieser Vorlesungen auf die Theorie der Partialbruchzerlegung zurückkommen und dabei neben dem Beweis des oben angegebenen allgemeinen Satzes einige weitere Formeln und Kunstgriffe besprechen, die die Durchführung der Rechnung erleichtern können.

Aufgaben

1. a) $\int \frac{3x^2+7x+4}{x^6}\,dx$, b) $\int \frac{x^4\,dx}{(2-x)^3}$ $(y=2-x)$,
c) $\int \frac{4x^2+1}{(5x+1)^3}\,dx$, d) $\int \frac{4x^3-12x+11}{(2x-1)^4}\,dx$,
e) $\int \frac{x+1}{x^2+4x+4}\,dx$, f) $\int \frac{x^3\,dx}{(a+bx)^2}$, g) $\int \frac{x^2\,dx}{(a+bx)^3}$.

2. a) $\int \frac{x^3+2x^2-1}{x(x-1)}\,dx$, b) $\int \frac{x^2-2x+3}{x^2-3x+2}\,dx$, c) $\int \frac{dx}{x(7-3x)}$,
d) $\int \frac{dx}{\alpha^2-\beta^2x^2}$, e) $\int \frac{dx}{3x^2-2}$.

3. a) $\int \frac{dx}{x(x-a)^2}$, b) $\int \frac{dx}{(x^2-1)^2}$, c) $\int \frac{(x-2)\,dx}{x^2(x-1)^2}$,
d) $\int \frac{(x^2-1)\,dx}{x^2(x-2)^2}$, e) $\int \frac{3x^3+10x^2-x}{(x^2-1)^2}\,dx$, f) $\int \frac{(x-2)\,dx}{x^2(x-1)^3}$,
g) $\int \frac{x^3-2x^2+4}{x^3(x-2)^2}\,dx$.

4. a) $\int \frac{2x-3}{x(x^2-1)}\,dx$, b) $\int \frac{dx}{x(x-1)(x+1)}$,
c) $\int \frac{x^2\,dx}{(x^2-4)(x+1)}$, d) $\int \frac{x^2\,dx}{(x-1)(x-2)(x+3)}$,
e) $\int \frac{x\,dx}{(x-1)(x+2)(x-3)}$, f) $\int \frac{(x-4)\,dx}{(x^2-9)(x+4)}$,
g) $\int \frac{(x^2+x)\,dx}{(x-1)(x-7)(x+3)}$, h) $\int \frac{dx}{x(a^2-x^2)}$,
i) $\int \frac{(x^2+x+1)\,dx}{x(x-7)(x+3)}$, k) $\int \frac{x^5+1}{x^6-x^4}\,dx$,
l) $\int \frac{x^4-5x^3-30x^2-36x}{(x+1)^3(x^2-4)}\,dx$.

5. a) $\int \frac{9x^2-3x+8}{x^3-x^2-x+1}\,dx$, b) $\int \frac{3x^2+4}{x^3+x^2-8x-12}\,dx$,
c) $\int \frac{x^2-7}{x^3-2x^2-5x+6}\,dx$, d) $\int \frac{2x^2+4}{x^3+x^2-8x-12}\,dx$,
e) $\int \frac{x^2-x+2}{x^4-5x^2+4}\,dx$, f) $\int \frac{dx}{x^3-x^4-x^5+x^6}$,
g) $\int \frac{5x^2-19x+18}{x^3-6x^2+11x-6}\,dx$, h) $\int \frac{x+1}{(x^2-1)(x^2-5x+3)}\,dx$,
i) $\int \frac{dx}{x^3+x^2-7}$ (Die reelle Wurzel des Nenners ist 1,631...),
k) $\int \frac{x^2-1}{x^3-12x-5}\,dx$ (Eine reelle Wurzel des Nenners ist 3,656...).

6. a) $\int \frac{\alpha x\,dx}{a^2+b^2x^2}$, b) $\int \frac{dx}{x^2+x+1}$,

c) $\int \frac{(1-2x)\,dx}{x^2-2x+2}$, d) $\int \frac{(x+1)\,dx}{x^2+2x+4}$.

7. a) $\int \frac{x^4+1}{x^3-x^2+x-1}\,dx$, b) $\int \frac{dx}{(x-1)^2(x^2+1)}$,

c) $\int \frac{x+2}{x^2(x^2+1)}\,dx$, d) $\int \frac{x^3}{(x^2+4)(x-1)^2}\,dx$,

e) $\int \frac{3x^2+x-2}{(x-1)^3(x^2+1)}\,dx$, f) $\int \frac{x^5+1}{x^6+x^4}\,dx$,

g) $\int \frac{9x^2-14x+1}{x^3-2x^2+x-2}\,dx$, h) $\int \frac{x+1}{x(x^2+x+1)}\,dx$, i) $\int \frac{x+2}{x^3+1}\,dx$,

k) $\int \frac{x\,dx}{1+x^2}$, l) $\int \frac{1-2x^2}{1+x^3}\,dx$, m) $\int \frac{3x\,dx}{x^3-1}$,

n) $\int \frac{x\,dx}{(x-1)(x^2+6x+25)}$, o) $\int \frac{x^2+1}{x^3+3x+1}\,dx$, p) $\int \frac{dx}{x^3+2x-3}$.

8. a) $\int \frac{x^2\,dx}{1-x^4}$, b) $\int \frac{x^2+2}{x^4-16}\,dx$,

c) $\int \frac{(x^2+1)\,dx}{(x-1)(x-2)(x^2-x+1)}$, d) $\int \frac{x^2\,dx}{(x+2)(x+3)(x^2+1)}$,

e) $\int \frac{dx}{x^2(x-1)(x^2+1)}$, f) $\int \frac{dx}{x^3(1+x^3)}$,

g) $\int \frac{dx}{\alpha^2-\beta^2x^4}$, h) $\int \frac{(x^3+2)\,dx}{(x^2-4)(x-3)(x^2-3x+3)}$,

i) $\int \frac{x^4+2x+2}{(x^4-1)(x^2+1)}\,dx$.

9. a) $\int \frac{dx}{(1+x^2)^2}$, b) $\int \frac{dx}{(x^2+9)^2}$, c) $\int \frac{x^4+1}{(x^2+1)^2}\,dx$,

d) $\int \frac{dx}{(x+1)(x^2+1)^2}$, e) $\int \frac{x^3\,dx}{(x^2+1)^3}$, f) $\int \frac{x^6\,dx}{(x^2+3)^3}$,

g) $\int \frac{2x-3}{(x^2-x+1)^2}\,dx$, h) $\int \frac{x^7+2}{(x^2+x+1)^2}\,dx$,

i) $\int \frac{dx}{(x^2+x+1)^3}$, k) $\int \frac{dx}{(x^2-2)(x^2+1)^2}$,

l) $\int \frac{dx}{(x-1)^2(x^2+1)^2}$, m) $\int \frac{(x^3+1)}{(x-1)^3x^2(x+2)(x^2+1)^2}\,dx$,

n) $\int \frac{dx}{x(x-1)^2(x^2+9)^2}$, o) $\int \frac{x^3\,dx}{(a+bx^2)^3}$.

10. a) $\int \frac{dx}{(x^3-1)^2}$, b) $\int \frac{x^4\,dx}{(1+x^3)^2}$, c) $\int \frac{x^3\,dx}{(x+1)^2(x^2+x+1)^2}$.

11. a) $\int \frac{dx}{(x^2+1)(x^2+4)}$, b) $\int \frac{(x^2-1)\,dx}{(x^2+1)(x^2+4)}$,

c) $\int \frac{dx}{1+x^2+x^4}$, d) $\int \frac{dx}{x^4+1}$ (Leibniz – Joh. Bernoulli.),

e) $\int \frac{dx}{1-x^6}$, f) $\int \frac{dx}{x^8+x^7-x^4-x^3}$, g) $\int\limits_0^1 \frac{x^2+1}{x^4+1}\,dx$.

12. a) $\int \frac{dx}{(x^2+a)(x^2+b)}$, b) $\int \frac{x^3\,dx}{(x^8+4)^2}$, c) $\int \frac{12\,x^{15}}{(1+x^4)^2}\,dx$,

d) $\int \frac{x^3\,dx}{(1+x^2)^2+9}$, e) $\int \frac{x^5\,dx}{3\,x^4+x^2-4}$.

13. $\int \frac{x^5}{(x^3-1)^2}\,dx$.

14. a) $\int \frac{dx}{x\,(x^2+4)}$, b) $\int \frac{1-x^2}{x\,(1+x^2)}\,dx$,

c) $\int \frac{dx}{x^4(1+x^3)}$ $(y=1+x^3)$, d) $\int \frac{dx}{x\,(a+b\,x^n)}$.

15. a) $\int \frac{x\,dx}{\sqrt[3]{1-x}}$ $(y=1-x)$, b) $\int \frac{x}{\sqrt{x+2}}\,dx$.

16. $\int \frac{\sin x}{1-4\cos^4 x}\,dx$.

17. a) $\int \frac{x\,dx}{\sqrt{a-x}}$, b) $\int \frac{x^3\,dx}{\sqrt{1+x^4}}$.

* * *

18. a) $\int \frac{dx}{x\sqrt{x}+\sqrt{1+x}}$, b) $\int \frac{dx}{\sqrt{a^2x+1}}$, c) $\int \frac{dx}{(x+1)\sqrt{x^3}}$,

d) $\int \frac{\sqrt{x}\,dx}{\sqrt{x}-1}$, e) $\int \frac{x^2\,dx}{\sqrt{4+9\,x^2}}$.

19. $\int \frac{e^x-1}{e^x+1}\,dx$.

20. a) $\int \frac{dx}{x\lg x\lg\lg x}$, b) $\int x e^{x^2} e^{e^{x^2}}\,dx$,

c) $\int \lg(1+x^4)\,dx$, d) $\int x^{-2}\lg(a^2+b^2x^2)\,dx$.

21. a) $\int \sqrt{\operatorname{tg} x}\, dx \qquad (y = \sqrt{\operatorname{tg} x})$, b) $\int \sqrt[3]{\operatorname{tg} x}\, dx$.

22. Setzt man

$$p_n = \prod_{\nu=1}^{n} \left(1 - \frac{1}{2\nu}\right) \qquad (n = 1, 2, \ldots),$$

so gilt

$$\int \frac{dy}{(y^2+1)^n} = p_{n-1} \sum_{\nu=1}^{n-1} \frac{y}{2\nu p_\nu (y^2+1)^\nu} + p_{n-1} \operatorname{arctg} y.$$

ERSTE ANWENDUNGEN DER DIFFERENTIALRECHNUNG AUF DIE FUNKTIONEN-DISKUSSION

§ 24. Anwendungen der ersten Ableitung - Monotonie

85. Monotonie schlechthin

A. Monotonie beim Durchgang durch einen Punkt

Wir sagen, eine im Punkte x_0 und in einer Umgebung von x_0 definierte Funktion **wächst beim Durchgang durch x_0 (geht wachsend durch x_0)**, wenn ihre Werte für benachbarte x unterhalb x_0 kleiner als $f(x_0)$ und für benachbarte x oberhalb x_0 grösser als $f(x_0)$ sind; m. a. W., wenn für alle hinreichend kleinen *positiven* h:

$$f(x_0 - h) < f(x_0) < f(x_0 + h) \quad (h > 0)$$

gilt.

Existiert $f'(x_0)$, so ist $f'(x_0) \geqq 0$, wenn $f(x)$ beim Durchgang durch x_0 wächst.

In der Tat gilt

$$f'(x_0) = \lim_{h \to 0} \frac{f(x_0 + h) - f(x_0)}{h}, \tag{85,1}$$

und hier ist der Quotient rechts für hinreichend kleine *positive* h positiv, so dass der Grenzwert $\geqq 0$ sein muss.

Ist $f'(x_0) \geqq 0$ demnach eine *notwendige* Bedingung für das Wachsen von $f(x)$ beim Durchgang durch x_0, so ist diese Bedingung, wie wir sehen werden, keineswegs hinreichend. Dagegen gilt, wenn $f'(x_0) = 0$ ausgeschlossen wird:

Ist $f'(x_0) > 0$, so wächst $f(x)$ beim Durchgang durch x_0.

Denn ist der Grenzwert in (85,1) grösser als 0, so muss für hinreichend kleine $|h|$ auch der Quotient rechts > 0 sein. Daher ist für hinreichend kleine *positive* h die Differenz $f(x_0 + h) - f(x_0) > 0$ und für hinreichend kleine *negative* h die Differenz $f(x_0 + h) - f(x_0) < 0$, wie behauptet.

Ganz analog sagen wir, $f(x)$ **fällt beim Durchgang durch x_0**, wenn für hinreichend kleine positive h:

$$f(x_0 - h) > f(x_0) > f(x_0 + h) \quad (h > 0)$$

gilt. Dies ist offenbar damit gleichbedeutend, dass $-f(x)$ beim Durchgang durch x_0 wächst. Dafür ist aber nach dem Obigen *notwendig*, dass $-f'(x_0) \geqq 0$, und *hinreichend*, dass $-f'(x_0) > 0$ ist. Wir sehen:

Ist $f'(x_0)$ vorhanden, so ist dafür, dass $f(x)$ fallend durch x_0 geht, notwendig, dass $f'(x_0) \leqq 0$, und hinreichend, dass $f'(x_0) < 0$ ist.

B. Monotonie in einem Intervall[1])

Ist $f(x)$ *im Intervall* $J = \langle\alpha, \beta\rangle$ *stetig und überall in seinem Innern differenzierbar, so ist, damit* $f(x)$ *in* J *monoton wächst, notwendig und hinreichend, dass* $f'(x) \geqq 0$ *überall im Inneren von* J *gilt.*

Beweis. Wir benutzen für einen beliebigen inneren Punkt x_0 aus J die Relation (85,1). Ist $f(x)$ in J monoton wachsend, so ist für $h > 0$ der Quotient rechts in (85,1) nicht negativ. Daher gilt $f'(x_0) \geqq 0$ für alle x aus J. Die Notwendigkeit unserer Bedingung ist bewiesen.

Sei umgekehrt $f'(x) \geqq 0$ überall im Inneren von J, und seien x_1 und x_2 zwei Punkte aus J mit $x_1 < x_2$. Dann liefert der Mittelwertsatz der Differentialrechnung:

$$f(x_2) - f(x_1) = (x_2 - x_1)f'(\xi) \quad (x_1 < \xi < x_2;\ x_1, x_2 \prec J). \tag{85,2}$$

Hier ist nach Voraussetzung die rechte Seite $\geqq 0$. Daher gilt $f(x_2) \geqq f(x_1)$ für beliebige x_1, x_2 aus J mit $x_1 < x_2$. Dies bedeutet aber, dass $f(x)$ in J monoton wächst, w. z. b. w.

Ein ganz analoges Kriterium gilt für das *monotone Fallen* einer in $J = \langle\alpha, \beta\rangle$ stetigen und im Innern von J durchweg differenzierbaren Funktion $f(x)$. Denn mit dem monotonen Fallen von $f(x)$ ist ja das monotone Wachsen von $-f(x)$ gleichbedeutend. Dafür ist aber nach dem soeben bewiesenen notwendig und hinreichend, dass $-f'(x) \geqq 0$ im Innern von J ist. Daher:

Ist $f(x)$ *in* $J = \langle\alpha, \beta\rangle$ *stetig und im Innern von* J *durchweg differenzierbar, so ist, damit* $f(x)$ *in* J *monoton fällt, notwendig und hinreichend, dass* $f'(x) \leqq 0$ *im ganzen Inneren von* J *gilt.*

86. Eigentliche Monotonie. Beispiele

Ist $f(x)$ im Intervall $J = \langle\alpha, \beta\rangle$ monoton wachsend, ohne *eigentlich* monoton wachsend zu sein, so gibt es also in J zwei Punkte α' und β', so dass

$$\alpha \leqq \alpha' < \beta' \leqq \beta, \ f(\alpha') = f(\beta')$$

ist. Daraus folgt aber, dass im Intervall $\langle\alpha', \beta'\rangle$ die Funktion $f(x)$ durchweg konstant ist, $f(x)$ besitzt in J „**Konstanzintervalle**". Dann ist $f'(x)$ im Innern eines solchen Konstanzintervalles überall gleich 0.

Ist also $f'(x)$ *in* J *überall vorhanden und* $\geqq 0$, *gibt es aber kein Teilintervall in* J, *in dem* $f'(x)$ *durchweg verschwindet, so wächst* $f(x)$ *eigentlich monoton in* J.

Diese *hinreichende* Bedingung für das eigentlich monotone Wachsen ist aber auch *notwendig*. Denn enthält J ein Teilintervall, in dem $f'(x) = 0$ ist, so ist $f(x)$ in diesem Teilintervall konstant und kann also in J nicht eigentlich monoton sein.

Ganz analog ergibt sich: *Notwendig und hinreichend, damit eine in* $J = \langle\alpha, \beta\rangle$ *stetige und im Innern von* J *durchweg differenzierbare Funktion*

[1]) Wir erinnern an die Definition der Monotonie in der Nr. 35, p. 88.

dort ***eigentlich*** ***monoton fällt***, *ist, dass $f'(x) \leqq 0$ überall in J gilt, dass es aber kein Teilintervall in J gibt, in dem $f'(x)$ durchweg verschwindet.*

Nach den obigen Kriterien lässt sich die Monotonieuntersuchung in einem Intervall durch Betrachtung des Vorzeichens der ersten Ableitung vollständig durchführen. Nur die Frage der Monotonie beim Durchgang durch einen Punkt ist noch nicht entschieden, da hier eine gewisse Lücke zwischen der notwendigen und der hinreichenden Bedingung besteht. Diese Lücke wird in einem gewissen Masse im zweiten Teil dieser Vorlesungen ausgefüllt werden.

Geometrisch besagt unser Kriterium z. B. für das monotone Wachsen, dass die Tangente zur entsprechenden Kurve im ganzen Intervall *positive Steigung* hat oder *parallel zur x-Achse* verläuft. Es erscheint auch plausibel, dass, wenn die Tangente längs eines stetigen Kurvenbogens durchweg positive Steigung besitzt, die Ordinate beständig wächst. Man wird sich aber vielleicht fragen, wieso das eigentlich monotone Wachsen mit einer gelegentlich zur x-Achse parallelen Tangente verträglich sein kann. Ein Blick auf die Figur 36

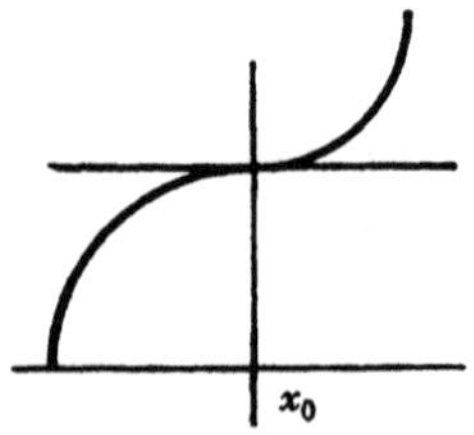

Fig. 36

zeigt, wie eine entsprechende geometrische Konfiguration aussehen kann. Hier durchsetzt für $x = x_0$ die Tangente die zugehörige Kurve. Es ist dies eine sogenannte **Wendetangente** (vgl. Nr. 94).

Beispiele: 1. Wir betrachten die Funktion $e^{-x} + x - 1$ im Intervall $\langle 0, \infty)$. Ihre Ableitung ist $1 - e^{-x}$ und > 0 für $x > 0$. Daher wächst die Funktion in diesem Intervall. Da sie für $x = 0$ verschwindet, folgt für $x > 0$:

$$e^{-x} + x - 1 > 0,$$

$$e^{-x} > 1 - x \quad (x > 0). \tag{86,1}$$

2. Wir betrachten für $\lambda \leqq 1$ und für $k\pi - \frac{\pi}{2} < x < k\pi + \frac{\pi}{2}$, k ganz, die Funktion $\operatorname{tg} x - \lambda x$. Die Ableitung ist

$$\frac{1}{\cos^2 x} - \lambda$$

und im betrachteten Intervall > 0 bis eventuell auf den isolierten Punkt $x = k\pi$. Daher wächst $\operatorname{tg} x - \lambda x$ im eigentlichen Sinne im betrachteten Intervall, und zwar von $-\infty$ bis ∞. Daraus folgt:

In jedem Intervall $\left(k\pi - \frac{\pi}{2}, k\pi + \frac{\pi}{2}\right)$, *$k$ ganz, hat die Gleichung* $\operatorname{tg} x = \lambda x$ $(\lambda \leqq 1)$ *genau eine Wurzel.*

3. Wir betrachten die Funktion $\frac{\sin x}{x}$ im Intervall $\left(0, \frac{\pi}{2}\right)$. Die Ableitung ist

$$\frac{x \cos x - \sin x}{x^2} = \frac{\cos x}{x^2} (x - \operatorname{tg} x) .$$

Da in $\left(0, \frac{\pi}{2}\right)$ sowohl $\cos x$ als auch, wegen (45,5), $\operatorname{tg} x - x$ positiv sind, ist diese Ableitung im betrachteten Intervall *negativ*, und $\frac{\sin x}{x}$ nimmt beständig im eigentlichen Sinne ab. Legt man dieser Funktion für $x = 0$ den Wert 1 bei, gegen den sie für $x \downarrow 0$ strebt (vgl. die Formel (45,8)), so ist sie im Intervall $\langle 0, \frac{\pi}{2} \rangle$ stetig und fällt von 1 bis $\frac{2}{\pi}$. Da sie *gerade* ist, folgt:

$$1 \geqq \frac{\sin x}{x} \geqq \frac{2}{\pi} \qquad \left(|x| \leqq \frac{\pi}{2}\right). \tag{86,2}$$

87. Konvexität und Konkavität

Wie äussert sich nun an einer Funktion $f(x)$ die Monotonie *ihrer Ableitung* $f'(x)$? — Das in diesem Falle für das Verhalten von $f(x)$ charakteristische Moment tritt sofort hervor, wenn man die zugehörige Kurve

$$y = f(x) \qquad (\alpha < x < \beta) \tag{87,1}$$

zeichnet.

Wächst $f'(x)$ monoton, so bedeutet dies, dass die Winkel der Tangenten zum Kurvenbogen (87,1) mit der x-*A*chse immer grösser und grösser werden, wenn man von links nach rechts geht. Hier dreht sich die Tangente im *positiven* Sinne (vgl. Nr. 43). Fällt dagegen $f'(x)$, so dreht sich die Tangente im *negativen* Sinne. Ein Blick auf die Figur 37 zeigt, dass im ersten Fall für

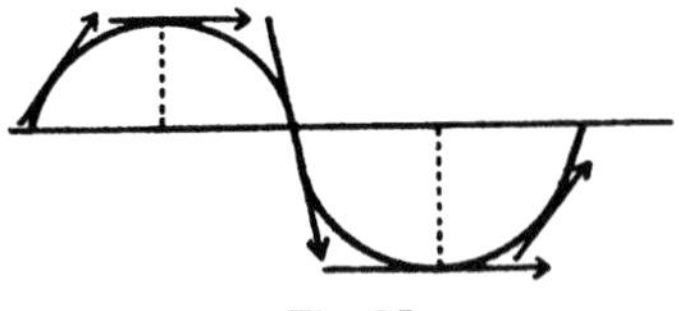

Fig. 37

wachsende $f'(x)$ der zugehörige Kurvenbogen **konvex von unten** (oder, was dasselbe ist, **konkav von oben**) ist. — Dies ist beim Bogen rechts in Figur 37 der Fall. Fällt dagegen $f'(x)$ monoton, so ist der zugehörige Kurvenbogen **konkav von unten** (oder, was dasselbe ist, **konvex von oben**), – vgl. Fig. 37, Bogen links.

Um diese Tatsachen präzis formulieren und beweisen zu können, muss man zuerst die Konvexität und Konkavität exakt definieren.

Ein in jedem Punkt mit einer Tangente versehener Kurvenbogen heisst **von unten konvex,** wenn er *oberhalb* jeder seiner Tangenten (bis auf den Berührungspunkt) liegt, und **von unten konkav,** wenn er *unterhalb* jeder seiner Tangenten liegt (bis auf den Berührungspunkt).

Wir wollen im folgenden die Koordinatenachsen so orientieren, dass die x-Achse horizontal liegt und die positive y-Achse nach oben weist. Dann gilt der

Satz. *Es sei $f(x)$ im Intervall $J = (\alpha, \beta)$ stetig und differenzierbar. Notwendig und hinreichend, damit der Kurvenbogen*

$$y = f(x) \quad (\alpha < x < \beta) \tag{87,1}$$

von unten konvex** ist, ist, dass $f'(x)$ im Intervall J **eigentlich monoton wächst.** Notwendig und hinreichend, damit der Kurvenbogen* (87,1) ***von unten konkav** ist, ist, dass $f'(x)$ in J **eigentlich monoton fällt.

Beweis. Ersetzt man $f(x)$ durch $-f(x)$, so wird damit der Bogen (87,1) an der x-Achse gespiegelt. War er vorher von unten konkav, so ist er nach der Spiegelung von unten konvex und umgekehrt. Wächst $f'(x)$ eigentlich monoton, so fällt $-f'(x)$ eigentlich monoton und umgekehrt. Daher genügt es, den ersten Teil des obigen Satzes zu beweisen, d. h. die Bedingung für die Konvexität von unten.

Es sei x_0 ein Punkt aus J, $y_0 = f(x_0)$. Dann lautet die Gleichung der Tangente an den Kurvenbogen (87,1) durch den Punkt (x_0, y_0), wie aus der analytischen Geometrie bekannt ist:

$$\eta = f(x_0) + f'(x_0)(\xi - x_0), \tag{87,2}$$

wo ξ, η die laufenden Koordinaten sind. Ist x ein beliebiger Punkt von J, so ist die Ordinate des entsprechenden Punktes des Bogens (87,1) gleich $f(x)$ und die Ordinate des entsprechenden Punktes der Tangente (87,2) gleich

$$f(x_0) + f'(x_0)(x - x_0).$$

Die Differenz dieser beiden Ordinaten ist daher

$$f(x) - f(x_0) - f'(x_0)(x - x_0), \tag{87,3}$$

und der Bogen (87,1) liegt daher dann und nur dann *oberhalb* der Tangente (87,2) (bis auf den Berührungspunkt $x = x_0$), wenn der Ausdruck (87,3) in J für $x \neq x_0$ *positiv* ist.

Wenden wir aber den Mittelwertsatz der Differentialrechnung auf die Differenz $f(x) - f(x_0)$ in (87,3) an, so nimmt (87,3) die Gestalt an

$$\begin{aligned}(x - x_0) f'(x_0 + \Theta(x - x_0)) - f'(x_0)(x - x_0) &= \\ = (x - x_0)\left[f'(x_0 + \Theta(x - x_0)) - f'(x_0)\right], \quad 0 < \Theta < 1.\end{aligned} \tag{87,4}$$

Ist nun $f'(x)$ in J eigentlich monoton wachsend, so ist wegen $0 < \Theta < 1$ der Ausdruck in der eckigen Klammer in (87,4) positiv für $x - x_0 > 0$ und negativ für $x - x_0 < 0$. Daher ist in den beiden Fällen der Ausdruck (87,4) positiv für $x \neq x_0$, und da dies für jedes x_0 aus J zutrifft, liegt der Bogen (87,1) oberhalb seiner Tangenten und ist also von unten konvex.

Dass das eigentlich monotone Wachsen von $f'(x)$ *notwendig* ist, damit der Bogen (87,1) von unten konvex ist, beweisen wir durch eine geometrische

Überlegung. Wir beweisen zuerst, dass im Falle der Konvexität von unten, wenn x_0 und x_1 beliebige Zahlen aus J mit $x_0 < x_1$ sind,

$$f'(x_0) \leqq f'(x_1) \quad (x_0 < x_1;\ x_0, x_1 \prec J) \tag{87,5}$$

ist. Denn wäre dies falsch, so liesse sich ein derartiges Zahlenpaar x_0, x_1 aus J mit $x_0 < x_1$ finden, dass $f'(x_0) > f'(x_1)$ wäre, d. h., dass die x_1 entsprechende Tangente an (87,1) eine kleinere Steigung hätte als die x_0 entsprechende Tangente. Es seien unter dieser Voraussetzung P_0, P_1 die Punkte von (87,1), die x_0 bzw. x_1 entsprechen, und t_0, t_1 die entsprechenden Tangenten an (87,1). Dann müsste die zugehörige geometrische Konfiguration etwa so aussehen wie in Figur 38. Denn nach Definition der Konvexität von unten muss P_1

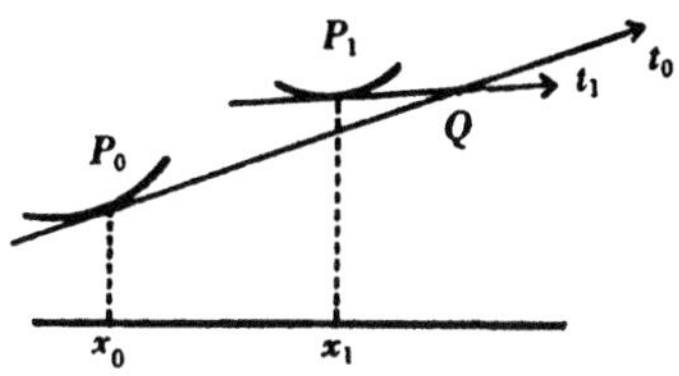

Fig. 38

oberhalb t_0 liegen, und da die Steigung der durch P_1 hindurchgehenden Tangente t_1 kleiner als diejenige von t_0 ist, müssten sich t_0 und t_1 in einem Punkte Q schneiden, der rechts der beiden Lote auf die x-Achse von P_0 und P_1 aus liegt. Da P_1 oberhalb t_0 liegt, liegt die ganze Strecke P_1Q oberhalb t_0 (bis auf Q). Dann liegt aber die Strecke P_0Q *unterhalb* t_1 (bis auf Q). Insbesondere müsste dann P_0 *unterhalb* t_1 liegen, entgegen der Voraussetzung, dass der Bogen (87,1) von unten konvex ist.

Wir haben damit bewiesen, dass, wenn (87,1) von unten konvex ist, $f'(x)$ in J monoton wächst. Wir behaupten nun, dass $f'(x)$ in J keine Konstanzintervalle besitzt. Denn in einem solchen Konstanzintervall von $f'(x)$ müsste $f(x)$ die Form $a x + b$ haben. Der zugehörige Teil von (87,1) wäre eine geradlinige Strecke und müsste in seiner ganzen Ausdehnung auf der gemeinsamen Tangente seiner Punkte liegen, entgegen der Annahme der Konvexität.

Daher ist $f'(x)$ eigentlich monoton wachsend in J, und unser Satz ist bewiesen.

88. Uneigentliche und lokale Konvexität und Konkavität

Wir haben oben die Bedeutung der eigentlichen Monotonie von $f'(x)$ untersucht. Welche Eigenschaften besitzt aber der Kurvenbogen (87,1), wenn $f'(x)$ monoton ist, ohne *eigentlich* monoton zu sein? — Dann hat $f'(x)$ Konstanzintervalle, denen geradlinige Strecken des Kurvenbogens (87,1) entsprechen.

Ist also $f'(x)$ monoton wachsend (fallend), so ist der Kurvenbogen (87,1) von unten konvex (von unten konkav) bis auf gewisse geradlinige Stücke.

Um diesen Sachverhalt genau zu fassen, ist eine gewisse Abschwächung der Begriffe der Konvexität und Konkavität nötig.

Ein Kurvenbogen (87,1), längs dessen $f'(x)$ durchweg existiert, heisst **uneigentlich von unten konvex,** wenn keine Punkte dieses Bogens *unterhalb* einer der Tangenten zu diesem Kurvenbogen liegen können; er heisst **uneigentlich von unten konkav,** wenn keiner seiner Punkte *oberhalb* einer seiner Tangenten liegen kann.

Der Unterschied gegenüber den in Nr. 87 definierten Begriffen besteht also darin, dass jetzt der Bogen (87,1) nicht allein den Berührungspunkt mit seiner Tangente gemeinsam zu haben braucht.

Geht man den oben geführten Beweis unseres Kriteriums für die Konvexität und die Konkavität durch, so sieht man, dass dieses Kriterium auch für uneigentliche Konvexität und Konkavität in Kraft bleibt, wenn die eigentliche Monotonie durch die Monotonie schlechthin ersetzt wird. Daher: *Notwendig und hinreichend für die uneigentliche Konvexität von unten (Konkavität von unten) des Kurvenbogens* (87,1) *ist, dass* $f'(x)$ *in* (α, β) *monoton wächst (monoton abnimmt).*

Wir wollen endlich die sogenannte Konvexität und Konkavität **im Punkte** (oder *lokale* Konvexität und Konkavität) besprechen.

Es sei $f(x)$ differenzierbar in $J = (\alpha, \beta)$, und es sei $x_0 \prec J$. Es sei ferner $y_0 = f(x_0)$ und P_0 der Punkt (x_0, y_0). Dann heisst der Kurvenbogen (87,1) konvex von unten (konkav von unten) in P_0, wenn für ein hinreichend kleines $\varepsilon > 0$ der Teilbogen

$$y = f(x) \quad (|x - x_0| < \varepsilon) \tag{88,1}$$

von (87,1) ganz oberhalb (unterhalb) der Tangente durch P_0 liegt, bis auf den Punkt P_0 selbst.

Geht $f'(x)$ *wachsend (fallend) durch* x_0, *so ist* (87,1) *konvex von unten (konkav von unten) in* P_0. Denn liegt x in der Nähe von x_0, so ist die Differenz zwischen den zu x gehörenden Ordinaten von (87,1) und von der Tangente (87,2) durch P_0 gleich dem Ausdruck (87,4). Geht nun $f'(x)$ wachsend durch x_0, so ist der Ausdruck in der eckigen Klammer in (87,4) positiv für hinreichend benachbarte x rechts von x_0 und negativ für benachbarte x links von x_0. Daher ist in diesem Falle der Ausdruck (87,4) für alle in hinreichender Nähe von x_0 gelegenen $x \neq x_0$ positiv. Dies bedeutet aber, dass (87,1) in P_0 konvex von unten ist.

Fällt aber $f'(x)$ beim Durchgang durch x_0, so sieht man analog, dass der Ausdruck (87,4) in der Nähe von x_0 negativ ist, bis auf $x = x_0$. Dann ist (87,1) in P_0 konkav von unten.

Aufgaben

1. Für $x > 0$ sind die Monotonieintervalle der Funktionen $x^{\frac{1}{x}}$, $\frac{\sin x}{x}$ und $\frac{\operatorname{tg} x}{x}$ zu bestimmen.

2. Es gilt

$$1 \leqq \frac{x}{\sin x} \leqq \frac{\pi}{2} \qquad \left(0 \leqq x \leqq \frac{\pi}{2}\right).$$

3. Man bestimme die Monotonieintervalle der Funktion

$$x - \sin x .$$

4. Für welche Werte von a ist die Funktion

$$a x - \sin x$$

beständig wachsend?

5. Es gilt

$$x - \frac{x^2}{2} < \lg(1 + x) < x \qquad (x > 0).$$

6. Man beweise

a) $\dfrac{1}{x + \frac{1}{2}} < \lg\left(1 + \dfrac{1}{x}\right) < \dfrac{1}{x} \qquad (x > 0)$,

b) $x < \dfrac{x}{1 - \frac{x}{2}} < -\lg(1 - x) < \dfrac{x}{1 - x} \qquad (0 < x < 1)$.

(Die zweite Relation kann durch geeignete Variablentransformation aus der ersten hergeleitet werden.)

7. Man beweise, dass die folgenden Funktionen für $x > 0$ monoton fallen:

a) $y = \dfrac{\lg(1 + x)}{x}$, b) $y = \dfrac{x}{(1 + x)\lg(1 + x)}$.

8. Es gilt

$$x - \frac{x^3}{3} < \operatorname{arctg} x \qquad (x > 0).$$

9. Man untersuche die Monotonieverhältnisse der folgenden Funktionen:

a) $(1 - x)e^x$, b) $e^{-x}x^n \quad (x \geqq 0)$.

10. Man beweise

$$e^x > 1 + x + \frac{x^2}{2} \qquad (x > 0).$$

11. Man zeige, dass die Funktion

$$y = \left(1 + \frac{1}{x}\right)^x$$

für $x > 0$ monoton wächst.

12. Die Gleichung

$$u \lg u = x$$

hat für $x > 0$ genau eine Wurzel u $(u > 1)$.

13. Man beweise

$$\operatorname{arctg} x < x - \frac{x^3}{6} \qquad (0 < x \leqq 1).$$

* * *

14. Man untersuche die Monotonieverhältnisse bei der Funktion

$$y = \frac{a x + b}{c x + d}.$$

15. Man beweise die folgenden Relationen:

a) $2 x^3 + 3 x^2 - 12 x + 7 > 0 \qquad (x > 1)$,

b) $3 x^4 + 8 x^3 - 6 x^2 - 24 x + 19 > 0 \qquad (x > 1)$.

16. Es gilt

$$n(1 + x^{n-1}) - 2\frac{x^n - 1}{x - 1} \geqq 0 \qquad (x \geqq 0,\ n \geqq 2).$$

17. Man beweise die folgenden Relationen:

a) $a + \frac{b}{2a} > \sqrt{a^2 + b} > a + \frac{b}{2a} - \frac{1}{2a}\left(\frac{b}{2a}\right)^2 \qquad (a, b > 0)$,

b) $a + b - \frac{2}{3}\sqrt{a b} \leqq \sqrt{a^2 + b^2} \leqq a + b \qquad (a, b \geqq 0)$.

18. Zwischen welchen Werten liegt

$$y = \sin x - x + \frac{x^3}{6}$$

für $|x| \leqq \frac{\pi}{2}$?

19. Man beweise die folgenden Ungleichungen:

a) $\operatorname{tg} x > x + \frac{x^3}{3} \qquad \left(0 < x < \frac{\pi}{2}\right)$,

b) $\frac{1}{3}\operatorname{tg} x + \frac{2}{3}\sin x > x \qquad \left(0 < x < \frac{\pi}{2}\right)$.

20. Man setze für $0 < x \leqq 1$:

$$x_0 = \operatorname{arctg} x,\ x_1 = \operatorname{arctg} x_0, \ldots,\ x_{\nu+1} = \operatorname{arctg} x_\nu, \ldots.$$

Dann gilt $x_\nu \downarrow 0$ für $\nu \to \infty$. (Zur endgültigen Berechnung des Grenzwertes verwende man die in der Aufgabe 13 bewiesene Relation.)

21. Mittels der für $x^2 \leqq 1$ geltenden Ungleichung

$$1 \geqq \cos x \geqq 1 - \frac{x^2}{2}$$

schliesse man das Integral

$$\int_{-\frac{\pi}{2}}^{\frac{\pi}{2}} \sqrt{\cos x}\, dx$$

zwischen möglichst enge Schranken ein.

22. Man untersuche die Wurzeln der Gleichung $\operatorname{tg} x^2 = \frac{1}{2x^2}$.

23. Die kleinste positive Wurzel der Gleichung in x:

$$xy = \operatorname{tg} x$$

ist stetig in y und monoton wachsend für $1 < y < \infty$.

24. Die kleinste positive Wurzel der Gleichung in x:

$$xy = \sin x$$

ist eine stetige und monoton fallende Funktion von y für $0 < y < 1$.

25. Es gilt

$$\pi < \frac{\sin \pi x}{x(1-x)} \leqq 4 \quad (0 < x < 1).$$

26. Für welche x gilt die Relation

$$\lg x \leqq \sqrt{x}\ ?$$

27. Man beweise die folgenden Relationen:

a) $\frac{2x}{2+x} < \lg(1+x) \quad (x > 0)$,

b) $\frac{1}{x+1} + \frac{1}{2(x+1)^2} < \lg\left(1 + \frac{1}{x}\right) < \frac{1}{2x^2} + \frac{1}{1+x} \quad (x > 0)$,

c) $x^2 > (1+x)\left(\lg(1+x)\right)^2 \quad (x > -1)$,

d) $\lg\left(1 + \frac{1}{x}\right) < \frac{1}{x} + \frac{1}{x+1} - \frac{1}{x+\frac{1}{2}} \quad (x > 0)$,

e) $-\lg \cos x < \frac{1}{2} \sin x \operatorname{tg} x \quad \left(0 < x < \frac{\pi}{2}\right)$.

28. Man beweise, dass die Funktion

$$\frac{\lg \xi - \lg x}{\xi - x} \quad (\xi > 0)$$

fällt, wenn x von 0 nach ξ wächst.

29. Man beweise, dass

$$\sum_{\nu=1}^{n} \frac{1}{\nu} - \lg n$$

monoton fällt, wenn n wächst. Ebenso beweise man, dass

$$\sum_{\nu=1}^{n} \frac{1}{\nu} - \lg (n+1)$$

monoton wächst, wenn n wächst.

30. Man beweise, dass

$$\sum_{\nu=1}^{n} \frac{1}{\nu} - \lg n$$

für $n \to \infty$ einem positiven Grenzwert zustrebt.

31. Für ein festes natürliches p ist

$$\lim_{n \to \infty} \left(\frac{1}{n} + \frac{1}{n+1} + \cdots + \frac{1}{pn}\right)$$

zu bestimmen. (Man benutze für die einzelnen Glieder die Aufgabe 6a).)

32. $\frac{1}{\lg(1+x)} - \frac{1}{x}$ fällt monoton von 1 bis 0, wenn x von -1 über 0 nach ∞ geht.

33. Untersuche Konvexität und Konkavität der folgenden Kurven:

a) $y = x^3 - 4x$, b) $y = \operatorname{tg} x$, c) $y = \operatorname{arctg} x$.

34. Man beweise die folgenden Ungleichungen:

a) $\frac{1+x}{1-x} > e^{2x} \quad (0 < x < 1)$,

b) $\frac{e}{2x+2} < e - \left(1 + \frac{1}{x}\right)^x < \frac{e}{2x+1}$.

35. Der Ausdruck

$$(1+x)^{-\frac{1}{x}}$$

nimmt jeden Wert zwischen 0 und 1 genau einmal an, wenn x von -1 nach ∞ geht.

36. Man beweise, dass für positive $x_1, \ldots, x_n$

$$x_1^{x_1} x_2^{x_2} \ldots x_n^{x_n} \geqq \left(\frac{x_1 + \cdots + x_n}{n}\right)^{x_1 + \cdots + x_n}$$

ist.

37. Man beweise, dass die Funktion

$$\left(\frac{a^x+b^x+c^x}{3}\right)^{\frac{1}{x}} \qquad (a, b, c > 0)$$

mit x monoton fällt.

38. Man beweise

$$(1+x)^\varrho (1+y)^{1-\varrho} \geqq 1 + x^\varrho y^{1-\varrho} \quad (x \geqq 0, y \geqq 0,\ 0 \leqq \varrho \leqq 1)\,.$$

(Man betrachte beide Seiten als Funktionen von x im Intervall $\langle y, \infty)$.)

39. Man beweise für $\varrho + \sigma = 1$ und $\varrho, \sigma, a_1, a_2, b_1, b_2 \geqq 0$ die Ungleichung

$$(a_1+b_1)^\varrho (a_2+b_2)^\sigma \geqq a_1^\varrho a_2^\sigma + b_1^\varrho b_2^\sigma \quad (\varrho + \sigma = 1\,;\ \varrho, \sigma \geqq 0).$$

(Höldersche Ungleichung.)

40. Es sei $f(x) = \lg|1-x| - \lg(1+x)\cos\pi\alpha \quad (0 < \alpha < 1\,;\ 0 < x < \infty)$. Man zeige:

a) $\lim\limits_{x \downarrow 0} f(x) = 0$, b) $\lim\limits_{x \to \infty} f(x) = \infty$,

c) $f(x) \sim (1-\cos\pi\alpha)\lg x \quad (x \to \infty)$, d) $f(x) < 0$ für $0 < x < 1$,

e) $f(x)$ wächst für $x > 1$ monoton und ändert genau einmal das Vorzeichen.

41. Man beweise, dass

a) $\sinh x$ im Intervall $(-\infty, \infty)$ monoton wächst,
b) $\cosh x$ im Intervall $(-\infty, 0\rangle$ monoton fällt und im Intervall $\langle 0, \infty)$ monoton wächst,
c) $\operatorname{tgh} x$ im Intervall $(-\infty, \infty)$ monoton wächst und alle Werte des Intervalls $(-1, 1)$ durchläuft,
d) $\operatorname{ctgh} x$ im Intervall $(-\infty, 0)$ monoton fällt von -1 nach $-\infty$ und im Intervall $(0, \infty)$ monoton fällt von ∞ bis 1.

42. Die Funktion $y = \operatorname{Ar}\sinh x$ ist eindeutig definiert als die Lösung von $x = \sinh y$ und wächst durchweg monoton.

43. Die Funktion $y = \operatorname{Ar}\cosh x$ ist eindeutig definiert als die nichtnegative Lösung der Gleichung $x = \cosh y$ und wächst im Intervall $\langle 1, \infty)$ monoton von 0 bis ∞.

44. Man diskutiere in analoger Weise die Funktionen $y = \operatorname{Ar}\operatorname{tgh} x$ und $y = \operatorname{Ar}\operatorname{ctgh} x$.

45. Die Gleichungen

a) $e^{-x} = x + c$, b) $a^x = bx + c \quad (0 < a < 1,\ b > 0)$

haben für jeden Wert von c genau eine reelle Wurzel.

46. Man beweise die Ungleichungen:

a) $e^x > 1 + x \quad (x \neq 0)$,

b) $\frac{x}{1-x} > 1 - e^{-x} \quad (x < 1, x \neq 0)$,

c) $e^{-\frac{x}{1-x}} < 1 - x \quad (x < 1,\ x \neq 0)$,

d) $e^x > \frac{x^\nu}{\nu!} \quad (x > 0;\ \nu = 0, 1, 2, \ldots)$,

e) $e^x > \left(1 + \frac{x}{y}\right)^y > e^{\frac{xy}{x+y}} \quad (x, y > 0)$.

§ 25. Anwendungen der ersten Ableitung - Extrema - Unbestimmte Ausdrücke

89. Maxima und Minima

Die Bestimmung der **Maxima** und **Minima** einer Funktion in einem gegebenen Intervall ist eines der wichtigsten Probleme der Analysis. In den Anwendungen der Analysis auf die Technik z. B. handelt es sich sehr oft darum, einen gegebenen Effekt mit minimalem Energie- oder Materialverbrauch zu erreichen oder bei gegebenem Aufwand den optimalen Effekt zu erzielen. Doch auch für den innermathematischen Gebrauch liefert die Betrachtung der Maxima und Minima ein Hilfsmittel, dessen Durchschlagskraft auch den Fachmathematiker immer wieder überrascht.

Wir erinnern an die Definition der Maxima und der Minima (vgl. die Nrn. 23, 42): Ist die Funktion $f(x)$ in einem Intervall definiert, so heisst ein von ihr dort angenommener Wert ihr **Maximum** (bzw. **Minimum**), wenn er von keinem anderen von $f(x)$ in diesem Intervall angenommenen Wert übertroffen (bzw. unterschritten) wird. Maxima und Minima heissen gemeinsam **Extrema** (Einzahl: *Extremum*).

Bei der Untersuchung der Extrema ist eine gewisse Erweiterung dieses Begriffes wichtig. Ist eine Funktion $f(x)$ in einer Umgebung von x_0 definiert, so sagen wir, $f(x)$ habe in x_0 ein **relatives Maximum** (bzw. **relatives Minimum**), wenn sich um x_0 eine so kleine Umgebung abgrenzen lässt, dass der Wert von $f(x)$ in x_0 das Maximum (bzw. Minimum) in bezug auf diese kleine Umgebung ist. Auf die Grösse dieser Umgebung kommt es bei dieser Definition gar nicht an. Relative Maxima und Minima nennt man gemeinsam

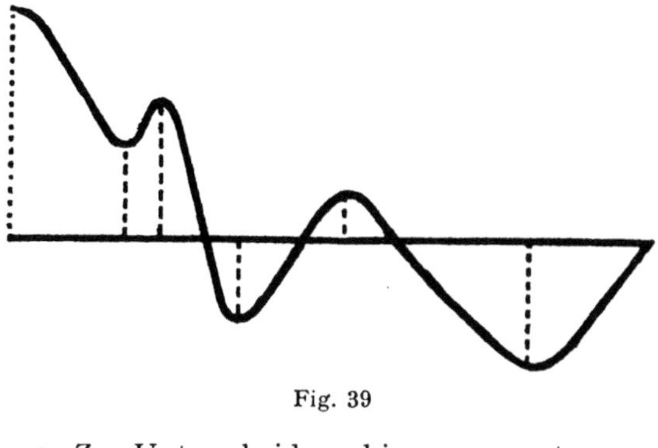

Fig. 39

relative Extrema. Zur Unterscheidung hiervon nennt man die früher definierten Maxima, Minima und Extrema **absolute** Maxima, Minima und Extrema.

So hat z. B. die Funktion $y = f(x)$, die der Kurve der Fig. 39 entspricht, drei ausgeprägte relative Minima und zwei ausgeprägte relative Maxima. Eines der relativen Minima ist zugleich absolutes Minimum. Das absolute Maximum wird im linken Endpunkt des Intervalls angenommen.

Es ist nun klar, dass, wenn eine Funktion $f(x)$ in einem Intervall ein absolutes Maximum besitzt und dieses Maximum in einem **inneren** Punkte des Intervalls annimmt, sie in diesem Punkte auch ein relatives Maximum besitzt.

Findet man also alle relativen Maxima einer Funktion in einem Intervall, so muss das absolute Maximum dieser Funktion entweder eines dieser relativen Maxima sein oder in einem der Intervallendpunkte angenommen werden. Der direkte Vergleich der entsprechenden Werte liefert dann sofort das absolute Maximum. Damit ist also die Bestimmung des absoluten Maximums auf die Bestimmung der relativen Maxima zurückgeführt, wenn die Existenz des absoluten Maximums bereits gesichert ist, also z. B., wenn das Intervall abgeschlossen und die Funktion darin stetig ist. Ist das Intervall nicht abgeschlossen, so muss man noch das Verhalten der Funktion bei der Annäherung an die Intervallendpunkte untersuchen.

Analog verfährt man bei dem absoluten Minimum.

Die relativen Extrema lassen sich nun leicht mit Hilfe der *Ableitung* charakterisieren.

Ist $f(x)$ in einer Umgebung von x_0 definiert, in x_0 differenzierbar und hat $f(x)$ in x_0 ein relatives Extremum, so ist $f'(x_0) = 0$.

Denn wäre unter den Voraussetzungen dieses Satzes $f'(x_0) > 0$, so müsste $f(x)$ beim Durchgang durch x_0 *wachsen*, also in hinreichender Nähe von x_0 rechts grösser als $f(x_0)$ und links kleiner als $f(x_0)$ sein. Für $f'(x_0) < 0$ dagegen geht $f(x)$ *fallend* durch x_0 und hat also wieder in x_0 weder ein relatives Maximum noch ein relatives Minimum.

Man formuliert den damit bewiesenen Satz kurz, wenn auch etwas unpräzis so: *Notwendig für ein relatives Extremum ist, dass die erste Ableitung verschwindet.*

Das in diesem Satz enthaltene Kriterium für ein relatives Extremum ist natürlich nicht hinreichend. Denn das Verschwinden der ersten Ableitung bedeutet, dass die Tangente zur entsprechenden Kurve im betrachteten Punkt *parallel* zur Abszissenachse verläuft, und ein Blick auf Fig. 36 a. p. 290 zeigt, dass dabei kein relatives Extremum vorzuliegen braucht. Ferner gestattet der obige Satz keine Unterscheidung zwischen Maxima und Minima. Dass $f'(x_0) = 0$ ist, bedeutet eben nur, dass die Werte von $f(x)$ sich an x_0 besonders langsam ändern. Dann ist ja $\frac{f(x) - f(x_0)}{x - x_0}$ eine Nullfunktion für $x \to x_0$. Man sagt in diesem Falle, $f(x)$ sei in x_0 **stationär.**

Man kann nun eine sehr einfache und brauchbare Bedingung für relative Maxima und Minima aufstellen, wenn $f(x)$ in einer ganzen Umgebung von x_0 differenzierbar ist.

Es sei $f(x)$ in einer Umgebung von x_0 stetig und differenzierbar, und es sei $f'(x_0) = 0$. ***Wächst*** *$f'(x)$ beim Durchgang durch x_0, so hat $f(x)$ in x_0 ein* ***relatives Minimum. Fällt*** *$f'(x)$ beim Durchgang durch x_0, so hat $f(x)$ in x_0 ein* ***relatives Maximum.***

Denn *wächst* $f'(x)$ beim Durchgang durch x_0 und verschwindet in x_0 selbst, so ist $f'(x)$ in einem hinreichend kleinen Intervall um x_0 links von x_0 negativ und rechts von x_0 positiv. Also ist $f(x)$ in diesem Intervall links von x_0 monoton fallend, rechts von x_0 monoton wachsend. $f(x_0)$ ist also der kleinste Wert, den $f(x)$ in diesem Intervall annimmt (vgl. den Bogen rechts in der Fig. 37 a. p. 291.

Falls aber $f'(x)$ *fallend* durch x_0 geht (vgl. den Bogen links in der Fig. 37), so wächst $-f'(x)$ beim Durchgang durch x_0. Daher hat $-f(x)$ in x_0 ein relatives Minimum und $f(x)$ dort ein relatives Maximum.

Die damit bewiesene Regel reicht in der Praxis in den meisten Fällen vollkommen aus. Da man bei ihrer Anwendung gelegentlich vergisst, welchem Fall das Wachsen und welchem das Abnehmen von $f'(x)$ entspricht, empfiehlt es sich, gegebenenfalls die Figur 37 zu entwerfen.

Die Extrema, die sich unter der obigen *hinreichenden* Bedingung ergeben, haben einen besonderen Charakter, auf den wir noch hinweisen wollen. Ist eine Umgebung von x_0 klein genug gewählt, so ist $f(x)$ in dieser Umgebung (bis auf den Punkt x_0 selbst) durchweg *grösser* als $f(x_0)$ im Falle des Minimums und *kleiner* als $f(x_0)$ im Falle des Maximums. Also ist x_0 hier in keinem Konstanzintervall von $f(x)$ enthalten. Solche Extrema nennt man **eigentliche Extrema.**

90. Beispiele zur Untersuchung von Extrema

1. *Das Fermatsche*[1]) *Prinzip bei der Spiegelung.* Zwei Punkte A und B, die auf derselben Seite einer Geraden l liegen, sind für geeignete Wahl

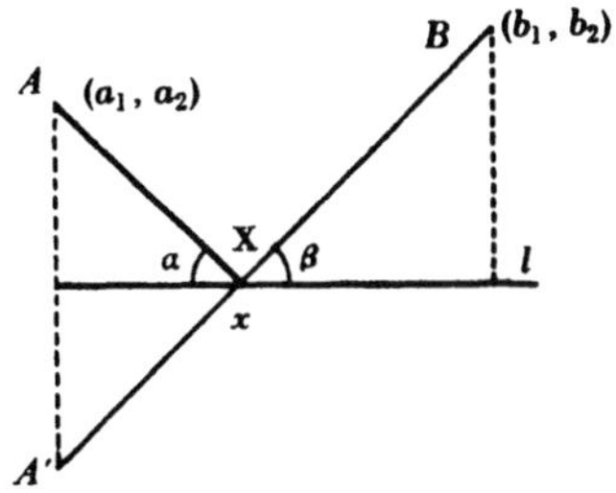

Fig. 40

von X auf l miteinander durch den gebrochenen Weg AXB *minimaler Länge* zu verbinden (vgl. Fig. 40).

Wir legen die x-Achse längs l. Die Koordinaten von A und B seien (a_1, a_2) bzw. (b_1, b_2). x sei die Abszisse von X. Ohne Beeinträchtigung der Allgemeinheit darf angenommen werden, dass $b_1 \geqq a_1$ ist. (Für $b_1 < a_1$ braucht man ja nur A und B zu vertauschen.) Dann ist die Länge des Weges AXB gegeben durch

$$f(x) = \sqrt{(x-a_1)^2 + a_2^2} + \sqrt{(x-b_1)^2 + b_2^2}\,.$$

[1]) *Pierre de Fermat* (1601—1665).

Die Ableitung hiervon ist

$$f'(x) = \frac{x - a_1}{\sqrt{(x-a_1)^2 + a_2^2}} + \frac{x - b_1}{\sqrt{(x-b_1)^2 + b_2^2}} = \frac{x - a_1}{\sqrt{(x-a_1)^2 + a_2^2}} - \frac{b_1 - x}{\sqrt{(x-b_1)^2 + b_2^2}}.$$

Wir bezeichnen nun den Winkel von AX mit der *negativen* Richtung der x-Achse mit α und denjenigen von BX mit der *positiven* Richtung der x-Achse mit β. Dann gilt

$$\cos\alpha = \frac{x - a_1}{\sqrt{(x-a_1)^2 + a_2^2}}, \qquad \cos\beta = \frac{b_1 - x}{\sqrt{(x-b_1)^2 + b_2^2}},$$

und zwar, wie man sich sofort überzeugt, nicht nur, wenn beide Winkel spitz sind, sondern auch dann, wenn einer dieser Winkel $\geqq \frac{\pi}{2}$ ist. Es ergibt sich daher

$$f'(x) = \cos\alpha - \cos\beta.$$

Die notwendige Bedingung für das relative Extremum von $f(x)$ liefert $f'(x) = 0$, $\cos\alpha = \cos\beta$, $\alpha = \beta$, da α und β im Intervall $(0, \pi)$ variieren und in diesem Intervall ein Winkel durch seinen Cosinus eindeutig bestimmt ist.

Um die Diskussion weiterzuführen, beachte man, dass mit wachsendem x α abnimmt und β wächst. Daher wächst dabei $\cos\alpha$, während $\cos\beta$ abnimmt, so dass $f'(x)$ eigentlich monoton wächst für alle reellen x. Deshalb hat die Ableitung $f'(x)$ genau eine Nullstelle x_0, durch die sie monoton *wachsend* hindurchgeht. An der betreffenden Stelle haben wir also ein *relatives* Minimum.

Dieses Minimum ist aber zugleich ein *absolutes*. Denn links von der betreffenden Stelle ist $f'(x) < 0$, rechts davon > 0. Daher fällt $f(x)$ eigentlich monoton, wenn x von $-\infty$ auf x_0 zugeht, und wächst eigentlich monoton, wenn x von x_0 nach ∞ geht. Damit ist $f(x_0)$ das gesuchte absolute Minimum. Der gesuchte Punkt X ist also durch die Gleichung $\alpha = \beta$ charakterisiert, die dem Spiegelungsgesetz der Optik entspricht.

Um X zu finden, braucht man nur in bekannter Weise das Spiegelbild A' von A an l zu zeichnen und A' mit B durch eine Gerade zu verbinden, die l im gesuchten Punkt X trifft. Ein Blick auf die Figur zeigt, dass für den so bestimmten Punkt X in der Tat $\alpha = \beta$ ist.

Diese Konstruktion liefert übrigens auch sofort eine direkte und von der Infinitesimalrechnung unabhängige Lösung des ganzen Problems, wenn man die Tatsache als bekannt voraussetzt, dass die geradlinige Verbindung zweier Punkte die *kürzeste* ist.

2. Für gegebene Zahlen $a_1, \ldots, a_n$ ist x so zu bestimmen, dass die Quadratsumme der Abstände von x nach allen a_ν:

$$f(x) = \sum_{\nu=1}^{n} (x - a_\nu)^2 = \textit{Minimum}$$

wird.

Hier gilt

$$f'(x) = \sum_{\nu=1}^{n} 2(x - a_\nu) = 2n\left(x - \frac{a_1 + \dots + a_n}{n}\right).$$

Wird hier das *arithmetische Mittel* von $a_1, \dots, a_n$ mit s bezeichnet, so verschwindet $f'(x)$ für $x = s$, ist < 0 für $x < s$ und > 0 für $x > s$, so dass $f(x)$, wenn x von $-\infty$ nach ∞ geht, zuerst eigentlich monoton fällt bis $x = s$ und sodann eigentlich monoton wächst. Wir sehen, dass *das gesuchte Minimum dann und nur dann angenommen wird, wenn x gleich dem arithmetischen Mittel der gegebenen Zahlen $a_1, \dots, a_n$ ist.*

Diese Tatsache ist der Ausgangspunkt der sogenannten „*Methode der kleinsten Quadrate*".

3. Zwei nichtnegative Zahlen a_1, a_2 mit der gegebenen Summe s sind so zu bestimmen, dass ihr Produkt möglichst gross wird. — Ist die eine dieser Zahlen, etwa $a_1 = x$, so ist die andere $a_2 = s - x$ und das Produkt

$$a_1 a_2 = f(x) = x(s - x) \qquad (0 \leqq x \leqq s).$$

Hier gilt

$$f'(x) = s - 2x = -2\left(x - \frac{s}{2}\right),$$

so dass $f'(x)$ für $x = \frac{s}{2}$ verschwindet, für $x < \frac{s}{2}$ positiv und für $x > \frac{s}{2}$ negativ ist. Daher nimmt $f(x)$ in der ersten Hälfte des Intervalls $(0, s)$ zu und in der zweiten Hälfte ab. Der grösste Wert wird daher von $f(x)$ für $x = \frac{s}{2} = s - x$ (also $a_1 = a_2$) angenommen und ist gleich $\left(\frac{s}{2}\right)^2 = \left(\frac{a_1 + a_2}{2}\right)^2$.

Daraus folgt weiter: *Sind a_1 und a_2 nichtnegativ, so ist*

$$a_1 a_2 \leqq \left(\frac{a_1 + a_2}{2}\right)^2,$$

und hier gilt das Gleichheitszeichen dann und nur dann, wenn $a_1 = a_2$ ist. Denn $\frac{a_1 + a_2}{2}, \frac{a_1 + a_2}{2}$ sind zwei *gleiche* Summanden mit derselben Summe wie a_1, a_2.

Wir behaupten nun[1]): *Eine analoge Relation gilt auch für beliebig viele nicht negative Summanden*:

$$a_1 a_2 \dots a_n \leqq \left(\frac{a_1 + \dots + a_n}{n}\right)^n \qquad (n = 1, 2, \dots) \tag{90,1}$$

oder

$$\sqrt[n]{a_1 a_2 \dots a_n} \leqq \frac{a_1 + \dots + a_n}{n} \qquad (a_\nu \geqq 0,\ \nu = 1, \dots, n), \tag{90,2}$$

wobei das Gleichheitszeichen dann und nur dann gilt, wenn $a_1 = a_2 = \dots = a_n$ ist. (*Ungleichung zwischen dem geometrischen und dem arithmetischen Mittel.*)

[1]) *Cauchy*, 1821.

Dass für $a_1 = a_2 = \ldots = a_n$ das Gleichheitszeichen in (90,2) gilt, ist klar. Wir brauchen daher nur die Ungleichung zu beweisen:

$$a_1 a_2 \ldots a_n < \left(\frac{a_1 + a_2 + \cdots + a_n}{n}\right)^n, \tag{90,3}$$

wenn alle $a_\nu \geqq 0$ und nicht alle untereinander gleich sind. Dann ist sicher $\frac{a_1 + \cdots + a_n}{n} > 0$, und (90,3) ist selbstverständlich, wenn auch nur eines der a_ν verschwindet. Wir nehmen daher von nun an weiter an, dass alle a_ν *positiv* sind.

Der Beweis ist leicht durch vollständige Induktion zu führen, wenn man zuerst den folgenden Hilfssatz beweist:

Hilfssatz. *Aus* $a_1 < s < a_2$ *folgt*:

$$a_1 a_2 < s(a_2 + a_1 - s). \tag{90,4}$$

In der Tat ist die Differenz der rechten und der linken Seite von (90,4) gleich

$$-s^2 + (a_1 + a_2)s - a_1 a_2 = -(s - a_1)(s - a_2),$$

und hier ist die erste Klammer rechts positiv und die zweite negativ, so dass der ganze Ausdruck > 0 ist und damit auch (90,4) gilt.

Wir nehmen nun an, dass (90,1) für $n - 1$ Summanden bereits bewiesen sei, und bezeichnen das arithmetische Mittel von $a_1, a_2, \ldots, a_n$ mit s. Dann gilt

$$a_1 + a_2 + \cdots + a_n = ns. \tag{90,5}$$

Da nicht alle a_ν gleich s sind, muss wenigstens eine der Zahlen $a_\nu > s$ und wenigstens eine $< s$ sein. Denn wären z. B. alle $a_\nu \geqq s$ und nicht alle $= s$, so müsste ihre Summe $> ns$ sein, entgegen (90,5). Da man die a_ν beliebig umnumerieren kann, dürfen wir voraussetzen, dass $a_1 < s < a_2$ ist. Wenden wir dann den Hilfssatz an, so folgt aus (90,4), wenn wir $a_1 + a_2 - s$ mit a_2' bezeichnen: $a_1 a_2 < s a_2'$,

$$a_1 a_2 a_3 \ldots a_n < s a_2' a_3 \ldots a_n. \tag{90,6}$$

Ferner ist $a_2' > 0$, da $a_2 > s$ und $a_1 > 0$ ist. Auf die $n-1$ Zahlen a_2', $a_3, \ldots, a_n$ darf man aber voraussetzungsgemäss die (90,1) entsprechende Ungleichung für $n - 1$ Summanden anwenden. Nun gilt

$$a_2' + a_3 + \cdots + a_n = a_1 + a_2 + \cdots + a_n - s = ns - s = (n-1)s,$$

$$\frac{a_2' + a_3 + \cdots + a_n}{n-1} = s$$

und daher

$$a_2' a_3 \ldots a_n \leqq s^{n-1}, \qquad s a_2' a_3 \ldots a_n \leqq s^n,$$

woraus, wegen (90,6), die Relation (90,3) folgt. Da aber (90,3) für $n = 2$ bereits oben bewiesen wurde, ist damit die obige Behauptung allgemein bewiesen.

91. Die Bernoulli-L'Hospitalsche Regel

Wie im zweiten Kapitel bewiesen wurde, findet man bei irgendeinem Grenzübergang den Grenzwert eines Quotienten $\frac{f(x)}{g(x)}$, indem man den Grenzwert von f durch den Grenzwert von g dividiert, vorausgesetzt, dass sowohl $f(x)$ als auch $g(x)$ Grenzwerte besitzen und dass der Grenzwert von g nicht verschwindet. Ist dagegen der Grenzwert von $g(x)$ gleich 0 und gilt $f(x) \to \alpha$, $\alpha \neq 0$, so wissen wir wenigstens, dass $\left|\frac{f(x)}{g(x)}\right|$ gegen ∞ strebt.

Konvergieren indessen sowohl $f(x)$ als auch $g(x)$ gegen 0, so gestatten die im zweiten Kapitel gegebenen Regeln *keine Entscheidung* mehr über die Existenz und den Wert des Grenzwerts von $\frac{f(x)}{g(x)}$. Man sagt in diesem Falle etwas unpräzis, dass $\frac{f(x)}{g(x)}$ „in der Grenze die unbestimmte Form $\frac{0}{0}$ annimmt". In vielen Fällen lässt sich nun der Grenzwert von $\frac{f(x)}{g(x)}$ mit Hilfe der Differentialrechnung bestimmen, wenn $f(x)$ und $g(x)$ gegen 0 streben.

Vor der Aufstellung der diesbezüglichen Regel beweisen wir eine **Verallgemeinerung des Mittelwertsatzes der Differentialrechnung**, die von *Cauchy* herrührt:

Es seien zwei Funktionen $f(x)$ und $g(x)$ im abgeschlossenen Intervall J zwischen α und β stetig und im Innern von J differenzierbar. Verschwindet $g'(x)$ in keinem inneren Punkte von J, so gilt

$$\boxed{\frac{f(\beta)-f(\alpha)}{g(\beta)-g(\alpha)} = \frac{f'(\xi)}{g'(\xi)}, \qquad \xi = \alpha + \Theta(\beta-\alpha), \ 0<\Theta<1,} \tag{91,1}$$

wo ξ im Innern von J liegt.

(Ist $g(x) \equiv x$, so geht (91,1) in die Formel (57,1) des Mittelwertsatzes der Differentialrechnung über.)

Beweis. Wir überlegen zuerst, dass unter unseren Voraussetzungen $g(\beta) - g(\alpha) \neq 0$ ist. Denn wäre $g(\beta) - g(\alpha) = 0$, so müsste die Funktion $g(x) - g(\alpha)$ für $x = \alpha$ und $x = \beta$ verschwinden und daher nach dem *Rolle*schen Satz ihre Ableitung, d. h. $g'(x)$, im Innern von J irgendwo den Wert 0 annehmen.

Wir bezeichnen nun die linke Seite von (91,1) mit ϱ und betrachten die Hilfsfunktion

$$F(x) = f(x) - f(\alpha) - \varrho\big(g(x) - g(\alpha)\big).$$

Diese Funktion ist nach unseren Annahmen in J stetig und im Innern von J differenzierbar, und zwar gilt innerhalb J:

$$F'(x) = f'(x) - \varrho g'(x).$$

Offenbar ist $F(\alpha) = 0$. Es gilt aber auch, wenn man den Wert von ϱ berücksichtigt,

$$F(\beta) = f(\beta) - f(\alpha) - \varrho\big(g(\beta) - g(\alpha)\big) = f(\beta) - f(\alpha) - \frac{f(\beta) - f(\alpha)}{g(\beta) - g(\alpha)}\big(g(\beta) - g(\alpha)\big) = 0\,.$$

Daher ist der *Rolle*sche Satz auf $F(x)$ im Intervall J anwendbar, und es gilt in einem gewissen inneren Punkte ξ von J:

$$F'(\xi) = f'(\xi) - \varrho g'(\xi) = 0\,,\quad \varrho = \frac{f'(\xi)}{g'(\xi)}\,.$$

Dies ist aber die behauptete Formel (91,1).

Die oben angekündigte Regel zur Bestimmung des Grenzwerts eines Quotienten $\frac{f(x)}{g(x)}$, wenn dieser Quotient in der Grenze die Form $\frac{0}{0}$ annimmt, läuft darauf hinaus, dass der fragliche Grenzwert sicher existiert und gleich dem *Grenzwert des Quotienten der Ableitungen* von $f(x)$ und $g(x)$ ist, vorausgesetzt, dass $\operatorname{Lim} \frac{f'(x)}{g'(x)}$ vorhanden ist.

Die präzise Formulierung dieser Regel geben wir zunächst für den Grenzübergang $x \downarrow x_0$.

Satz I. *Es seien für ein $h > 0$ die Funktionen $f(x)$ und $g(x)$ stetig im abgeschlossenen Intervall $J = \langle x_0, x_0 + h\rangle$ und differenzierbar im Innern von J. Es sei $f(x_0) = g(x_0) = 0$, und es möge $g'(x)$ in keinem inneren Punkte von J verschwinden. Gilt dann*

$$\operatorname*{Lim}_{x \downarrow x_0} \frac{f'(x)}{g'(x)} = \alpha\,, \tag{91,2}$$

wo α entweder ein eigentlicher Grenzwert oder ∞ oder $-\infty$ ist, so gilt auch

$$\operatorname*{Lim}_{x \downarrow x_0} \frac{f(x)}{g(x)} = \alpha\,. \tag{91,3}$$

Beweis. Aus (91,1) folgt für $\alpha = x_0$, $\beta = x$, $x_0 < x < x_0 + h$:

$$\frac{f(x)}{g(x)} = \frac{f(x) - f(x_0)}{g(x) - g(x_0)} = \frac{f'(x_0 + \Theta(x - x_0))}{g'(x_0 + \Theta(x - x_0))}\,, \qquad 0 < \Theta < 1\,. \tag{91,4}$$

Für $x \downarrow x_0$ strebt aber offenbar auch $x_0 + \Theta(x - x_0)$ rechtsseitig gegen x_0, so dass der Ausdruck rechts in (91,4) nach der Annahme (91,2) den Grenzwert α besitzt. Daher hat $\frac{f(x)}{g(x)}$ denselben Grenzwert, und (91,3) ist bewiesen.

Der Satz I bleibt auch dann richtig, wenn J ein an x_0 *von links* anstossendes Intervall ist und es sich in der vorausgesetzten Relation (91,2) und der behaupteten Relation (91,3) um *linksseitige* Konvergenz gegen x_0 handelt. Denn dann hat man nur h als *negativ* anzunehmen, und der obige Beweis bleibt für $x_0 + h < x < x_0$ vollständig in Kraft.

Eine durchaus analoge Tatsache gilt auch für die beiden Grenzübergänge $x \to \infty$ und $x \to -\infty$. Wir formulieren den Satz ausführlich für den Grenzübergang $x \to \infty$:

Satz II. *Es seien $f(x)$ und $g(x)$ im offenen Intervall $x > A$ $(A > 0)$ stetig und differenzierbar, und es sei dort $g'(x) \neq 0$. Ferner mögen für $x \to \infty$ sowohl $f(x)$ als auch $g(x)$ gegen 0 konvergieren. Gilt dann*

$$\operatorname*{Lim}_{x \to \infty} \frac{f'(x)}{g'(x)} = \alpha, \tag{91,5}$$

wo α entweder ein eigentlicher Grenzwert oder $+\infty$ oder $-\infty$ ist, so gilt auch

$$\operatorname*{Lim}_{x \to \infty} \frac{f(x)}{g(x)} = \alpha. \tag{91,6}$$

Wir führen den Satz II auf den Satz I zurück. Es sei $f\left(\frac{1}{x}\right) = \varphi(x)$ und $g\left(\frac{1}{x}\right) = \psi(x)$. Dann gilt

$$\varphi'(x) = -\frac{1}{x^2} f'\left(\frac{1}{x}\right), \quad \psi'(x) = -\frac{1}{x^2} g'\left(\frac{1}{x}\right).$$

Für die Funktionen $\varphi(x)$ und $\psi(x)$ treffen aber sämtliche Voraussetzungen des Satzes I für die *rechtsseitige* Konvergenz gegen 0 zu, wenn $\varphi(0) = 0$, $\psi(0) = 0$ gesetzt wird. In der Tat existieren $\varphi'(x)$ und $\psi'(x)$ im Intervall $(0, \frac{1}{2A} \rangle$; dort ist auch $\psi'(x) \neq 0$. Ferner sind $\varphi(x)$ und $\psi(x)$ stetig im abgeschlossenen Intervall $\langle 0, \frac{1}{2A} \rangle$, da

$$\operatorname*{Lim}_{x \downarrow 0} \varphi(x) = \operatorname*{Lim}_{x \downarrow 0} f\left(\frac{1}{x}\right) = 0 = \varphi(0)$$

und ebenso

$$\operatorname*{Lim}_{x \downarrow 0} \psi(x) = \operatorname*{Lim}_{x \downarrow 0} g\left(\frac{1}{x}\right) = 0 = \psi(0)$$

ist. Endlich gilt für $x \downarrow 0$:

$$\frac{\varphi'(x)}{\psi'(x)} = \frac{f'\left(\frac{1}{x}\right)}{g'\left(\frac{1}{x}\right)} \to \alpha.$$

Daher gilt auch für $x \downarrow 0$: $\frac{\varphi(x)}{\psi(x)} \to \alpha$, d.h.

$$\frac{f\left(\frac{1}{x}\right)}{g\left(\frac{1}{x}\right)} \to \alpha \quad (x \downarrow 0).$$

Dies stimmt aber mit der Behauptung (91,6) überein.

Offenbar gilt ein ganz analoger Satz auch für den Grenzübergang $x \to -\infty$ und wird in der gleichen Weise bewiesen.

Die in den Sätzen I und II enthaltene Regel nennt man oft die ***L'Hospitalsche Regel***[1]). Eine analoge Regel für „unbestimmte Ausdrücke von der Form $\frac{\infty}{\infty}$" wird im zweiten Teil dieser Vorlesungen behandelt werden.

92. Beispiele

Handelt es sich um die *beidseitige* Konvergenz, so müsste man, um die obigen Sätze anzuwenden, genau genommen die linksseitige und die rechtsseitige Konvergenz getrennt behandeln. Falls aber der Quotient der Ableitungen in beiden Fällen denselben Grenzwert besitzt, darf man die Betrachtung beider Fälle ruhig zusammenziehen.

$$1.\quad \lim_{x\to a}\frac{x^\alpha - a^\alpha}{x^\beta - a^\beta} = ? \qquad (a > 0\ ;\ \alpha,\beta \neq 0)\,.$$

Hier streben sowohl für $x \downarrow a$ als auch für $x \uparrow a$ Zähler und Nenner gegen 0. Der Quotient der Ableitungen ist:

$$\frac{\alpha x^{\alpha-1}}{\beta x^{\beta-1}} = \frac{\alpha}{\beta} x^{\alpha-\beta}$$

und konvergiert für $x \to a$ gegen $\frac{\alpha}{\beta} a^{\alpha-\beta}$. Daher:

$$\lim_{x\to a}\frac{x^\alpha - a^\alpha}{x^\beta - a^\beta} = \frac{\alpha}{\beta} a^{\alpha-\beta}\,.$$

$$2.\quad \lim_{x\to 0}\frac{a^x - b^x}{x} = ? \quad (a, b > 0)\,.$$

Hier konvergieren Zähler und Nenner für $x \to 0$ gegen 0. Der Quotient ihrer Ableitungen ist

$$a^x \lg a - b^x \lg b$$

und strebt für $x \to 0$ gegen $\lg \frac{a}{b}$. Daher gilt

$$\lim_{x\to 0}\frac{a^x - b^x}{x} = \lg \frac{a}{b}\,.$$

$$3.\quad \lim_{x\to\infty} x \lg \frac{x-1}{x+1} = ?$$

---

[1]) Zuerst veröffentlicht von Marquis *de L'Hospital* (*Guillaume François Marquis de L'Hospital*, 1661—1704) in seiner „Analyse des infiniment petits pour l'intelligence des lignes courbes", 1696, dem ersten Lehrbuch der Differentialrechnung, das wegen seiner leicht fasslichen Darstellung grosse Verbreitung gefunden hat. Doch geht die obige Regel auf *Johann Bernoulli* zurück.

Schreiben wir dies in der Form

$$\frac{\lg \frac{x-1}{x+1}}{\frac{1}{x}},$$

so konvergieren Zähler und Nenner gegen 0. Der Quotient ihrer Ableitungen ist

$$\frac{\frac{x+1}{x-1}\,\frac{2}{(x+1)^2}}{-\frac{1}{x^2}} = -2\,\frac{x+1}{x-1}\left(\frac{x}{x+1}\right)^2$$

und konvergiert für $x \to \infty$ gegen -2, da in jedem der beiden Brüche für $x \to \infty$ Zähler und Nenner $\sim x$ sind. Daher gilt

$$\operatorname*{Lim}_{x\to\infty} x \lg \frac{x-1}{x+1} = -2\,.$$

4. $\operatorname*{Lim}_{x\to 0} \frac{1-\cos x}{x^2} = ?$

Hier verschwinden für $x \to 0$ Zähler und Nenner. Der Quotient der Ableitungen ist $\frac{\sin x}{2x}$ und konvergiert wegen (45,8) gegen $\frac{1}{2}$. Daher

$$\frac{1-\cos x}{x^2} \to \frac{1}{2}\,,\quad 1-\cos x \sim \frac{x^2}{2} \qquad (x \to 0)\,. \tag{92,1}$$

5. $\operatorname*{Lim}_{x\to 0} \frac{\sin a x}{\sin b x} = ? \qquad (a,\ b \neq 0)\,.$

Hier kommt man am schnellsten zum Ziel, wenn man die Regeln der Nr. 38 über die Äquivalenz benutzt. Denn für $x \to 0$ sind Zähler und Nenner des obigen Ausdrucks resp. äquivalent mit $a x$, $b x$. Der obige Ausdruck ist daher äquivalent mit $\frac{a x}{b x} = \frac{a}{b}$ und konvergiert für $x \to 0$ gegen $\frac{a}{b}$.

6. $\operatorname*{Lim}_{x\to 0} \frac{e^{x^3}-1}{1-\cos\sqrt{x-\sin x}} = ?$

Hier kommt man gleichfalls durch Betrachtung der Äquivalenzen am schnellsten zum Ziel. Denn für $x \to 0$ ist wegen (77,9) und (92,1)

$$e^{x^3} - 1 \sim x^3\,,\quad 1 - \cos\sqrt{x - \sin x} \sim \frac{x - \sin x}{2}\,.$$

Daher ist der obige Ausdruck äquivalent mit

$$\frac{2\,x^3}{x - \sin x}\,.$$

Um den Grenzwert hiervon für $x \to 0$ zu bestimmen, bilden wir den Quotienten der Ableitungen: $\frac{6\,x^2}{1-\cos x}$. Hier ist aber der Nenner wegen (92,1)

$\sim \frac{x^2}{2}$, so dass der Quotient der Ableitungen ~ 12 ist und daher gegen 12 konvergiert:

$$\lim_{x \to 0} \frac{e^{x^3} - 1}{1 - \cos\sqrt{x - \sin x}} = 12 . -$$

Unter Umständen muss man unsere Regel wiederholt anwenden, doch kann man sich dabei durch geschickte Anwendung geeigneter Äquivalenzen oft viel Rechenarbeit ersparen.

In gewissen Fällen kann man Ausdrücke, die nicht direkt die Form $\frac{0}{0}$ annehmen, durch geeignete Transformationen so umformen, dass auf sie die obigen Regeln anwendbar sind. Hierfür zwei Beispiele:

$$7. \quad \lim_{x \to 0} \left(\operatorname{ctg} x - \frac{1}{x}\right) = ?$$

Der in Frage kommende Ausdruck ist hier gleich

$$\frac{x \cos x - \sin x}{x \sin x} \sim \frac{x \cos x - \sin x}{x^2} \qquad (x \to 0).$$

Der Quotient der Ableitungen des Zählers und des Nenners des letzten Ausdrucks ist:

$$\frac{-x \sin x}{2x} = -\frac{\sin x}{2}$$

und konvergiert für $x \to 0$ gegen 0. Daher

$$\lim_{x \to 0} \left(\operatorname{ctg} x - \frac{1}{x}\right) = 0 .$$

8. Für ein natürliches n berechne man

$$\lim_{x \to \infty} \left(\sqrt[n]{x^n + a_1 x^{n-1} + \cdots + a_n} - x\right).$$

Hier ersetzen wir x durch $\frac{1}{y}$, so dass $y \downarrow 0$ dem Grenzübergang $x \to \infty$ entspricht. Dann nimmt unser Ausdruck die Gestalt an:

$$\frac{\sqrt[n]{1 + a_1 y + \cdots + a_n y^n} - 1}{y} .$$

Hier streben Zähler und Nenner gegen 0 für $y \downarrow 0$. Der Quotient der Ableitungen ist gleich

$$\frac{a_1 + 2 a_2 y + \cdots + n a_n y^{n-1}}{n (1 + a_1 y + \cdots + a_n y^n)^{1 - \frac{1}{n}}}$$

und strebt für $y \to 0$ gegen $\frac{a_1}{n}$. Daher:

$$\lim_{x \to \infty} \left(\sqrt[n]{x^n + a_1 x^{n-1} + \cdots + a_n} - x\right) = \frac{a_1}{n} .$$

Aufgaben

1. Man bestimme die Extrema der folgenden Funktionen:

a) $y = x^3 - x$, b) $y = (x-1)^2(x+2)$,

c) $y = x^3 - 3x^2 + 6x + 7$, d) $y = a + (x-b)^4$,

e) $y = x(1 + 10x - x^2)$ $(3 \leqq x \leqq 9)$.

2. Man bestimme das Minimum von

$$\sum_{\nu=1}^{n} p_\nu (x - a_\nu)^2 \quad (p_\nu > 0).$$

3. Man bestimme den kleinsten Abstand der Geraden

$$y = -x + 1, \quad z = -2x + 1$$

von der z-Achse.

4. Es sei

$$x^n + y^n = a \quad (x, y \geqq 0).$$

Wann ist xy ein Maximum? (Man suche das Maximum von $x^n y^n$.)

5. Der Ellipse $\frac{x^2}{a^2} + \frac{y^2}{b^2} = 1$ schreibe man ein Rechteck mit den achsenparallelen Seiten $2x$ und $2y$ ein, dessen Inhalt ein Maximum ist.

6. Es sei

$$x + y = a \quad (x, y \geqq 0).$$

Wann ist der Ausdruck $x^n + y^n$ ein Minimum?

7. Es sei

$$x + y = a \quad (x, y > 0).$$

Wann ist der Ausdruck $x^m y^n$ ein Minimum?

8. Welcher Punkt der Hyperbel $y^2 - x^2 = 1$ hat die kleinste Entfernung vom Punkte $x = 1$, $y = 0$?

9. In einen Halbkreis zeichne man ein Trapez maximalen Inhalts ein.

10. Von allen Dreiecken mit gleicher Basis c und gleichem dieser Seite gegenüberliegendem Winkel γ ist dasjenige mit dem grössten Inhalt zu bestimmen. (Analytisch und geometrisch zu behandeln.)

11. Auf der Ellipse $\frac{x^2}{a^2} + \frac{y^2}{b^2} = 1$ ist ein Punkt zu finden, von dem aus die grosse Halbachse $\langle 0, a \rangle$ unter maximalem Winkel gesehen wird. (Die Abszisse des gesuchten Punktes ist als unabhängige Variable zu wählen.)

12. Man bestimme die Extrema der folgenden Funktionen:

a) $y = \frac{ax+b}{cx+d}$, b) $y = \frac{x}{1+x^2}$,

c) $y = \frac{(x+a)(x+b)}{(x-a)(x-b)}$, d) $y = 2x\frac{\left(\frac{1}{2}-x\right)^2}{\left(\frac{1}{2}+x\right)^2}$ $\left(0<x<\frac{1}{2}\right)$,

e) $y = \frac{x}{(x-p)(x-q)}$, f) $y = \frac{x^3}{(x-1)^2}$ $(x>1)$,

g) $y = \frac{1}{x^2} + \frac{2}{(1-x)^2}$.

13. Man bestimme die Extrema von

$$\sqrt[3]{(x-1)^2(x+1)} \qquad (|x| \leqq 2).$$

14. Man bestimme die Extrema der folgenden Ausdrücke:

a) $y = \sin x - \cos x$, b) $y = \sin x - 3\cos\frac{x}{3}$,

c) $y = \frac{1}{\sin\frac{1}{x}}$, d) $y = \frac{\operatorname{tg} x}{\operatorname{tg}(x+a)}$,

e) $y = a^2\cos^2 x + b^2\sin^2 x$, f) $y = a\operatorname{tg} x + b\operatorname{ctg} x$,

g) $y = a\sin x + \frac{b}{\sin x}$ $(a>b>0)$, h) $y = \frac{a}{\cos^2 x} + \frac{b}{\sin^2 x}$,

i) $y = \frac{1-\cos x}{x^2}$, k) $y = \sin x \sin(a+x)$,

l) $y = x\arcsin x + \sqrt{1-x^2}$.

15. Zwischen welchen Werten liegt die Funktion

$$y = \sin x - x + \frac{x^3}{6} \qquad \left(|x| \leqq \frac{\pi}{2}\right)?$$

16. Man bestimme die Extrema der folgenden Funktionen:

a) $y = \sqrt[5]{e^{(x(x-1))^n}}$, b) $y = e^x + e^{-x} - 2\cos x$,

c) $y = e^x\cos x$, d) $y = e^{-ax}\sin bx$, e) $y = \cos x + \cosh x$.

17. Man bestimme die Minima der folgenden Funktionen:

a) $y = e^{x^2} + c^{-x^2}$, b) $y = \lg\frac{x+2}{x-3}$, c) $y = \frac{x}{\lg x}$, d) $y = \frac{x^2}{\lg x}$

18. Man bestimme die Extrema von

$$y = x^n e^{-x^2} \qquad (x \geqq 0).$$

19. Man bestimme die Extrema von

a) $y = x^x \quad (x > 0)$, b) $x^{\frac{1}{x}} \quad (x > 0)$.

(Man suche die Extrema der Logarithmen.)

20. Man bestimme die folgenden Grenzwerte:

a) $\lim\limits_{x \to a} \dfrac{(x-b)^n - (a-b)^n}{x-a}$, b) $\lim\limits_{x \to \infty} \dfrac{x^3 + 4x^2 - 8x + 8}{(x-2)^2}$,

c) $\lim\limits_{x \to 1} \dfrac{x^n - nx + n - 1}{(x-1)^2}$, d) $\lim\limits_{x \to 1} \dfrac{x - (n+1)x^{n+1} + n x^{n+2}}{(1-x)^2}$,

e) $\lim\limits_{x \to 2} \left(\dfrac{1}{x-2} - \dfrac{5}{x^2+x-6}\right)$, f) $\lim\limits_{x \to 1} \left(\dfrac{\alpha}{(1-x)^\alpha} - \dfrac{\beta}{(1-x)^\beta}\right)$.

21. Man berechne die folgenden Grenzwerte:

a) $\lim\limits_{x \to 0} \dfrac{\sqrt{a+2x} - \sqrt{a+x}}{x}$, b) $\lim\limits_{x \to 1} \dfrac{\sqrt{a+bx} - \sqrt{a+b}}{\sqrt{a+cx} - \sqrt{a+c}}$,

c) $\lim\limits_{x \to \infty} \sqrt{\dfrac{1+x^2}{x^2}}$, d) $\lim\limits_{x \to \infty} \left(x^{\frac{3}{2}} \left(\sqrt{x+1} + \sqrt{x-1} - 2\sqrt{x}\right)\right)$,

e) $\lim\limits_{x \to \infty} \left(x^2 - \sqrt{x^4 - x^2 + 1}\right)$, f) $\lim\limits_{x \to 0} \dfrac{\sqrt[n]{a+x} - \sqrt[n]{a-x}}{x} \quad (a > 0)$.

22. Man bestimme die folgenden Grenzwerte:

a) $\lim\limits_{x \to 0} \dfrac{\sin(x^{30} + 2x)}{5x + x^{100}}$, b) $\lim\limits_{x \to 0} \dfrac{\operatorname{tg} x - x}{x - \sin x}$,

c) $\lim\limits_{x \to 0} \dfrac{\operatorname{tg} nx - n \operatorname{tg} x}{n \sin x - \sin nx}$.

23. Man beweise

a) $1 - \cos(1 - \cos x) \sim \dfrac{x^4}{8} \quad (x \to 0)$, b) $\sin x - x \sim -\dfrac{x^3}{6} \quad (x \to 0)$,

c) $\sin x - x + \dfrac{x^3}{6} \sim \dfrac{x^5}{120} \quad (x \to 0)$.

24. Man bestimme die folgenden Grenzwerte:

a) $\lim \dfrac{x}{x + \sin x}$ (für $x \to \infty$ und für $x \to 0$),

b) $\lim\limits_{x \to 0} \dfrac{x^3 \sin x}{(1 - \cos x)^2}$,

c) $\lim\limits_{x \to 0} \dfrac{\cos x - 1 + \dfrac{x^2}{2}}{x^4}$, d) $\lim\limits_{x \to 0} \dfrac{\operatorname{arc\,tg} x - x}{x^3}$.

25. Man bestimme die folgenden Grenzwerte:

a) $\lim\limits_{x\to 1}\left((1-x)\operatorname{tg}\frac{\pi x}{2}\right)$, b) $\lim\limits_{x\to 0}\frac{\sin x - x\cos x}{\sin^3 x}$,

c) $\lim\limits_{x\downarrow 0}(\sqrt{x+1}-\sqrt{x})\left(\sqrt{\frac{x}{x+1000}}\cdot\frac{\sin x}{1-\cos x}\right)$,

d) $\lim\limits_{x\to\frac{\pi}{4}}\left(\operatorname{tg}2x\operatorname{ctg}\left(\frac{\pi}{4}+x\right)\right)$,

e) $\lim\limits_{x\to 0}\left(\frac{1}{\sin x}-\operatorname{ctg}x\right)$, f) $\lim\limits_{x\to 0}\frac{1}{x}\left(\operatorname{ctg}x-\frac{1}{x}\right)$,

g) $\lim\limits_{x\to 0}\frac{\frac{1}{\sin x}-\frac{1}{x}}{\sqrt{x}}$, h) $\lim\limits_{x\to 0}\left(\frac{1}{x^2}-\frac{1}{\operatorname{tg}^2 x}\right)$,

i) $\lim\limits_{x\to 0}x^{-3}\left(\frac{1}{\sin x}-\frac{x}{6}-\frac{1}{x}\right)$, k) $\lim\limits_{x\to 0}x^{-3}\left(\operatorname{ctg}x+\frac{x}{3}-\frac{1}{x}\right)$.

26. Man berechne die folgenden Grenzwerte:

a) $\lim\limits_{x\to 0}(\operatorname{ctg}x\arcsin x)$, b) $\lim\limits_{x\to\frac{\pi}{4}}\frac{\operatorname{tg}x-1}{\arcsin\operatorname{tg}x-\frac{\pi}{2}}$,

c) $\lim\limits_{x\to 0}\frac{\sin x\arcsin x-x^2}{x^6}$, d) $\lim\limits_{x\to 0}\left(\frac{1}{x^6}(\operatorname{tg}x\operatorname{arctg}x-x^2)\right)$,

e) $\lim\left(\frac{b+c}{2}+\frac{b-c}{\pi}\operatorname{arctg}\frac{a}{x-a}\right)$ $(x\downarrow a,\ x\uparrow a)$,

f) $\lim\limits_{x\to 0}\frac{x\sin(\sin x)-\sin^2 x}{x^6}$,

g) $\lim\limits_{x\to\infty}\left(x^4\left(\cos\frac{1}{x}-1-\frac{1}{2x^2}\right)\right)$, h) $\lim\limits_{x\to 0}\left(\sqrt{\frac{1+x^2}{x^2}}\operatorname{arctg}x\right)$.

27. Man berechne die folgenden Grenzwerte:

a) $\lim\limits_{x\downarrow 0}\frac{\lg\operatorname{tg}7x}{\lg\operatorname{tg}2x}$, b) $\lim\limits_{x\to 0}\frac{(1-\cos x)\lg(1-x)}{x\sin x^2}$,

c) $\lim\limits_{x\to 1}\frac{\lg(x^{2m}+x^m-1)-m\lg x}{x^2-1}$, d) $\lim\limits_{x\downarrow 0}\frac{\lg x\operatorname{tg}x}{x\lg(x^2+10x)}$,

e) $\lim\limits_{x\downarrow 0}\frac{\lg(1-\cos ax)}{\lg\operatorname{tg}bx}$ $(b>0)$, f) $\lim\limits_{x\to 0}\frac{\lg(1+x^2)}{\cos 3x-e^{-x}}$,

g) $\lim\limits_{x\to 0}\frac{\lg^3(1+x)-x\sin^2 x}{(1-\cos^3 x)(1-e^{x^2})}$, h) $\lim\limits_{x\downarrow 0}\frac{\lg x}{a+b\lg\sin x}$,

i) $\lim\limits_{x\downarrow 1}\frac{x^x-x}{1-x+\lg x}$, k) $\lim\limits_{x\to 1}x^{\frac{1}{1-x}}$.

28. Man berechne die folgenden Grenzwerte:

a) $\lim\limits_{x\to 0} \frac{\lg(1+x)-x}{x^2}$, b) $\lim\limits_{x\to 0}\left(\frac{1}{\lg(1+x)}-\frac{1}{x}\right)$,

c) $\lim\limits_{x\to 1}\left(\frac{1}{\lg x}-\frac{\alpha}{x^\alpha-1}\right)$, d) $\lim\limits_{x\downarrow 0}(\lg x \lg(1-x))$,

e) $\lim\limits_{x\to 0}\frac{\lg(1+\sqrt{a+x}-\sqrt{a})}{\sin(\sqrt[3]{a+x}-\sqrt[3]{a})}$ $(a>0)$,

f) $\lim\limits_{x\to 0}\left(\frac{1}{x(1+x)}-\frac{\lg(1+x)}{x^2}\right)$,

g) $\lim\limits_{x\to\infty}\left(x-x^2\lg\left(1+\frac{1}{x}\right)\right)$, h) $\lim\limits_{x\to\infty}\left(\sqrt[3]{1-x^3}+x\right)$,

i) $\lim\limits_{x\to\infty}\left((x+1)^{\frac{2}{3}}-(x-1)^{\frac{2}{3}}\right)$, k) $\lim\limits_{x\to\infty}\left(x^{\frac{4}{3}}-(x^2-1)^{\frac{2}{3}}\right)$,

l) $\lim\limits_{x\to\frac{\pi}{2}}\left(\operatorname{tg} x-\frac{1}{\cos x}\right)$.

29. Man berechne die folgenden Grenzwerte:

a) $\lim\limits_{x\to\infty}\left(e^{-x^2}\sqrt{x^5+3x+1}\right)$, b) $\lim\limits_{x\to 0}\left(\frac{x}{e^x-x-1}-\frac{2}{x}\right)$,

c) $\lim\limits_{x\to\infty}(1+e^{-x})^{\operatorname{ctg}\frac{1}{x}}$, d) $\lim\limits_{n\to\infty}\left(1+\frac{n-5}{2n^2+2}\right)^{10n+150\lg n}$,

e) $\lim\limits_{x\to 0}(1-2\sin^2 x)^{5\operatorname{ctg}^2 x}$, f) $\lim\limits_{x\to 0}\left(\frac{\operatorname{tg} x}{x}\right)^{\frac{1}{x^2}}$,

g) $\lim\limits_{x\to 0}(\operatorname{ctg} x)^{\sin x}$, h) $\lim\limits_{x\to\infty} x\left[\left(1+\frac{1}{x}\right)^x-e\right]$,

i) $\lim\limits_{x\to a}\left(\frac{\operatorname{ctg} x}{\operatorname{ctg} a}\right)^{\operatorname{ctg}^3(x-a)}$, k) $\lim\limits_{n\to\infty}\left(\sin\frac{2n+1}{3n+1}\pi\right)^{\operatorname{tg}\frac{n+1}{n+3}\frac{\pi}{2}}$,

l) $\lim\limits_{x\to 0}\frac{x e^{\cos x}}{1-\sin x-\cos x}$, m) $\lim\limits_{x\to\infty}\frac{\lg(a+be^x)}{\sqrt{m+nx^2}}$ $(b>0)$,

n) $\lim\limits_{x\to 0}(1-2^x)^{\sin x}$,

o) $\lim\limits_{x\to 0}\frac{\lg(1+x+x^2)+\lg(1-x+x^2)}{x(e^x-1)}$.

30. Man berechne die folgenden Grenzwerte:

a) $\lim\limits_{x\to 0}\frac{e^x-\left(1+x+\frac{x^2}{2!}+\frac{x^3}{3!}\right)}{x^4}$, b) $\lim\limits_{x\to 0}\frac{e^x+e^{-x}-2x}{x-\sin x}$,

c) $\lim\limits_{x\to 0} \frac{(1+x)^n - (1-x)^n}{e^{1+x} - e^{1-x}}$, d) $\lim\limits_{x\to 0} \frac{e^{x^2}-1}{1-\cos x}$,

e) $\lim\limits_{x\to 0} \frac{e^{ax} - e^{-bx}}{\lg(1+x)}$, f) $\lim\limits_{x\to 0} \sqrt[3]{\frac{e^x - e^{\sin x}}{x - \sin x}}$

g) $\lim\limits_{x\to 0} \frac{e^{x^2} + x - 1}{1-\sqrt{1-x^2}}$, h) $\lim\limits_{x\to 0} \frac{2\sqrt{1+x^2} - 2x - x^2}{(e^{x^2} - \cos x)\sin x^2}$,

i) $\lim\limits_{x\to a} \left((e^x - e^a)\operatorname{tg}\frac{\pi x}{2a}\right) \quad (a > 0)$.

* * *

31. In der Relation

$$\sin x - x\sqrt[3]{\cos x} \sim a\,x^\alpha \qquad (x\to 0)$$

bestimme man a und α.

32. In der Relation

$$\lg(a + b\,x^7 e^{2x}) \sim \alpha\,x^\beta \qquad (b > 0,\ x\to\infty)$$

bestimme man α und β.

33. Man bestimme

$$\lim_{x\to\infty} (a + b c^x)^{\frac{1}{x}} \qquad (a,\ b > 0,\ c > 1)\ .$$

34. Für welche Werte von x hat die Funktion

$$y = |x|^3 + |4x - 5|^3$$

ein Minimum?

35. Man bestimme geometrisch und analytisch das Maximum von

$$a x + b y \qquad (x^2 + y^2 = 1\ ;\ x, y, a, b > 0)\ .$$

36. Für welche Werte von k hat die Gleichung

$$x^3 - 6x^2 + 9x + k = 0$$

genau eine reelle Wurzel?

37. Liegt γ zwischen α und β, so nimmt

$$\frac{(x-\alpha)(x-\beta)}{(x-\gamma)}$$

jeden beliebigen reellen Wert zweimal an. Sonst aber nimmt dieses Polynom gewisse Werte nicht an, die ein Intervall der Länge $\sqrt[4]{|\alpha-\gamma|\,|\beta-\gamma|}$ bilden.

38. Die Gleichung

$$12x^4+14x^3+3x^2-5=0$$

hat genau eine positive Wurzel.

39. Die Gleichung

$$12x^4-14x^3-3x^2-5=0$$

hat genau eine positive Wurzel. (Man dividiere die Gleichung durch x^4.)

40. Die Gleichung

$$12x^4+14x^3-3x^2-5=0$$

hat genau eine positive Wurzel.

41. Es sei $1<a<99$. Mit welchem maximalen Fehler muss man a bestimmen, damit der maximale Fehler von $\sqrt[5]{a}$ höchstens $\frac{1}{10}$ ist?

42. Wie gross ist für $0<x\leqq 5^0$ der maximale Fehler, wenn man $\lg\sin x$ durch $\lg x$ ersetzt?

43. Man bestimme das Maximum der folgenden Funktionen:

a) $y=\dfrac{\lg\dfrac{n+x}{n-1}}{(n+x)^m}\quad (x>0)$, b) $y=|a\cos^2\varphi+2b\sin\varphi\cos\varphi|$.

44. Man bestimme die Extrema der Funktion

$$y=a\cos^2x+b\sin^2x.$$

45. Man beweise die Ungleichung

$$x^\delta|\lg x|\leqq\frac{1}{\delta e}\qquad(0<x<1,\ \delta>0).$$

46. Zwischen welchen Werten liegt

$$\left|\operatorname{ctg}x-\frac{1}{x}\right|\qquad\left(0<x\leqq\frac{\pi}{36}\right)?$$

47. Man bestimme die Extrema von

$$y = \sin(\alpha x + \beta_1) \sin(\alpha x + \beta_2) .$$

48. Die Funktion

$$y = 4 \cos x + \cos 2x$$

hat Extrema an denselben Stellen wie die Funktion $\cos x$.

49. Es gilt näherungsweise

$$\sqrt{x} \approx \frac{4}{15} + \frac{4}{5} x \qquad (0 < x < 1) .$$

Für welchen Wert von x hat diese Näherung den grössten Fehler?

50. Das Minimum der Funktion

$$y = \operatorname{tg} 3x \operatorname{ctg} 2x$$

ist für $0 < x \leqq \frac{\pi}{6}$ zu bestimmen.

51. Man bestimme das Minimum der Funktion

$$y = (1 - x)^{1-x} x^x$$

für $0 < x < 1$.

52. Die Funktion

$$e^x - 1 - x$$

verschwindet nur für $x = 0$.

53. Die Gleichung

$$e^{ax} = bx \quad (a, b > 0)$$

hat zwei, eine oder keine Wurzel, je nachdem $\frac{b}{a} \gtreqless e$ ist.

54. Man bestimme α und a aus der Relation

$$(1 + x)^n - (1 - x)^n \sim a x^\alpha \qquad (x \to 0) .$$

55. In den Endpunkten A und B eines Kreisbogens γ auf einem Kreis mit dem Radius 1 ziehe man die Tangenten AC und BC bis zu ihrem Schnittpunkt C und bezeichne den Inhalt des Dreiecks ABC mit Δ und den Inhalt des Kreissegmentes zwischen γ und der Sehne AB mit λ. Dann ist

$$\operatorname{Lim} \frac{\Delta}{\lambda}$$

zu bestimmen, wenn die Länge von γ gegen 0 geht.

56. Es sei

$$f(x) = x^2 + x + 1 .$$

Man berechne den Grenzwert für $\nu \to \infty$ und ganze ν von

$$\nu \lg \frac{f(\nu+1)}{f(\nu)} .$$

57. Man berechne die folgenden Grenzwerte:

a) $\lim\limits_{\nu\to\infty} \left[\nu\left(\lg\sin\frac{\pi}{\nu^2} - \lg\sin\frac{\pi}{\nu^2+\nu}\right)\right]$, b) $\lim\limits_{x\to\infty}\left(\cos\frac{\alpha}{x}\right)^x$,

c) $\lim\limits_{x\to 0} \dfrac{e^x - 1 + x^3 \sin\frac{p}{x}}{x}$, d) $\lim\limits_{x\to\infty}\left(\cos\frac{1}{x^2}\right)^{x^4}$,

e) $\lim\limits_{x\to\infty}\left(\cos\frac{\alpha}{x} + k\sin\frac{\alpha}{x}\right)^x$, f) $\lim\limits_{x\to\infty}\left[\frac{1}{x}\left((1+x)^{\frac{1}{x}} - e\right)\right]$.

58. Es sei $f(0) = 1$, $f'(x)$ existiere und sei stetig für $x = 0$. Dann gilt

$$\sqrt[x]{f(x)} \to e^{f'(0)} \quad (x \to 0) .$$

59. Man bestimme für $a, b > 0$

a) $\lim\limits_{x\downarrow 0}\left(\dfrac{a^{\frac{1}{x}} + b^{\frac{1}{x}}}{2}\right)^x$, b) $\lim\limits_{x\to\infty}\left(\dfrac{a^{\frac{1}{x}} + b^{\frac{1}{x}}}{2}\right)^x$.

§ 26. Die zweite Ableitung - Der Funktionsverlauf im Grossen

93. Zweite und höhere Ableitungen

Existiert die Ableitung $f'(x)$ einer Funktion $y = f(x)$ in einer Umgebung eines Punktes x, so kann man versuchen, diese Ableitung als Funktion von x wiederum zu differenzieren. Ist die Ableitung von $f'(x)$ in x vorhanden, so heisst diese Ableitung zugleich die **zweite Ableitung** von $f(x)$ und wird mit einem der Symbole

$$\boxed{f''(x) = y'' = \ddot{f}(x) = \ddot{y} = \frac{d^2 y}{dx^2}}$$

bezeichnet.

Die Ableitung $f'(x)$ von $f(x)$ heisst in diesem Zusammenhang auch die **erste Ableitung** von $f(x)$. Die zweite Ableitung ist also die erste Ableitung von der ersten Ableitung.

Differenziert man weiter die zweite Ableitung — an den Stellen, an denen sie differenzierbar ist, – so bekommt man die sogenannte **dritte Ableitung.** In der gleichen Weise wird sukzessive für jedes natürliche n die **n-te Ableitung** von $f(x)$ definiert als die erste Ableitung der $(n-1)$-ten Ableitung oder auch direkt als das Resultat der n-maligen Ausführung des Differentiationsprozesses. Man bezeichnet die n-te Ableitung von $y = f(x)$ für $n \geqq 1$ gewöhnlich mit einem der Symbole

$$\boxed{f^{(n)}(x) = y^{(n)} = \frac{d^n f(x)}{dx^n}\,.}$$

Existiert die Ableitung $f^{(n)}(x)$ im Punkte x, so sagt man auch, $f(x)$ *besitze* im Punkte x die n-te Ableitung oder auch, $f(x)$ sei **n-mal differenzierbar** im Punkte x. Natürlich müssen in diesem Falle alle vorangehenden Ableitungen $f'(x), \ldots, f^{(n-1)}(x)$ nicht nur in x, sondern sogar in einer gewissen Umgebung von x existieren. Ist $f(x)$ in jedem Punkte eines Intervalls $J = (\alpha, \beta)$ n-mal differenzierbar, so sagt man, $f(x)$ sei in J n-mal differenzierbar.

Ist insbesondere $f^{(n)}(x)$ in J stetig, so sagt man, $f(x)$ sei in J **n-mal stetig differenzierbar.**

Gelegentlich wird, um die Formeln symmetrischer zu gestalten, $f(x)$ selbst als die „nullte Ableitung" aufgefasst und in der Form $f^{(0)}(x)$ geschrieben.

Nach unserer Definition der n-ten Ableitung ist es klar, dass, wenn p und q zwei natürliche Zahlen sind, identisch

$$f^{(p+q)}(x) = \left(f^{(p)}(x)\right)^{(q)}$$

gilt. Denn auf beiden Seiten steht ja definitionsgemäss das Resultat der $(p+q)$-maligen Ausführung des Differentiationsprozesses.

Man berechnet die n-te Ableitung, indem man n-mal sukzessive differenziert und dabei die im Kapitel V hergeleiteten Differentiationsregeln anwendet.

Es ergibt sich insbesondere aus dem am Schluss der Nr. 77 Gesagten, dass *die n-malige Ableitung einer elementaren Funktion wieder eine elementare Funktion ist.*

Dagegen ist es in der Regel ein wesentlich schwierigeres Problem, die n-te Ableitung einer gegebenen elementaren Funktion direkt durch einen geschlossenen, in übersichtlicher Weise von n abhängigen Ausdruck oder, wie man sagt, „independent" darzustellen.

Wir geben hier nur für ein paar besonders wichtige Fälle eine Lösung dieses Problems.

1. Ist $f(x) = e^x$, so wissen wir, dass die Funktion e^x durch Differentiation sich ohne jede Änderung reproduziert. Daher gilt auch

$$\boxed{\frac{d^n e^x}{dx^n} = e^x \qquad (n = 1, 2, \ldots).} \tag{93,1}$$

2. Ist $f(x) = \sin(x + a)$, wo a eine Konstante ist, so ist nach der Kettenregel

$$f'(x) = \cos(x + a)\,\frac{d(x + a)}{dx} = \cos(x + a)\,.$$

Andererseits ist aber für jedes a

$$\cos(x + a) = \sin\left(x + a + \frac{\pi}{2}\right).$$

Wir sehen, dass man $\sin(x + a)$ differenziert, indem man einfach a um $\frac{\pi}{2}$ vergrössert. Will man also $\sin(x + a)$ n-mal differenzieren, so hat man a um $n\frac{\pi}{2}$ zu vergrössern:

$$(\sin(x + a))^{(n)} = \sin\left(x + a + n\frac{\pi}{2}\right).$$

Für $a = 0$ folgt:

$$\boxed{\frac{d^n \sin x}{dx^n} = \sin\left(x + n\frac{\pi}{2}\right) \qquad (n = 1, 2, \ldots).} \tag{93,2}$$

3. Die erste Ableitung von $\cos x$ ist $-\sin x$. Die $(n - 1)$-te Ableitung von $-\sin x$ ist aber nach (93,2) $-\sin\left(x + (n - 1)\frac{\pi}{2}\right)$. Dies ist aber wiederum gleich $\cos\left(x + n\frac{\pi}{2}\right)$. Daher

$$\boxed{\frac{d^n \cos x}{dx^n} = \cos\left(x + n\frac{\pi}{2}\right) \qquad (n = 1, 2, \ldots).} \tag{93,3}$$

4. $f(x) = x^\alpha$. Hier folgt nach unseren Differentiationsregeln sukzessive:

$$f'(x) = \alpha x^{\alpha-1}\,,\quad f''(x) = \alpha(\alpha - 1)\,x^{\alpha-2}, \ldots\,,$$

$$\boxed{\frac{d^n x^\alpha}{dx^n} = \alpha(\alpha-1)(\alpha-2)\ldots(\alpha-n+1)\,x^{\alpha-n} \qquad (n=1,2,\ldots).} \tag{93,4}$$

Diese Formel ist insbesondere auch dann richtig, wenn α eine natürliche Zahl und $n \geqq \alpha$ ist. Für $\alpha = n$ reduziert sich dann die rechte Seite dieser Formel auf die Konstante $n!$. Wir sehen:

$$(x^n)^{(n)} = n! \quad (n = 1, 2, \ldots). \tag{93,5}$$

Für $n > \alpha$ ist aber, wenn α eine natürliche Zahl ist, die n-te Ableitung von x^α gleich 0, da einer der Faktoren $\alpha - \nu$ rechts in (93,4) verschwindet.

Man schreibt die Formel (93,4) oft auch in einer etwas anderen Gestalt, indem man sie auf beiden Seiten durch $n!$ dividiert. Dann wird der Zahlenfaktor rechts in (93,4) zu

$$\frac{\alpha(\alpha-1)\ldots(\alpha-n+1)}{n!}.$$

Für natürliche $\alpha \geqq n$ ist dieser Faktor nichts anderes als der Binomialkoeffizient $K_\alpha^{(n)} = \binom{\alpha}{n}$. Man benutzt aber für diesen Ausdruck die Bezeichnung $\binom{\alpha}{n}$ auch für beliebige Werte von α und für natürliche n. Für $n = 0$ setzt man $\binom{\alpha}{0}$ für alle α als 1 fest. Wie man sieht, ist $\binom{\alpha}{n}$ für $n = 0, 1, 2, \ldots$ ein Polynom n-ten Grades in bezug auf α, gegeben durch

$$\binom{\alpha}{0} = 1, \quad \binom{\alpha}{n} = \frac{\alpha(\alpha-1)\ldots(\alpha-n+1)}{n!} \quad (n = 1, 2, \ldots). \tag{93,6}$$

Unter Benutzung dieser Bezeichnung können wir (93,4) in der Form schreiben:

$$\boxed{\frac{1}{n!}\frac{d^n x^\alpha}{dx^n} = \binom{\alpha}{n} x^{\alpha-n} \qquad (n=1,2,\ldots)^{1)}.} \tag{93,7}$$

5. Es sei nun allgemein $y = f(ax+b)$. Dann gilt nach der Kettenregel $y' = af'(ax+b)$. Differenziert man weiter, so folgt:

$$y'' = a^2 f''(ax+b), \ldots,$$

$$\frac{d^n}{dx^n} f(ax+b) = a^n f^{(n)}(ax+b). \tag{93,8}$$

Wenden wir diese Formel auf e^{ax} und $b^x = e^{x \lg b}$ an, so folgt:

$$\frac{d^n}{dx^n} e^{ax} = a^n e^{ax}, \qquad \frac{d^n}{dx^n} b^x = (\lg b)^n b^x. \tag{93,9}$$

Ebenso gilt für $f(x) = \sin x$ und $f(x) = \cos x$:

[1]) Diese Formel bleibt auch für $n = 0$ richtig, wenn man $0!$ als gleich 1 definiert. Dann bleibt insbesondere die Formel $(n+1)! = (n+1)\,n!$ auch für $n = 0$ richtig.

$$\frac{d^n}{dx^n}\sin(ax+b) = a^n \sin\left(ax+b+n\frac{\pi}{2}\right),$$
$$\frac{d^n}{dx^n}\cos(ax+b) = a^n \cos\left(ax+b+n\frac{\pi}{2}\right). \qquad (93,10)$$

Es sei endlich $y = \lg(ax+b)$:

$$y' = a(ax+b)^{-1}.$$

Differenziert man dies unter Benutzung von (93,8) und (93,7) $(n-1)$-mal, so folgt:

$$\frac{(y')^{(n-1)}}{(n-1)!} = \frac{y^{(n)}}{(n-1)!} = a \cdot a^{n-1}\binom{-1}{n-1}(ax+b)^{-1-(n-1)} = a^n\binom{-1}{n-1}(ax+b)^{-n}.$$

Der „Binomialkoeffizient" rechts ist aber gleich

$$\frac{(-1)(-2)\dots(-n+1)}{(n-1)!} = (-1)^{n-1}.$$

Daher

$$\frac{d^n \lg(ax+b)}{dx^n} = (-1)^{n-1}(n-1)!\,\frac{a^n}{(ax+b)^n}. \qquad (93,11)$$

Wir werden im zweiten Teil dieser Vorlesungen auf das hier behandelte Problem zurückkommen.

94. Anwendungen der zweiten Ableitung

Da die zweite Ableitung die Ableitung der ersten Ableitung ist, ist ihr Vorzeichen massgebend für den Monotoniecharakter der ersten Ableitung. Wie äussert sich dies bei der ursprünglichen Funktion selbst? —

Es möge die Funktion $y = f(x)$ in $J = (\alpha, \beta)$ zweimal differenzierbar sein. Nach Nr. 85 ist das Bestehen der Relation $f''(x) \geqq 0$ ($f''(x) \leqq 0$) in J notwendig und hinreichend, damit $f'(x)$ in J monoton wächst (monoton abnimmt). Ferner ist nach Nr. 86 notwendig und hinreichend, damit $f'(x)$ eigentlich monoton wächst (eigentlich monoton fällt), dass $f''(x) \geqq 0$ ($f''(x) \leqq 0$) in J ist und dass $f''(x)$ in keinem Teilintervall von J durchweg verschwindet.

Kombinieren wir dies mit den Resultaten der Nrn. 87 und 88, so folgt:

Satz I. *Es sei $f(x)$ in einem Intervall $J = (\alpha, \beta)$ zweimal differenzierbar. Notwendig und hinreichend für die* ***uneigentliche Konvexität von unten (uneigentliche Konkavität von unten)*** *des Kurvenbogens*

$$y = f(x) \qquad (\alpha < x < \beta) \qquad (94,1)$$

ist, dass die Relation $f''(x) \geqq 0$ ($f''(x) \leqq 0$) überall in J besteht.

Notwendig und hinreichend für die ***Konvexität von unten (Konkavität von unten)*** *des Bogens (94,1) ist, dass überall in J die Relation $f''(x) \geqq 0$ ($f''(x) \leqq 0$) besteht,* ***und*** *dass $f''(x)$ in keinem Teilintervall von J durchweg verschwindet.*

Kombiniert man andererseits das in Nr. 88 über die lokale Konvexität und Konkavität Gesagte mit den in der Nr. 85 unter A hergeleiteten Kriterien für die Monotonie beim Durchgang durch einen Punkt, so folgt:

Satz II. *Unter den Voraussetzungen des Satzes* I *ist der Bogen* (94,1) *in einem Punkte* $(x, f(x))$ *konvex von unten, wenn dort* $f''(x) > 0$ *ist, und konkav von unten, wenn dort* $f''(x) < 0$ *ist.*

Enthält der Kurvenbogen (94,1) sowohl von unten konvexe als auch von unten konkave Teilbögen, so sind die Punkte, in denen von unten konvexe Teilbögen an von unten konkave Teilbögen anstossen, von besonderem Interesse. Beim Durchgang durch einen solchen Punkt ändert die Tangente an die Kurve ihre Drehrichtung, und die beiden dort zusammenstossenden Teilbögen liegen auf den entgegengesetzten Seiten dieser Tangente, so dass also die Tangente in einem solchen Punkte die Kurve dort durchsetzt. Solche Punkte nennt man **Wendepunkte** oder **Inflexionspunkte,** die zugehörigen Tangenten **Wendetangenten** oder **Inflexionstangenten.**

Nach dem Satze II kann in einem Wendepunkt von (94,1) $f''(x)$ weder positiv noch negativ sein, da sonst die zugehörige Tangente den Bogen (94,1) nicht durchsetzen würde. Folglich:

Satz III. *Unter den Voraussetzungen des Satzes* I *verschwindet in einem Wendepunkt des Bogens* (94,1) *die zweite Ableitung von* $f(x)$.

Ferner kann man mit Hilfe der zweiten Ableitungen die in der Nr. 89 gegebenen hinreichenden Bedingungen für das Vorhandensein von relativen Maxima und Minima auf eine für gewisse Zwecke bequemere Form bringen. Denn nach Nr. 85 A wächst (fällt) $f'(x)$ sicher beim Durchgang durch x_0, wenn $f''(x_0) > 0$ $(f''(x_0) < 0)$ ist. Daher folgt aus dem in der Nr. 89 Gesagten der

Satz IV. *Es sei* $f(x)$ *in einer Umgebung von* x_0 *stetig und in* x_0 *zweimal differenzierbar, und es sei* $f'(x_0) = 0$. *Ist dann* $f''(x_0) > 0$ $(f''(x_0) < 0)$, *so hat* $f(x)$ *in* x_0 *ein relatives Minimum* (*Maximum*).

Die Anwendung dieses Satzes setzt voraus, dass $f''(x_0)$ existiert, während in Nr. 89 *weniger*, nämlich nur die Existenz der ersten Ableitung vorausgesetzt wurde. Andererseits ist es aber oft einfacher, den Wert der zweiten Ableitung *an einer einzigen Stelle* zu berechnen, als das Monotonieverhalten der ersten Ableitung in einem ganzen Intervall zu untersuchen.

Aus dem obigen Satze I ergibt sich aber auch ein *hinreichendes* Kriterium für **absolute Extrema:**

Satz V. *Es sei* $f(x)$ *in* $J = (\alpha, \beta)$ *zweimal differenzierbar, und es sei* $f'(x_0) = 0$ *für ein* x_0 *aus* J. *Ist dann* $f''(x) \geqq 0$ $(f''(x) \leqq 0)$ *überall in* J, *so hat* $f(x)$ *in* x_0 *ein absolutes Minimum* (*Maximum*).

Denn wenn die Voraussetzungen dieses Satzes erfüllt sind, liegt der *ganze* Bogen (94,1) oberhalb (unterhalb) der zur x-Achse parallelen Tangente durch $(x_0, f(x_0))$, bis natürlich auf diesen Punkt selbst und eventuell eine gewisse Umgebung dieses Punktes. Aus dem zweiten Teil des Satzes I folgt darüber hinaus, dass unter den Voraussetzungen des Satzes V $f(x)$ sein absolutes Minimum (Maximum) in J *nur* an der Stelle x_0 annimmt, wenn $f''(x)$ *in keinem Teilintervall von* J *verschwindet.* (Vgl. hierzu die Beispiele in der Nr. 90.)

Beispiel: Für ein festes $n > 0$ ist

$$f(x) = x^n e^{-x} = \text{Maximum} \qquad (x > 0)$$

zu machen. — Hier ist

$$f'(x) = \left(\frac{n}{x} - 1\right) x^n e^{-x},$$

$$f''(x) = \left[\left(\frac{n}{x} - 1\right)^2 - \frac{n}{x^2}\right] x^n e^{-x} = \left(\frac{n - \sqrt{n}}{x} - 1\right)\left(\frac{n + \sqrt{n}}{x} - 1\right) x^n e^{-x}.$$

$f'(x)$ verschwindet nur an der Stelle $x = n$. An dieser Stelle ist $f''(x) < 0$, so dass $f(x)$ für $x = n$ ein relatives Maximum hat.

Ist dieses Maximum ein absolutes für $x > 0$? — Aus dem Vorzeichen von $f''(x)$ lässt sich dies noch nicht direkt erschliessen, da $f''(x)$ zwischen $n - \sqrt{n}$ und $n + \sqrt{n}$ negativ und ausserhalb dieses Intervalls für $x > 0$ positiv ist. Dagegen folgt aus dem obigen Wert von $f'(x)$, dass $f'(x)$ für $x < n$ *positiv* und für $x > n$ *negativ* ist. Daher wächst $f(x)$ monoton, wenn x von 0 nach n geht, und fällt sodann, wenn x von n nach ∞ geht, monoton gegen 0 ab. Daher nimmt $f(x)$ in der Tat das absolute Maximum an der Stelle $x = n$ an.

95. Funktionsverlauf im Grossen. Kurvendiskussion

Will man sich bei einer in einem Intervall durch einen eventuell nicht sehr übersichtlichen Ausdruck gegebenen Funktion $f(x)$ über ihren Verlauf „im Grossen" Rechenschaft geben, so ist dazu das beste Mittel, die Kurve $y = f(x)$ zu zeichnen. Eine solche Figur kann aber normalerweise nur so gezeichnet werden, dass man einzelne Punkte der Kurve markiert und sodann durch einen möglichst regelmässigen Linienzug verbindet. Es ist daher besonders wichtig, diejenigen Punkte der Figur genau zu bestimmen, in denen der Funktionsverlauf besonders charakteristische Änderungen erfährt oder die man durch direkte Verbindung benachbarter Punkte nicht zu erreichen hoffen kann. Solche Punkte sind:

1. Punkte, in denen $f(x)$ **unstetig** ist. Hier hat man eventuell die Grenzwerte von $f(x)$ bei Annäherung an solche Punkte zu bestimmen.

2. Punkte, in denen $f(x)$ **relative Extrema** annimmt. Denn wenn solche Punkte nicht direkt bestimmt werden, erhält man sie in der Regel durch Verbindung benachbarter Punkte nicht richtig.

3. **Wendepunkte** (mit den zugehörigen Wendetangenten). Diese Punkte sind wichtig, weil man durch sie hindurch schwer in einem Zuge durchzeichnen kann. Man beachte, dass die Haltung des Handgelenkes beim Zeichnen eines konvexen Bogens eine andere ist als beim Zeichnen eines konkaven Bogens.

Wir erläutern die hiernach anzuwendende Methode an zwei *Beispielen*:

$$1.\quad y = \frac{x}{1 - x^2}.$$

Hier ist

$$y' = \frac{1 + x^2}{(1 - x^2)^2}, \quad y'' = 2x\frac{3 + x^2}{(1 - x^2)^3}.$$

Unser y ist eine ungerade Funktion von x und verschwindet nur für $x = 0$, so dass wir die Figur nur für $x > 0$ zu entwerfen brauchen. Der $x < 0$ entsprechende Teil entsteht daraus durch Spiegelung am Koordinatenursprung. y wird unstetig für $x = 1$ und konvergiert gegen ∞ oder gegen $-\infty$ für $x \uparrow 1$ bzw. $x \downarrow 1$. Unsere Kurve hat also die Gerade $x = 1$ zur Asymptote. y' ist immer positiv, so dass y zwischen 0 und 1 von 0 bis ∞ und sodann zwischen 1 und ∞ wiederum von $-\infty$ bis zum Grenzwert 0 für $x \to \infty$ wächst. y'' ist zwischen 0 und 1 positiv und zwischen 1 und ∞ negativ. Der erste Bogen unserer Kurve ist also nach unten konvex, der zweite nach unten konkav. Die Kurve hat nur einen Wendepunkt für $x = 0$, wo $y' = 1$ ist, so dass die Wendetangente die Winkelhalbierende des Hauptquadranten ist.

Bereits diese Angaben genügen, um den Verlauf von y zu charakterisieren (vgl. Fig. 41). Um den linken Bogen durchzuzeichnen, bestimmen wir y für

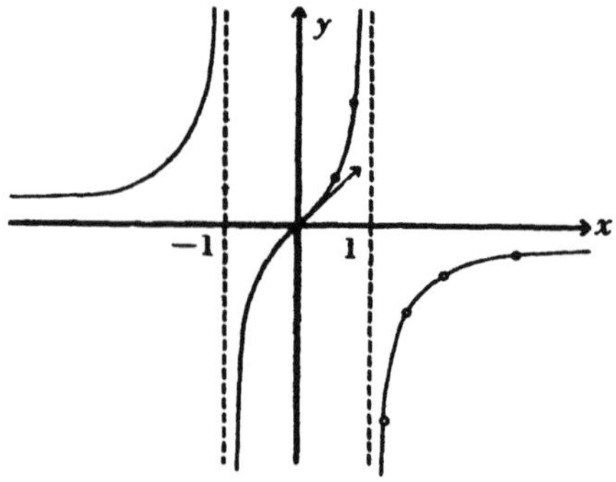

Fig. 41

$x = \frac{1}{2}$ und $x = \frac{3}{4}$. Durch die drei Punkte $(0, 0)$, $\left(\frac{1}{2}, \frac{2}{3}\right)$ und $\left(\frac{3}{4}, \frac{12}{7}\right)$ kann nun bereits der zwischen $x = 0$ und $x = 1$ liegende Bogen so durchgezeichnet werden, dass er die angegebene Wendetangente im Nullpunkt und $x = 1$ zur Asymptote hat.

Für den zwischen 1 und ∞ liegenden Bogen berechnen wir etwa die Punkte mit $x = 1{,}2$; $1{,}5$; 2 und 3. Die zugehörigen y-Werte sind bzw.: $-\frac{30}{11}$; $-1{,}2$; $-\frac{2}{3}$; $-\frac{3}{8}$. Die gesuchte Kurve lässt sich nun ziemlich genau durchzeichnen.

$$2.\ \ y = e^x \sin x.$$

Hier ist

$$y' = e^x (\sin x + \cos x), \qquad y'' = 2 e^x \cos x.$$

Die Kurve $y = \sin x$ ist die Sinuslinie (vgl. Fig. 11, p. 125). Multipliziert man hier ihre Ordinaten mit e^x, so bleiben dabei die „Knotenpunkte“ (Schnittpunkte mit der x-Achse) der Wellenlinie unverändert; die Amplituden werden aber im Durchschnitt sehr schnell wachsen, wenn man von $-\infty$ nach ∞ geht. Man kann daher erwarten, dass in den einzelnen Zügen der Wellenlinie die Extrema von y nach rechts verschoben (etwas „später“ angenommen) werden. Ebenso muss man damit rechnen, dass die Wendepunkte, die bei der Sinuslinie in den Knotenpunkten liegen (da dort $\frac{d^2}{dx^2}\sin x = -\sin x$ verschwindet), bei unserer Kurve gleichfalls verschoben werden.

In der Tat ist $\sin x + \cos x = \sin x + \sin\left(\frac{\pi}{2} - x\right) = 2\sin\frac{\pi}{4}\cos\left(\frac{\pi}{4} - x\right) = \sqrt{2}\sin\left(\frac{\pi}{4} + x\right)$,

$$y' = \sqrt{2}\, e^x \sin\left(\frac{\pi}{4} + x\right),$$

so dass y' dann und nur dann verschwindet, wenn für ein ganzes n

$$x = n\pi - \frac{\pi}{4}$$

ist, und zwar geht hier y' *wachsend* durch diese Stelle für gerade n und *fallend* für ungerade n. Daher sind die Extrema von y wie folgt verteilt:

Minima: $x = 2n\pi - \frac{\pi}{4}$, *Maxima*: $x = (2n+1)\pi - \frac{\pi}{4}$ (n ganz).

Wie man sieht, sind bei unserer Wellenlinie die Extrema genau um $\frac{\pi}{4}$ gegenüber ihrer Lage bei der Sinuslinie verschoben.

y'' verschwindet genau einmal zwischen je zwei aufeinanderfolgenden Knotenpunkten, und zwar an den Stellen $x = n\pi + \frac{\pi}{2}$. Eine Vorstellung vom Gang der einzelnen Wellenzüge vermittelt Fig. 42, in der die beiden Wellenzüge

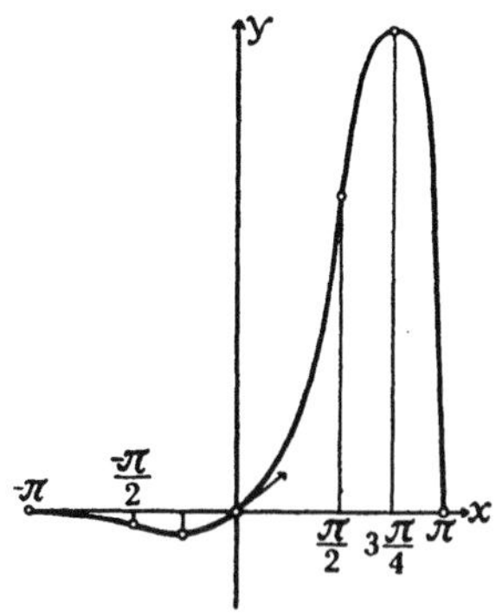

Fig. 42

zwischen $-\pi$ und π gezeichnet sind. Die anderen Wellenzüge würden sich nur unter Änderung des Massstabes zeichnen lassen.

Aufgaben

1. Man berechne

a) $\left(\frac{af(x)+b}{cf(x)+d}\right)''$, b) $\left(\frac{f(x)}{g(x)}\right)''$,

c) $\left(u(x)v(x)\right)''$, d) $\left(u(x)v(x)\right)^{(3)}$.

2. Sind $x_1, \ldots, x_n$ die n als verschieden und reell vorausgesetzten Wurzeln einer Gleichung n-ten Grades $f(x) = 0$, so gilt

$$\frac{f'^2(x) - f(x) f''(x)}{f^2(x)} = \sum_{\nu=1}^{n} \frac{1}{(x - x_\nu)^2}.$$

Man beweise ferner, dass dann die Gleichung

$$f'^2(x) - f(x) f''(x) = 0$$

keine reellen Wurzeln besitzt.

3. Man berechne

$$\frac{d^{50}}{d x^{50}} \sin x \cos x.$$

4. Aus der Gleichung

$$2 y \log y = x \quad (x > 0)$$

bestimme man y' und y''.

5. Aus der Gleichung

$$x = y - \operatorname{arctg} y$$

bestimme man y' und y''.

6. Aus

$$(x - a)^2 + (y - b)^2 = r^2$$

bestimme man y', y'' und $y^{(3)}$.

7. Man beweise, dass $y = \operatorname{tg} x$ der Differentialgleichung

$$y'' = (y^2)'$$

genügt[1]).

8. Man beweise, dass die Funktion

$$y = \sin (n \arcsin x)$$

der Differentialgleichung

$$(1 - x^2) y'' - x y' + n^2 y = 0$$

genügt.

---

[1]) Unter einer Differentialgleichung versteht man eine Relation zwischen Funktionen, ihren Ableitungen und den Argumenten.

9. Man beweise, dass die Funktion

$$y = (\arcsin x)^2$$

der Differentialgleichung

$$(1 - x^2)\, y'' - x y' = 2$$

genügt.

10. Man beweise, dass die Funktion

$$y = e^{-x} \cos x$$

der Differentialgleichung

$$y^{(4)} + 4y = 0$$

genügt.

11. Man beweise die Relation

$$\int_a^b x f''(x)\, dx = \bigl(b f'(b) - f(b)\bigr) - \bigl(a f'(a) - f(a)\bigr).$$

12. Man berechne die n-ten Ableitungen der folgenden Ausdrücke:

a) $\dfrac{1+x}{1-x}$, b) $\dfrac{1}{x^2-1}$.

(Man zerlege in Partialbrüche.)

13. Man bestimme die Extrema und die Wendepunkte der Kurven:

a) $y = 1 - \dfrac{x^2}{2} + \dfrac{x^4}{25}$, b) $(x^2 + y^2)^2 - 2axy^2 = 0$,

c) $y^2 - ay - \sin x = 0 \quad (a > 2)$, d) $3a^2y^2 + xy^3 + 4ax^3 = 0$.

14. Man diskutiere die folgenden Kurven:

a) $y = \dfrac{1}{x} + \dfrac{x^2}{2}$, b) $y = \dfrac{a}{x-1} - \dfrac{b}{x} \quad (a, b > 0)$,

c) $y = \dfrac{1}{x} + \dfrac{1}{x-1} + \dfrac{1}{x+1}$, d) $y = \dfrac{1}{x^2} - \dfrac{1}{(x-1)^2}$,

e) $y = \dfrac{x^3}{x^2 - x - 2}$, f) $y = \dfrac{9x + x^4}{x - x^3}$,

g) $T = \left(p + \dfrac{b}{v^2}\right)(v - d)$ (Van der Waalssche Gleichung),

h) $y = \dfrac{x^4 - 1}{x}$, i) $y = (x-a)(x-b)\sqrt{x-c}$.

15. Man diskutiere die folgenden Kurven:

a) $y = \lg \dfrac{1+x}{1-x}$, b) $y = \dfrac{x^2}{2} - \lg x$,

c) $y = \sin x^2$, d) $y = x - \sin x$,

e) $y = \cos^3 x + \sin^3 x$, f) $y = \sin x + \frac{1}{2}\sin 2x + \frac{1}{3}\sin 3x$,

g) $y = 5\cos 3x - 2\sin 2x + \cos x$, h) $y = \cos\left(x - \frac{1}{x}\right)$,

i) $y = 6\lg x - x - 10\,\mathrm{arctg}\, x$, k) $y = e^{\frac{1}{1-x}}$,

l) $y = e^{-kx^2}$ $(k > 0)$, m) $y = \frac{\sqrt{x}\,e^{-\frac{1}{x}}}{x-1}$,

n) $y = xe^{-\sqrt[3]{\lg x}}$, o) $y = x^2 e^{-kx^2}$ $(k > 0)$,

p) $y = \frac{\sin^2 x}{2 + \sin x}$, q) $y = x^n e^{-\frac{x}{a}}$ $(a > 0)$.

* * *

16. Man beweise, dass die drei ersten Ableitungen der Funktion

$$y = \arcsin(\lambda \sin x) - x \quad \left(\frac{1}{\sin x} > \lambda > 1,\ 0 \leqq x \leqq \frac{\pi}{2}\right)$$

positiv sind.

17. Sei $x = g(y)$ die Umkehrfunktion von $y = f(x)$. Wie lässt sich $g^{(3)}(y)$ durch $f'(x)$, $f''(x)$ und $f^{(3)}(x)$ darstellen?

18. y ist gegeben durch die Gleichung

$$x^3 + y^3 - 3axy = 0 \quad (a > 0).$$

Man bestimme die Extrema von y.

19. Es sei $\varphi(x) = ax^3 + bx^2 + cx + d$, $f(x) = e^{\alpha x}$. Dann gilt

$$af^{(3)}(x) + bf''(x) + cf'(x) + df(x) = \varphi(\alpha)e^{\alpha x}.$$

20. Man beweise, dass die Funktion

$$y = \int_a^x (x - z) f(z)\,dz + A + B(x - a)$$

der Differentialgleichung

$$y'' = f(x)$$

mit den „Anfangsbedingungen" $y(a) = A$, $y'(a) = B$ genügt.

21. Man bilde zur Funktion

$$\varphi(x) = \frac{f(x) - f(a)}{f'(a)}\left[1 + \frac{f(x) - f(a)}{(f'(a))^2}\left(f(a) - \frac{1}{2}f''(a)\right)\right]$$

die Ableitungen $\varphi'(a)$ und $\varphi''(a)$.

22. Man ersetze im Ausdruck

$$\frac{y^{(3)}}{y'} - \frac{3}{2}\left(\frac{y''}{y'}\right)^2$$

y durch $\frac{1}{y}$ und zeige, dass er unverändert bleibt.

23. Man bestimme die n-te Ableitung von

a) $y = a^{3x} \quad (a > 0)$, b) $y = x^m \lg x \quad (m > 0)$,

c) $y = (ax + b)^m \quad (m > n)$, d) $y = xe^x$,

e) $y = \dfrac{x}{a + bx}$, f) $y = \sin^3 x$.

24. Man beweise die folgenden Relationen:

a) $\dfrac{1}{n!}\dfrac{d^n}{dx^n}\dfrac{\lg x}{x} = (-1)^n \dfrac{1}{x^{n+1}}\left[\lg x - 1 - \dfrac{1}{2} - \cdots - \dfrac{1}{n}\right]$,

b) $\dfrac{d^n}{dx^n} e^x \sin x = 2^{\frac{n}{2}} e^x \sin\left(x + \dfrac{n\pi}{4}\right)$.

c) Aus b) bestimme man die n-te Ableitung von $e^x \cos x$.

25. Es sei $P_n(x) = \dfrac{d^n}{dx^n}(x^2 - 1)^n$. Dann gilt

$$\int_{-1}^{1} P_n(x) f(x) dx = 0,$$

wenn $f(x)$ ein Polynom vom Grade $m < n$ ist. Man beweise ferner, dass $P_n(x)$ genau n verschiedene reelle Wurzeln zwischen -1 und $+1$ besitzt.

26. Man beweise die folgende Relation

$$\frac{d^n}{dx^n} \operatorname{arctg} x = (-1)^{n-1} \frac{(n-1)!}{\sqrt{(1+x^2)^n}} \sin\left(n \operatorname{arctg} \frac{1}{x}\right).$$

(Vollständige Induktion.)

27. Es sei $y = \operatorname{arctg} x$. Dann gilt

$$\frac{d^n y}{dx^n} = (-1)^n (n-1)! \cos^n y \sin n\left(y - \frac{\pi}{2}\right).$$

28. Es gilt

$$(x f(x))^{(n)} = x f^{(n)}(x) + n f(x)^{(n-1)}.$$

29. Es gilt

$$\frac{d^n}{dx^n}\left(x^{n-1} e^{\frac{1}{x}}\right) = (-1)^n \frac{e^{\frac{1}{x}}}{x^{n+1}}.$$

(Halphen.)

30. Man beweise die Relation

$$\int u v^{(n+1)} d x = u v^{(n)} - u' v^{(n-1)} + \cdots + (-1)^n u^{(n)} v + (-1)^{n+1} \int u^{(n+1)} v \, d x .$$

31. Sind f und g zwei Polynome n-ten Grades in x, so ist der Ausdruck

$$f g^{(n)} - f' g^{(n-1)} + \cdots + (-1)^n f^{(n)} g$$

von x unabhängig.

32. Sei $f(x)$ ein Polynom n-ten Grades. Dann gilt

$$\int e^{-x} f(x)\, d x = -e^{-x}[f(x) + f'(x) + \cdots + f^{(n)}(x)],$$

sowie allgemein für jedes reelle α

$$\int e^{\alpha x} f(x)\, d x = e^{\alpha x}\left[\frac{f}{\alpha} - \frac{f'}{\alpha^2} + \frac{f''}{\alpha^3} - \cdots + (-1)^n \frac{f^{(n)}}{\alpha^{n+1}}\right].$$

33. Man diskutiere die Kurve

$$y = \frac{1 + 2\cos^3 x - 3\sqrt{\cos x}}{\sin^4 x}.$$

34. Ist $f(x)$ eine *gerade* Funktion und beliebig oft differenzierbar in einer Umgebung des Nullpunktes, so verschwinden im Nullpunkt alle Ableitungen ungerader Ordnung von $f(x)$. Ist dagegen $f(x)$ *ungerade* und beliebig oft differenzierbar in einer Umgebung des Nullpunktes, so verschwinden im Nullpunkt alle Ableitungen gerader Ordnung von $f(x)$.

35. Die Gleichung in x:

$$u e^x = 1 + x + \frac{x^2}{2}$$

hat genau eine reelle Wurzel für jedes $u > 0$.

36. Wenn $f(x)$ zweimal stetig differenzierbar ist, so gilt

$$f(x+1) - 2f(x) + f(x-1) = \int_{x-1}^{x}\left(\int_{y}^{y+1} f''(t)\, dt\right) d y .$$

37. Für ein ganzzahliges m sei

$$f(x) = x^{-m} e^{-\frac{1}{x^2}} \quad (x \neq 0), \quad f(0) = 0 .$$

Dann ist $f(x)$ für alle x stetig, und es gilt

$$f'(0) = 0 .$$

Ferner beweise man, dass die Funktion $F(x) = e^{-\frac{1}{x^2}}$ im Nullpunkt Ableitungen jeder Ordnung besitzt, die dort alle verschwinden. (Vollständige Induktion.)

38. Sind die Funktionen f_1, f_2, f_3 und f_4 viermal differenzierbar, so erhält man die Ableitung von

$$\begin{vmatrix} f_1 & f_2 & f_3 & f_4 \\ f_1' & f_2' & f_3' & f_4' \\ f_1'' & f_2'' & f_3'' & f_4'' \\ f_1^{(3)} & f_2^{(3)} & f_3^{(3)} & f_4^{(3)} \end{vmatrix},$$

indem man die Elemente der letzten Zeile differenziert und die übrigen Elemente unverändert läßt.

39. Eine Funktion $y(x)$ genüge der Differentialgleichung

$$y'' + k^2 y = 0 \quad (k = \text{const.}).$$

Aus $y(0) = y'(0) = 0$ folgt $y(x) = 0$. (Man betrachte $k^2 y^2 + y'^2$).

40. Man bestimme das Integral

$$\int \left[\frac{f(x)}{f'(x)} - \frac{f''(x)\, f^2(x)}{(f'(x))^3} \right] dx.$$

§ 27. Entwicklung des Logarithmus und Arcustangens

96. Entwicklung des Logarithmus

Um die Werte und die verschiedenen Eigenschaften gegebener Funktionen zu untersuchen, versucht man, sie durch andere bekannte oder leicht zu berechnende Funktionen anzunähern. Für die Analysis ist am wichtigsten die Annäherung durch gewisse Folgen von Polynomen, die sich aus der Differentialrechnung ergibt und im sogenannten ***Taylor*****schen Satz** ihren präzisen Ausdruck findet.

Bevor wir die allgemeine Theorie entwickeln, wollen wir erst derartige Approximationen für die Logarithmus-Funktion und die Arcustangens-Funktion auf einem direkteren Wege herleiten.

Wir gehen von der Formel

$$1+q+q^2+\cdots+q^{n-1}=\frac{1-q^n}{1-q}=\frac{1}{1-q}-\frac{q^n}{1-q} \quad (q \neq 1)$$

aus, die ja die bekannte Darstellung der Summe einer geometrischen Progression wiedergibt. Hier ersetzen wir q durch $-t$ und lösen die Gleichung nach dem ersten Glied der rechten Seite auf. So ergibt sich

$$\frac{1}{1+t}=1-t+t^2-\cdots+(-1)^{n-1}t^{n-1}+(-1)^n\frac{t^n}{1+t} \quad (t \neq -1). \qquad (96,1)$$

In dieser Identität multiplizieren wir beide Seiten mit dt und integrieren gliedweise von 0 bis x für ein $x > -1$. Das Integral links ist

$$\int_0^x \frac{dt}{1+t}=\lg(1+t)\Big/_0^x=\lg(1+x).$$

Rechts erhalten wir n Integrale von der Gestalt

$$\int_0^x t^\nu dt=\frac{t^{\nu+1}}{\nu+1}\Big/_0^x=\frac{x^{\nu+1}}{\nu+1} \quad (\nu=0,1,\ldots,n-1).$$

Bezeichnen wir noch das Integral des letzten Summanden rechts in (96,1) mit $R_n(x)$, so ergibt sich

$$\boxed{\lg(1+x)=x-\frac{x^2}{2}+\frac{x^3}{3}-\cdots+(-1)^{n-1}\frac{x^n}{n}+R_n(x) \quad (x>-1),} \qquad (96,2)$$

$$\boxed{(-1)^n R_n(x)=\int_0^x \frac{t^n\,dt}{1+t}.} \qquad (96,3)$$

Um uns Rechenschaft über den Betrag von $R_n(x)$ geben zu können, wenden wir auf das Integral rechts in (96,3) die Formel (53,1) des verallgemeinerten ersten Mittelwertsatzes der Integralrechnung an, indem wir $\frac{1}{1+t}$ mit dem u-Faktor, t^n mit dem p-Faktor identifizieren. In der Tat ändert ja t^n im Intervall zwischen 0 und x sein Vorzeichen nicht. Dann ergibt sich

$$\int_0^x \frac{t^n dt}{1+t} = \frac{1}{1+\Theta x}\int_0^x t^n dt = \frac{1}{1+\Theta x}\,\frac{x^{n+1}}{n+1},$$

$$R_n(x) = \frac{(-1)^n}{1+\Theta x}\,\frac{x^{n+1}}{n+1}, \quad 0 \leqq \Theta \leqq 1. \tag{96,4}$$

Hier liegt der absolute Betrag des ersten Faktors zwischen zwei festen positiven Schranken: 1 und $\frac{1}{1+x}$, ob x positiv oder negativ > -1 ist. Daher ist für das Kleinerwerden mit wachsendem n nur das Verhalten des zweiten Faktors $\frac{x^{n+1}}{n+1}$ massgebend. Für $x > 1$ konvergiert dieser Faktor gegen ∞, für $x = 1$ ist er gleich $\frac{1}{n+1}$ und für $|x| < 1$ konvergiert er relativ schnell — wie die n-te Potenz eines echten Bruches — gegen 0.

Daher sehen wir, dass für $-1 < x \leqq 1$ das Polynom n-ten Grades in (96,2) die Funktion $\lg(1+x)$ mit einem gegen 0 konvergierenden Fehler approximiert, wenn n ins Unendliche wächst. Dies drückt man so aus, dass man sagt, es gelte für $-1 < x \leqq 1$ die Gleichung

$$\lg(1+x) = x - \frac{x^2}{2} + \frac{x^3}{3} - \frac{x^4}{4} + \cdots \quad (-1 < x \leqq 1) \tag{96,5}$$

oder, dass $\lg(1+x)$ gleich der rechtsstehenden „unendlichen Reihe" ist. Diese Bezeichnung bedeutet: Nimmt man rechts jeweils die „Partialsumme" bis zum n-ten Summanden, so konvergiert die Folge dieser Partialsummen mit $n \to \infty$ gegen $\lg(1+x)$.

Um das Bildungsgesetz der einzelnen Glieder der Reihe rechts in (96,5) zum Ausdruck zu bringen, benutzt man für diese Reihe die symbolische Ausdrucksweise:

$$\sum_{\nu=1}^{\infty} (-1)^{\nu-1} \frac{x^\nu}{\nu}\ ^{1)}.$$

97. Berechnung der Logarithmen

Mit Hilfe der Entwicklung (96,2) kann man nun den natürlichen Logarithmus von u für alle $u > 0$ berechnen. Allerdings darf man dabei die Formel (96,2) nicht zu plump anwenden. Denn einerseits liefert sie, direkt angewandt, $\lg u$ nur für $0 < u \leqq 2$. Andererseits sind die durch sie gegebenen

[1]) Diese Entwicklung ist zuerst 1668 von *Mercator* entdeckt worden. Auf *Mercator* geht überhaupt die Benutzung unendlicher Reihen in der Analysis zurück.

Näherungen praktisch meist ungünstig. Für $x = 1$ z. B. erhält man die Darstellung von $\lg 2$ durch eine unendliche Reihe:

$$\lg 2 = 1 - \frac{1}{2} + \frac{1}{3} - \frac{1}{4} + \cdots,$$

die zwar sehr elegant und symmetrisch aussieht, aber praktisch nicht zu gebrauchen ist. Denn will man damit $\lg 2$ auch nur dreistellig berechnen, und nimmt man die ersten 1000 Glieder, so hat nach (96,4) der Fehler immer noch den Betrag $\frac{1}{1001(1+\Theta)}$, ist also, da $\Theta < 1$ ist, nicht einmal mit Sicherheit kleiner als die Hälfte der dritten Dezimalen.

Um nun die Konvergenz unserer Darstellungen zu verbessern, nehmen wir in (96,2) und (96,4) $|x| < 1$ an, ersetzen in (96,2) x durch $-x$:

$$\lg(1-x) = -x - \frac{x^2}{2} - \frac{x^3}{3} - \cdots - \frac{x^n}{n} + R_n(-x) \qquad (x > -1)$$

und subtrahieren dies von (96,2), wobei wir noch n durch $2n$ ersetzen:

$$\boxed{\lg\frac{1+x}{1-x} = 2\left(x + \frac{x^3}{3} + \frac{x^5}{5} + \cdots + \frac{x^{2n-1}}{2n-1}\right) + \varrho_n{}^{1)}.} \tag{97,1}$$

Für das „Fehlerglied" ϱ_n ergibt sich hier aus (96,4), wenn $2n$ anstatt n geschrieben und das $-x$ entsprechende Θ mit Θ_1 bezeichnet wird,

$$\varrho_n = R_{2n}(x) - R_{2n}(-x) = \frac{x^{2n+1}}{2n+1}\left(\frac{1}{1+\Theta x} + \frac{1}{1-\Theta_1 x}\right).$$

Der letzte Klammerausdruck ist aber sicher kleiner als

$$\frac{2}{1-|x|} < \frac{2n+1}{n}\,\frac{1}{1-|x|},$$

so dass wir schliesslich für ϱ_n den Ausdruck erhalten:

$$\boxed{\varrho_n = \frac{\Theta}{n}\,\frac{x^{2n+1}}{1-|x|}, \qquad 0 < \Theta < 1.} \tag{97,2}$$

Mit Hilfe dieser Formel können wir nunmehr $\lg u$ für jedes positive u berechnen. Denn setzt man

$$u = \frac{1+x}{1-x},$$

so ergibt sich

$$x = \frac{u-1}{u+1},$$

und dieser Wert von x ist immer absolut kleiner als 1, so dass der Ausdruck rechts in (97,1) auch nach Weglassen von ϱ_n mit $n \to \infty$ sicher gegen $\lg u$ kon-

---

[1]) Die entsprechende unendliche Reihe ist dem Wesen der Sache nach von *Gregory* (*James Gregory*, 1638—1675) 1668 und in voller Ausführlichkeit durch *E. Halley* 1695 aufgestellt worden.

vergiert. Für $u = 2$ z. B. ist $x = \frac{1}{3}$, und unser Fehlerglied ist dann absolut kleiner als $\frac{1}{2n\,3^{2n}}$.

Immerhin ist auch hier die Konvergenz umso schlechter, je näher x bei 1 liegt, je grösser also u ist. Man kann diese Schwierigkeit indessen überwinden, indem man zunächst $\lg u$ für alle natürlichen Zahlen berechnet, woraus sofort $\lg u$ für jedes rationale u durch Subtraktion folgt. Ferner genügt es, $\lg u$ nur für alle *Primzahlen* zu berechnen, da ja sodann aus diesen Werten der Logarithmus jeder natürlichen Zahl sich additiv zusammensetzen lässt. Hat man nun erst die Logarithmen der ersten $n - 1$ Primzahlen $p_1, p_2, \ldots, p_{n-1}$ berechnet, so bestimmt man nicht direkt den Logarithmus von p_n, sondern den Logarithmus von

$$u = \frac{p_n}{p_n - 1} = 1 + \frac{1}{p_n - 1}.$$

Hier ist $x = \frac{1}{2p_n - 1}$ relativ klein, und die Ausdrücke (97,1) konvergieren sehr schnell. Addiert man dann zu $\lg \frac{p_n}{p_n - 1}$ die Grösse $\lg (p_n - 1)$, so erhält man den gesuchten $\lg p_n$; dabei ist ja $\lg (p_n - 1)$ als bekannt anzusehen, da $p_n - 1$ nur Primfaktoren aus der Reihe $p_1, p_2, \ldots, p_{n-1}$ enthält.

Noch besser fährt man, indem man

$$u = \frac{p_n^2}{p_n^2 - 1}, \qquad x = \frac{1}{2p_n^2 - 1}$$

setzt. Denn hier ist x noch wesentlich kleiner. Andererseits enthält $p_n^2 - 1 = (p_n - 1)(p_n + 1)$ auch nur Primfaktoren aus der Reihe $p_1, \ldots, p_{n-1}$, so dass man $\lg (p_n^2 - 1)$ als bekannt ansehen kann, und daher $\lg p_n = \frac{1}{2} \lg p_n^2$ sich einfach ergibt.

Durch verschiedene andere Kunstgriffe gelingt es, die x-Werte, für die die Ausdrücke (97,1) angesetzt werden, noch weiter zu verkleinern. Z. B. kann man es leicht so einrichten, dass in der Formel (97,1): $x < \frac{1}{3300}$ wird. Denn dies ist schon für $x = \frac{1}{2p_n^2 - 1}$ bei allen Primzahlen $\geqq 41$ von vornherein der Fall. Die Primzahlen zwischen 2 und 37 behandelt man z. B. folgendermassen:

Man berechnet zuerst die Logarithmen

$$A = \lg \frac{81}{80}, \qquad B = \lg \frac{24}{25}, \qquad C = \lg \frac{128}{125}.$$

Bei der Berechnung dieser Logarithmen ist es sogar günstiger, die Formel (96,5) zu verwenden, wo die einzelnen Divisionen besonders leicht auszuführen sind, da x im Nenner nur Potenzen von 2 und 5 enthält. Auch ein ungeübter Rechner kann A, B und C mit 14 Dezimalen innerhalb einer Stunde berechnen.

Zerlegt man nun die Zähler und Nenner der drei Numeri von A, B, C in ihre Primfaktoren, so ergeben sich die Formeln:

$$\begin{aligned} -4\lg 2 + 4\lg 3 - \lg 5 &= A, \\ 3\lg 2 + \lg 3 - 2\lg 5 &= B, \\ 7\lg 2 \qquad\qquad - 3\lg 5 &= C, \end{aligned}$$

aus denen man lg 2, lg 3 und lg 5 mit 12 Dezimalen genau ermitteln kann:

$$\begin{aligned} \lg 2 &= 3A - 12B + 7C, \\ \lg 3 &= 5A - 19B + 11C, \\ \lg 5 &= 7A - 28B + 16C. \end{aligned}$$

Mit diesen Werten lässt sich übrigens auch lg 10, also der Modul der *Briggs*schen Logarithmen, sofort bestimmen.

Jetzt berechnet man lg 7 für $u = \frac{7^4}{7^4 - 1} = \frac{7^4}{2^5 \cdot 3 \cdot 5^2}$, sodann lg 13 und lg 17 simultan mit Hilfe der beiden Relationen

$$\frac{13^4}{13^4 - 1} = \frac{13^4}{2^4 \cdot 3 \cdot 5 \cdot 7 \cdot 17}, \qquad \frac{17^3 + 1}{17^3} = \frac{2 \cdot 3^3 \cdot 7 \cdot 13}{17^3}.$$

Sodann bestimme man lg 19 aus der Relation

$$19^3 + 1 = 4 \cdot 5 \cdot 7^3,$$

dann sukzessive

$$\lg 37, \ \lg 11, \ \lg 31, \ \lg 23, \ \lg 29$$

bzw. aus den Relationen

$$10 \cdot 37^2 - 1 = 3^4 \cdot 13^2, \ 11^6 - 1 = 8 \cdot 9 \cdot 5 \cdot 7 \cdot 19 \cdot 37, \ 31^4 - 1 = 2^7 \cdot 3 \cdot 5 \cdot 13 \cdot 37,$$

$$23^3 + 1 = 8 \cdot 9 \cdot 13^2, \ 7 \cdot 29^2 + 1 = 2^8 \cdot 23.$$

Bei all diesen Rechnungen wird die Formel (97,1) benutzt mit $x < \frac{1}{4000}$, so dass man dabei die Logarithmen aller Primzahlen zwischen 7 und 37 neunstellig erhält, wenn man in der Formel (97,1) sich auf das *erste* Glied $2x$ beschränkt.

Da man den Modul der *Briggs*schen Logarithmen kennt, bestimmt man nunmehr auch die Dezimallogarithmen aus den natürlichen Logarithmen durch einfache Multiplikation.

98. Entwicklung der Arcustangens-Funktion

Wir ersetzen nunmehr in der Formel (96,1) t durch t^2, multiplizieren mit dt und integrieren von 0 bis x, wo unter x irgendeine reelle Zahl verstanden wird. Dann folgt wegen $\int_0^x \frac{dt}{1+t^2} = \operatorname{arctg} x$:

$$\boxed{\operatorname{arctg} x = x - \frac{x^3}{3} + \frac{x^5}{5} - \cdots + (-1)^{n-1}\frac{x^{2n-1}}{2n-1} + R_n\,,} \tag{98,1}$$

$$\boxed{(-1)^n R_n = \int_0^x \frac{t^{2n}}{1+t^2}\,dt\,.} \tag{98,2}$$

Auf das Integral rechts wenden wir wiederum den verallgemeinerten ersten Mittelwertsatz der Integralrechnung (53, 1) an, indem wir u mit $\frac{1}{1+t^2}$ und p mit t^{2n} identifizieren. Dann ergibt sich

$$\int_0^x \frac{t^{2n}\,dt}{1+t^2} = \frac{1}{1+\Theta x^2}\int_0^x t^{2n}\,dt = \frac{1}{1+\Theta x^2}\,\frac{x^{2n+1}}{2n+1}\,,$$

und daraus folgt schliesslich

$$\boxed{R_n = \frac{(-1)^n}{1+\Theta x^2}\,\frac{x^{2n+1}}{2n+1}\,,} \tag{98,3}$$

wo Θ zwischen 0 und 1 liegt.

Ist $|x| > 1$, so konvergiert R_n für $n \to \infty$ gegen ∞. Dagegen konvergiert R_n gegen 0, wenn $|x| \leqq 1$ ist, und sogar besonders schnell gegen 0, wenn $|x| < 1$ ist. Zugleich sieht man aus dem Ausdruck (98,3) für das Fehlerglied (98,2), dass man um so schneller eine gute Näherung für $\operatorname{arctg} x$ erhält, je kleiner $|x|$ ist.

Wir können auf jeden Fall für $|x| \leqq 1$ schreiben:

$$\operatorname{arctg} x = x - \frac{x^3}{3} + \frac{x^5}{5} - \frac{x^7}{7} + \cdots \text{ [1]}\,, \tag{98,4}$$

wo rechts eine „unendliche Reihe" steht. Der Sinn der Formel ist, dass die Summe der ersten n Summanden rechts für $n \to \infty$ gegen $\operatorname{arctg} x$ konvergiert.

Wenden wir diese Formel direkt für $x = 1$ an, so erhält man, wegen $\operatorname{arctg} 1 = \frac{\pi}{4}$:

$$\boxed{\frac{\pi}{4} = 1 - \frac{1}{3} + \frac{1}{5} - \frac{1}{7} + \frac{1}{9} - \cdots\,,} \tag{98,5}$$

die sogenannte *Leibniz*sche Reihe für $\frac{\pi}{4}$ [2]).

Diese Formel ist ausgezeichnet durch ihre Eleganz und ist prinzipiell insbesondere in Anwendungen auf die analytische Zahlentheorie wichtig, ist aber praktisch zur Berechnung der Zahl π ohne Bedeutung, da man, um z. B.

[1]) Diese Entwicklung ist 1671 von *J. Gregory* aufgestellt worden.

[2]) Von *Leibniz* ohne Kenntnis der Formel (98,4) aufgestellt in einer anscheinend 1674 an *Huygens* übersandten Schrift; doch ist diese Entwicklung natürlich in der 1671 entdeckten Formel (98,4) von *Gregory* enthalten.

$\frac{\pi}{4}$ dreistellig zu berechnen, die ersten 1000 Glieder dieser Reihe summieren müsste.

Man benutzt daher zur Berechnung von π andere Formeln, in denen die Zahl π aus Winkeln zusammengesetzt wird, die einen rationalen und relativ kleinen Tangens besitzen. Eine der bequemsten derartigen Formeln ist:

$$\frac{\pi}{4} = 4 \operatorname{arctg} \frac{1}{5} - \operatorname{arctg} \frac{1}{239}. \tag{98,6}$$

Um diese Formel zu beweisen, setzen wir $\operatorname{arctg} \frac{1}{5} = \varphi$, $\operatorname{tg} \varphi = \frac{1}{5}$. Dann folgt

$$\operatorname{tg} 2\varphi = \frac{2 \cdot \frac{1}{5}}{1 - \left(\frac{1}{5}\right)^2} = \frac{5}{12}, \qquad \operatorname{tg} 4\varphi = \frac{2 \cdot \frac{5}{12}}{1 - \left(\frac{5}{12}\right)^2} = \frac{120}{119},$$

$$\operatorname{tg}\left(\frac{\pi}{4} - 4\varphi\right) = \frac{1 - \frac{120}{119}}{1 + \frac{120}{119}} = \frac{-1}{239}, \qquad \frac{\pi}{4} - 4\varphi = -\operatorname{arctg} \frac{1}{239},$$

womit (98,6) bewiesen ist. Da man nun $\operatorname{arctg} \frac{1}{5}$ und $\operatorname{arctg} \frac{1}{239}$ mit Hilfe der Formel (98,1) sehr leicht mit beliebig vielen Dezimalen berechnen kann, ist damit auch die Berechnung der Zahl π relativ einfach geworden.

Die Formel (98,6) ist von *J. Machin* 1706 gefunden worden, auf den überhaupt der oben benutzte Kunstgriff zurückgeht. Später hat *Euler* andere „zweigliedrige" Zerlegungen dieser Art für $\frac{\pi}{4}$ entdeckt. Mit Hilfe dieser Formeln ist die Zahl π mit mehr als 700 Dezimalen berechnet worden[1]).

---

[1]) Besonders schnelle Konvergenz erhält man nach *Euler* 1779, wenn man in der Entwicklung

$$\pi = 20 \operatorname{arctg} \frac{1}{7} + 8 \operatorname{arctg} \frac{3}{79}$$

die arctg-Werte mit Hilfe der Formel d) der Aufgabe 13 von Paragraph 18 auf arcsin-Werte zurückführt und die Potenzreihenentwicklung für arcsin x benutzt, die allerdings erst im zweiten Teil dieser Vorlesungen hergeleitet wird. So erhält man die Reihe

$$\pi = \frac{28}{10}\left[1 + \frac{2}{3}\left(\frac{2}{100}\right) + \frac{2 \cdot 4}{3 \cdot 5}\left(\frac{2}{100}\right)^2 + \cdots\right] + \\ + \frac{30336}{100000}\left[1 + \frac{2}{3}\left(\frac{144}{100000}\right) + \frac{2 \cdot 4}{3 \cdot 5}\left(\frac{144}{100000}\right)^2 + \cdots\right].$$

Die ersten dreissig Ziffern von π kann man sich leicht mit Hilfe der französischen Verse merken:

Que j'aime à faire apprendre un nombre utile aux sages!
Immortel Archimède, artiste ingénieur,
Qui de ton jugement peut priser la valeur?
Pour moi, ton problème eut de pareils avantages.

Ersetzt man hier jedes Wort durch die Anzahl seiner Buchstaben, so erhält man:

$$\pi = 3{,}1415\ 9265\ 3589\ 7932\ 3846\ 2643\ 3832\ 79\ldots.$$

Allerdings müsste dieser Wert aufgerundet werden, da die beiden nächsten Ziffern 50 sind. (Wie man sieht, ist durch diese 0 der dichterischen Übung eine natürliche Grenze gesetzt.) Will man nur die erste Zeile des obigen „Gedichtes" sich merken, so ist es besser, „sages" durch „hommes" zu ersetzen, damit die richtig aufgerundete Ziffer herauskommt.

Aufgaben

1. Man beweise

$$\left|\lg(1+x) - x\right| \leqq x^2 \qquad \left(|x| \leqq \frac{1}{2}\right).$$

2. Man bestimme α aus der Relation

$$\lg(1+x) - \lg x - \frac{1}{x+\frac{1}{2}} \sim \alpha x^{-3} \qquad (x \to \infty).$$

* * *

3. Die Differenz zwischen

$$\lg\frac{a}{b} \quad \text{und} \quad \frac{a-b}{2}\left(\frac{1}{a}+\frac{1}{b}\right) \qquad (a, b > 0)$$

ist „ungefähr“

$$\frac{1}{6}\left(\frac{a-b}{a}\right)^3.$$

Man präzisiere das „Ungefähr“.

4. Man bestimme den Wert der Reihe

$$\sum_{\nu=1}^{\infty} \frac{x^\nu}{2\nu-1}.$$

§ 28. Die Taylorsche Formel

99. Die Taylorsche Formel mit dem Restglied

Um im allgemeinen Falle Darstellungen zu finden, die der Darstellung (96,2) für $\lg(1+x)$ und (98,1) für $\operatorname{arctg} x$ entsprechen, gehen wir von der Formel

$$f(x) = f(a) + \int_a^x f'(t)\,dt = f(a) + [f(x) - f(a)] \tag{99,1}$$

aus, die ja eine direkte Folgerung aus den Fundamentalsätzen der Infinitesimalrechnung ist (vgl. (59,1)).

Wir nehmen an, dass $f(x)$ in einem an a anstossenden Intervall $(n+1)$-mal stetig differenzierbar ist für ein natürliches n, und formen nun das Integral in (99,1) wiederholt durch partielle Integration um. Dabei soll aber bei jedem Schritt die partielle Integration so geführt werden, dass die unter dem Integralzeichen stehende Ableitung von f *weiter differenziert* wird.

Zuerst setzen wir (man beachte, dass hier t die Integrationsvariable ist, während x konstant bleibt):

$$u = f'(t),\ u' = f''(t)\,;\quad v' = 1,\ v = -(x-t),$$

so dass

$$\int_a^x f'(t)\,dt = -(x-t)\,f'(t)\Big/_a^x + \int_a^x (x-t)\,f''(t)\,dt = \frac{x-a}{1!}\,f'(a) + \int_a^x (x-t)\,f''(t)\,dt.$$

Damit verwandelt sich (99,1) in

$$f(x) = f(a) + \frac{x-a}{1!}\,f'(a) + \int_a^x (x-t)\,f''(t)\,dt. \tag{99,2}$$

Hier wird das Integral rechts wieder partiell integriert, indem man setzt

$$u = f''(t),\ u' = f^{(3)}(t)\,;\ v' = x-t,\ v = -\frac{(x-t)^2}{2!}.$$

Dann folgt

$$\int_a^x (x-t)\,f''(t)\,dt = -\frac{(x-t)^2}{2!}\,f''(t)\Big/_a^x + \int_a^x \frac{(x-t)^2}{2!}\,f^{(3)}(t)\,dt =$$

$$= \frac{(x-a)^2}{2!}\,f''(a) + \int_a^x \frac{(x-t)^2}{2!}\,f^{(3)}(t)\,dt.$$

Daher liefert (99,2)

$$f(x) = f(a) + \frac{x-a}{1!} f'(a) + \frac{(x-a)^2}{2!} f''(a) + \int_a^x \frac{(x-t)^2}{2!} f^{(3)}(t)\,dt.$$

Um die partiellen Integrationen weiter übersichtlich verfolgen zu können, setzen wir allgemein

$$R_{\nu+1} = \int_a^x \frac{(x-t)^\nu}{\nu!} f^{(\nu+1)}(t)\,dt \qquad (\nu = 0, 1, \ldots, n) \tag{99,3}$$

und integrieren dies partiell für $0 \leqq \nu \leqq n-1$. Wir setzen

$$u = f^{(\nu+1)}(t),\ u' = f^{(\nu+2)}(t);\ v' = \frac{(x-t)^\nu}{\nu!},\ v = -\frac{(x-t)^{\nu+1}}{(\nu+1)!}.$$

Dann ergibt sich

$$R_{\nu+1} = -\frac{(x-t)^{\nu+1}}{(\nu+1)!} f^{(\nu+1)}(t) \Big/_a^x + \int_a^x \frac{(x-t)^{\nu+1}}{(\nu+1)!} f^{(\nu+2)}(t)\,dt.$$

Das Integral rechts ist aber gerade $= R_{\nu+2}$, und der ausintegrierte Bestandteil ist

$$= \frac{(x-a)^{\nu+1}}{(\nu+1)!} f^{(\nu+1)}(a).$$

Daher ist

$$R_{\nu+1} = \frac{(x-a)^{\nu+1}}{(\nu+1)!} f^{(\nu+1)}(a) + R_{\nu+2} \qquad (\nu = 0, \ldots, n-1). \tag{99,4}$$

Schreibt man nun die Formel (99,1) in der Gestalt

$$f(x) = f(a) + R_1$$

und drückt mit Hilfe der Formel (99,4) R_1 sukzessive durch $R_2, \ldots, R_{n+1}$ aus, so ergibt sich:

$$\boxed{f(x) = f(a) + \frac{x-a}{1!} f'(a) + \frac{(x-a)^2}{2!} f''(a) + \cdots + \frac{(x-a)^n}{n!} f^{(n)}(a) + R_{n+1},} \tag{99,5}$$

$$\boxed{R_{n+1} = \int_a^x \frac{(x-t)^n}{n!} f^{(n+1)}(t)\,dt.} \tag{99,6}$$

Diese Formel gilt unter der Voraussetzung, dass die Funktion f im abgeschlossenen Intervall zwischen a und x $(n+1)$-mal stetig differenzierbar ist. Sie stellt $f(x)$ unter dieser Annahme als Summe eines Polynoms n-ten Grades und eines Fehlergliedes R_{n+1} dar. Man nennt (99,5) die ***Taylor*sche Formel mit dem Restglied $(n+1)$-ter Ordnung.** R_{n+1} ist hierin das **Restglied der *Taylor*schen Formel in der Integralform.** Das Polynom rechter Hand in (99,5) heisst das *Taylorsche Polynom n-ten Grades von $f(x)$ zur Stelle a.*

Wie man sieht, erhält man das *Taylor*sche Polynom vom Grade n aus dem vorhergehenden *Taylor*schen Polynom vom Grade $n-1$, indem man nur das Glied $\frac{(x-a)^n}{n!} f^{(n)}(a)$ hinzufügt.

Ist nun die Funktion $f(x)$ zwischen a und x *beliebig oft differenzierbar* und konvergiert R_n für $n \to \infty$ *gegen* 0, so strebt die Folge der zu $f(x)$ gehörenden *Taylor*schen Polynome zur Stelle a gegen $f(x)$. Diese Tatsache drückt man in der Form der Gleichung aus:

$$f(x) = f(a) + \frac{x-a}{1!} f'(a) + \frac{(x-a)^2}{2!} f''(a) + \frac{(x-a)^3}{3!} f^{(3)}(a) + \cdots, \qquad (99,7)$$

$$f(x) = \sum_{\nu=0}^{\infty} \frac{(x-a)^\nu}{\nu!} f^{(\nu)}(a),$$

wo rechts eine „unendliche Reihe“, die sogenannte *Taylor*sche Reihe von $f(x)$ zur Stelle a steht. Die Bedeutung der Relation (99,7) — im Falle ihrer Gültigkeit — ist demnach: bildet man rechts die Summe der ersten n Glieder, so konvergiert die Folge dieser „Partialsummen“ für $n \to \infty$ gegen $f(x)$.

Die Entwicklung (96,5) von $\lg(1+x)$ ist nun gerade eine solche Entwicklung zur Stelle a für $a=0$. Denn die Formel (93,11) liefert für $a=b=1$:

$$\left(\frac{d^n \lg(1+x)}{d x^n}\right)_{x=0} = \left(\frac{(-1)^{n-1}(n-1)!}{(1+x)^n}\right)_{x=0} = (-1)^{n-1}(n-1)! \qquad (n > 0).$$

Daher wird die rechte Seite von (99,7) für $f(x) = \lg(1+x)$ mit $a=0$:

$$\sum_{\nu=1}^{\infty} (-1)^{\nu-1} \frac{x^\nu}{\nu!} (\nu-1)! = \sum_{\nu=1}^{\infty} (-1)^{\nu-1} \frac{x^\nu}{\nu}.$$

Ebenso lässt sich die Entwicklung (98,4) von $\operatorname{arctg} x$ auf die gleiche Weise erhalten. Doch ist die sukzessive Berechnung der höheren Ableitungen von $\operatorname{arctg} x$ an der Stelle $x=0$ sehr umständlich und verlangt spezielle Kunstgriffe, so dass der in der Nr. 98 eingeschlagene Weg viel schneller zu dieser Entwicklung führt.

Auch sonst ist die Berechnung der höheren Ableitungen der Funktion $f(x)$ zumeist mit sehr grossen Schwierigkeiten verbunden.

Vor allem ist die Entscheidung der Frage, ob R_n für $n \to \infty$ gegen 0 konvergiert, im allgemeinen Falle sehr schwierig. Es sind zwar sehr weittragende Methoden zur Behandlung dieser Frage entwickelt worden, sie gehören indessen in das Gebiet der *Funktionen einer komplexen Veränderlichen* und lassen sich, solange man sich auf den Bereich der reellen Zahlen beschränken will, nicht anwenden.

100. Weitere Diskussion der Taylorschen Formel

Durch die Anwendung der Formel (53,1) des verallgemeinerten ersten Mittelwertsatzes der Integralrechnung lässt sich der Ausdruck (99,6) von R_{n+1} auf eine „integrallose“ Gestalt bringen, in der aber eine Unbestimmte Θ vorkommt. Wir identifizieren in (53,1) den Faktor u mit $f^{(n+1)}(t)$, den Faktor p mit $\frac{(x-t)^n}{n!}$. Dann liefert die Formel (53,1):

$$R_{n+1} = f^{(n+1)}(\xi) \int_a^x \frac{(x-t)^n}{n!}\, dt = f^{(n+1)}(\xi) \left(-\frac{(x-t)^{n+1}}{(n+1)!}\right)\Bigg/_a^x = \frac{(x-a)^{n+1}}{(n+1)!} f^{(n+1)}(\xi).$$

Dabei liegt ξ zwischen a und x, lässt sich also in der folgenden Form schreiben: $a + \Theta(x-a)$ $(0 \leqq \Theta \leqq 1)$. Daher erhalten wir schliesslich

$$R_{n+1} = \frac{(x-a)^{n+1}}{(n+1)!} f^{(n+1)}\big(a + \Theta(x-a)\big), \quad 0 \leqq \Theta \leqq 1. \tag{100,1}$$

Unter Verwendung dieser Formel lässt sich (99,5) in der Form schreiben:

$$\boxed{\begin{aligned} f(x) = f(a) + \frac{x-a}{1!} f'(a) + \cdots + \frac{(x-a)^n}{n!} f^{(n)}(a) + \\ + \frac{(x-a)^{n+1}}{(n+1)!} f^{(n+1)}\big(a + \Theta(x-a)\big). \end{aligned}} \tag{100,2}$$

Wie man sieht, hat hier das Restglied eine ganz analoge Gestalt wie das allgemeine Glied mit dem einzigen Unterschied, dass das Argument der $(n+1)$-ten Ableitung von f nicht mehr a, sondern der „Zwischenwert" $a + \Theta(x-a)$ ist.

Für $n = 0$ geht die Formel (100,2) in

$$f(x) = f(a) + (x-a) f'\big(a + \Theta(x-a)\big)$$

über, die äquivalent ist mit der Formel (57,5) des Mittelwertsatzes der Differentialrechnung. Doch ist in der Formel (57,5) Θ *im engeren Sinne* zwischen 0 und 1 gelegen, und über $f'(x)$ wird nur die Existenz, nicht aber die Stetigkeit vorausgesetzt. Man kann auch (100,2) unter entsprechend schwächeren Annahmen über $f^{(n+1)}(x)$ und mit $0 < \Theta < 1$ herleiten, doch soll hier darauf nicht weiter eingegangen werden.

Die Formeln (99,5), (100,2) und die Gestalten (99,6) und (100,1) des Restgliedes sind zuerst von *Lagrange* 1797 aufgestellt und bewiesen worden. *Taylor* hat 1715 als erster die unendliche Reihe (99,7)[1]) aufgestellt, allerdings in der (durchaus unzutreffenden) Annahme, dass diese Entwicklung im allgemeinen konvergiere.

Man wird übrigens auf die *Taylor*sche Reihe durch die folgende Bemerkung geführt: Wir bezeichnen das *Taylor*sche Polynom vom Grade n von $f(x)$ zur Stelle a:

$$\sum_{\nu=0}^{n} \frac{(x-a)^\nu}{\nu!} f^{(\nu)}(a) \qquad (n = 0, 1, \ldots) \tag{100,3}$$

[1]) Diese zuerst von *Lhuilier* 1786 als *Taylor*sche *Reihe* bezeichnete Formel findet sich in *B. Taylor*s 1715 erschienenen Werke: Methodus incrementorum directa et inversa. *Taylor* gelangt zu ihr durch einen Grenzübergang aus einer entsprechenden Formel der sogenannten Differenzenrechnung.

mit $T_n(x)$. *Dann stimmt* $T_n(x)$ *mit* $f(x)$ *an der Stelle* a *im Funktionswert und in den Werten der ersten* n *Ableitungen überein*:

$$T_n(a) = f(a),\ T_n'(a) = f'(a),\ \ldots,\ T_n^{(n)}(a) = f^{(n)}(a). \tag{100,4}$$

$T_n(x)$ *„schmiegt sich" an* $f(x)$ *um so mehr an, je grösser* n *ist.*

Um die Relationen (100,4) zu beweisen, beachte man, dass, wenn man einen Ausdruck $\frac{(x-a)^\nu}{\nu!}$ $(\nu > 0)$ nach x differenziert, die Ableitung offenbar gleich $\frac{(x-a)^{\nu-1}}{(\nu-1)!}$ ist. Die einmalige Differentiation läuft also hier darauf hinaus, dass man ν um 1 verkleinert. Differenziert man also den Ausdruck m-mal, sofern $m \leqq \nu$ ist, so wird ν um m Einheiten verkleinert:

$$\left(\frac{(x-a)^\nu}{\nu!}\right)^{(m)} = \frac{(x-a)^{\nu-m}}{(\nu-m)!}. \tag{100,5}$$

Nun folgt *die erste Relation* in (100,4) offenbar daraus, dass das einzige Glied rechts in (100,3), das $x-a$ nicht als Faktor enthält und also durch $x=a$ nicht zu 0 gemacht wird, das $\nu=0$ entsprechende Glied $f(a)$ ist. Um die Relation

$$T_n^{(m)}(a) = f^{(m)}(a) \qquad (0 < m \leqq n)$$

zu beweisen, bilden wir die m-te Ableitung von $T_n(x)$ wie folgt: Es ist

$$T_n(x) = \sum_{\nu=0}^{m-1} \frac{(x-a)^\nu}{\nu!} f^{(\nu)}(a) + \sum_{\nu=m}^{n} \frac{(x-a)^\nu}{\nu!} f^{(\nu)}(a).$$

Die erste Summe rechts ist ein Polynom in x höchstens vom Grade $m-1$, und ihre m-te Ableitung nach x ist 0. In der zweiten Summe ist in jedem Glied $\nu \geqq m$. Differenziert man diese Summe gliedweise und berücksichtigt (100,5), so ergibt sich

$$T_n^{(m)}(x) = \sum_{\nu=m}^{n} \frac{(x-a)^{\nu-m}}{(\nu-m)!} f^{(\nu)}(a).$$

Hier enthält jedes Glied mit $\nu > m$ wenigstens die erste Potenz von $x-a$ als Faktor. Für $x=a$ bleibt also nur das $\nu=m$ entsprechende Glied $f^{(m)}(a)$, womit die Relation (100,4) allgemein bewiesen ist.

In einem sehr wichtigen Fall ergibt sich die Richtigkeit der *Taylor*schen Entwicklung (99,7) in besonders einfacher Weise aus der Formel (100,2), nämlich, *wenn* $f(x)$ *ein Polynom ist.* Denn ist $f(x)$ ein Polynom vom Grade n, so ist in der Formel (100,2) das Restglied $\equiv 0$, da dann $f^{(n+1)}(x) \equiv 0$ ist. Daher ist in diesem Falle $f(x)$ gleich der Teilsumme der ersten $n+1$ Glieder der Entwicklung (99,7). Jedes der weiteren Glieder verschwindet aber, weil es eine Ableitung von $f(x)$ von einer Ordnung $> n$ enthält.

Hieraus folgt, dass durch die Relationen (100,4) das Polynom $T_n(x)$ als ein Polynom vom Grade n in x *eindeutig bestimmt* ist. Denn entwickelt man es nach der *Taylor*schen Formel zur Stelle a, so erhält man unter Berücksichtigung der Formeln (100,4)

$$\sum_{\nu=0}^{n} \frac{(x-a)^\nu}{\nu!} T_n^{(\nu)}(a) = \sum_{\nu=0}^{n} \frac{(x-a)^\nu}{\nu!} f^{(\nu)}(a),$$

d. h. gerade den Ausdruck in (100,3).

101. Die Maclaurinsche Spezialisierung

Setzt man in den Formeln (99,5), (99,6), (99,7) und (100,1) $a = 0$, so ergeben sich die Spezialfälle dieser Formeln:

$$\boxed{f(x) = f(0) + \frac{x}{1!} f'(0) + \cdots + \frac{x^n}{n!} f^{(n)}(0) + R_{n+1},} \tag{101,1}$$

$$\boxed{R_{n+1} = \int_0^x \frac{(x-t)^n}{n!} f^{(n+1)}(t)\,dt = \frac{x^{n+1}}{(n+1)!} f^{(n+1)}(\Theta x),} \tag{101,2}$$

sowie die Entwicklung von $f(x)$ in eine „unendliche Reihe“:

$$f(x) = \sum_{\nu=0}^{\infty} \frac{x^\nu}{\nu!} f^{(\nu)}(0). \tag{101,3}$$

Diese letzte Entwicklung ist von *Maclaurin*[1]) 1742 durch Spezialisierung aus der *Taylor*schen Entwicklung hergeleitet worden. (101,3) wird denn auch gelegentlich als die ***Maclaurin*sche Entwicklung** bezeichnet; die von *Lagrange* herrührenden Formeln (101,1) und (101,2) werden oft als die ***Maclaurin*sche Formel mit dem Restglied $(n+1)$-ter Ordnung** bzw. die verschiedenen Formen des **Restgliedes der *Maclaurin*schen Formel** bezeichnet.

Diese Formeln erscheinen einfacher als die entsprechenden Formeln im allgemeinen Falle, d. h. für $a \neq 0$. Doch sind sie in Wahrheit durchaus nicht spezieller, da man aus den Formeln (101,1), (101,2) und (101,3) umgekehrt die entsprechenden Formeln (99,5), (99,6), (99,7) und (100,1) herleiten kann: Ersetzt man nämlich in den Formeln (101,1), (101,2) und (101,3) x durch h, und wendet man diese Formeln auf die Funktion $f(a+h)$ *als Funktion von* h an, so erhält man wegen $\frac{d^n f(a+h)}{d h^n} = f^{(n)}(a+h)$ die Entwicklung

$$f(a+h) = \sum_{\nu=0}^{n} \frac{h^\nu}{\nu!} f^{(\nu)}(a) + R_{n+1},$$

$$R_{n+1} = \int_0^h \frac{(h-t)^n}{n!} f^{(n+1)}(a+t)\,dt = \frac{h^{n+1}}{(n+1)!} f^{(n+1)}(a+\Theta h),$$

$$f(a+h) = \sum_{\nu=0}^{\infty} \frac{h^\nu}{\nu!} f^{(\nu)}(a).$$

---

[1]) *Colin Maclaurin* (1698—1746).

Setzt man nun $a+h=x$, $h=x-a$ und ersetzt in den obigen Formeln h durch $x-a$, so ergeben sich die Formeln (99,5), (99,7) und (100,1) sofort. Für die Integralform des Restgliedes erhält man

$$\int_0^{x-a} \frac{(x-a-t)^n}{n!} f^{(n+1)}(a+t)\,dt .$$

Dies wird aber, wenn $\tau = a+t$ als neue Integrationsvariable eingeführt wird, zu

$$\int_a^x \frac{(x-\tau)^n}{n!} f^{(n+1)}(\tau)\,d\tau ,$$

und dies ist gleich dem Ausdruck rechts in (99,6).

Wir wollen noch (101,3) auf die Funktion

$$f(x) = (1+x)^\alpha$$

anwenden. Aus (93,8) (für $a=b=1$) und (93,7) folgt

$$\frac{f^{(\nu)}(x)}{\nu!} = \binom{\alpha}{\nu}(1+x)^{\alpha-\nu}, \qquad \frac{f^{(\nu)}(0)}{\nu!} = \binom{\alpha}{\nu}$$

und daher

$$(1+x)^\alpha = \sum_{\nu=0}^{\infty} \binom{\alpha}{\nu} x^\nu. \tag{101,4}$$

Diese Formel ist aber, wie aus dem ganzen Zusammenhang der obigen Darstellung hervorgeht, nur dann richtig, wenn das entsprechende Restglied (101,2) mit $n \to \infty$ gegen 0 konvergiert.

Ist α eine *ganze, nicht negative Zahl*, so dass $(1+x)^\alpha$ ein *Polynom* ist, so ist diese Entwicklung, wie wir wissen, auf jeden Fall richtig, und rechts fallen alle Potenzen von x, deren Exponenten $> \alpha$ sind, weg. Wir haben also in diesem Falle nichts anderes als die *Newton*sche Binomialformel (9,1) für $n=\alpha$ vor uns, wenigstens in der Spezialisierung $a=1$, $b=x$. Doch ist diese Formel nur scheinbar spezieller als (9,1). Denn ersetzt man in ihr x durch $\frac{b}{a}$ und multipliziert beide Seiten mit a^α, so erhält man gerade (9,1).

Ist aber α eine nicht ganze oder eine ganze negative Zahl, so bricht die Reihe (101,4) nicht ab, und man erhält eine höchst bemerkenswerte und wichtige Entwicklung von $(1+x)^\alpha$, die sogenannte **Binomialreihe.** Doch ist die Diskussion der Gültigkeitsbedingungen dieser Entwicklung an Hand der bisher entwickelten Formeln etwas umständlich, so dass wir diese Diskussion erst im zweiten Teil dieser Vorlesungen mit einer anderen Methode durchführen werden. Hier sei nur bemerkt, dass die Entwicklung (101,4) stets für $|x| < 1$ gültig und für $|x| > 1$ ungültig ist, sofern $(1+x)^\alpha$ kein Polynom ist.

Will man $(1+x)^\alpha$ für *sehr kleine Werte* von x berechnen, so dass dabei x^2 und höhere Potenzen von x vernachlässigt werden können, so brauchen in der Formel (101,4) rechts nur die beiden ersten Glieder beibehalten zu werden. So ergibt sich

$$(1+x)^{\alpha} \sqsupset 1+\alpha x \tag{101,5}$$

und insbesondere

$$\sqrt{1+x} \sqsupset 1+\frac{x}{2}, \qquad \frac{1}{1+x} \sqsupset 1-x.$$

Handelt es sich hierbei allerdings um mehr als einen ungefähren Überschlag, so wird man den Fehler, den die Benutzung dieser Formel mit sich bringt, näher zu bestimmen wünschen. Hierzu ist es am günstigsten, die Formel (100,2) mit $n=1$, $a=0$ zu benutzen. Wegen

$$\frac{d^2}{dx^2}(1+x)^{\alpha} = \alpha(\alpha-1)(1+x)^{\alpha-2}$$

ergibt sich

$$(1+x)^{\alpha} = 1+\alpha x+\frac{\alpha(\alpha-1)}{2}x^2(1+\Theta x)^{\alpha-2}, \qquad 0 \leqq \Theta \leqq 1,$$

so dass der Absolutfehler beim Gebrauch der Formel (101,5) höchstens gleich

$$\left|\frac{\alpha(\alpha-1)}{2}\right| x^2 \cdot \operatorname*{Max}_{0\leqq\Theta\leqq 1} \left|1+\Theta x\right|^{\alpha-2}$$

ist.

Ist z. B. $\alpha=\frac{1}{2}$ und $|x| \leqq 10^{-3}$, so ist dieser Fehler höchstens

$$\frac{1}{8\cdot 10^6}\left(1-10^{-3}\right)^{-\frac{3}{2}} < \frac{1}{7\cdot 10^6},$$

so dass die obige Vernachlässigung demnach als erlaubt anzusehen ist, wenn man nach der Rechnung nur 6 Dezimalstellen beizubehalten wünscht.

Aufgaben

1. Man entwickle die folgenden Ausdrücke nach Potenzen von x:

a) $\dfrac{1}{x^2+3}$, b) $\dfrac{1-x}{1+x}$, c) $\dfrac{a+x}{b+x}$,

d) $\sqrt{a^2+x}$, e) $a+\dfrac{x}{2a+\dfrac{x}{2a}}$,

f) $\dfrac{1+x}{\sqrt{1-x}}$, g) $\dfrac{x^2+x+1}{(x-1)^2(x-2)}$.

2. Man entwickle

$$\frac{x}{x^2-4}$$

nach Potenzen von $\frac{1}{x}$.

3. Es gilt

$$\lg(1+x) - x \sim -\frac{x^2}{2} \quad (x \to 0).$$

(*Taylor*sche Formel mit dem Restglied zweiter Ordnung in der Θ-Form.)

4. Die folgenden Funktionen sind nach Potenzen von x zu entwickeln:

a) $\lg(1+x) - x$, b) $\lg(1+x) - x + \frac{x^2}{2}$.

5. Die folgenden Funktionen sind nach Potenzen von x bis x^3 zu entwickeln:

a) $\sin(a+x)$, b) $\sin^2 x$, c) $\lg(1-x+x^2)$,
d) $x\cos x - \sin x$, e) $(x - \operatorname{tg} x)\cos x$, f) $\operatorname{tg} x$.

6. Man entwickle die Funktion

$$x \sin x$$

nach Potenzen von x mit dem Restglied bei x^2.

7. Man bestimme die vier ersten Glieder der *Maclaurin*schen Reihe für

a) $\sqrt[3]{x+1}$, b) $x \operatorname{ctg} x$.

* * *

8. Man bestimme eine Schranke für

$$\operatorname{ctg} x - \frac{1}{x}$$

für ein x, das einem Winkel von höchstens 5^0 entspricht.

9. Es sei $100 < a < 999$. Mit welchem Maximalfehler muss a bestimmt werden, wenn für

$$\sqrt[5]{a}$$

ein maximaler Fehler von höchstens $\frac{1}{10}$ zugelassen wird?

10. Man zerlege den Bruch $\frac{1}{1-x-x^2}$ in Partialbrüche und bestimme mit Hilfe dieser Zerlegung den Koeffizienten a_ν in der Entwicklung

$$\sum_{\nu=0}^{\infty} a_\nu x$$

dieses Bruches.

11. Man entwickle

$$\frac{1}{1+x+x^2+x^3+x^4}$$

nach Potenzen von x.

12. Um welchen Betrag können sich die entsprechenden Ordinaten der Sinuslinie $y = \sin x$ und der Parabel fünften Grades

$$y = x - \frac{x^2}{6} + \frac{x^5}{120}$$

für $|x| \leqq \pi$ höchstens unterscheiden?

13. Man ersetze die Gleichung $\cos x = x^2$ näherungsweise durch eine Gleichung vierten Grades und löse diese.

14. In der Relation

$$\lg(1+x) = x - \frac{x^2}{2} + u\,x^3 \qquad \left(|x| \leqq \frac{1}{2}\right)$$

gilt

$$|u| \leqq \frac{7}{12}.$$

15. Es seien $f(x)$, $f'(x)$ und $f''(x)$ im Intervall $\langle\, x_0,\ x_0+h \,\rangle$ stetig. Man stelle eine Formel für Θ in

$$f(x_0+h) = f(x_0) + h f'(x_0+\Theta h)$$

auf und zeige, dass Θ für $h \to 0$ und $f''(x_0) \neq 0$ gegen $\frac{1}{2}$ strebt.

16. Es seien f, f', f'' stetig in einer Umgebung von x. Dann gilt die Relation

$$\frac{f(x+2h) - 2f(x+h) + f(x)}{h^2} \to f''(x) \qquad (h \to 0).$$

17. Man bestimme den Grenzwert

$$\operatorname*{Lim}_{x\to\infty} x^{\frac{3}{2}}\left(\sqrt{x+1} + \sqrt{x-1} - 2\sqrt{x}\right).$$

18. Man bestimme a und b derart, dass die Kurven

$$y = x\sqrt{\frac{1-x}{1+x}} \quad \text{und} \quad y = a\,(e^{bx} - 1)$$

in der *Maclaurin*schen Entwicklung bis zu möglichst hohen Potenzen von x miteinander übereinstimmen.

19. Man bestimme α, β, γ derart, dass die *Maclaurin*sche Entwicklung der Differenz

$$\lg(1+x) - \frac{x(\alpha+\beta x)}{1+\gamma x}$$

mit einer möglichst hohen Potenz von x beginnt.

20. Setzt man für $0 \leqq x \leqq \pi$

$$\sin x = \frac{x(60-7x^2)}{60+3x^2} + \varrho x^7,$$

so konvergiert ϱ gegen $\frac{11}{50400}$ für $x \to 0$.

21. Setzt man für $0 \leqq x \leqq 1$

$$\arcsin x = \frac{3x}{2+\sqrt{1-x^2}} + \varrho x^5,$$

so gilt für $x \to 0$:

$$\varrho \to \frac{1}{180}.$$

22. Aus der *Taylor*schen Formel leite man durch Einsetzen geeigneter Variablenwerte die folgenden Formeln her:

a) $$f(x) = f(0) + x f'(x) - \frac{x^2}{2} f''(x) + \cdots + (-1)^{n+1} \frac{x^n}{n!} f^{(n)}(x) + \\ + (-1)^{n+2} \frac{x^{n+1}}{(n+1)!} f^{(n+1)}(\Theta x),$$

b) $$f\left(\frac{x}{1+x}\right) = f(x) - \frac{x^2}{1+x} f'(x) + \cdots + (-1)^n \frac{x^{2n}}{(1+x)^n} \frac{f^{(n)}(x)}{n!} + \\ + (-1)^{n+1} \frac{x^{2n+2}}{(1+x)^{n+1}} \frac{f^{(n+1)}\left(\frac{x+\Theta x^2}{1+x}\right)}{(n+1)!}$$

§ 29. Entwicklung von e^x, sin x und cos x

102. Anwendungen der Taylorschen Formel

Wir wollen nun die Formeln (101,1) und (101,2) auf die Funktionen e^x, $\sin x$ und $\cos x$ anwenden.

Für $f(x) = e^x$ folgt wegen $(e^x)^{(n)} = e^x$: $f^{(n)}(0) = 1$ und daher

$$e^x = 1 + \frac{x}{1!} + \frac{x^2}{2!} + \frac{x^3}{3!} + \cdots + \frac{x^n}{n!} + \frac{x^{n+1}}{(n+1)!} e^{\Theta x}, \quad 0 \leqq \Theta \leqq 1. \tag{102,1}$$

Hier ist aber $e^{\Theta x} \leqq e^{|x|}$, da $\Theta x \leqq |x|$ ist, und $\frac{x^{n+1}}{(n+1)!}$ strebt wegen (33,12) gegen 0. Da also hier das Restglied gegen 0 konvergiert, erhalten wir

$$e^x = 1 + \frac{x}{1!} + \frac{x^2}{2!} + \cdots = \sum_{\nu=0}^{\infty} \frac{x^\nu}{\nu!} \text{ [1]}. \tag{102,2}$$

Für $x = 1$ ergibt sich hieraus von neuem das Resultat der Nr. 32. Ersetzen wir x durch $-x$, so folgt

$$e^{-x} = 1 - \frac{x}{1!} + \frac{x^2}{2!} - \frac{x^3}{3!} + \cdots = \sum_{\nu=0}^{\infty} (-1)^\nu \frac{x^\nu}{\nu!}. \tag{102,3}$$

Aus (102,1) und (102,2) folgt weiter nach den in der Nr. 78 gegebenen Definitionen von $\sinh x$ und $\cosh x$:

$$\sinh x = \frac{x}{1!} + \frac{x^3}{3!} + \frac{x^5}{5!} + \cdots = \sum_{\nu=0}^{\infty} \frac{x^{2\nu+1}}{(2\nu+1)!}, \tag{102,4}$$

$$\cosh x = 1 + \frac{x^2}{2!} + \frac{x^4}{4!} + \cdots = \sum_{\nu=0}^{\infty} \frac{x^{2\nu}}{(2\nu)!}. \tag{102,5}$$

Für $f(x) = \sin x$ folgt aus (93,2)

$$f^{(\nu)}(x) = \sin\left(x + \nu \frac{\pi}{2}\right), \qquad f^{(\nu)}(0) = \sin \nu \frac{\pi}{2}.$$

Dies verschwindet für gerade ν; ist aber ν ungerade $= 2\mu + 1$, so ist

$$\sin(2\mu+1)\frac{\pi}{2} = \sin\left(\mu\pi + \frac{\pi}{2}\right) = (-1)^\mu.$$

[1]) Diese Potenzreihe dürfte um 1669 durch eine, allerdings erst im nächsten Jahrhundert durch den Druck veröffentlichte Schrift von *Newton* in Gelehrtenkreisen bekannt geworden sein. *Newton* kam auf diese Potenzreihe, indem er direkt die Umkehrung der Potenzreihe für $\lg x$ herausrechnete.

Daher fallen in der $f(x) = \sin x$ entsprechenden Formel (101,1) die Koeffizienten bei *geraden* Potenzen von x weg, während die Ableitungsfaktoren bei *ungeraden* Potenzen von x abwechselnd die Werte $1, -1, 1, -1, \ldots$ annehmen. Für $\nu = 1$ ist insbesondere der Ableitungsfaktor $f'(0) = 1$. Wenden wir daher (101,1) an, wobei dort n durch $2n$ ersetzt wird, so ergibt sich

$$\sin x =$$

$$= \frac{x}{1!} - \frac{x^3}{3!} + \frac{x^5}{5!} - \cdots + (-1)^{n-1} \frac{x^{2n-1}}{(2n-1)!} + \frac{x^{2n+1}}{(2n+1)!} \sin\left((2n+1)\frac{\pi}{2} + \Theta x\right).$$

Hier ist aber im Restglied der absolute Betrag des Sinusfaktors $\leqq 1$, und der Faktor $\frac{x^{2n+1}}{(2n+1)!}$ konvergiert wegen (33,12) für $n \to \infty$ gegen 0. Daher ergibt sich

$$\boxed{\sin x = \frac{x}{1!} - \frac{x^3}{3!} + \frac{x^5}{5!} - \cdots = \sum_{\nu=0}^{\infty} (-1)^\nu \frac{x^{2\nu+1}}{(2\nu+1)!}\,.} \tag{102,6}$$

Für $f(x) = \cos x$ gilt wegen (93,3)

$$f^{(\nu)}(x) = \cos\left(x + \nu\frac{\pi}{2}\right), \qquad f^{(\nu)}(0) = \cos \nu\frac{\pi}{2}\,.$$

Hier verschwinden die „Null-Ableitungen" von $f(x)$ für ungerade ν. Ist aber ν gerade $= 2\mu$, so ist

$$f^{(2\mu)}(0) = \cos \mu\pi = (-1)^\mu.$$

Daher liefert (101,1), wenn dort n durch $2n+1$ ersetzt wird:

$$\cos x = 1 - \frac{x^2}{2!} + \frac{x^4}{4!} - \cdots + (-1)^n \frac{x^{2n}}{(2n)!} + \frac{x^{2n+2}}{(2n+2)!} \cos\left((n+1)\pi + \Theta x\right).$$

Auch hier ist der absolute Betrag des Cosinusfaktors im Restglied $\leqq 1$, so dass für $n \to \infty$ das Restglied gegen 0 strebt. Daher

$$\boxed{\cos x = 1 - \frac{x^2}{2!} + \frac{x^4}{4!} - \cdots = \sum_{\nu=0}^{\infty} (-1)^\nu \frac{x^{2\nu}}{(2\nu)!}\,{}^{1)}.} \tag{102,7}$$

Man beachte übrigens, dass die Entwicklungen (102,6) und (102,7) die Tatsache, dass $\sin x$ *ungerade* und $\cos x$ *gerade* ist, in besonders prägnanter Weise zum Ausdruck bringen. In der Entwicklung (102,6) kommen nur ungerade, in der Entwicklung (102,7) nur gerade Potenzen von x vor. Dies sind allerdings nur Spezialfälle einer allgemeineren Regel.

Die Entwicklungen (102,2), (102,6) und (102,7) lassen sich für jedes x zur Berechnung von e^x, $\sin x$ und $\cos x$ verwenden. Doch ist die Konvergenz dieser Darstellungen um so schneller, je kleiner $|x|$ ist. Daher werden in der

[1]) Auch die Reihenentwicklungen (102,6) und (102,7) von $\sin x$ und $\cos x$ rühren von *Newton* her und waren ihm bereits vor 1669 bekannt.

Praxis diese Formeln bei der Berechnung von Tafeln nur für kleine $|x|$ angewandt, während man für grössere x die entsprechenden Additions- und Multiplikationstheoreme benutzt. Dabei kann man natürlich immer wieder (102,2), (102,6) und (102,7) verwenden, um eine unabhängige Kontrolle der Rechnung zu erhalten und die Akkumulation von Abrundungsfehlern zu verhindern.

Mit Hilfe der Formel (102,1) kann man sich leicht eine Vorstellung über die Stärke des Wachstums von e^x mit $x \to \infty$ bilden. Denn da für $x > 0$ jedes Glied rechts in (102,1) *positiv* ist, folgt für jedes natürliche n:

$$e^x > \frac{x^n}{n!}.$$

Ersetzen wir hier insbesondere n durch $n+1$ und dividieren auf beiden Seiten durch x^n, so ergibt sich

$$\frac{e^x}{x^n} > \frac{x}{(n+1)!}.$$

Hier strebt aber für jedes feste n die rechte Seite mit $x \to \infty$ gegen ∞. Daher folgt für jeden festen Wert von n:

$$\lim_{x \to \infty} \frac{e^x}{x^n} = \infty, \tag{102,8}$$

e^x geht stärker ins Unendliche als jede noch so hohe Potenz von x. — Doch beachte man, dass diese Aussage durchaus einen *infinitären Charakter* besitzt. Für grosse n wird $\frac{e^x}{x^n}$ zuerst *abnehmen* bis zum Wert

$$\frac{e^n}{n^n} = \left(\frac{e}{n}\right)^n,$$

der für $x = n$ erreicht wird, um erst von da an ins Unendliche zu wachsen (vgl. das am Schluss der Nr. 94 behandelte Beispiel).

Aus (102,8) folgt, wenn wir $\frac{x^n}{e^x}$ betrachten,

$$\lim_{x \to \infty} x^n e^{-x} = 0. \tag{102,9}$$

Ersetzt man in (102,8) e^x durch x und x durch $\lg x$, so ergibt sich weiter

$$\lim_{x \to \infty} \frac{x}{(\lg x)^n} = \infty, \tag{102,8^0}$$

$$\lim_{x \to \infty} \frac{(\lg x)^n}{x} = 0, \qquad \lim_{x \to \infty} \frac{\lg x}{x^{\frac{1}{n}}} = 0. \tag{102,9^0}$$

Wir sehen, dass $\lg x$ *schwächer ins Unendliche geht als eine Potenz von x mit noch so kleinem positivem Exponenten.*

Mit Hilfe der Formel (102,1) kann man nun leicht beweisen, dass die Zahl e *irrational* ist. Denn es sei $e = \frac{p}{q}$, wo p und q natürliche Zahlen sind.

Wenden wir dann die Formel (102,1) für $x = 1$ und $n = q + 2$ an, so ergibt sich

$$\frac{p}{q} = 1 + \frac{1}{1!} + \frac{1}{2!} + \cdots + \frac{1}{(q+2)!} + \frac{e^{\Theta}}{(q+3)!}$$

oder, wenn wir alle Glieder der rechten Seite bis auf das letzte auf die linke Seite bringen und mit $(q + 2)!$ multiplizieren:

$$\left[\frac{p}{q} - \sum_{\nu=0}^{q+2} \frac{1}{\nu!}\right](q+2)! = \frac{e^{\Theta}}{q+3}.$$

Hier ist aber der Ausdruck links eine *ganze Zahl*, da $(q+2)!$ durch jeden Nenner der Brüche innerhalb der Klammer teilbar ist. Daher ist $\frac{e^{\Theta}}{q+3}$ eine ganze Zahl. Dies ist aber unmöglich, da $\frac{e^{\Theta}}{q+3} > 0$ ist und zugleich

$$\frac{e^{\Theta}}{q+3} \leqq \frac{e}{q+3} \leqq \frac{e}{4} \leqq \frac{3}{4} < 1$$

gilt[1]).

103. Die Eulerschen Formeln

Vergleicht man die Entwicklungen (102,2), (102,3), (102,6) und (102,7) von e^x, e^{-x}, $\sin x$ und $\cos x$, so fällt es auf, dass die einzelnen Glieder der Reihen für $\sin x$ und $\cos x$ in den Entwicklungen von e^x und e^{-x} vorkommen. Man kann indessen nicht sagen, dass $\sin x$ insgesamt in den Entwicklungen von e^x und e^{-x} steckt, da ja die ungeraden Potenzen von x in e^x alle Pluszeichen und in e^{-x} das Minuszeichen haben, während die Vorzeichen in der Entwicklung von $\sin x$ *alternierend* aufeinanderfolgen. Analog verhält es sich mit der Entwicklung von $\cos x$.

Obgleich also hier ein gewisser Zusammenhang nahe liegt, ist er doch irgendwie schwer zu fassen. *Euler* ist es nun gelungen, diesen Zusammenhang zwischen den Entwicklungen von e^x, $\sin x$ und $\cos x$ herzustellen. Allerdings musste er zu diesem Zwecke *komplexe Zahlen* und namentlich die „imaginäre Einheit" $i = \sqrt{-1}$ heranziehen.

Man beachte, dass

$$i^2 = -1\,, \; i^3 = -i\,, \; i^4 = 1$$

und allgemein

$$i^{4n} = 1\,, \quad i^{4n+1} = +i\,, \quad i^{4n+2} = -1\,, \quad i^{4n+3} = -i$$

ist. Bildet man mit Hilfe dieser Formeln und der Entwicklung (102,2) zunächst *rein formal*:

$$e^{ix} = \sum_{\nu=0}^{\infty} \frac{i^{\nu} x^{\nu}}{\nu!} = \left(1 - \frac{x^2}{2!} + \frac{x^4}{4!} - \cdots\right) + i\left(x - \frac{x^3}{3!} + \frac{x^5}{5!} - \cdots\right),$$

[1]) Die Irrationalität von e wurde zuerst von *Lambert* 1767 bewiesen, mit Hilfe einer Kettenbruchentwicklung. Der obige elementare Beweis rührt im wesentlichen von *J. B. Fourier* her.

so stellt sich heraus, dass die beiden Reihen in den Klammern gerade die Entwicklungen (102,6) und (102,7) für $\sin x$ und $\cos x$ sind. So ergibt sich

$$\boxed{e^{ix} = \cos x + i \sin x.} \tag{103,1}$$

Ersetzt man hier x durch $-x$, so folgt

$$\boxed{e^{-ix} = \cos x - i \sin x.} \tag{103,2}$$

Aus den beiden Formeln (103,1) und (103,2) lassen sich nun $\cos x$ und $\sin x$ durch e^{ix} und c^{-ix} ausdrücken:

$$\boxed{\cos x = \frac{e^{ix} + e^{-ix}}{2}, \quad \sin x = \frac{e^{ix} - e^{-ix}}{2i}.} \tag{103,3}$$

Die Formeln (103,1), (103,2) und (103,3), die man als die ***Euler*schen Formeln** (sie sind von *Euler* zuerst 1743 veröffentlicht worden) bezeichnet, stellen also einen ganz unerwarteten Zusammenhang her zwischen den Funktionen e^x, $\sin x$ und $\cos x$, einen Zusammenhang, der allerdings erst durch das Komplexe geht[1]).

Die Wichtigkeit eines solchen Zusammenhangs braucht nicht unterstrichen zu werden.

Etwas anderes ist es aber, wenn wir uns klar zu machen versuchen, was die Formeln (103,1), (103,2) und (103,3) eigentlich aussagen.

Die Funktion e^x ist ja in unseren Betrachtungen nur für *reelle Werte* von x definiert. Für imaginäre Werte von der Form $\pm ix$ können wir also den Ausdrücken $e^{\pm ix}$ an Hand der bisherigen Definitionen gar keinen Sinn beilegen. Will man daher die Formeln (103,1), (103,2) und (103,3) benutzen, so muss man erst die Ausdrücke $e^{\pm ix}$ definieren. Die Definition, die bei der *Euler*schen Betrachtung benutzt wird, besteht nun gerade darin, dass man e^x auch für komplexe x direkt durch die Reihenentwicklung (102,2) definiert.

Um diesen Gedankengang folgerichtig durchführen zu können, muss man natürlich vorerst das Rechnen mit komplexen Zahlen exakt begründen und insbesondere streng beweisen, dass, wenn man mit komplexen Zahlen *unter Benutzung der Körpereigenschaften* rechnet, keine Relation zwischen reellen Zahlen herauskommen kann, die falsch ist.

Ferner muss man die Theorie der *Grenzwerte* auch für Folgen komplexer Zahlen durchführen, um der Gleichung (102,2) auch für komplexe x einen Sinn beilegen zu können.

---

[1]) Von dem Zusammenhang zwischen den trigonometrischen und Exponential-Funktionen findet sich die erste Spur bei *Johann Bernoulli*, der bei einer Integration durch Partialbruchzerlegung komplexe Zahlen benutzt und damit implizite den Übergang vom arctg zum lg einer imaginären Grösse leistet. Die Formel (103,1) findet sich in logarithmischer Form wohl zum erstenmal bei *R. Cotes* 1714 und 1722. Doch ist der gesamte Zusammenhang erst durch *Euler* seit 1740 klargelegt und 1748 vollständig dargestellt worden.

Endlich wäre noch nachzuweisen, dass die durch die Reihe (102,2) auch für komplexe x definierte Funktion e^x dieselben *Funktionalgleichungen* erfüllt, die wir für reelle x als richtig nachgewiesen haben.

Über alle diese Bedenken setzte sich *Euler* bei der Herleitung der obigen Formeln hinweg. Erst die späteren Jahrzehnte haben das, wie aus dem obigen zu ersehen ist, recht schwankende Fundament, auf dem diese hoch bedeutsame Entdeckung *Euler*s aufgebaut war, den Anforderungen der wissenschaftlichen Klarheit entsprechend in den Grundlagen unserer Wissenschaft fest verankert.

Aufgaben

1. Man entwickle die Funktion $(1+e^x)^3$ nach Potenzen von x.

2. Man entwickle die Funktion $\sin x$ nach Potenzen von $x-a$.

3. Man entwickle $\sin^3 x$ nach Potenzen von x.

4. Man bilde die *Maclaurin*sche Reihe für $\sin(x+\alpha)\cos(x+\alpha)$.

5. Gegeben ist die Funktion

$$y(x) = \frac{1}{e^x - 1} - \frac{1}{x} \quad (x \neq 0), \qquad y(0) = -\frac{1}{2}.$$

a) Man beweise $\lim\limits_{x\to 0} y = -\frac{1}{2}$.

b) Man berechne y', y'' und $y^{(3)}$ an der Stelle $x=0$.

* * *

6. Die beiden Ausdrücke

$$\sqrt{\frac{s+p}{s-p}}, \qquad e^{\frac{p}{s}}$$

stimmen „bis auf $\left(\frac{p}{s}\right)^3$" miteinander überein. $\left(\text{Ihre Differenz ist } \sim a\left(\frac{p}{s}\right)^3 \text{ für } \frac{p}{s}\to 0\right)$.

7. Man entwickle $(1+x)^x$ nach Potenzen von x (Restglied dritter Ordnung).

8. Für reelle x sind die Ausdrücke $\sin ix$ und $\cos ix$ durch hyperbolische Funktionen darzustellen.

9. Man bilde die n-te Ableitung von

a) $e^{\alpha x} \sin \beta x$, b) $e^{\alpha x} \cos \beta x$,

c) $e^{x \cos \alpha} \cos(x \sin \alpha)$, d) $e^{x \cos \alpha} \sin(x \sin \alpha)$.

10. Man beweise die Relationen

a) $e^{i\pi} = -1$, b) $e^{\frac{i\pi}{2}} = i$, c) $i^i = e^{-\frac{\pi}{2}}$.

REGISTER

Die Zahlen geben die Seiten an

Ende des ersten Bandes

GPSR Compliance

The European Union's (EU) General Product Safety Regulation (GPSR) is a set of rules that requires consumer products to be safe and our obligations to ensure this.

If you have any concerns about our products, you can contact us on ProductSafety@springernature.com

In case Publisher is established outside the EU, the EU authorized representative is:

Springer Nature Customer Service Center GmbH
Europaplatz 3
69115 Heidelberg, Germany

Batch number: 10607330

Printed by Printforce, the Netherlands